高职高专数控技术应用专业规划教材

数控加工工艺规划

张明建　杨世成　主　编

张丽萍　唐耀红　副主编

清华大学出版社

北　京

内容简介

本书根据高等职业院校学生认知及职业成长规律，设计由简单到复杂、由单要素数控加工工艺分析编制到多要素中等以上复杂程度零件综合数控加工工艺分析编制，共十个项目(不含绪论)。项目一～项目九采用“项目驱动、任务引领”的方式，按典型数控加工零件的分类——回转体类零件(分为轴类、套类、盘类和薄壁套类零件)、箱体类零件(分为平面类、型腔曲面类和镗铣箱体类零件)及异形类零件数控加工工艺分析编制；项目十按数控车、数控铣(含孔系)高级工国家职业标准技能要求，进行数控加工工艺职业能力的综合考核。本书项目案例大多数来源于生产实际，具有示范性，有利于培养学生的职业能力，同时本书还具有内容全面、系统、实用性强的特点。

本书可作为高职高专、成人高校及本科院校举办的二级职业技术学院数控技术、模具等专业的教材，也可作为工厂中从事数控加工方面的技术人员和操作人员的培训教材，还可供其他有关技术人员参考。

图书在版编目(CIP)数据

数控加工工艺规划/张明建，杨世成主编；张丽萍，唐耀红副主编. —北京：清华大学出版社，2009.6 (2024.1重印)
(高职高专数控技术应用专业规划教材)
ISBN 978-7-302-20053-6

Ⅰ. ①数…　Ⅱ. ①张…　②杨…　③张…　④唐…　Ⅲ. ①数控机床—加工工艺—高等学校：技术学校—教材　Ⅳ. ①TG659

中国版本图书馆 CIP 数据核字(2009)第 064955 号

责任编辑：孙兴芳
装帧设计：杨玉兰
责任校对：李凤茹
责任印制：刘海龙
出版发行：清华大学出版社
网　　址：https://www.tup.com.cn，https://www.wqxuetang.com
地　　址：北京清华大学学研大厦 A 座　　**邮　　编**：100084
社 总 机：010-83470000　　**邮　　购**：010-62786544
投稿与读者服务：010-62776969, c-service@tup.tsinghua.edu.cn
质量反馈：010-62772015, zhiliang@tup.tsinghua.edu.cn
课件下载：https://www.tup.com.cn，010-62791865
印 装 者：北京建宏印刷有限公司
经　　销：全国新华书店
开　　本：185mm×260mm　　**印　张**：20.75　　**字　数**：535 千字
版　　次：2009 年 6 月第 1 版　　**印　次**：2024年 1 月第 12 次印刷
定　　价：49.00 元

产品编号：032163-03

前言

根据教育部有关高等职业教育文件精神，高等职业教育课程内容要体现职业特色，需要按照工作的相关性而不是知识的相关性来组织课程教学内容，完成从知识体系向行动体系的转换，建立以服务为宗旨，以就业为导向，工学结合，“教、学、做”为一体的课程组织模式。现有的高等职业教育教材基本上延续了原学科体系的课程编排，学科体系的课程编排是平行结构的，它考虑了学习过程中学习者认知的心理顺序，即由浅入深、由易到难、由表及里的“时序”并行。但是，对于具有职业岗位针对性的高等职业教育而言，它缺乏对实际的多个职业活动过程经过归纳、抽象、整合后的职业活动顺序组合，使得学生心理顺序与自然行动顺序不完全一致，导致“学”与“用”之间的脱节、知识与能力之间的背反，不能适应岗位需求。这种学科体系的课程编排模式显然已不能适应现行的高等职业教育需要，为此，研究探讨新的适合高等职业教育课程组织与教材编写模式势在必行。本书正是研究探讨新的高等职业教育课程组织与编写模式的有益尝试。

本书根据高等职业院校学生认知及职业成长规律，设计由简单到复杂、由单要素数控加工工艺分析编制到多要素中等以上复杂程度零件综合数控加工工艺分析编制，共十个项目(不含绪论)。项目一～项目九采用基于工作过程“项目驱动、任务引领”的方式，按典型数控加工零件的分类——回转体类零件(分为轴类、套类、盘类和薄壁套类零件)、箱体类零件(分为平面类、型腔曲面类和镗铣箱体类零件)及异形类零件数控加工工艺分析编制；项目十按数控车、数控铣(含孔系)高级工国家职业标准技能要求，进行数控加工工艺职业能力的综合考核。

本书融“教、学、做”为一体，工学结合，根据职业岗位完成工作任务的需要来选择和组织教材内容，教材内容及编排符合行动体系的“时序”串行。本书结构严谨，特色鲜明，图文并茂，内容丰富，实用性强；理论问题论述条理清晰，详简得当，易于掌握；项目案例是根据职业岗位工作领域、工作过程、工作任务和职业标准所涉及的典型零件数控加工工艺来选取的，大多数来源于生产实际，具有示范性，有利于培养学生的职业能力；本书内容全面、系统、实用性强。

本书项目一、项目二的单元三和单元四、项目五以及项目八的单元一和单元二由漳州职业技术学院张明建编写；绪论、项目二的单元一和单元二、项目七的单元一以及项目六由张家口职业技术学院杨世成编写；项目七的单元二和项目九由潍坊教育学院张丽萍编写；项目八的单元三和项目十由漳州职业技术学院唐耀红编写；项目四由正德职业技术学院冯利编写；项目三由无锡商业职业技术学院王新琴编写。本书由张明建、杨世成主编，张丽萍、唐耀红任副主编；张明建统稿，杨世成协助统稿。

在本书的编写过程中，得到了福建龙溪轴承(集团)股份有限公司党委书记曾凡沛、总工程师卢金忠、技术中心常务副主任张逸青、数控中心吴世榕和陈辉煌工程师与福建力佳股份有限公司黄利明、江志莹工程师等单位和同志的大力支持与帮助，在此致以衷心的感谢。另外，在本书编写过程中还参阅了许多高职高专的教材和公司的资料，并得到了漳州职业技术学院的教师叶凯、曹新林、庄燕源、王玲燕、沈炳宗、张忠强、林红梅和数控实训中心多位实训教师的大力支持和帮助，在此致以衷心的感谢。

由于编者的水平有限，书中难免存在一些缺点和错误，恳请读者批评指正。谢谢！

编　者

目　录

绪　论

一、数控加工过程与数控加工工艺系统

1. 数控加工过程

数控加工就是根据零件图样、工艺技术要求等原始条件，编制零件数控加工程序，输入数控机床的数控系统，以控制数控机床中刀具相对工件的运动轨迹，从而完成零件的加工。利用数控机床完成零件的数控加工过程如图 1 所示。

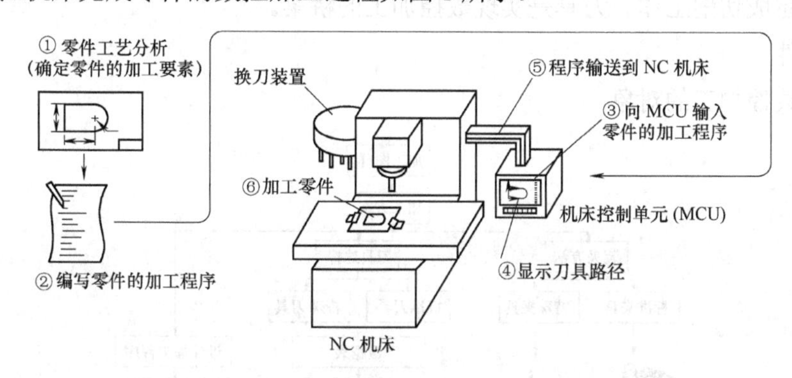

图 1　数控加工过程示意图

由图 1 可以看出，数控加工过程的主要工作内容包括以下 5 个方面。

(1) 根据零件加工图样进行工艺分析，确定加工方案、工艺参数和位移数据。

(2) 用规定的程序代码和格式编写零件加工程序单；或用自动编程软件进行 CAD/CAM 工作，直接生成零件的 NC 加工程序文件。

(3) 程序的输入或传输。手工编程时，可以通过数控机床的操作面板输入程序；由自动编程软件生成的 NC 加工程序，通过计算机的串行通信接口直接传输到机床控制单元 (Machine Control Unit，MCU)。

(4) 将输入或传输到数控装置的 NC 加工程序进行试运行与刀具路径模拟等。

(5) 通过对机床的正确操作，运行程序，完成零件的加工。

2. 数控加工工艺系统

由图 1 可以看出，数控加工过程是在一个由数控机床、刀具、夹具和工件构成的数控加工工艺系统中完成的，NC 加工程序是控制刀具相对工件的运动轨迹。因此，由数控机床、夹具、刀具和工件等组成的统一体称为数控加工工艺系统。图 2 所示为数控加工工艺系统的构成及其相互关系。数控加工工艺系统性能的好坏直接影响零件的加工精度和表面质量。

1)　数控机床

采用数控技术，或者装备了数控系统的机床，称为数控机床。数控机床是一种技术密集度和自动化程度都比较高的机电一体化加工装备，是实现数控加工的主体，是零件加工的工作机械。

2)　夹具

在机械制造中，用以装夹工件(和引导刀具)的装置统称为夹具。在机械制造过程中，夹具的使用十分广泛，从毛坯制造到产品装配以及检测的各个生产环节，都有许多不同种类的夹具。夹具用来固定工件并使之保持正确的位置，是实现数控加工的纽带。

3)　刀具

金属切削刀具是现代机械加工中的重要工具。无论是普通机床还是数控机床都必须依靠刀具才能完成切削工作。刀具是实现数控加工的桥梁。

4)　工件

工件是数控加工的对象。

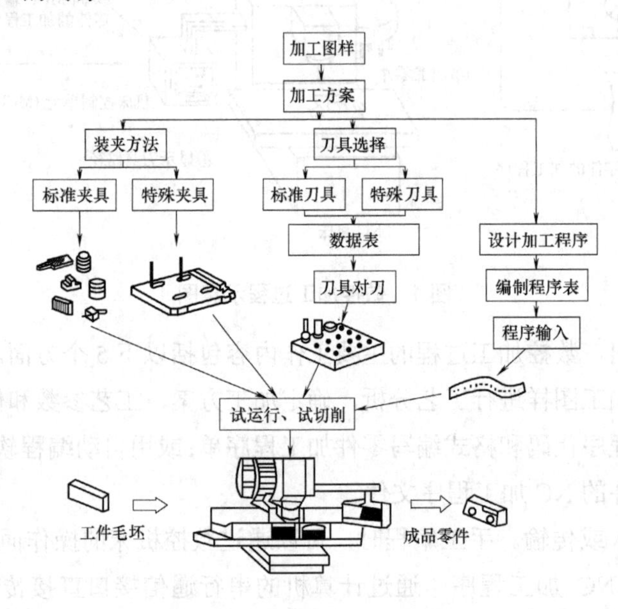

图 2　数控加工工艺系统

二、数控加工工艺的特点与数控加工工艺过程的主要内容

1. 数控加工工艺的特点

由于数控加工采用计算机数控系统的数控机床，使得数控加工与普通加工相比具有加工自动化程度高、加工精度高、加工质量稳定、生产效率高、生产周期短、设备使用费用高等特点。因此，数控机床加工工艺与普通机床加工工艺相比，具有如下特点。

1) 数控加工工艺内容要求十分具体、详细

所有工艺问题必须事先设计和安排好，并编入加工程序中。数控加工工艺不仅包括详细的切削加工步骤和所用工装夹具的装夹方案，还包括刀具的型号、规格、切削用量和其他特殊要求的内容，以及标有数控加工坐标位置的工序图等。在自动编程中更需要确定详细的各种加工工艺参数。

2) 数控加工工艺设计要求更严密、精确

数控加工过程中可能遇到的所有问题必须事先精心考虑到，否则将导致严重的后果。例如攻螺纹时，数控机床不知道孔中是否已挤满铁屑，是否需要退刀清理铁屑后再继续加工。又例如普通机床加工时，可以多次“试切”来满足零件的精度要求；而数控加工过程，严格按规定尺寸进给，要求准确无误。因此，数控加工工艺设计要求更加严密、精确。

3) 制定数控加工工艺要进行零件图形的数学处理和编程尺寸设定值的计算

编程尺寸并不是零件图上设计尺寸的简单再现。在对零件图进行数学处理和计算时，编程尺寸设定值要根据零件尺寸公差要求和零件的形状几何关系重新调整计算，才能确定合理的编程尺寸。

4) 要考虑进给速度对零件形状精度的影响

制定数控加工工艺时，选择切削用量要考虑进给速度对加工零件形状精度的影响。在数控加工中，刀具的移动轨迹是由插补运算完成的。根据插补原理分析，在数控系统已定的条件下，进给速度越快，则插补精度越低，导致工件的轮廓形状精度越差。尤其在高精度加工时，这种影响非常明显。

5) 强调刀具选择的重要性

复杂形面的加工编程通常采用自动编程方式。在自动编程中，必须先选定刀具再生成刀具中心运动轨迹，因此对于不具有刀具补偿功能的数控机床来说，若刀具预先选择不当，所编程序只能推倒重来。

6) 数控加工工艺的加工工序相对集中

由于数控机床特别是功能复合化的数控机床，一般都带有自动换刀装置，在加工过程中能够自动换刀，一次装夹即可完成多道工序或全部工序的加工。因此，数控加工工艺的明显特点是工序相对集中，表现为工序数目少、工序内容多，并且由于在数控机床上尽可能安排较复杂的加工工序，所以数控加工工艺的工序内容比普通机床加工的工序内容复杂。

2. 数控加工工艺过程的主要内容

数控加工工艺过程的主要内容如下所述。

(1) 选择并确定进行数控加工的内容。

(2) 对零件图进行数控加工工艺分析。

(3) 设计零件数控加工工艺方案。

(4) 确定工件装夹方案。

(5) 设计工步和加工进给路线。

(6) 选择数控加工设备。

(7) 确定刀具、夹具和量具。

(8) 对零件图形进行数学处理并确定编程尺寸设定值。

(9) 确定加工余量。

(10) 确定工序、工步尺寸及公差。

(11) 确定切削参数。

(12) 选择切削液。

(13) 编写、校验、修改加工程序。

(14) 首件试加工与现场工艺问题处理。

(15) 数控加工工艺技术文件的定型与归档。

项目一　简易回转体轴类零件数控车削加工工艺编制

项目总体能力目标

(1) 会对数控车削零件图进行数控车削加工工艺性分析，包括：会分析零件图纸技术要求，会检查零件图的完整性和正确性，会分析零件的结构工艺性。

(2) 会拟定数控车削加工工艺路线，包括：选择数控车削外回转表面、螺纹及端面的加工方法，划分加工阶段，划分加工工序，拟定加工走刀路线，确定加工顺序。

(3) 会根据数控车削加工工艺熟练选用数控机夹可转位车刀与中心钻。

(4) 会识别数控车刀与带涂层刀片。

(5) 会根据数控车削常用夹具用途来正确选择夹具，并确定装夹方案。

(6) 会选择合适的切削用量与机床。

(7) 会确定常用螺纹切削的进给次数与背吃刀量。

(8) 会编制简易回转体轴类零件数控车削加工工艺文件。

项目总体工作任务

(1) 分析简易回转体轴类零件图的数控车削加工工艺性。

(2) 拟定简易回转体轴类零件的数控车削加工工艺路线。

(3) 选择回转体轴类零件的数控车削加工刀具。

(4) 选择回转体轴类零件的数控车削加工夹具，并确定装夹方案。

(5) 按简易回转体轴类零件的数控车削加工工艺选择合适的切削用量与机床。

(6) 编制简易回转体轴类零件的数控车削加工工艺文件。

单元一　数控车削加工工艺设计入门

单元能力目标

(1) 能够检索数控加工工艺及数控车削相关工艺资料和工艺手册，从中获取完成当前工作任务所需要的工艺知识及数据。

(2) 能够识别数控车削加工工艺领域内常用的术语。

单元工作任务

本单元查阅如图 1-1 所示光轴加工案例零件的数控车削加工背景知识，获取设计该光轴数控加工工艺知识及数据。

(1) 查阅数控加工工艺书和工艺手册，获取设计图 1-1 所示光轴零件的数控加工工艺知识及数据。

(2) 识别数控车削加工工艺术语。

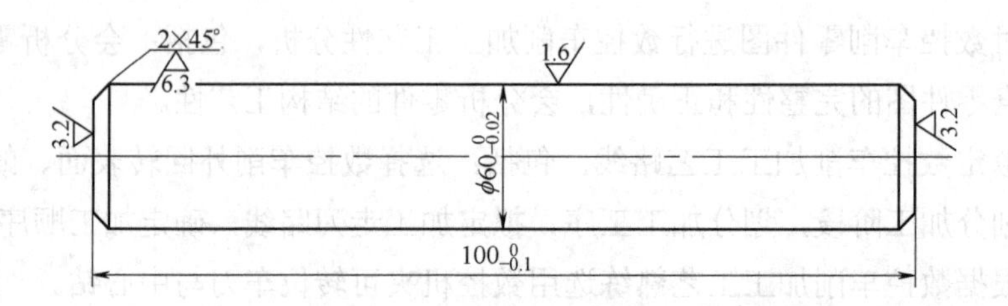

图 1-1　光轴加工案例

光轴加工案例零件说明：该光轴加工案例零件材料 45 钢，生产批量 5 件，毛坯尺寸为 ϕ65 mm×105 mm。

完成工作任务需查阅的背景知识

数控车削加工工艺设计步骤包括：机床选择、零件图纸工艺分析、加工工艺路线设计、装夹方案及夹具选择、刀具选择、切削用量选择和填写数控加工工序卡及刀具卡等。

资料一　数控车削机床选择

数控车削机床即装备了数控系统的车床，简称数控车床。数控车床加工时，一般是将事先编好的数控加工程序输入到数控系统中，由数控系统通过伺服系统控制刀具相对于工件的运动轨迹，加工出符合图纸技术要求的各种形状回转体类零件。

1. 数控车床的分类

随着数控车床制造技术的不断发展，为了满足不同的加工需求，数控车床的品种和规格越来越多，形成了品种繁多、规格大小不一的局面。对数控车床的分类可以采用不同的方法，具体如下。

1)　按数控车床主轴的配置形式分类

按数控车床主轴的配置形式可分为卧式数控车床和立式数控车床。

(1) 卧式数控车床。主轴轴线处于水平位置的数控车床，如图 1-2 所示。

(2) 立式数控车床。主轴轴线处于垂直位置的数控车床，如图 1-3 所示。

图 1-2　卧式数控车床

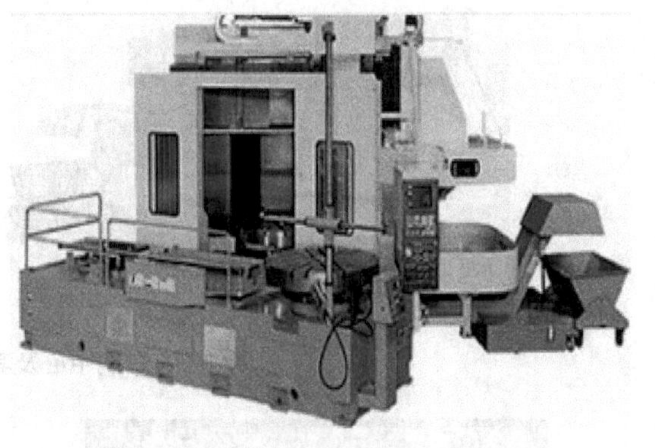

图 1-3　立式数控车床

2)　按数控系统的功能分类

按数控系统的功能可分为经济型数控车床，全功能型数控车床和车削中心。

(1)　经济型数控车床。该数控车床一般是在普通车床基础上改造而来的，采用步进电机驱动的开环控制系统。此类数控车床结构简单，价格低廉，无刀尖圆弧半径自动补偿和恒线速切削等功能，一般最小分辨率为 0.01 mm 或 0.005 mm。经济型数控车床如图 1-4 所示。

(2)　全功能型数控车床。该数控车床一般采用全闭环或半闭环控制系统，可以进行多个坐标轴的控制，具有高刚度、高精度和高效率等特点。如配置 FANUC-0iTC 或 SIEMENS-810T 数控系统的数控车床即是全功能型数控车床，一般最小分辨率为 0.001 mm 或更小。全功能型数控车床如图 1-5 所示。

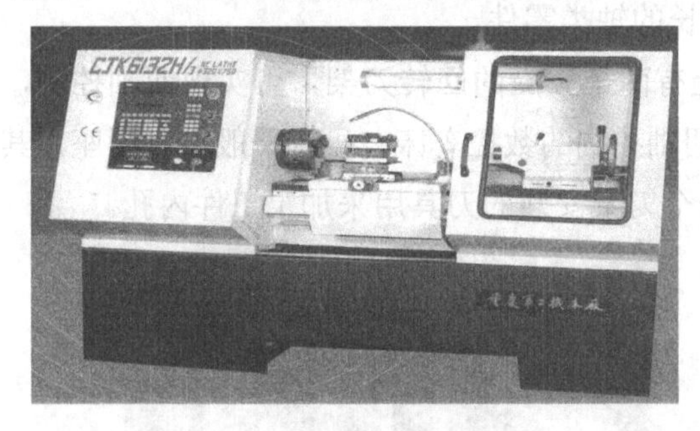

图 1-4　经济型数控车床

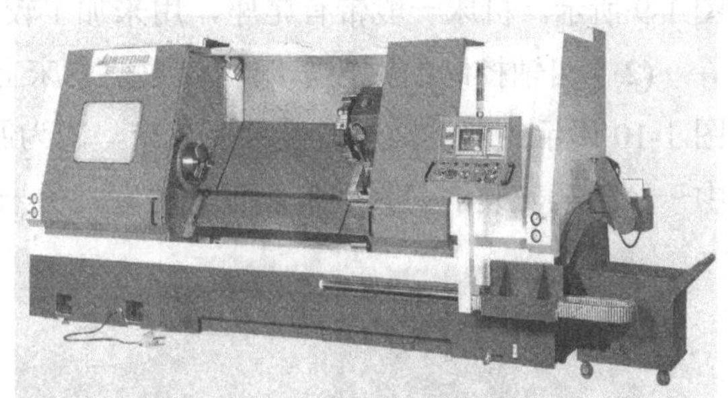

图 1-5　全功能型数控车床

(3)　车削中心。车削中心是在全功能型数控车床基础上发展而来的。它的主体是全功能型数控车床，并配置有刀库、换刀装置、分度装置和铣削动力头(C 轴)等，可实现多工序的车、铣复合加工。工件一次装夹后，可完成对回转体类零件的车、铣、钻、铰和攻螺纹等多种加工工序，其功能更全面，加工质量和效率都较高，但价格也较高。图 1-6 所示为车削中心及其 C 轴铣削加工示例，图 1-7 所示为车铣加工中心，图 1-8 所示为车削中心 C 轴加工回转体零件表面。

图 1-6 车削中心及其 C 轴铣削加工示例

图 1-7 车铣加工中心

图 1-8 车削中心 C 轴加工回转体零件表面

3) 按数控系统控制的轴数分类

按数控系统控制的轴数可分为两轴控制的数控车床、四轴控制的数控车床和多轴控制的数控车床。

(1) 两轴控制的数控车床。该数控车床只有一个回转刀架，可实现两坐标轴控制，如图 1-9 所示。机床一般带有尾座，用来加工较长的轴类零件。

(2) 四轴控制的数控车床。该数控车床上有两个独立的回转刀架，可实现四轴控制，图 1-10 所示的双主轴双刀架数控车床，即为四轴控制的数控车床。机床一般没有尾座，其中一个刀架安装的刀具用来加工外轮廓，另一个刀架安装的刀具用来加工工件内孔。

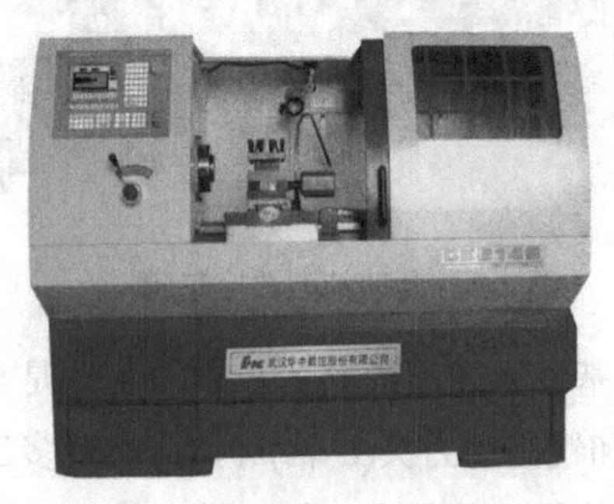

图 1-9 两轴控制的数控车床

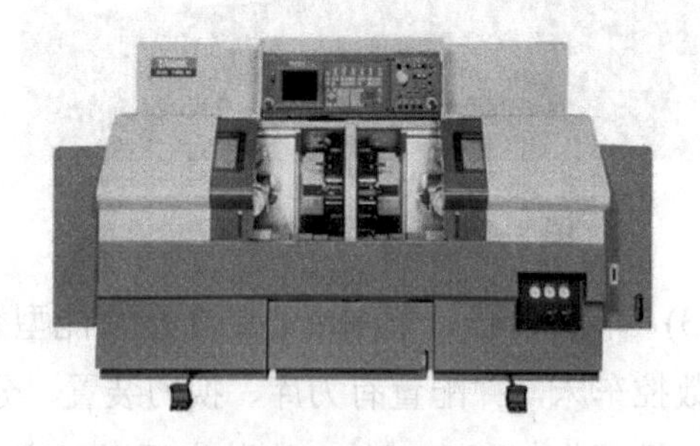

图 1-10 四轴控制的数控车床

(3) 多轴控制的数控车床。该数控车床是指数控车床除控制 X、Z 两轴外，还可控制如 Y、B、C 轴进行数控复合加工，也就是功能复合化的数控车床。图 1-11 所示为车削中心控制 X、Y、Z、B、C 五轴及其加工示例。

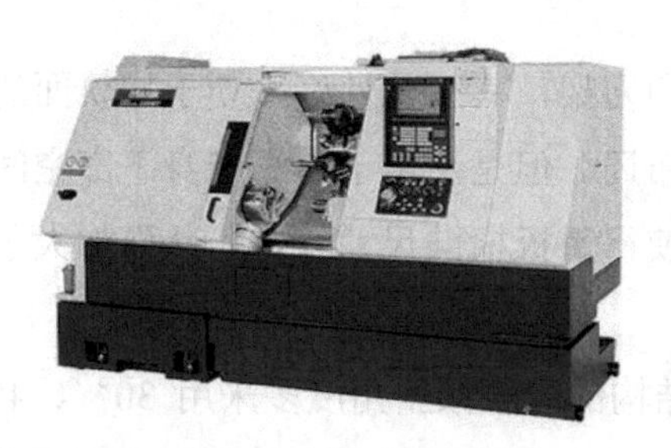

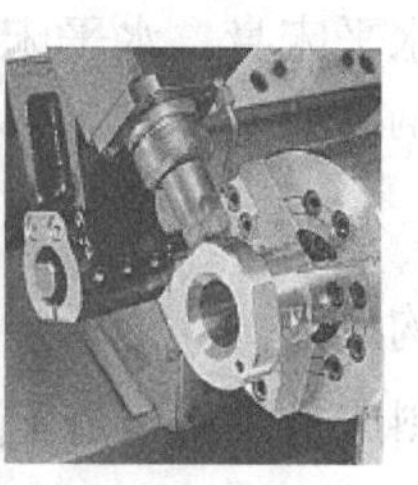

图 1-11　车削中心控制 X、Y、Z、B、C 五轴及其加工示例

目前，在机械加工领域中使用最多、最常见的是中小规格两坐标联动控制的数控车床。

2. 数控车床的组成及布局

1)　数控车床的组成

数控车床与普通车床相比，其结构上仍然是由床身、主轴箱、刀架、进给传动系统、液压、冷却、润滑系统等部分组成。数控车床由于实现了计算机数字控制，伺服电机驱动刀具作连续纵向和横向的进给运动，所以数控车床的进给系统与普通车床的进给系统在结构上存在着本质上的差别。普通车床主轴的运动经过挂轮架、进给箱、溜板箱传到刀架，实现纵向和横向的进给运动；而数控车床则是采用伺服电机经滚珠丝杆，传到滑板和刀架，实现纵向(*Z* 向)和横向(*X* 向)的进给运动。因此，数控车床进给传动系统的结构大为简化。

2)　数控车床的布局

数控车床的主轴、尾座等部件相对于床身的布局形式与普通车床基本一致，而刀架和导轨的布局形式则发生了根本变化，这是因为其直接影响数控车床的使用性能及机床的结构和外观所致。

(1)　床身和导轨的布局。数控车床的床身和导轨与水平面的相对位置有 4 种布局形式，图 1-12(a)所示为水平床身，图 1-12(b)所示为斜床身，图 1-12(c)所示为平床身斜滑板，图 1-12(d)所示为立床身。

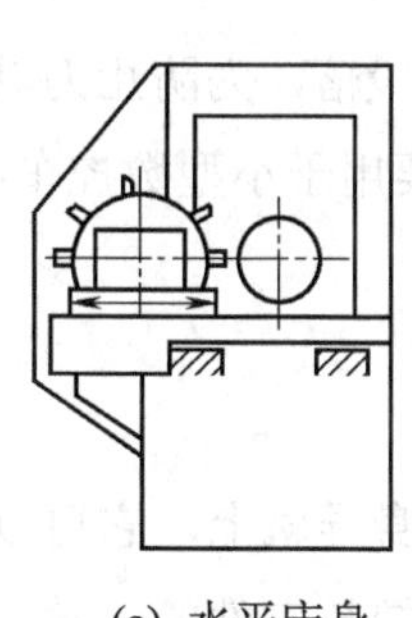

(a) 水平床身

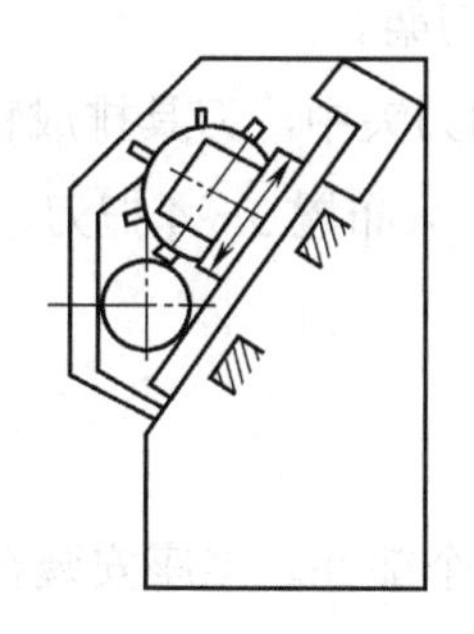

(b) 斜床身

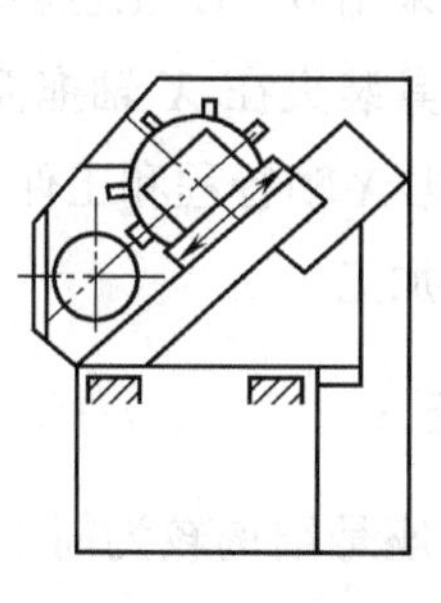

(c) 平床身斜滑板

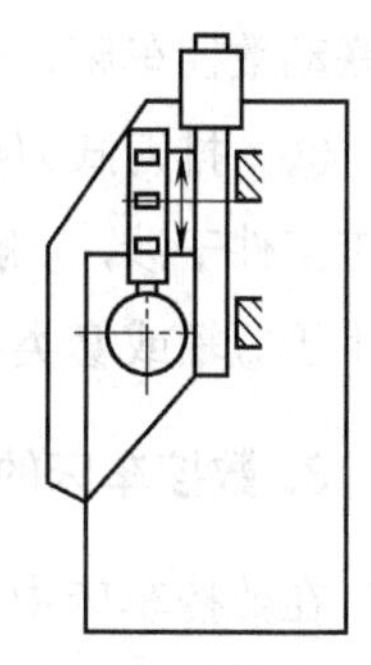

(d) 立床身

图 1-12　数控车床的布局形式

① 水平床身。水平床身配置水平滑板和刀架，其工艺性好，便于导轨面的加工。一般用于大型数控车床或小型精密数控车床的布局。但是，由于水平床身下部空间小，所以排屑困难。从结构尺寸来看，刀架水平放置使得滑板横向尺寸较大，从而加大了机床宽度方向的结构尺寸。

② 斜床身。斜床身配置斜滑板，这种结构的导轨倾斜角度多采用 30°、45°、60° 和 75°。倾斜角度小，则排屑不便；倾斜角度大，则导轨的导向性及受力情况差。此外，导轨倾斜角度的大小还直接影响数控车床外形尺寸高度和宽度的比例。因此，中小规格数控车床的床身倾斜角度多以 45° 和 60° 为主。

③ 平床身斜滑板。水平床身配置倾斜放置的滑板，这种结构通常配置有倾斜式的导轨防护罩，一方面具有水平床身工艺性好的特点，另一方面机床宽度方向的尺寸较水平配置滑板的要小且排屑方便。一般被中小型数控车床普遍采用。

④ 立床身。立床身配置 90° 的滑板，即导轨倾斜角度为 90° 的滑板结构称为立床身。立床身一般用于大型数控车床布局，结构复杂，外形尺寸大、床身的高度较高；排屑方便，特别适合大型、特大型回转体类零件的加工。

由于水平床身配置倾斜放置的滑板和斜床身配置斜滑板布局，因此具有排屑容易的特点，从工件上切下的炽热切屑不会堆积在导轨上，便于安装自动排屑器；操作方便，易于安装机械手，以实现单机自动化；机床外观简洁、美观，占地面积小，容易实现封闭式防护等特点，所以中小型数控车床普遍采用这两种形式。

(2) 刀架的布局。刀架作为数控车床的重要部件之一，它对机床整体布局及工作性能影响很大。数控车床的刀架分为转塔式和排刀式刀架两大类。

① 转塔式刀架是普遍采用的刀架形式，它通过转塔头的旋转、分度、定位来实现机床的自动换刀工作。转塔式回转刀架有两种形式，一种主要用于加工盘类零件，其回转轴线垂直于主轴；另一种主要用于加工盘类零件和轴类零件，其回转轴线与主轴平行。两坐标联动数控车床，一般采用 6～12 工位转塔式刀架。

② 排刀式刀架刀具装夹在 X 轴拖板上的刀夹中，刀具排成特殊段落，为防止刀具与加工工件干涉，一般根据 X 轴行程和工件大小，只布置 3～4 把刀，主要用于小型数控车床，适用于短轴或套类零件加工。

3. 数控车床的尾座

在数控车床中，尾座是结构较为简单的一个部件。尾座安装在床身导轨上，它可以根据工件的长短调节纵向位置。其作用是利用套筒安装顶尖，用来支承较长工件的一端，也可以安装钻头、中心钻或铰刀等刀具进行孔加工。图 1-13 所示为尾座安装顶尖，图 1-14 所示为尾座及尾座套筒。

图 1-13　尾座安装顶尖

图 1-14　尾座及尾座套筒

4. 数控车床的主要技术参数

数控车床的主要技术参数反映了数控车床的加工能力、加工范围、加工工件大小、主轴转速范围、装夹刀具数量、装夹刀杆尺寸和加工精度等指标，识别数控车床的主要技术参数是选择数控车床的重要一环。

为了便于读者识别数控车床的主要技术参数，下面摘选沈阳第一机床厂生产的CAK6150Di/890 数控车床的主要技术参数中与选择数控车床较有关的主要技术参数，如表 1-1 所示。

表 1-1　CAK6150Di/890 数控车床主要技术参数(摘选)

项　目		技术参数
加工范围	床身上最大回转直径	ϕ500 mm
	滑板上最大车削直径	ϕ280 mm(注：配卧式六工位刀架)
	最大工件长度	890 mm
	最大车削长度	850 mm
	最大车削直径	ϕ400 mm(注：配卧式六工位刀架)
主轴	主轴孔径	ϕ70 mm
	主轴转速范围	22～2200(r/mm)(变频自动三挡无级)
滑板移动速度	快移速度 *X*/*Z*	5/10 (m/min)
尾座	套筒行程	150 mm
	尾座套筒锥孔	莫氏 5 号
刀架	刀位数	6
	刀杆尺寸	外圆 25 mm×25 mm；内孔 ϕ32 mm、ϕ25 mm
	X 轴行程	250 mm
	Z 轴行程	850 mm
主要精度	工件精度	IT6～IT7
	工件表面精度	R_a1.6 μm

5. 数控车床的用途及主要加工对象

1) 数控车床的用途

数控车床可自动完成内外圆柱面、圆锥面、圆弧面、端面、螺纹等工序的切削加工，并且能进行切槽、钻孔、镗孔、扩孔、铰孔等加工。此外，数控车床还特别适合加工形状复杂、精度要求较高的轴类或盘类零件。具体数控车床加工的典型表面如图 1-15 所示。

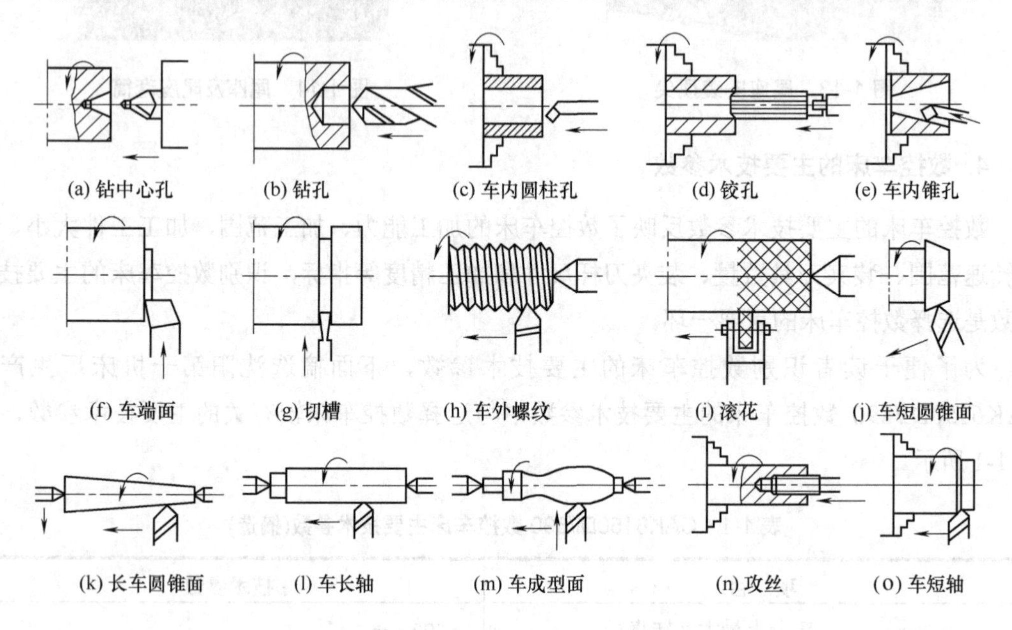

图 1-15 数控车床加工的典型表面

2) 数控车床的主要加工对象

数控车削是数控加工中用得最多的加工方法之一。由于数控车床具有加工精度高、能够进行直线和圆弧插补(高档数控车床数控系统还有非圆曲线插补功能)以及在加工过程中能自动变速等特点，因此其工艺范围较普通车床大很多。与普通车床相比，适宜数控车床加工的内容主要有以下几个方面。

(1) 轮廓形状特别复杂或难以控制尺寸的回转体零件。因数控车床数控装置都具有直线和圆弧插补功能，有些数控车床数控装置具有某些非圆曲线插补功能，所以能够车削由任意直线和平面曲线轮廓组成的、形状复杂的回转体零件。例如加工图 1-16 和图 1-17 所示的轮廓形状较复杂的零件。

(2) 精度要求较高的回转体零件。零件的精度要求主要是指尺寸、形状、位置和表面等精度要求，其中的表面精度主要指表面粗糙度。例如：尺寸精度高达 0.001 mm 的零件；圆柱度要求高的圆柱体零件；素线直线度、圆度和倾斜度均要求高的圆锥体零件；通过恒线速切削功能，加工表面精度要求较高的各种变径表面类零件等。例如加工图 1-18 和图 1-19 所示的精度要求较高的零件。

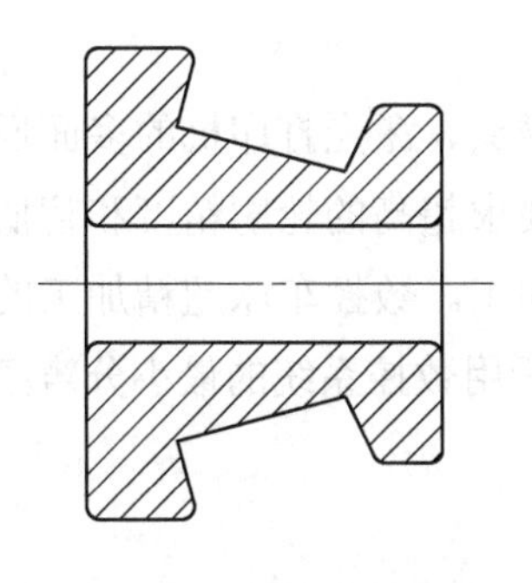

图 1-16　车削轴承内圈滚道示例

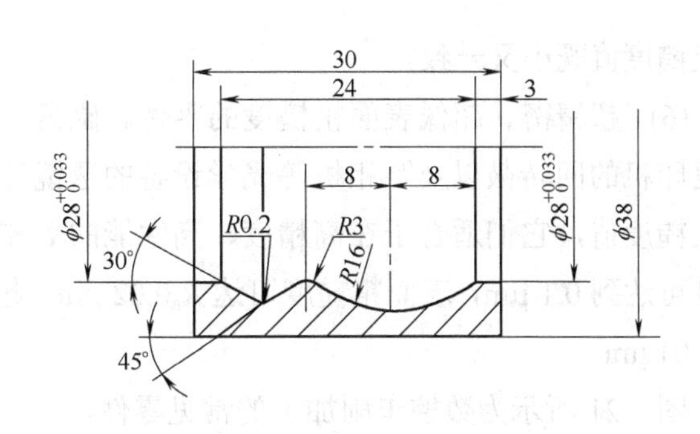

图 1-17　车削成形内腔零件示例

图 1-18　高精度的机床主轴

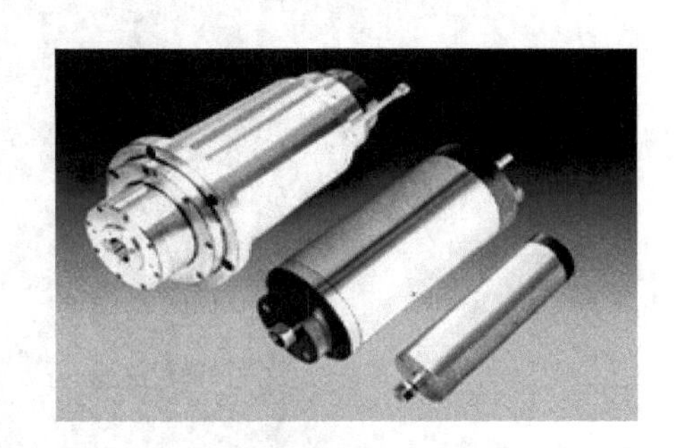

图 1-19　高速电机主轴

(3)　带特殊螺纹的回转体零件。这些零件是指特大螺距、等螺距与变螺距或圆柱与圆锥螺纹面之间作平滑过渡的螺纹零件等。传统车床所能车削的螺纹相当有限，它只能车削等导程的直、锥面公、英制螺纹，而且一台车床只限定加工若干种导程。例如数控车床用来加工图 1-20 所示的非标丝杆。

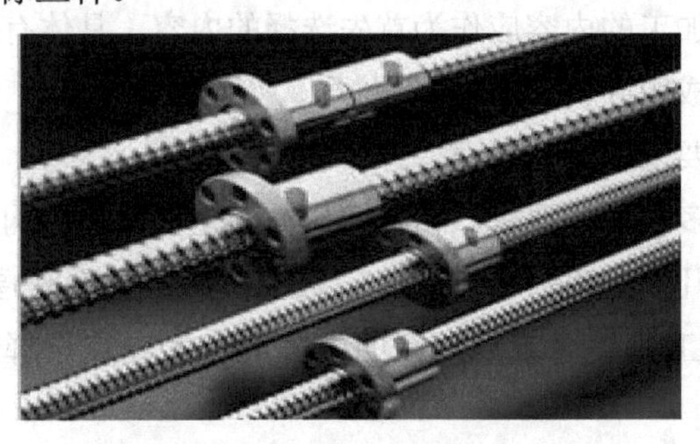

图 1-20　非标丝杆

(4)　淬硬回转体零件。在大型模具加工中，有不少尺寸大而形状复杂的回转体零件。这些零件热处理后的变形量较大，磨削加工有困难，因此可以用陶瓷刀片在数控车床上对淬硬后的零件进行车削加工，以车代磨，提高加工效率。

(5)　表面粗糙度要求高的回转体零件。数控车床具有恒线速切削功能，能加工出表面粗糙度值小而均匀的零件。切削速度变化会使车削后的表面粗糙度有很大差异，使用数控车床的恒线速切削功能，就能选用最佳线速度来车削锥面、球面和端面等，使加工后的表面粗糙度值既小又一致。

(6) 超精密、超低表面粗糙度的零件。磁盘、录像机磁头、激光打印机的多面反射体和复印机的回转鼓以及照相机等光学设备的透镜等零件，要求超高的轮廓精度和超低的表面粗糙度值，它们适合于在高精度、高性能的数控车床上加工。数控车床超精加工的轮廓精度可达到 0.1 μm，表面粗糙度可达 R_a0.02 μm，超精加工所用数控系统的最小分辨率应达到 0.01 μm。

图 1-21 所示为数控车削加工的常见零件。

图 1-21　数控车削加工的常见零件

6. 选择并确定数控车削的加工内容

(1) 通用车床无法加工的内容应作为首先选择的内容，具体有以下几种情况。

① 由轮廓曲线构成的回转表面。

② 具有微小尺寸要求的结构表面。

③ 同一表面采用多种设计要求，相互间尺寸相差很小的结构。

④ 表面间有严格几何约束关系(如相切、相交和角度关系等)要求的表面。

(2) 通用车床难加工、质量难以保证的内容应作为重点选择的内容具体有以下几种情况。

① 表面间有严格位置精度要求但在通用车床上无法一次安装加工的表面。如图 1-16 所示的轴承套圈滚道和内孔的壁厚差有严格要求，在普通机床(液压仿形车床)上无法一次安装加工，最后采用数控车床加工才解决了这一技术难题。

② 表面粗糙度要求很严的锥面、曲面、端面等。对于这类表面只能采用恒线速切削才能达到要求，普通车床不具备恒线速切削功能，而数控车床大多具有此功能。

(3) 通用车床加工效率低、工人手工操作劳动强度大的加工内容，可在数控车床尚存在富余能力的基础上进行选择。

一般来说，上述这些加工内容采用数控车削加工后，在产品质量、生产率与综合经济

效益等方面都会得到明显提高。相比之下，下列一些加工内容则不宜选择采用数控车床加工。

(1) 需要通过较长时间占机调整的加工内容，例如偏心回转体零件用四爪卡盘长时间在数控车床上调整，但加工内容却比较简单。

(2) 不能在一次安装中加工完成的其他零星部位，此时采用数控车床加工很麻烦，效果不明显，可安排通用机床补加工。

此外，在选择和决定加工内容时，还要考虑生产批量、现场生产条件、生产周期等情况，应进行灵活处理。

7. 数控车床的选择

在数控车床加工精度满足零件图纸技术要求的前提下，选择数控车床的最主要技术参数是其数控轴的行程范围和加工范围，数控车床的两个基本直线坐标(X、Z)行程和最大回转直径、最大加工长度、最大车削直径综合反映了该机床允许的加工空间。加工工件的轮廓尺寸应在机床的加工空间范围之内，同时要考虑机床主轴的允许承载能力，以及工件是否会与机床交换刀具的空间和机床防护罩等附件发生干涉等系列问题。

资料二　零件图纸工艺分析

数控车削零件图纸工艺分析包括分析零件图纸技术要求、检查零件图的完整性和正确性及零件的结构工艺性分析。

1. 分析零件图纸技术要求

分析车削零件图纸技术要求时，主要考虑如下 5 个方面。

(1) 各加工表面的尺寸精度要求。

(2) 各加工表面的几何形状精度要求。

(3) 各加工表面之间的相互位置精度要求。

(4) 各加工表面粗糙度要求以及表面质量方面的其他要求。

(5) 热处理要求及其他要求。

根据上述零件图纸技术要求，首先，要根据零件在产品中的功能研究分析零件与部件或产品的关系，从而认识零件的加工质量对整个产品加工质量的影响，并确定零件的关键加工部位和精度要求较高的加工表面等，认真分析上述各精度和技术要求是否合理。其次，要考虑在数控车床上加工能否保证零件的各项精度和技术要求，进而具体考虑在哪一种机床上加工最为合理。

2. 检查零件图的完整性和正确性

由于数控车削加工程序是以准确的坐标点来编制的，因此，各图形几何要素间的相互关系(如相切、相交、垂直和平行等)应明确；各种几何要素的条件要充分，应无引起矛盾的多余尺寸或影响工序安排的封闭尺寸；尺寸、公差和技术要求是否标注齐全等。例如：在实际加工中常常会遇到图纸中缺少尺寸，给出的几何要素的相互关系不够明确，使编程计算无法完成；或者虽然给出了几何要素的相互关系，但同时又给出了引起矛盾的相关尺寸，同样给数控编程计算带来困难。最常见的如圆弧与直线、圆弧与圆弧是相切还是相交，有些是分明画得相切，但根据图样给出的尺寸计算相切条件不充分或条件多余而变为相交或相离状态，使编程无法入手；有时所给条件又过于"苛刻"或自相矛盾，增加了数学处理与基点坐标计算的难度。

例如，图 1-22 所示的圆弧与斜线的关系要求相切，但经计算后却为相交关系，而并非相切。又如图 1-23 所示，图样上给定的几何条件自相矛盾，其给出的各段长度之和不等于其总长。

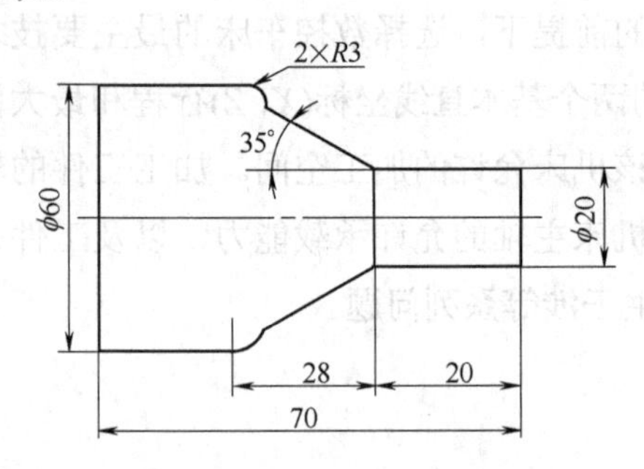

图 1-22　几何要素缺陷示例一

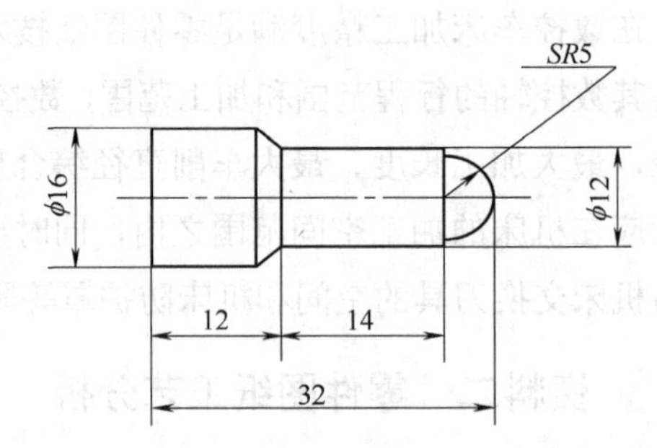

图 1-23　几何要素缺陷示例二

另外，需要特别注意零件图纸各方向尺寸是否有统一的设计基准，以便简化编程，保证零件的加工精度要求。

由于轴类零件结构相对简单，所以对于有疑问的地方，可以直接利用 CAD 绘图软件去校验几何条件是否完整，当然也可以利用 CAD 绘图软件去查找编程所需要的基点，为加工走刀路线的设计提供条件。

3. 零件的结构工艺性分析

零件的结构工艺性是指所设计的零件在满足使用要求的前提下制造的可行性和经济性。良好的结构工艺性，可以使零件加工容易，节省工时和材料；而较差的零件结构工艺性会使加工困难，浪费工时和材料，有时甚至无法加工。因此，零件各加工部位的结构工艺性应符合数控加工的特点。

零件的结构工艺性分析包括以下几个方面。

1)　零件结构工艺性分析

零件结构工艺性是指在满足使用要求的前提下零件加工的可行性与经济性，即所设计的零件结构应便于加工成形，并且成本低、效率高。对零件结构的工艺性分析与审查，重点应放在零件图纸和毛坯图纸初步设计与设计定型之间的工艺性审查与分析上。另外，对零件进行结构工艺性分析时要充分反映数控加工的特点，过去用普通车床加工工艺性很差

的结构改用数控车床加工其结构工艺性可能已不成问题。

2)　零件图纸上的尺寸标注应方便编程

对数控加工而言，最倾向于以同一基准标注尺寸或直接给出坐标尺寸，这就是坐标标注法。这种标注法既便于编程，也便于尺寸之间的相互协调，在保证设计、定位、检测基准与编程原点设置的一致性方面带来很大的方便。由于零件设计人员往往在尺寸标注中较多地考虑装配等使用特性要求，而不得不采取局部分散的标注方法，这样会给工序安排与数控加工带来诸多不便。事实上，由于数控加工精度及重复定位精度都很高，不会因产生较大的积累误差而破坏其使用特性，因此可将局部的尺寸分散标注法改为集中标注或坐标式的尺寸标注，但要保证基准统一原则，如图 1-24 所示。

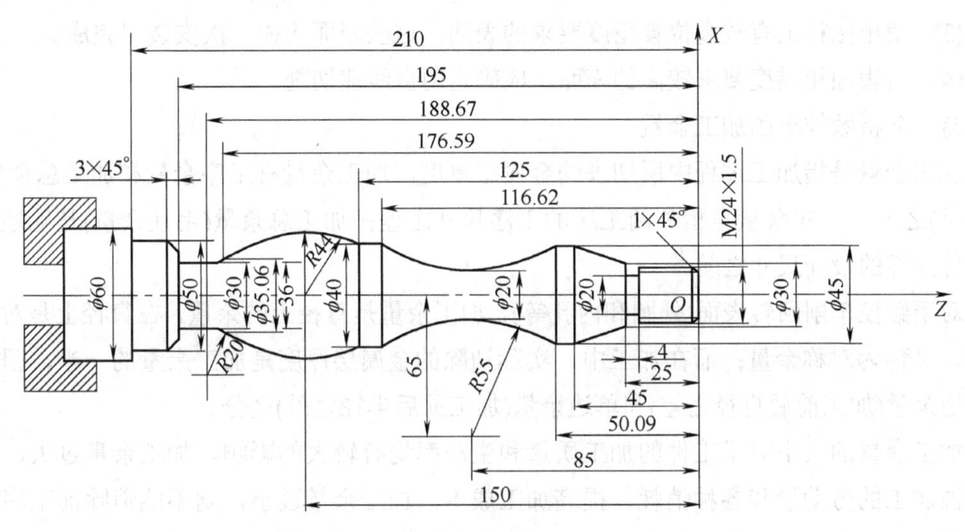

图 1-24　零件坐标标注法示例

3)　分析加工时零件结构的合理性

零件结构的合理性对提高加工效率，降低生产成本尤其重要。如图 1-25(a)所示的零件结构工艺性示例零件，需用三把不同宽度的切槽刀切槽，如无特殊需要，显然不合理；若改成图 1-25(b)所示的结构，只需要一把切槽刀即可切出三个槽。这样即减少了刀具数量，少占了刀架刀位，又节约了换刀时间。

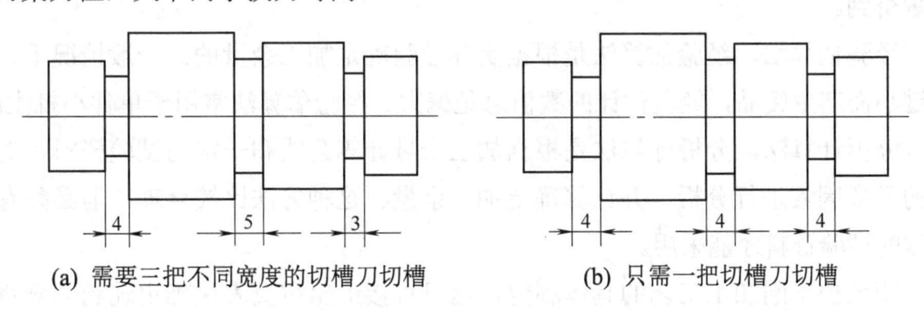

(a) 需要三把不同宽度的切槽刀切槽　　(b) 只需一把切槽刀切槽

图 1-25　零件结构工艺性示例

4) 零件加工精度及技术要求分析

对被加工零件的加工精度及技术要求进行分析是零件工艺性分析的重要内容，只有在分析零件加工精度和表面粗糙度的基础上，才能对加工方法、装夹方式、进给加工路线、刀具及切削用量等进行正确而合理的选择。具体零件加工精度及技术要求分析的主要分析内容有以下几点。

(1) 分析精度及各项技术要求是否齐全、是否合理。对采用数控加工的表面，其精度要求应尽量一致，以便最后能一刀连续加工。

(2) 分析本工序的数控车削加工精度能否达到图纸要求，若达不到，需采用其他措施(如磨削)弥补时，注意给后续工序留有余量。

(3) 找出图样上有较高位置精度要求的表面，这些表面应在一次安装下完成。

(4) 对表面粗糙度要求较高的表面，应确定用恒线速切削。

5) 分析数控车削加工余量

加工余量是指加工过程中所切去的金属层厚度。加工余量有工序余量和加工总余量(毛坯余量)之分。工序余量是相邻两工序的工序尺寸之差；加工总余量(毛坯余量)是毛坯尺寸与零件图样的设计尺寸之差。

对于数控车削回转表面(外圆和内孔等)，加工余量是直径上的余量，在直径上是对称分布的，又称为对称余量；而在加工中，实际切除的金属层厚度是加工余量的一半，因此又有双边余量(加工前后直径之差)和单边余量(加工前后半径之差)之分。

加工余量的大小对于工件的加工质量和生产率均有较大的影响。加工余量过大，会增加机械加工的劳动量和各种消耗，提高加工成本；加工余量过小，则不能消除前工序的各种缺陷、误差和本工序的装夹误差，造成废品。因此，应当合理地确定加工余量。

在保证加工质量的前提下，加工余量越小越好。分析确定加工余量有以下 3 种方法。

(1) 查表法。根据各工厂的生产实践和试验研究积累的数据，先制成各种表格，再汇集成手册。确定加工余量时，查阅这些手册，再结合工厂的实际情况进行适当修改。目前大都采用查表法。查表法应先拟定出工艺路线，将每道工序的余量查出后由最后一道工序向前推算出各道工序尺寸。粗加工工序余量不能用查表法得到，而是由总余量减去其他各工序余量得到。

(2) 经验估算法。经验估算法是根据实际经验确定加工余量的。一般情况下，为防止因余量过小而产生废品，经验估计的数值总是偏大。经验估算法常用于单件小批生产。

(3) 分析计算法。分析计算法是根据加工余量计算公式和一定的试验资料，对影响加工余量的各项因素进行分析，并计算确定加工余量。这种方法比较合理，但必须有比较全面和可靠的试验资料才能采用。

为方便数控车削加工工艺的具体制定，这里直接给出按查表法确定轧制圆棒料毛坯和模锻毛坯用于加工轴类零件的余量，具体如表 1-2 和表 1-3 所示。

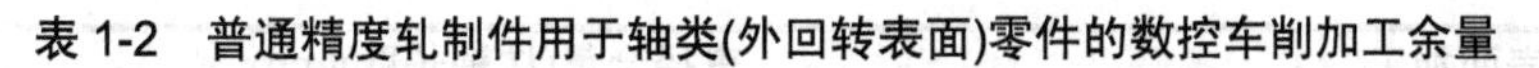

表 1-2　普通精度轧制件用于轴类(外回转表面)零件的数控车削加工余量

名义直径/mm	表面加工方法	直径余量(按轴长取)/mm					
		到 120	>120～260	>260～500	>500～800	>800～1250	>1250～2000
5～30	粗车和一次车	1.1　1.3	1.7　1.7	—	—	—	—
	半精车	0.45　0.45	0.5　0.5	—	—	—	—
	精车	0.2　0.25	0.25　0.25	—	—	—	—
	细车	0.12　0.13	0.15　0.15	—	—	—	—
>30～50	粗车和一次车	1.1　1.3	1.8　1.8	2.2　2.2	—	—	—
	半精车	0.45　0.45	0.45　0.45	0.5　0.5	—	—	—
	精车	0.2　0.25	0.25　0.25	0.3　0.3	—	—	—
	细车	0.12　0.13	0.13　0.14	0.16　0.16	—	—	—
>50～80	粗车和一次车	1.1　1.5	1.8　1.9	2.2　2.3	2.3　2.6	—	—
	半精车	0.45　0.45	0.45　0.5	0.5　0.5	0.5　0.5	—	—
	精车	0.2　0.25	0.25　0.25	0.25　0.3	0.3　0.3	—	—
	细车	0.12　0.13	0.13　0.15	0.14　0.16	0.17　0.18	—	—
>80～120	粗车和一次车	1.2　1.7	1.9　2.0	2.2　2.3	2.7　2.7	3.4　3.4	—
	半精车	0.45　0.5	0.45　0.5	0.5　0.5	0.55　0.55	0.55　0.55	—
	精车	0.25　0.25	0.25　0.3	0.3　0.3	0.35　0.35	0.35　0.35	—
	细车	0.12　0.15	0.13　0.16	0.16　0.18	0.2　0.2	0.2　0.2	—
>120～180	粗车和一次车	1.3　2.0	2.0　2.1	2.2　2.3	2.7　2.7	3.5　3.5	4.8　4.8
	半精车	0.45　0.5	0.45　0.5	0.5　0.5	0.5　0.5	0.55　0.6	0.65　0.65
	精车	0.25　0.3	0.25　0.3	0.25　0.3	0.3　0.3	0.3　0.35	0.4　0.4
	细车	0.13　0.16	0.13　0.16	0.15　0.17	0.17　0.18	0.2　0.21	0.27　0.27
>180～260	粗车和一次车	1.4　2.3	2.2　2.4	2.4　2.6	2.8　2.9	3.5　3.6	4.8　5.0
	半精车	0.45　0.5	0.45　0.5	0.5　0.5	0.5　0.55	0.55　0.6	0.65　0.65
	精车	0.25　0.3	0.25　0.3	0.25　0.3	0.3　0.3	0.35　0.35	0.4　0.4
	细车	0.13　0.17	0.14　0.17	0.15　0.18	0.17　0.19	0.2　0.22	0.27　0.27

注：①直径小于 30 mm 的毛坯规定校直，不校直时必须增加直径，以达到能够补偿弯曲所需的数值。

②阶梯轴按最大阶梯直径选取毛坯直径。

③表 1-2 的直径余量的每格中，前列数值是用中心孔安装时的车削余量，后列数值是用卡盘安装时的车削余量。

表 1-3　模锻毛坯用于轴类(外回转表面)零件的数控车削加工余量

名义直径/mm	表面加工方法	直径余量(按轴长取)/mm					
		到 120	>120～260	>260～500	>500～800	>800～1250	>1250～2000
5～18	粗车和一次车	1.4　1.5	1.9　1.9	—	—	—	—
	精车	0.25　0.25	0.25　0.25	—	—	—	—
	细车	0.14　0.14	0.15　0.15	—	—	—	—
>18～30	粗车和一次车	1.5　1.6	1.9　2.0	2.3　2.3	—	—	—
	精车	0.25　0.25	0.25　0.3	0.3　0.3	—	—	—
	细车	0.14　0.14	0.14　0.15	0.16　0.16	—	—	—

续表

名义直径/mm	表面加工方法	直径余量(按轴长取)/mm					
		到120	>120～260	>260～500	>500～800	>800～1250	>1250～2000
>30～50	粗车和一次车	1.7 1.8	2.0 2.3	2.7 3.0	3.5 3.5	—	—
	精车	0.25 0.3	0.3 0.3	0.3 0.3	0.35 0.35	—	—
	细车	0.15 0.15	0.15 0.16	0.17 0.19	0.21 0.21	—	—
>50～80	粗车和一次车	2.0 2.2	2.6 2.9	2.9 3.4	3.6 4.2	5.0 5.0	—
	精车	0.3 0.3	0.3 0.3	0.3 0.35	0.35 0.4	0.45 0.45	—
	细车	0.16 0.16	0.17 0.18	0.18 0.2	0.2 0.22	0.25 0.25	—
>80～120	粗车和一次车	2.3 2.6	3.0 3.3	3.8 4.3	4.5 5.2	5.2 6.3	8.2 8.2
	精车	0.3 0.3	0.3 0.3	0.35 0.4	0.4 0.45	0.45 0.5	0.6 0.6
	细车	0.17 0.17	0.18 0.19	0.21 0.23	0.24 0.26	0.26 0.3	0.38 0.38
>120～180	粗车和一次车	2.8 3.2	4.2 4.6	4.5 5.0	5.6 6.2	6.7 7.5	—
	精车	0.3 0.35	0.3 0.4	0.4 0.45	0.45 0.5	0.55 0.6	—
	细车	0.2 0.2	0.22 0.24	0.23 0.25	0.27 0.3	0.32 0.35	—

注：①直径小于30 mm的毛坯规定校直，不校直时必须增加直径，以达到能够补偿弯曲所需的数值。

②阶梯轴按最大阶梯直径选取毛坯直径。

③表1-3的直径余量的每格中，前列数值是用中心孔安装时的车削余量，后列数值是用卡盘安装时的车削余量。

资料三　拟定数控车削加工工艺路线

由于生产批量的差异，即使同一零件的数控车削加工工艺方案也会有所不同。因此拟定数控车削加工工艺路线时，应根据具体生产批量、现场生产条件、生产周期等情况，拟定经济、合理的数控车削加工工艺路线。

拟定数控车削加工工艺路线主要内容包括：选择各加工表面的加工方法、划分加工阶段、划分加工工序、确定加工顺序(工序顺序安排)、工步顺序和进给加工路线确定等。

1. 加工方法选择

选择数控车削加工方法时应重点考虑的方面包括：能保证零件的加工精度和表面粗糙度要求；使走刀路线最短，即可简化编程程序段，又可减少刀具空行程时间，提高加工效率；使编程节点数值计算简单、程序段数量少，以减少编程工作量。一般根据零件的加工精度、表面粗糙度、材料、结构形状、尺寸及生产类型确定零件表面的数控车削加工方法及加工方案。

1)　数控车削外回转表面加工方法的选择

回转体类零件外回转表面的加工方法主要是车削和磨削，当零件表面粗糙度要求较高时，还要经光整加工。一般外回转表面的参考加工方法如表1-4所示。

表 1-4　外回转表面的参考加工方法

序号	加工方法	经济精度级	表面粗糙度 R_a 值/μm	适用范围
1	粗车	IT11 以下	12.5～50	适用于除淬火钢以外的常用金属材料
2	粗车—半精车	IT8～IT10	3.2～12.5	
3	粗车—半精车—精车	IT7～IT8	0.8～1.6	
4	粗车—半精车—精车—滚压(或抛光)	IT6～IT7	0.2～0.8	
5	粗车—半精车—磨削	IT6～IT7	0.2～0.8	主要用于淬火钢，也可用于未淬火钢，但不宜加工有色金属
6	粗车—半精车—粗磨—精磨	IT5～IT7	0.1～0.4	
7	粗车—半精车—粗磨—精磨—超精加工	IT5	0.04～0.1	
8	粗车—半精车—精车—细车	IT5～IT6	0.08～0.4	主要用于加工有色金属
9	粗车—半精车—粗磨—精磨—超精磨	IT5 以上	0.025～0.1	主要用于高精度的钢件加工
10	粗车—半精车—粗磨—精磨—研磨	IT5 以上	0.025～0.08	

2)　数控车削内回转表面加工方法的选择

回转体类零件内回转表面的加工方法主要是车削和磨削；当零件表面粗糙度要求较高时还要经光整加工。一般内回转表面的参考加工方法如表 1-5 所示。

表 1-5　内回转表面的参考加工方法

序号	加工方法	经济精度级	表面粗糙度 R_a 值/μm	适用范围
1	粗车	IT11 以下	12.5～50	适用于除淬火钢以外的常用金属材料
2	粗车—半精车	IT8～IT10	3.2～12.5	
3	粗车—半精车—精车	IT7～IT8	0.8～1.6	
4	粗车—半精车—磨削	IT6～IT7	0.4～0.8	主要用于淬火钢，也可用于未淬火钢，但不宜加工有色金属
5	粗车—半精车—粗磨—精磨	IT5～IT6	0.1～0.4	
6	粗车—半精车—精车—细车	IT6～IT7	0.2～0.8	适用于除淬火钢以外的常用金属材料
7	粗车—半精车—精车—精密车	IT5	0.1～0.4	适用于除淬火钢以外的常用金属
8	粗车—半精车—粗磨—精磨—研磨	IT5 以上	0.025～0.1	主要用于淬火钢等难车削材料

3) 数控车削回转体端面的加工方法选择

回转体端面的主要加工方法是车削和磨削，当采用车削且回转体端面的粗糙度要求较高时，应采用恒线速切削。数控车削回转体零件端面，可保证端面与回转体回转轴线的垂直度要求。一般回转体端面的参考加工方法如表 1-6 所示。

表 1-6 回转体端面的参考加工方法

序号	加工方法	经济精度级	表面粗糙度 R_a 值/μm	适用范围
1	粗车	IT11 以下	12.5～50	适用于除淬火钢以外的常用金属材料
2	粗车—半精车	IT8～IT9	3.2～6.3	
3	粗车—半精车—精车	IT7～IT8	0.8～1.6	
4	粗车—半精车—精车—细车，或粗车—半精车—磨削	IT6～IT7	0.4～0.8	主要用于淬火钢，也可用于未淬火钢

2. 划分加工阶段

当数控车削零件的加工精度要求较高时，往往不可能用一道工序来满足其加工要求，而是需要用几道工序逐步达到其所要求的加工精度。为保证加工质量和合理地使用设备及人力，车削零件的加工过程通常按工序性质不同，可分为四个阶段：粗加工阶段、半精加工阶段、精加工阶段和精密、超精密加工、光整加工阶段，具体如下。

(1) 粗加工阶段。主要任务是切除各加工表面上的大部分余量，并做出精基准，其目的是提高生产率。

(2) 半精加工阶段。其任务是减小粗加工留下的误差，使主要加工表面达到一定的精度，并留有一定的精加工余量，为主要表面的精加工(精车或磨削)做好准备。

(3) 精加工阶段。保证各主要表面达到图纸规定的尺寸精度和表面粗糙度要求，其主要目标是如何保证加工质量。

(4) 精密、超精密加工、光整加工阶段。对那些加工精度(含表面粗糙度)要求很高的零件，在加工工艺过程的最后阶段安排细车、精密车、超精磨、抛光或其他特种加工方法加工，以达到零件最终的精度要求。

划分加工阶段的目的如下。

(1) 保证加工质量，使粗加工产生的误差和变形通过半精加工和精加工予以纠正，并逐步提高零件的加工精度和表面质量。

(2) 合理使用设备，避免以精干粗，充分发挥机床的性能，延长使用寿命。

(3) 便于安排热处理工序，使冷热加工工序配合得更好，热处理变形可以通过精加工予以消除。

(4) 有利于及早发现毛坯的缺陷，粗加工时发现毛坯缺陷，及时予以报废，以免继续加工造成资源的浪费。

加工阶段的划分不是绝对的，必须根据零件的加工精度要求和零件的刚性来决定。一般来说，零件精度要求越高、刚性越差，划分阶段应越细；当零件批量小、精度要求不太高、零件刚性较好时也可以不分或少分阶段。

3. 划分加工工序

1) 数控车削加工工序的划分

数控车削加工工序的划分可以采用两种不同原则，即工序集中原则和工序分散原则。工序集中原则就是指每道工序包括尽可能多的加工内容，从而使工序的总数减少；工序分散原则就是指将加工分散在较多的工序内进行，每道工序的加工内容很少。

在数控车床上加工的零件一般按工序集中原则划分工序，在一次安装下尽可能完成大部分甚至全部表面的加工。对于需要多台不同的数控机床、多道工序才能完成加工的零件，工序划分自然以机床为单位进行；而对于需要很少的数控机床就能加工完零件全部内容的情况，一般应根据零件的结构形状不同选择外圆、端面或内孔、端面装夹，并力求设计基准、工艺基准和编程原点的统一。工序的划分可按下列方法进行。

(1) 以一次安装所进行的加工作为一道工序。

将位置精度要求较高的表面安排在一次安装下完成，避免多次安装所产生的安装误差影响位置精度。这种工序划分方法适用于加工内容不多的零件。例如，图 1-26 所示的圆锥滚子轴承内圈精车两道工序加工方案，圆锥滚子轴承内圈有一项形位公差要求——壁厚差，指滚道与内径在任意一个圆周截面上的最大壁厚误差。该圆锥滚子轴承内圈的精车原采用 3 台液压半自动车床和 1 台液压仿形车床加工，需要 4 次装夹，滚道与内径分在两道工序内车削(无法在 1 台液压仿形车床上将两面一次装夹同时加工出来)，因而造成较大的壁厚差，达不到图纸技术要求。后改用数控车床加工，两次装夹完成全部精车加工。第一道工序采用图 1-26(a)所示的以大端面和大外径定位装夹方案，滚道与内孔的车削和除大外径、大端面及相邻两个倒角外的所有表面均在这次装夹内完成。由于滚道与内孔同在此工序车削，壁厚差大为减小，且加工质量稳定。此外，该圆锥滚子轴承内圈小端面与内径的垂直度、滚道的角度也有较高要求，因此也在此工序内同时完成。若在数控车床上加工后经实测发现小端面与内径的垂直度误差较大，可以采用修改程序内节点数据的方法来进行校正。第二道工序采用图 1-26(b)所示以已加工过的内孔和小端面定位装夹方案，车削大外圆和大端面及倒角。

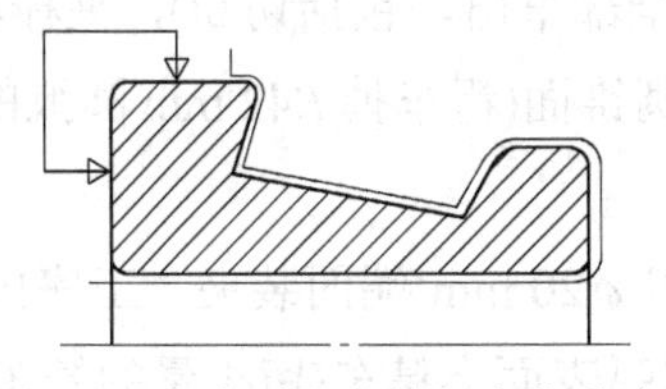

(a) 以大端面和大外径定位装夹

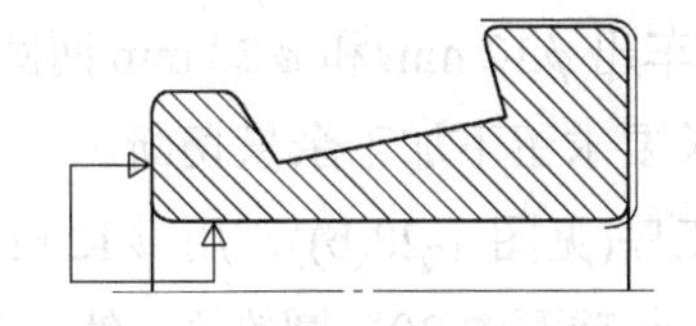

(b) 以已加工过的内孔和小端面定位装夹

图 1-26　圆锥滚子轴承内圈精车两道工序加工方案

(2) 以一个完整数控加工程序连续加工的内容作为一道工序。

有些零件虽能在一次安装中加工出很多待加工表面，但因程序太长会受到某些限制，例如，控制系统内存容量的限制、一个工作班内不能加工结束一道工序的限制等。此外，程序太长会增加出错率，查错与检索困难，因此程序不能太长。这时可以以一个独立、完整的数控程序连续加工的内容作为一道工序。在本工序内用多少把刀具，加工多少内容，主要根据控制系统的限制、机床连续工作时间的限制等因素进行综合考虑。

(3) 以工件上的结构内容组合用一把刀具加工作为一道工序。

有些零件结构较复杂、加工内容较多，既有回转表面也有非回转表面，既有外圆、平面也有内腔、曲面。对于加工内容较多的零件，按零件结构特点将加工内容组合分成若干部分，每一部分用一把典型刀具加工。这时可以将组合在一起的所有部位加工内容作为一道工序，然后再将另外组合在一起的部位换另外一把刀具加工，作为新的一道工序。这样可以减少换刀次数，减少空行程时间。

(4) 以粗、精加工中完成的那部分工艺过程作为一道工序。

对于容易发生加工变形的零件，粗加工后通常需要进行矫形，这时可以将粗加工和精加工作为两道或更多的工序，采用不同的刀具或不同的数控车床加工，以合理利用数控车床。对毛坯余量较大和加工精度要求较高的零件，应将粗车和精车分开，划分成两道或更多的工序。将粗车安排在精度较低、功率较大的数控车床上加工，将精车安排在精度较高的数控车床上加工。这种工序划分方法适用于零件加工后易变形或精度要求较高的零件。

下面以车削如图 1-27 所示的手柄零件为例，说明工序的划分。

该手柄零件加工所用坯料为 ϕ32 mm 棒料，批量生产，加工时用一台数控车床。试对其进行工序划分以及确定装夹方案。

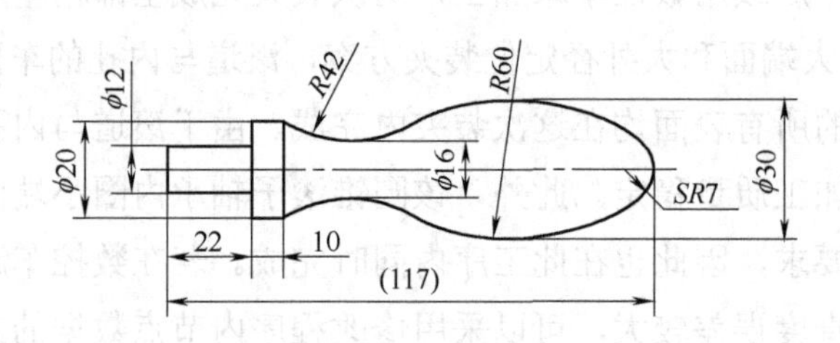

图 1-27　手柄零件

第一道工序(按如图 1-28(a)所示，将一批工件全部车出，包括切断)，夹棒料外圆柱面，工序内容有：车出 ϕ12 mm 和 ϕ20 mm 两圆柱面及圆锥面(粗车掉 *R*42 mm 圆弧的部分余量)，转刀后按总长要求留下加工余量切断。

第二道工序(见图 1-28(b))，用 ϕ12 mm 外圆和 ϕ20 mm 端面装夹，工序内容有：先车削包络 *SR*7 mm 球面的 30° 圆锥面，然后对全部圆弧表面半精车(留少量的精车余量)，最后换精车刀将全部圆弧表面一刀精车成形。

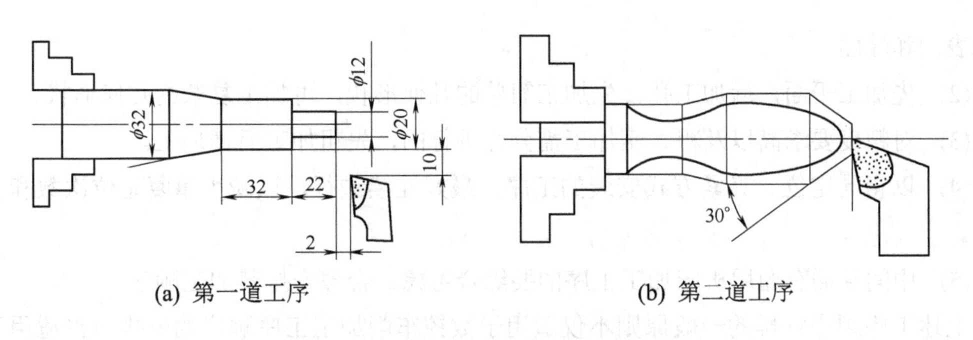

(a) 第一道工序　　　　(b) 第二道工序

图 1-28　手柄加工及工序划分示意图

综上所述，在数控加工划分工序时，一定要视零件的结构与工艺性、零件的批量、机床的功能、零件数控加工内容的多少、程序的大小、安装次数及本单位生产组织状况灵活掌握。零件是宜采用工序集中的原则还是采用工序分散的原则，也要根据实际情况来确定，但一定要力求合理。

2)　回转体类零件非数控车削加工工序的安排

回转体类零件所有加工工序并非全部采用数控车削完成，如齿形、键槽、热处理喷丸、滚压抛光工序等，应视其加工的经济性、合理性，安排相应的非数控车削加工工序，具体如下。

(1)　零件上有不适合数控车削加工的表面，如渐开线齿形、键槽、花键表面等，必须安排相应的非数控车削加工工序。

(2)　零件表面硬度及精度要求很高，热处理需安排在数控车削加工之后，则热处理之后一般安排磨削加工。

(3)　零件要求特殊，不能用数控车削加工完成全部加工要求，则必须安排其他非数控车削加工工序，如喷丸、滚压加工和抛光等。

(4)　零件上有些表面根据工厂条件采用非数控车削加工更合理，这时可适当安排这些非数控车削加工工序，如铣端面、钻中心孔等。

3)　数控加工工序与普通加工工序的衔接

数控加工工序前后一般穿插有其他普通加工工序，如果衔接得不好就容易产生矛盾，最好的办法是相互建立状态要求，例如：要不要留加工余量，留多少；定位面的尺寸精度要求及形位公差；对校形工序的技术要求；对毛坯的热处理状态要求等。目的是达到相互能够满足加工需求，且质量目标及技术要求明确，交接验收有依据。

4. 加工顺序(工序顺序安排)

制定零件数控车削加工工序顺序一般遵循下列原则。

(1)　先加工定位面，即上道工序的加工能为后面的工序提供精基准和合适的夹紧表面。制定零件的整个加工工艺路线就是从最后一道工序开始往前推，按照前工序为后工序提供基准的原则先大致安排。轴类零件加工时，一般先加工中心孔，再以中心孔为精基准加工外圆表面和端面。

(2) 先加工平面，后加工孔；先加工简单的几何形状，再加工复杂的几何形状。

(3) 对精度要求高以及粗、精加工需分开进行的，先粗加工后精加工。

(4) 以相同定位、夹紧方式安装的工序，最好连续进行，以减少重复定位次数和夹紧次数。

(5) 中间穿插有通用机床加工工序的要综合考虑，合理安排其加工顺序。

上述工序顺序安排的一般原则不仅适用于数控车削加工工序顺序的安排，也适用于其他类型的数控加工工序顺序的安排。

5. 工步顺序和进给加工路线确定

1) 工步顺序安排的原则

工步顺序安排的原则有以下几种。

(1) 先粗后精原则。

对于粗、精加工在一道工序内进行的加工内容，应先对各表面进行全部粗加工，然后再进行半精加工和精加工，以逐步提高加工精度。此工步顺序安排的原则是：粗车在较短的时间内将工件各表面上的大部分加工余量(如图 1-29 中的双点划线内所示部分)切掉，一方面提高金属切除率，另一方面满足精车余量的均匀性要求。若粗车后所留余量的均匀性满足不了精加工的要求，则要安排半精车，以此为精车做准备。为保证加工精度，精车一定要一刀切出。此原则的实质是在一个工序内分阶段加工，这有利于保证零件的加工精度，适用于精度要求高的情况，但可能会增加换刀的次数和加工路线的长度。

(2) 先近后远原则。

这里所说的远与近是按加工部位相对于对刀点(起刀点)的距离远近而言的。在一般情况下，离对刀点近的部位先加工，离对刀点远的部位后加工，以缩短刀具移动距离，减少空行程时间。对车削而言，先近后远还可以保持工件的刚性，有利于切削加工。

例如，加工图 1-30 所示的零件时，如果按 ϕ38mm→ϕ36 mm→ϕ34 mm 的次序安排车削，不仅会增加刀具返回对刀点的空行程时间，而且一开始就削弱了工件的刚性，还可能使台阶的外直角处产生毛刺(飞边)。对这类直径相差不大的台阶轴，当第一刀的背吃刀量(图 1-30 中最大背吃刀量可为 3 mm 左右)未超限时，宜按 ϕ34 mm→ϕ36 mm→ϕ38 mm 的次序先近后远地安排车削。

(3) 先内后外、内外交叉原则。

对既有内表面(内型、腔)又有外表面需加工的回转体类零件安排加工顺序时，粗加工时先进行内腔、 内形粗加工，后进行外形粗加工；精加工时先进行内腔、内形精加工，后进行外形精加工。这是因为控制内表面的精度较困难，刀具刚性较差，加工中清除切屑较困难等。内、外表面的加工应交叉进行，不要将零件上的一部分表面加工完后再加工其他表面。

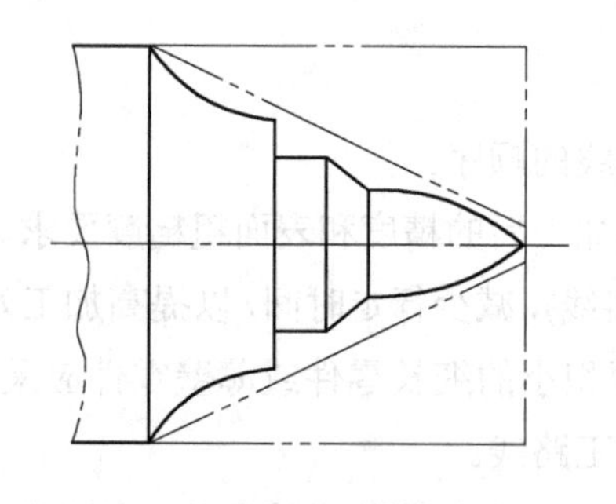

图 1-29　先粗后精示例

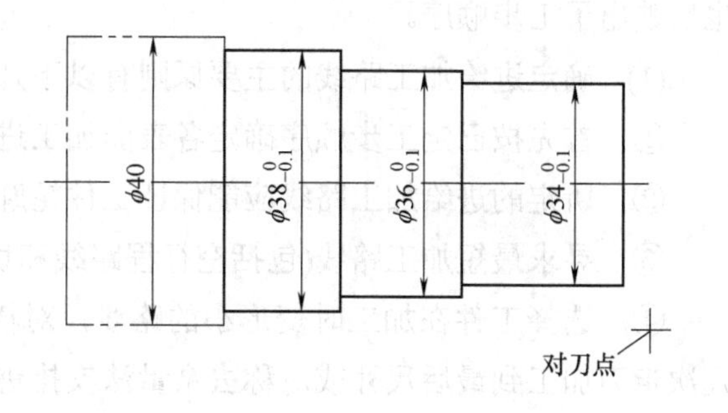

图 1-30　先近后远示例

(4)　保证工件加工刚度原则。

在一道工序中进行的多工步加工，应先安排对工件刚性破坏较小的工步，后安排对工件刚性破坏较大的工步，以保证工件加工时的刚度要求。即一般先加工离装夹部位较远的、在后续工步中不受力或受力小的部位，本身刚性差又在后续工步中受力的部位一定要后加工。

(5)　同一把刀能加工内容连续加工原则。

此原则的含义是用同一把刀把能加工的内容连续加工出来，以减少换刀次数，缩短刀具移动距离。特别是精加工同一表面时一定要连续切削。该原则与先粗后精原则有时相矛盾，因此是否选用该原则以能否满足加工精度要求为准。

上述工步顺序安排的一般原则同样适用于其他类型的数控加工工步顺序的安排。

2)　数控车削加工常见工步内容的安排

(1)　车削台阶轴时，为了保证车削时的刚性，一般应先车直径较大的部分，后车直径较小的部分。

(2)　在轴类工件上切槽时，一般应在精车之前进行，以防止工件切槽时引起变形。

(3)　精车带螺纹的轴时，一般应在螺纹加工之后再精车无螺纹部分。

(4)　钻孔前，应将工件端面车平，必要时应先钻中心孔。

(5)　钻深孔时，一般先钻导向孔。

(6)　车削 ϕ10mm～ϕ20 mm 的孔时，刀杆的直径应为被加工孔径的 0.6～0.7 倍；加工直径大于 ϕ20 mm 的孔时，一般应采用装夹刀头的刀杆。

(7)　当工件的有关表面有位置公差要求时，尽量在一次装夹中完成车削。

(8)　车削圆柱齿轮齿坯时，孔与基准端面必须在一次装夹中加工。必要时应在端面的齿轮分度圆附近车出标记线。

3)　进给加工路线的确定

进给加工路线是指数控机床加工过程中刀具相对工件的运动轨迹和方向，也称走刀路线。它泛指刀具从对刀点(或机床参考点)开始运动，直至返回该点并结束加工程序所经过的路径，包括切削加工的路径及刀具切入、切出等非切削空行程。它不但包括了工步的内容，也反映出了工步顺序。

(1) 确定进给加工路线的主要原则有以下几点。

① 首先按已定工步顺序确定各表面加工进给路线的顺序。

② 所定的进给加工路线应能保证工件轮廓表面加工后的精度和表面粗糙度要求。

③ 寻求最短加工路线(包括空行程路线和切削路线)，减少行走时间，以提高加工效率。

④ 选择工件在加工时变形小的路线，对横截面积小的细长零件或薄壁零件应采用分几次走刀加工到最后尺寸或对称去余量法安排进给加工路线。

确定进给加工路线的工作重点主要在于确定粗加工及空行程的进给路线，因为精加工切削过程的进给加工路线基本上沿零件轮廓顺序进行。

(2) 粗加工进给加工路线的确定。

① 常用的粗加工进给加工路线主要有以下几种。

- “矩形”循环进给路线。利用数控系统具有的矩形循环功能而安排的“矩形”循环进给路线，如图 1-31(a)所示。
- “三角形”循环进给路线。利用数控系统具有的三角形循环功能而安排的“三角形”循环进给路线，如图 1-31(b)所示。
- 沿轮廓形状等距线循环进给路线。利用数控系统具有的封闭式复合循环功能控制车刀沿着工件轮廓等距线循环的进给路线，如图 1-31(c)所示。

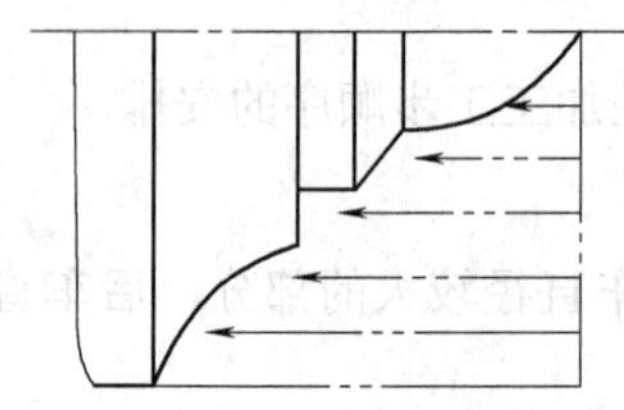
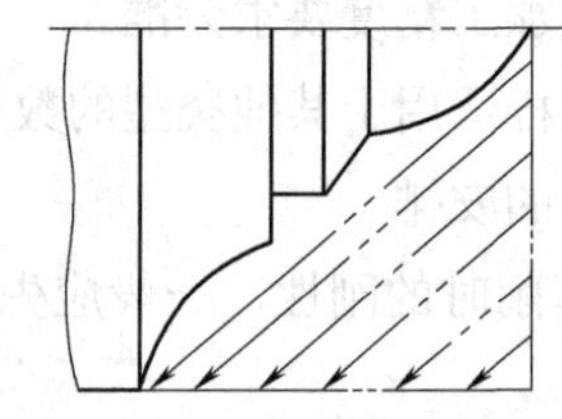
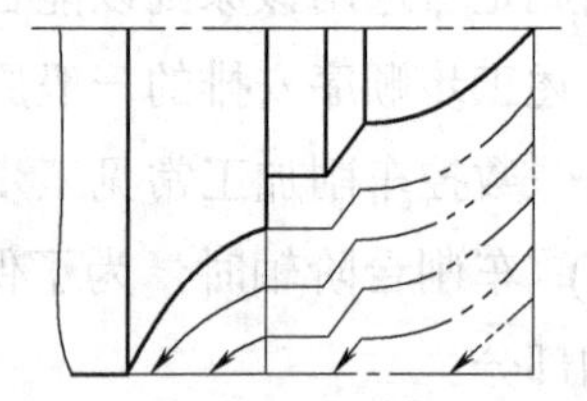

(a) “矩形”循环进给线路　(b) “三角形”循环进给路线　(c) 给轮廓形状等距线循环进给路线

图 1-31　常用的粗车循环进给加工路线示例

- 阶梯切削进给路线。图 1-32 所示为车削大余量工件的两种加工路线：图 1-32(a)是错误的阶梯切削进给路线；图 1-32(b)所示为按 1～5 的顺序切削，每次切削所留余量相等，是正确的阶梯切削进给路线。因为在同样背吃刀量的条件下，按图 1-32(a)的方式加工所留的余量过多。
- 双向联动切削进给路线。利用数控车床加工的特点，还可以放弃常用的阶梯车削法，改用轴向和径向联动双向进刀，顺工件毛坯轮廓进给的路线，如图 1-33 所示。

② 最短的粗加工切削进给路线。切削进给路线为最短，可有效地提高生产效率，降低刀具的损耗等。图 1-31 中常用的粗车循环进给加工路线示例所示的三种不同切削进给路线，经分析和判断后可知“矩形”循环进给路线的进给长度总和最短。因此，在同等条件下，其切削所需时间(不含空行程)最短，刀具的损耗最少，为常用粗加工切削进给路线；但

其也有缺点，粗加工后的精车余量不够均匀，一般需安排半精加工。

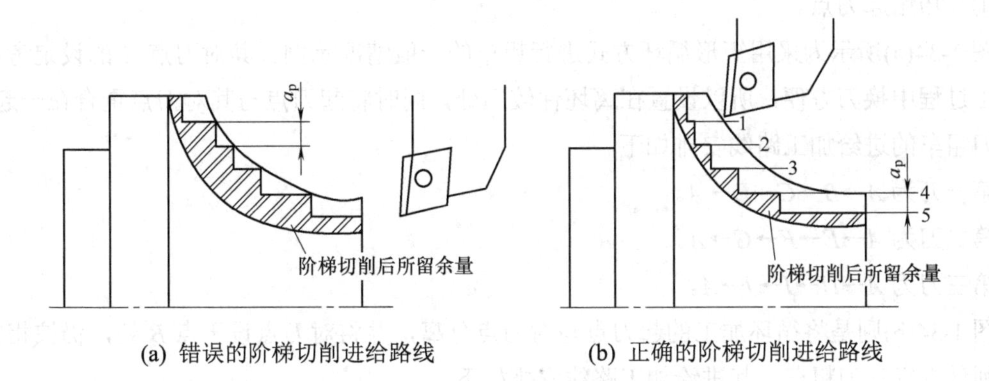

(a) 错误的阶梯切削进给路线　　(b) 正确的阶梯切削进给路线

图 1-32　大余量毛坯阶梯切削进给路线

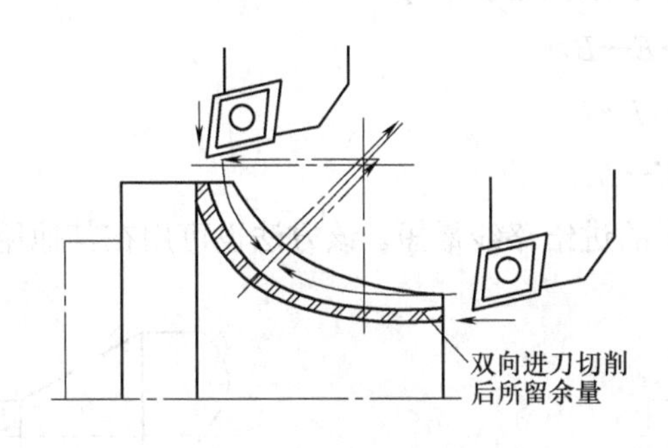

图 1-33　顺工件毛坯轮廓双向联动切削进给路线示例

(3) 精加工进给加工路线的确定。

① 完工轮廓的连续切削进给路线。在安排一刀或多刀进行的精加工进给路线时，其零件的完工轮廓应由最后一刀连续加工而成，并且加工刀具的进、退刀位置要考虑妥当，尽量不要在连续的轮廓中安排切入和切出或换刀及停顿，以免因切削力突然变化而造成工件弹性变形，致使光滑连接轮廓上产生表面划伤、形状突变或滞留刀痕等缺陷。

② 换刀加工时的进给路线。主要根据工步顺序要求决定各刀加工的先后顺序及各刀进给路线的衔接。

③ 切入、切出及接刀点位置。应选在有空刀槽或表面间有拐点、转角的位置，而曲线要求相切或光滑连接的部位不能作为切入、切出及接刀点的位置。

④ 各部位精度要求不一致的精加工进给路线。若各部位精度相差不是很大时，应以最严的精度为准，连续走刀加工所有部位；若各部位精度相差很大，则精度接近的表面安排在同一把刀走刀路线内加工，并先加工精度较低的部位，最后再单独安排精度较高的部位的走刀路线。

(4) 最短的空行程进给加工路线的确定。

在保证加工质量的前提下，使加工程序具有最短的进给路线，不仅可以节省整个加工过程的执行时间，还能减少机床进给机构滑动部件的磨损等。

① 巧用起刀点。

图 1-34(a)所示为采用矩形循环方式进行粗车的一般情况示例。其对刀点 A 的设定考虑了加工过程中换刀方便，所以设置在离坯件较远处，同时将起刀点与其对刀点重合在一起，按三刀粗车的进给加工路线安排如下。

第一刀为 $A \to B \to C \to D \to A$。

第二刀为 $A \to E \to F \to G \to A$。

第三刀为 $A \to H \to I \to J \to A$。

图 1-34(b)则是将循环加工的起刀点与对刀点分离，并将对刀点设于点 B 处，仍按相同的切削量进行三刀粗车，其进给加工路线安排如下。

起刀点与对刀点分离的空行程为 $A \to B$。

第一刀为 $B \to C \to D \to E \to B$。

第二刀为 $B \to F \to G \to H \to B$。

第三刀为 $B \to I \to J \to K \to B$。

显然，图 1-34 (b)所示的进给路线最短。该方法也可用在其他循环(如螺纹)切削加工中。

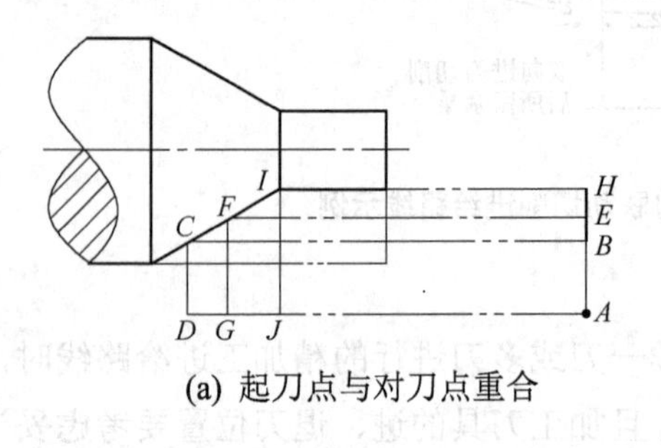

(a) 起刀点与对刀点重合　　(b) 起刀点与对刀点分离

图 1-34　巧用起刀点

② 巧设换(转)刀点。

为了换(转)刀的方便和安全，有时将换(转)刀点设在离工件较远的位置(如图 1-34 中的点 A)，那么当换第二把刀后，进行精车时的空行程路线必然较长；如果将第二把刀的换刀点设置在图 1-34(b)中的点 B 位置(因工件已去掉一定的余量)，则可缩短空行程距离，但换刀过程中一定不能发生干涉。

③ 合理安排“回零”路线。

在手工编制较为复杂轮廓的加工程序时，为使其计算过程尽量简化，既不出错，又便于校核，编程者有时将每一刀加工完后的刀具终点通过执行“回零”(即返回对刀点)指令，使其全都返回对刀点位置，然后再执行后续程序。这样会增加进给加工路线的距离，降低生产效率。因此，在合理安排“回零”路线时，应使其前一刀终点与后一刀起点间的距离尽量短，或者为零，即可满足进给路线为最短的要求。另外，在选择返回对刀点指令时，

在不发生加工干涉现象的前提下，应尽量采用 X、Z 坐标轴双向同时“回零”指令，这种“回零”路线最短。

(5) 特殊的进给路线。

在数控车削中还有一种特殊情况值得注意，一般情况下，Z 坐标轴方向的进给运动都是沿着 $-Z$ 方向进给的，但这种加工进给路线安排有时并不合理， 甚至可能车坏工件。

例如，在图 1-35 所示的零件加工中，当用尖形车刀加工零件的大圆弧内表面时，有两种不同的加工进给路线，其结果极不相同。对于图 1-35(a)所示的第一种加工进给路线($-Z$ 方向进给)，因切削时尖形车刀的主偏角约为 100°～105°，这时切削力在 X 方向的分力 F_p(吃刀抗力)将沿着图 1-36 所示的 $+X$ 方向，当刀尖运动到圆弧的换象限处，即由 $-Z$、$-X$ 方向 $-Z$、$+X$ 方向变换时，吃刀抗力 F_p 立刻与传动横拖板的传动力方向相同，若机床 X 轴进给传动系统传动链有传动间隙，就可能使刀尖嵌入零件表面(即“扎刀”)，其嵌入量在理论上等于其传动链的传动间隙量 e，如图 1-36 所示。即使该传动间隙很小，由于刀尖在 X 方向换向时，横向拖板进给过程的位移量变化也很小，加上处于动摩擦与静摩擦之间呈过渡状态的拖板惯性的影响，仍会导致横向拖板产生严重的爬行现象，从而大大降低零件的加工表面质量。

对于图 1-35(b)所示的第二种加工进给路线，因为刀尖运动到圆弧的换象限处，即由 $+Z$、$-X$ 方向 $+Z$、$+X$ 方向变换时，吃刀抗力 F_p 与滚珠丝杆传动横向拖板的传动力方向相反(见图 1-37)，不会受 X 轴进给传动系统传动链间隙的影响而产生嵌刀现象，所以图 1-35(b)所示的加工进给路线是较合理的。

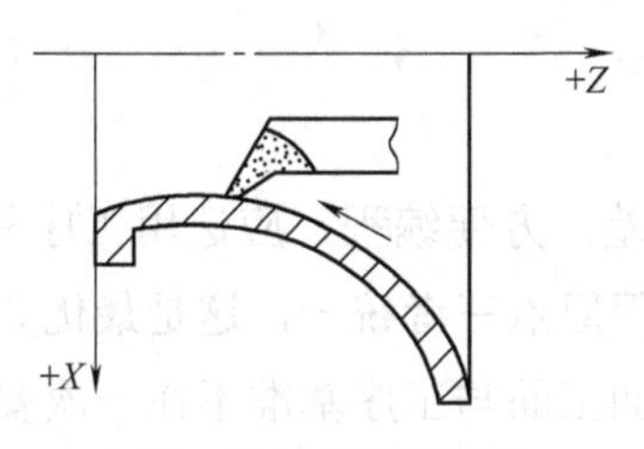

(a) 第一种加工进给路线

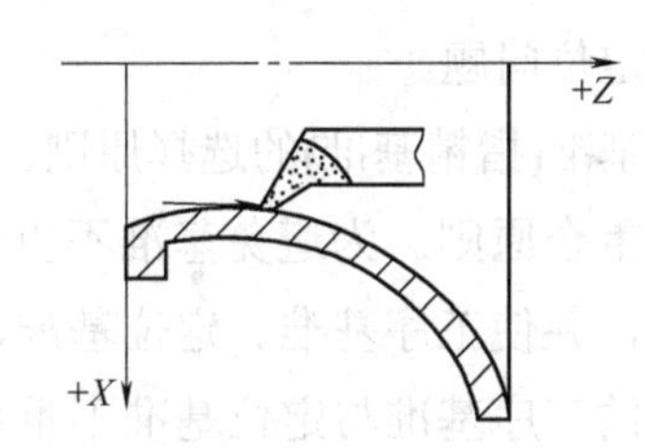

(b) 第二种加工进给路线

图 1-35　两种不同的进给方法

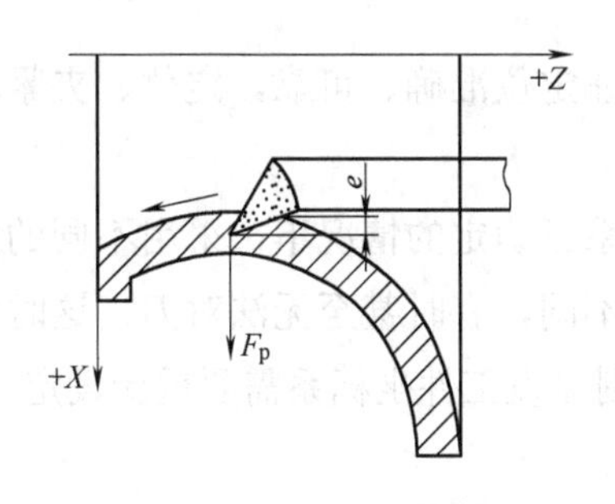

图 1-36　嵌刀现象

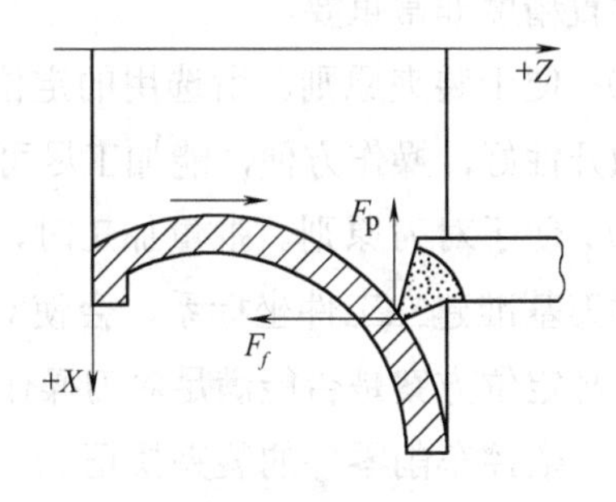

图 1-37　合理的加工进给方案

资料四　找正装夹方案及夹具选择

1. 找正装夹方案

1)　数控车削零件的装夹定位及定位基准选择原则

(1)　工件装夹定位要求。

由于数控车削编程和对刀的特点，工件径向定位后必须保证工件坐标系 Z 轴与机床主轴轴线同轴(即工件坐标系 Z 轴只能为加工表面的轴线)，同时还要保证加工表面径向的工序基准(设计基准)与机床主轴回转中心线的位置满足工序(或设计)要求。若工序要求加工表面轴线与工序基准表面轴线同轴，这时工件坐标系 Z 轴与工序基准表面轴线同轴，可采用三爪自定心卡盘以工序基准为定位基准自动定心装夹，或采用两顶尖(工序基准为工件两中心孔)定位装夹；若工序要求加工表面轴线与工序基准表面轴线有偏心，则采用偏心卡盘、偏心顶尖或专用夹具装夹，偏心卡盘、偏心顶尖或专用夹具的中心(为定位基准)到主轴回转中心线的距离要满足加工表面中心线与工序基准(与定位基准重合)的偏心距离要求。

工件轴向定位后要保证加工表面轴向的工序基准(或设计基准)与工件坐标系 X 轴的位置要求。批量加工时，若采用三爪自定心卡盘装夹，工件轴向定位基准可选工件的左端面或左侧其他台肩面以方便定位；若采用两顶针装夹，为保证定位准确，工件两中心孔倒角可加工成准确的圆弧形倒角，这时顶针与中心孔圆弧形倒角接触为一条环线，轴向定位非常准确，适合数控加工精确性要求。若单件加工，不需轴向定位，可用对刀的方法建立工件坐标系。采用夹具定位的目的就是一次对刀加工一批工件，用于批量加工，单件加工一般不涉及夹具定位问题。

(2)　定位基准(指精基准)的选择原则。

①　基准重合原则。为避免基准不重合误差，方便编程，应选用工序基准(设计基准)作为定位基准，并使工序基准、定位基准、编程原点三者统一，这是最优先考虑的方案。因为当加工面的工序基准与定位基准不重合且加工面与工序基准不在一次安装中同时加工出来时，会产生基准不重合误差。

②　基准统一原则。在多工序或多次安装中，选用相同的定位基准对数控加工保证零件的位置精度非常重要。

③　便于装夹原则。所选用的定位基准应能保证定位准确、可靠，定位、夹紧机构简单，敞开性好，操作方便，能加工尽可能多的内容。

④　便于对刀原则。批量加工时，在工件坐标系已确定的情况下，采用不同的定位基准为对刀基准建立工件坐标系，会使对刀的方便性不同，有时甚至无法对刀，这时就需要分析此种定位方案是否能满足对刀操作的要求，否则原设工件坐标系需要重新设定。

2)　数控车削零件的装夹找正

把工件从定位到夹紧的整个过程称为工件的装夹。数控车床进行工件的装夹时，一般必须将工件表面的回转中心轴线(即工件坐标系 Z 轴)，找正到与数控车床的主轴中心线

重合。

(1) 工件常用装夹方式。

① 在三爪自定心卡盘上装夹。

三爪自定心卡盘的三个卡爪是同步运动的，能自动定心，一般不需找正，但装夹时一般需有轴向支承面，否则所需夹紧力可能会过大而夹伤工件。三爪自定心卡盘装夹工件方便、省时，自动定心好，但夹紧力相对较小，因此适用于装夹外形规则的中、小型工件。三爪自定心卡盘可装成正爪或反爪两种形式，反爪用来装夹直径较大的工件。当较大的空心零件需车削外圆时，可使三个卡爪作离心运动，撑住工件内孔车削外圆。用三爪自定心卡盘装夹精加工过的表面时，被夹住的工件表面应包一层铜皮，以免夹伤工件表面。

用三爪自定心卡盘装夹工件进行粗车或精车时，若工件直径小于或等于 30 mm，其悬伸长度应不大于直径的 3 倍；若工件直径大于 30 mm，其悬伸长度应不大于直径的 5 倍。

数控车床多采用三爪自定心卡盘夹持工件，轴类工件还可使用尾座顶尖支持工件。数控车床主轴转速较高，为便于工件夹紧，多采用液压高速动力卡盘。这种卡盘在生产厂已通过了严格的动、静平衡检验，具有高转速(极限转速可达 8000 r/min 以上)、高夹紧力(最大推拉力为 2000～8000 N)、高精度、调爪方便、通孔、使用寿命长等优点。通过调整油缸的压力，还可改变卡盘的夹紧力，以满足夹持各种薄壁和易变形工件的特殊需要。还可使用软爪夹持工件，软爪弧面由操作者随机配制，可获得理想的夹持精度。为减少细长轴加工时的受力变形，提高加工精度以及加工带孔轴类工件的内孔时，可采用液压自动定心中心架，其定心精度可达 0.03 mm。

用三爪自定心卡盘直接装夹工件加工如图 1-38 所示。

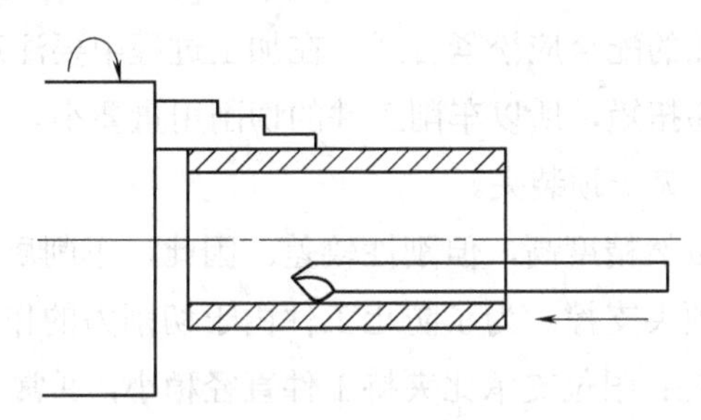

图 1-38　三爪自定心卡盘装夹加工工件示例

② 在两顶尖之间顶两头装夹。

对于长度尺寸较大或加工工序较多的轴类零件，为保证每次装夹时的装夹精度，可用两顶尖装夹。两顶尖装夹工件方便，不需找正，装夹精度高，但必须先在工件两端面钻出中心孔，工件利用中心孔顶在前后顶尖之间，并通过拨盘和卡箍随主轴一起转动，如图 1-39 所示。

用两顶尖装夹工件时须注意如下事项。

- 车削前要调整尾座顶尖轴线，使前后顶尖的连线与车床主轴轴线同轴，否则车削出的工件会产生锥度误差或双曲线误差。

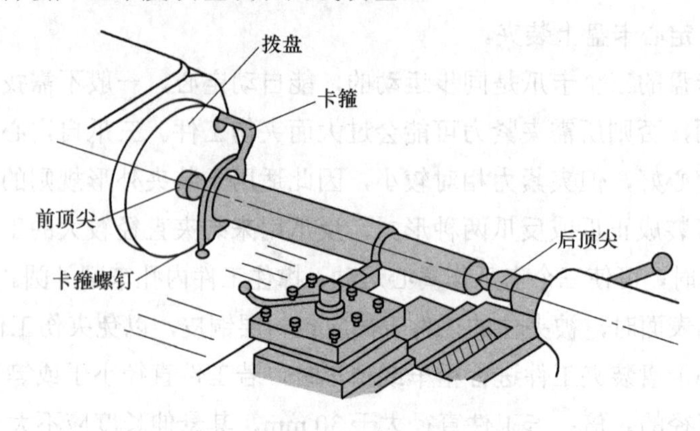

图 1-39　在两顶尖之间顶两头装夹加工工件示例

- 尾座套筒在不影响车刀切削的前提下，应尽量伸得短些，以增加刚性，减少振动。
- 应选择正确类型的中心孔，形状正确，表面粗糙度值小。对于精度一般的轴类零件，中心孔不需要重复使用时，可选用 A 型中心孔；对于精度要求较高、工序较多、需多次使用中心孔的轴类零件，应选用 B 型中心孔，B 型中心孔比 A 型中心孔多一个 120° 的保护锥，用于保护 60° 锥面不致碰伤；对于需要在轴向固定其他零件的工件，可选用带内螺纹的 C 型中心孔；轴向精确定位时，可选用 R 型中心孔，即中心孔的 60° 锥加工成准确的圆弧形，并以该圆弧与顶尖锥面的切线为轴向定位基准定位。
- 两顶尖与中心孔的配合应松紧合适，在加工过程中要注意调整顶尖的顶紧力。
- 由于靠卡箍传递扭矩，所以车削工件的切削用量要小。

③　用卡盘和顶尖一夹一顶装夹。

用两顶尖装夹工件虽然精度高，但刚性较差。因此，车削质量较大的工件时要一端用卡盘夹住，另一端用后顶尖支撑。为了防止工件由于切削力的作用而产生轴向位移，必须在卡盘内装一限位支承(注：限位支承比夹持工件直径稍小，通常采用圆盘料或隔套)或利用工件的台阶面限位，如图 1-40 所示。这种装夹方法比较安全，能承受较大的轴向切削力且安装刚性好，轴向定位准确，因此应用比较广泛。

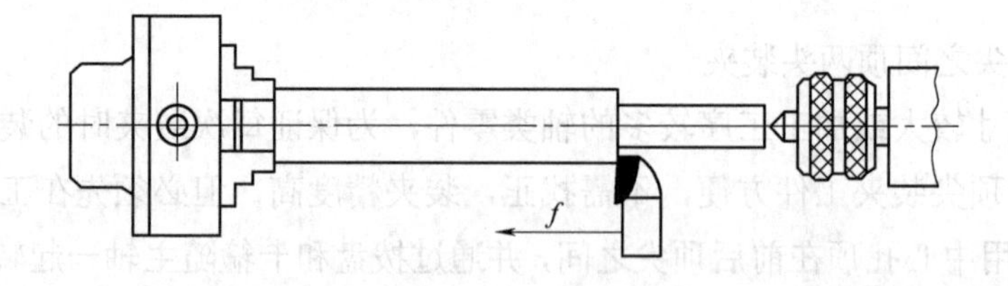

图 1-40　用工件的台阶面限位装夹加工工件示例

(2) 工件采用找正方式装夹。

单件生产的工件偏心安装时常采用找正装夹。用三爪自定心卡盘装夹较长的工件时，工件离卡盘夹持部分较远处的旋转中心不一定与车床主轴旋转中心重合，这时必须找正；当三爪自定心卡盘使用时间较长，失去了应有精度，而工件的加工精度要求又较高时，也需要找正。用四爪单动卡盘装夹加工工件时，因四个卡爪各自独立运动不能自动定心，故装夹加工工件时必须找正。找正装夹法一般用于加工大型或形状不规则的工件，但因找正比较费时，故只能用于单件小批生产。

① 找正及校正要求。对于工件装夹表面轴线与加工表面轴线同轴的，找正装夹时必须将工件的装夹表面轴线找正及校正到与车床主轴回转中心线重合，以保证装夹表面轴线与加工表面轴线(同时也是工件坐标系 *Z* 轴)重合；对于工件装夹表面轴线与加工表面轴线不同轴的，要使工件的装夹表面轴线(即加工表面径向的工序基准或设计基准)与车床主轴回转中心线的位置满足工序(或设计)要求。

② 找正及校正方法。找正方法与普通车床上找正及校正工件相同，一般用划针或打表找正，精度高的工件用百分表校正。通过调整卡爪，使工件坐标系 *Z* 轴与车床主轴的回转中心重合，如图 1-41 所示。

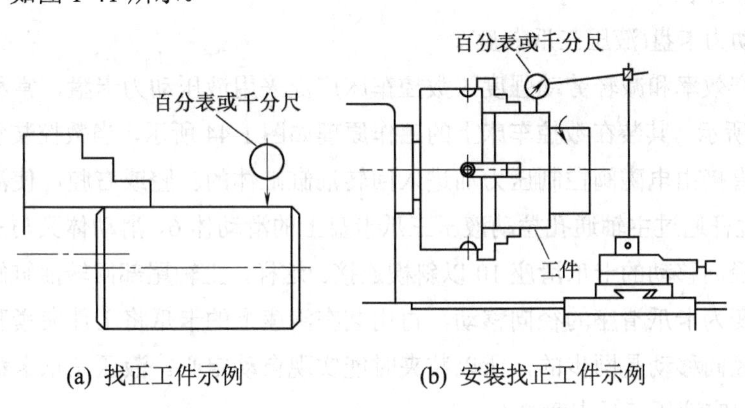

(a) 找正工件示例　　(b) 安装找正工件示例

图 1-41　找正工件示例

2. 夹具选择

数控车削加工回转体轴类零件的常用夹具分为圆周定位夹具、中心孔定位夹具和其他数控车床夹具。

1) 圆周定位夹具

常用圆周定位夹具有以下 3 种。

(1) 手动三爪自定心卡盘。

手动三爪自定心卡盘是较常用的数控车床通用夹具(见图 1-42)，能自动定心，夹持范围大，一般不需找正，装夹速度较快，但夹紧力较小，卡盘磨损后会降低定心精度。用三爪自定心卡盘装夹精加工过的工件表面时，被夹住的工件表面应包一层铜皮，以免夹伤工件表面。手动三爪自定心卡盘有中空三爪自定心卡盘和中实三爪自定心卡盘之分。

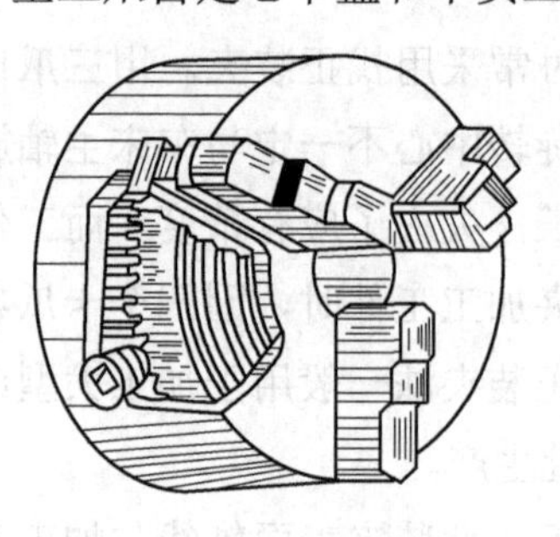

图 1-42　手动三爪自定心卡盘

卡爪有硬爪、软爪、正爪和反爪之分，具体如下。

硬爪是卡爪经过热处理淬火，一般卡爪硬度达 45～50 HRC。软爪也就是卡爪未经过热处理淬火或只经过调质处理(用户自制软爪一般未经过热处理，专业厂家生产的软爪一般只经过调质处理)，卡爪硬度一般在 28～30 HRC。正爪用于夹工件外径，如图 1-42 所示的卡爪安装状态就是正爪安装。反爪也就是将卡爪掉转 180° 安装，如图 1-42 所示的卡爪掉转 180° 安装就成反爪了。

(2)　液压动力卡盘(液压三爪卡盘)。

为提高生产效率和减轻劳动强度，数控车床广泛采用液压动力卡盘，常称液压三爪卡盘，如图 1-43 所示。其装在数控车床上的工作原理如图 1-44 所示，当数控装置发出夹紧和松开指令时，直接由电磁阀控制压力油进入回转油缸缸体的左腔或右腔，使活塞向左或向右移动，并由拉杆通过主轴通孔拉动液压三爪卡盘上的滑动体 6，滑动体又与三个可在盘体上 T 型槽内作径向移动的卡爪滑座 10 以斜楔连接。这样，主轴尾部回转油缸缸体内活塞的左右移动就转变为卡爪滑座的径向移动，再由装在滑座上的卡爪将工件夹紧和松开。又因三个卡爪滑座径向移动是同步的，所以装夹时能实现自动定心。液压三爪卡盘也有中空液压三爪卡盘和中实液压三爪卡盘之分。

液压三爪卡盘装夹迅速、方便，但夹持范围小(只能夹持直径变动约 5 mm 的工件)，尺寸变化大的需重新调整卡爪位置。

图 1-43　液压三爪卡盘示例

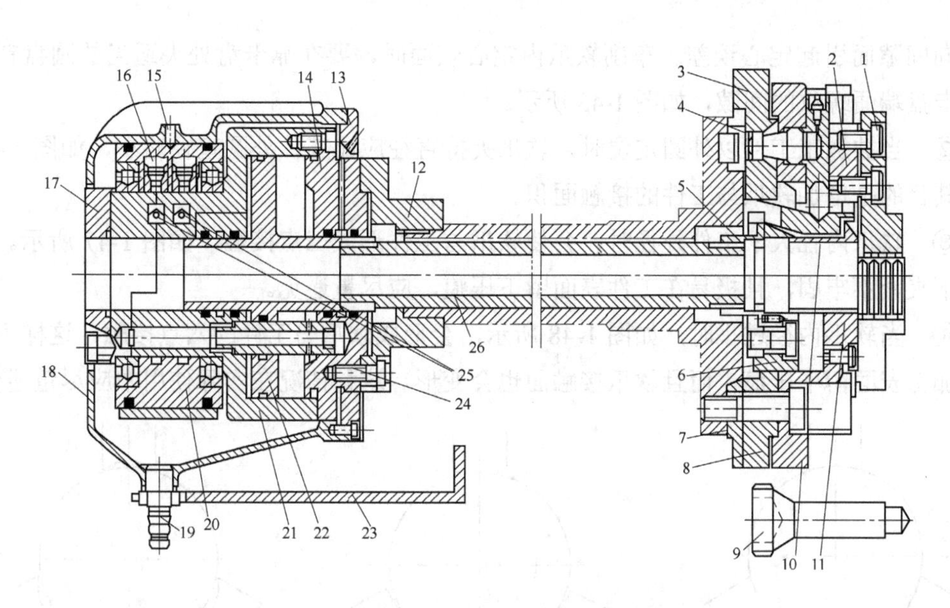

图 1-44　数控车床配液压三爪卡工作原理图

1—卡爪；2—T 型块；3—平衡块；4—杆杠；5—连接螺栓；6—滑动体；7—法兰盘；8—盘体；9—扳手；10—卡爪滑座；11—防护罩；12—法兰盘；13—前盖；14—油缸盖；15—紧定螺钉；16—压力管接头；17—后盖；18—器壳；19—漏油管接头；20—导油管；21—油缸；22—活塞；23—旋转固定支架；24—导向杆；25—安全阀；26—中空拉杆

液压三爪卡盘自定心精度虽比普通三爪卡盘好一些，但仍不适用于零件同轴度要求较高的二次装夹加工，也不适用于批量生产零件时按上道工序的已加工面装夹加工同轴度要求较高的零件。所以单件生产时，可用找正法装夹加工，批量生产时常采用软爪。软爪是一种具有切削性能的夹爪，它是在使用前配合被加工工件特别制造的，例如加工成圆弧面、圆锥面或螺纹等形式，可获得理想的夹持精度。在数控车床上装刀根据加工工件外圆大小自车内圆弧软爪示例如图 1-45 所示。

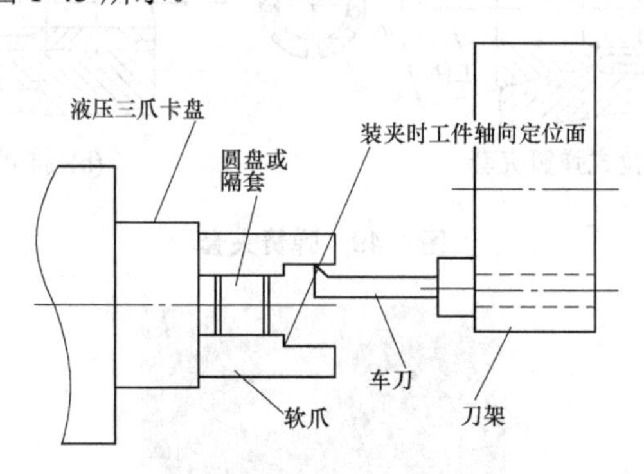

图 1-45　数控车床自车加工内圆弧软爪示例

数控车床自车加工软爪时要注意以下几个方面的问题。

①　软爪要在与使用时相同的夹紧状态下进行车削，以免在加工过程中松动和由于卡

爪反向间隙而引起定心误差。车削软爪内定心表面时，要在靠卡盘处夹适当的圆盘料，以消除卡盘端面螺纹的间隙，如图 1-45 所示。

② 当被加工工件以外圆定位时，软爪夹持直径应比工件外圆直径略小，如图 1-46 所示。其目的是增加软爪与工件的接触面积。

③ 软爪内径大于工件外径时，会使软爪与工件形成三点接触，如图 1-47 所示。此种情况下夹紧不牢固，且极易在工件表面留下压痕，应尽量避免。

④ 当软爪内径过小时，如图 1-48 所示，会形成软爪与工件的六点接触，这样不仅会在被加工表面留下压痕，而且软爪接触面也会变形。这种情况在实际使用中应尽量避免。

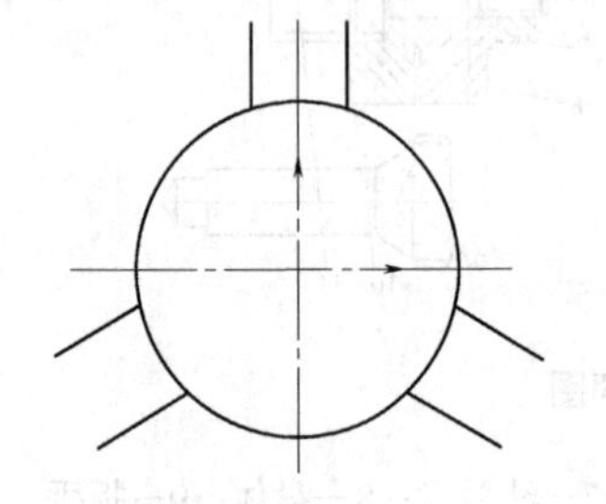
图 1-46 理想软爪内径

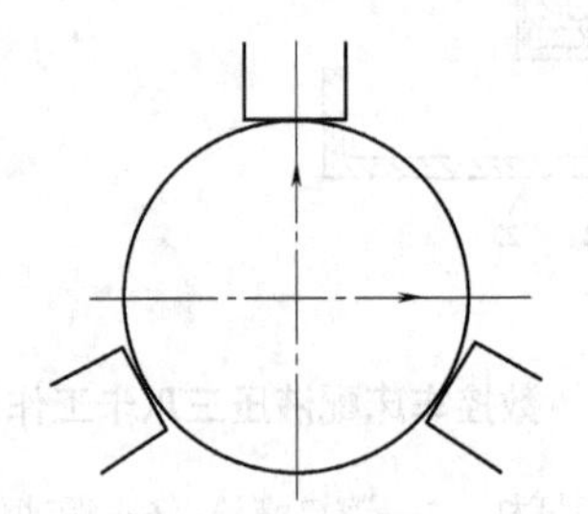
图 1-47 软爪内径过大

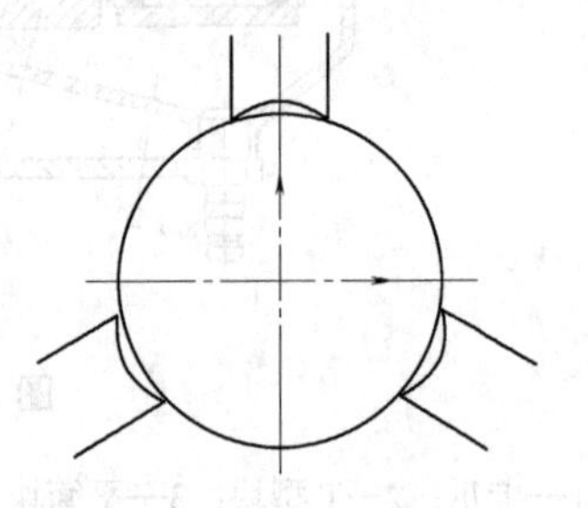
图 1-48 软爪内径过小

(3) 弹簧夹套。

弹簧夹套定心精度高，装夹工件快捷方便，常用于精加工过的外圆表面定位装夹。它特别适用于尺寸精度较高、表面质量较好的冷拔圆棒料的夹持。弹簧夹套所夹持工件的内孔为规定的标准系列，并非任意直径的工件都可以进行夹持。图 1-49(a)所示是拉式弹簧夹套，图 1-49(b)所示是推式弹簧夹套，图 1-50 所示是常见的弹簧夹套加工示例。

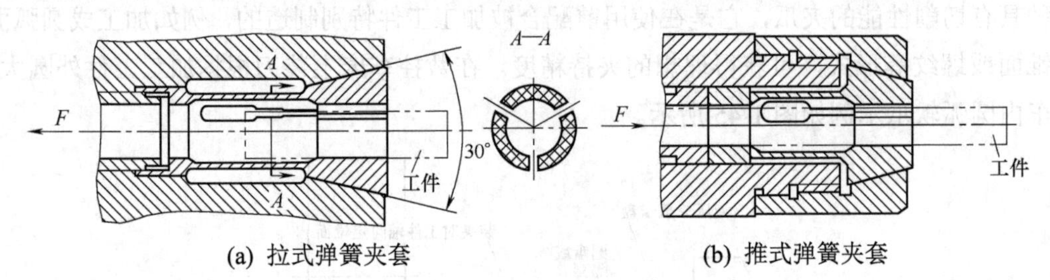

(a) 拉式弹簧夹套　　(b) 推式弹簧夹套

图 1-49 弹簧夹套

图 1-50 常见的弹簧夹套加工示例

2)　中心孔定位夹具

常用中心孔定位夹具有以下两种。

(1)　两顶尖拨盘。

数控车床加工轴类零件时，坯料装卡在主轴顶尖和尾座顶尖之间，工件由主轴上的拨盘带动旋转。两顶尖装夹工件方便，不需找正，装夹精度高。该装夹方式适用于长度尺寸较大或加工工序较多的轴类零件的精加工。顶尖分为前顶尖与后顶尖，前顶尖如图 1-51(a)所示，后顶尖如图 1-51(b)所示。

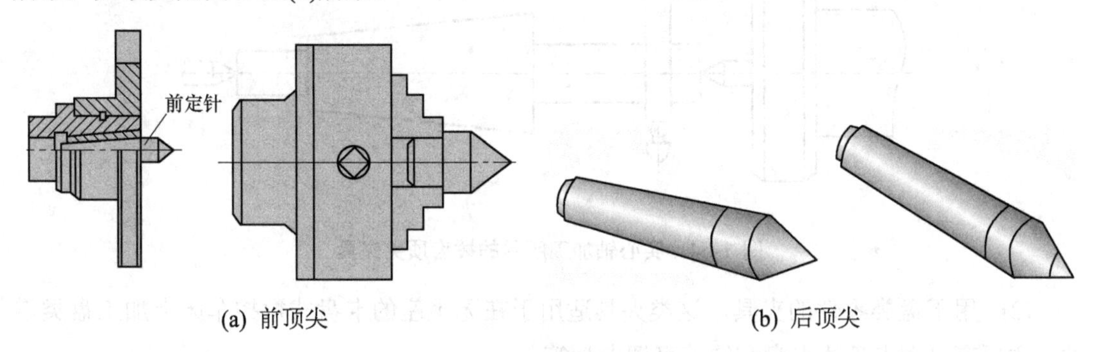

(a) 前顶尖　　(b) 后顶尖

图 1-51　前顶尖与后顶尖

①　前顶尖有两种，一种是插入主轴锥孔内的，另一种是夹在卡盘上的，如图 1-51(a)所示。前顶尖与主轴一起旋转，与主轴中心孔不产生摩擦，都用死顶尖，如图 1-52(a)所示。

②　后顶尖也有两种，一种是固定的(死顶尖)，另一种是回转的(活顶尖)。死顶尖刚性大，定心精度高，但工件中心孔易磨损。活顶尖内部装有滚动轴承，适于高速切削时使用，但定心精度不如死顶尖高。后顶尖一般插入数控车床的尾座套筒内。死顶尖与活顶尖如图 1-52 所示。

利用两顶尖定位还可加工偏心工件，如图 1-53 所示。

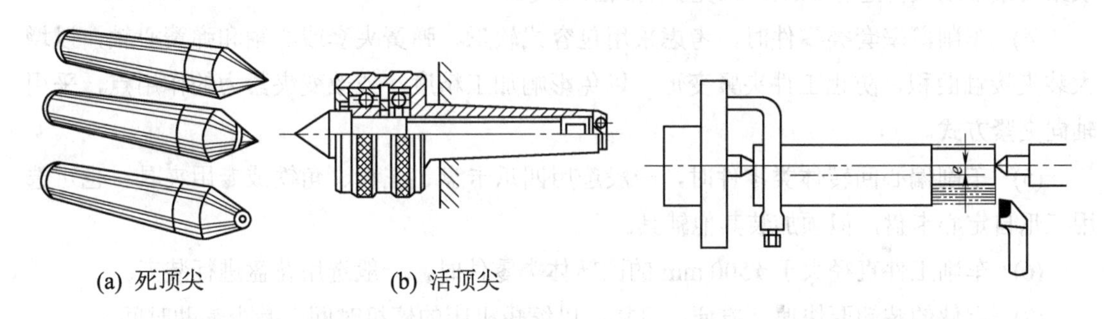

(a) 死顶尖　　(b) 活顶尖

图 1-52　死顶尖与活顶尖　　**图 1-53　两顶尖车偏心轴**

(2)　拨动顶尖。常用的拨动顶尖有内、外拨动顶尖和端面顶尖两种。这种顶尖的锥面带齿，能嵌入工件，拨动工件旋转。

3)　其他数控车床夹具

数控车床除了使用通用三爪自定心卡盘、四爪卡盘、顶尖，以及在大批量生产中使用便于自动控制的液压、电动及气动卡盘、顶尖外，还有其他类型的夹具，它们主要分为两大类：即用于轴类零件的夹具和用于盘类零件的夹具。

(1) 用于轴类零件的夹具。当加工特殊形状的轴类零件如异形杠杆等时，坯件可装夹在随车床主轴一同旋转的专用车床夹具上。图 1-54 所示为加工实心轴所用的拨齿顶尖夹具，其特点是粗车时可以传递足够大的转矩，以适应主轴高速旋转的车削要求。

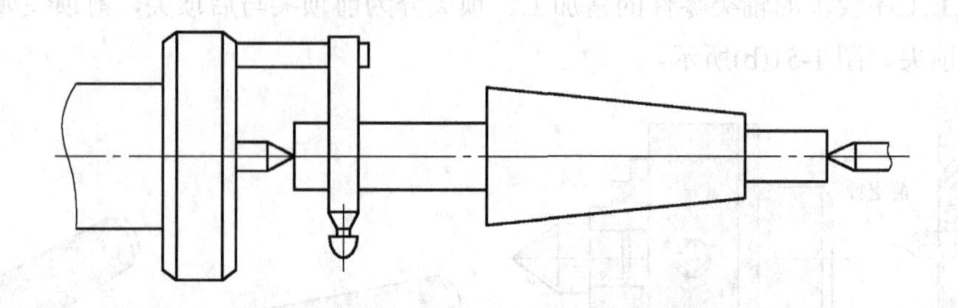

图 1-54 实心轴加工所用的拨齿顶尖夹具

(2) 用于盘类零件的夹具。这类夹具适用于在无尾座的卡盘式数控车床上加工盘类零件，主要有可调卡爪式卡盘和快速可调卡盘等。

4) 夹具选择原则

数控车削夹具选择原则如下。

(1) 单件小批量生产时，一般选用手动三爪自定心卡盘或液压三爪卡盘。

(2) 成批生产时，优先选用液压三爪卡盘，其次才考虑选用普通三爪自定心卡盘。

(3) 车削长径比(L/D)小于 5 的回转体类零件，应根据工件直径大小和加工精度要求，考虑是否用尾架顶尖加以顶紧；$5<L/D<20$ 的回转体类零件，必须用尾架顶尖加以顶紧；$L/D\geqslant 20$ 的细长轴回转体类零件，应根据工件直径大小和加工精度要求，考虑再配以中心架或跟刀架辅助夹持进行加工，以免影响加工精度。

(4) 车削薄壁套类零件时，考虑采用包容式软爪、弹簧夹套或心轴和弹簧心轴，以增大装夹接触面积，防止工件夹紧变形，以免影响加工精度；或改变夹紧力的作用点，采用轴向夹紧方式。

(5) 车削偏心回转体类零件时，一般选用四爪卡盘、花盘、角铁或专用夹具，也可选用三爪自定心卡盘，但须加装其他辅具。

(6) 车削工件直径大于ϕ500 mm 的回转体类零件时，一般选用花盘进行装夹。

(7) 零件的装卸要快速、方便、可靠，以缩短机床的停机时间，减少辅助时间。

(8) 为满足数控车削加工精度，要求夹具定位准确、定位精度高。

(9) 夹具上各零部件应不妨碍机床对零件各表面的加工，即夹具要敞开，其定位、夹紧元件不能影响加工中的走刀(如产生干涉碰撞等)。

资料五　刀具选择

数控加工相对于普通机械加工来说，对加工刀具提出了更高的要求，不仅要求精度高、刚性好、装夹调整方便，而且要求切削性能好、耐用度高。因此，选择数控切削刀具是编制拟定数控加工工艺的重要内容。刀具选择合理与否不仅影响数控车床的加工效率，而且还直接影响加工质量。

1. 数控车削刀具的要求、种类及特点

1)　数控车削刀具的要求

(1)　为满足数控车床粗车适应大吃刀量和大进给量的要求，要求粗车刀具比普通车刀强度更高、耐用度更好。

(2)　精车首先是保证加工精度，所以要求刀具的精度高、耐用度好。

(3)　为减少换刀时间和方便对刀，应尽可能多地采用机夹刀。

(4)　机夹刀一般采用带涂层硬质合金刀片。

(5)　数控车削对刀片的断屑槽有较高的要求，数控车削刀片应采用三维断屑槽。

(6)　数控车削还要求刀片耐用度的一致性要好，以便于使用刀具寿命管理功能。

2)　数控车削刀具的种类

常用数控车削刀具根据刀具的结构、材料和切削工艺可分成如下几类。

(1)　按刀具结构分类，可以分为以下 4 类。

①　整体式刀具。整体式刀具由整块材料磨制而成，使用时可根据不同用途将切削部分修磨成所需要的形状，如高速钢磨制的白钢刀。

②　镶嵌式刀具。镶嵌式刀具分为焊接式和机夹式。机夹式又根据刀体结构不同，分为不转位和可转位两种。

③　减振式刀具。减振式刀具是当刀具的工作长度与直径比大于 4 时，为了减少刀具的振动和提高加工精度所采用的一种特殊结构的刀具，如减振式数控内孔车刀。

④　内冷式刀具。内冷式刀具是刀具的切削冷却液通过刀盘传递到刀体内部，再由喷孔喷射到切削刃部位的刀具。

目前数控车削刀具主要采用机夹可转位刀具。

(2)　按刀具制造所用材料分类，可以分为高速钢刀具、硬质合金刀具、陶瓷刀具、立方氮化硼刀具、聚晶金刚石刀具。

目前数控车削用得最普遍的是硬质合金刀具。

(3)　按刀具切削工艺分类，可以分为外圆车刀、端面车刀、内孔车刀、切断和切槽车刀、螺纹车刀。

数控车削常用的刀具如图 1-55 所示。

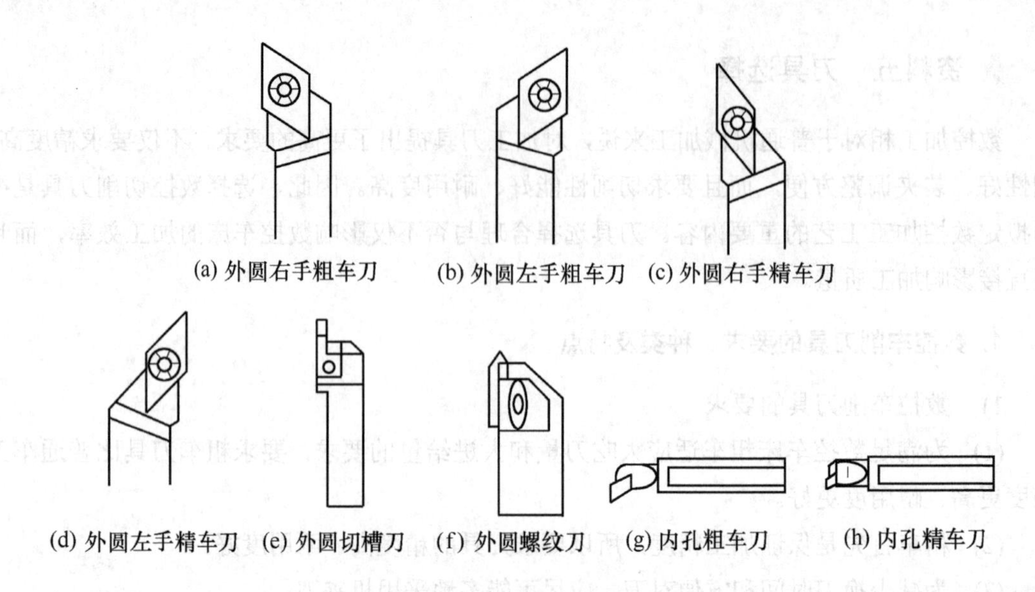

图 1-55　数控车削常用刀具

常用车刀的种类、形状和加工表面如图 1-56 所示。

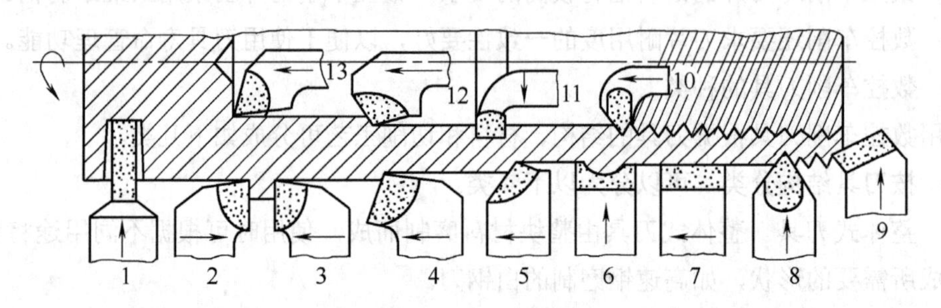

图 1-56　车刀的种类、形状和用途

1—切断片；2—90° 左偏刀；3—90° 右偏刀；4—弯头车刀；5—直头车刀；6—成型车刀；7—宽刃精车刀；8—外螺纹车刀；9—端面车刀；10—内螺纹车刀；11—内槽车刀；12—通孔车刀；13—盲孔车刀

3)　数控车削刀具的特点

数控车床具有加工精度高、加工效率高、加工工序集中及零件装夹次数少等要求，只有达到这些要求才能使数控车床真正发挥作用。因此，数控车削刀具具有如下特点。

(1)　刀具具有很高的切削效率。随着现代机床制造技术的发展，数控车床朝着高速、高刚度和大功率方向发展。因此，要求数控车削刀具必须具有能够承受高速切削和强力切削的性能，刀具切削效率的提高，将使产能直接提高并明显降低生产成本。

(2)　数控车削刀具的精度和重复定位精度高。随着现代机械制造技术的发展，零部件的制造精度越来越高，数控加工对象朝着个性化、多品种、少批量和高精度方向发展。这就对数控车削刀具的精度、刚度和重复定位精度提出了更高的要求，刀具必须具备较高的形状和位置精度。

(3) 刀具的可靠性和耐用度高。数控加工为了保证产品质量，对刀具实行强迫换刀制或由数控系统对刀具寿命进行管理，因此刀具工作的可靠性已上升为选择刀具的关键指标。为满足数控车削加工及对难切削加工材料的加工要求，所用刀具材料应具有高的切削性能和刀具耐用度。不但其切削性能要好，而且一定要性能稳定，同一批刀具在切削性能和刀具寿命方面不得有较大差异，以免在无人看管的情况下，因刀具先期磨损和破损造成加工零件的大量报废，甚至损坏机床。

(4) 可实现刀具尺寸的预调和快速换刀。刀具结构应能预调尺寸，并可人工快速换刀或实现自动换刀。

(5) 具有一个比较完善的工具系统和刀具管理系统。模块化工具系统能更好地适应多品种零件的生产，且有利于工具的生产、使用和管理，能有效地减少使用中的工具储备。配备完善的、先进的工具系统是用好数控机床的重要一环。

(6) 应有刀具在线监控及尺寸补偿系统，以解决刀具损坏时能及时判断、识别并补偿，防止工件出现废品和意外事故。

2. 数控刀具材料

对于数控加工来说，数控机床的一次性投资是较高的，而这些先进设备的效率能否发挥出来，很大程度上取决于刀具材料及其性能的好坏，刀具材料及性能的好坏对提高加工效率起着决定性的作用。

1) 切削用刀具材料应具备的性能

切削用刀具材料应具备的性能如表 1-7 所示。

表 1-7　切削用刀具材料应具备的性能

希望具备的性能	作为刀具使用时的性能	希望具备的性能	作为刀具使用时的性能
高硬度(常温与高温状态)	耐磨损性	化学稳定性良好	耐氧化性，耐扩散性
高韧性(抗弯强度)	耐崩刀性，耐破损性	低亲和性	耐溶着、凝着(粘刀)性
高耐热性	耐塑性变形性	磨削成形性能良好	刀具制造的高生产率，重磨性
热传导能力良好	耐热冲击性，耐热裂纹性	锋刃性良好	刃口锋利，表面质量好

2) 各种刀具材料

现今所采用的刀具材料，大体上可分为高速钢、硬质合金、陶瓷、立方氮化硼(CBN)、聚晶金刚石(PCD)五大类。

(1) 高速钢。高速钢是在合金工具钢中加入较多的钨、钼、铬、钒等合金元素的高合金工具钢，大体上可分为 W 系和 Mo 系两大类。它的淬火温度极高(1200℃)而淬透性极好，可使刀具整体的硬度一致，在 600℃仍能保持较高的硬度，较之其他工具钢耐磨性好且比硬质合金韧性高，但压延性较差，热加工困难，耐热冲击较弱，具有较高的强度和韧性，是目前广泛应用的刀具材料。因刃磨时易获得锋利的刃口，故高速钢又称“锋钢”。高速钢又分为普通高速钢和高性能高速钢。

① 普通高速钢。普通高速钢具有一定的硬度和耐磨性及较高的强度和韧性，切削速度(加工钢料)一般不高于 50～60 m/min，适用于制造车刀、钻头、铰刀、铣刀等刀具，不适合高速切削和硬的材料切削。典型的普通高速钢有：W18Cr4v、W6Mo5Cr4V2。

② 高性能高速钢。高性能高速钢耐高温性好，其耐用度是普通高速钢的 1.5～3 倍，适用于加工奥氏体不锈钢、高温合金、钛合金、超高强度钢等难加工材料。不同牌号只有在各自规定的切削条件下，才能达到良好的加工效果，因此其使用范围受到限制。典型的高性能高速钢有：9W18Cr4v、9W6Mo5Cr4V2、W6Mo5Cr4V3。

(2) 硬质合金。硬质合金是由硬度和熔点都很高的碳化物(钨钴类(WC)、钨钛钴类(WC-TiC)、钨钛钽(铌)钴类(WC-TiC-TaC)等)用钴 Co、钼 Mo、镍 Ni 作黏结剂烧结而成的粉末冶金制品。其常温硬度可达 78～82 HRC，能耐 850～1000℃的高温，切削速度比高速钢高 4～10 倍，但其冲击韧性与抗弯强度远比高速钢差，因此很少做成整体式刀具。实际使用中，常用硬质合金刀片焊接或用机械夹固的方式固定在刀体上。

按 ISO 标准，硬质合金主要以硬质合金的硬度、抗弯强度等指标为依据，硬质合金刀片材料分为 K 类、P 类、M 类。

① K 类。对应于国家标准 YG 类。K 类即钨钴类硬质合金，由碳化钨和钴组成。这类硬质合金韧性较好，但硬度和耐磨性较差，适用于加工铸铁、青铜等脆性材料。我国常用的 K 类硬质合金牌号有 YG8、YG6、YG3，它们制造的刀具依次适用于粗加工、半精加工和精加工。其中的数字表示 Co 含量的百分数，如 YG6 即含 Co6%。含 Co 越多，则韧性越好。

② P 类。对应于国家标准 YT 类。P 类即钨钴钛类硬质合金，由碳化钨、碳化钛和钴组成。这类硬质合金的耐热性和耐磨性较好，但抗冲击韧性较差，适用于加工钢件等韧性材料。我国常用的 P 类硬质合金牌号有 YT5、YT15、YT30，其中的数字表示碳化钛含量的百分数。碳化钛的含量越高，则耐磨性越好，韧性越低。这三种牌号的硬质合金制造的刀具分别适用于粗加工、半精加工和精加工。

③ M 类。对应于国家标准 YW 类。M 类即钨钴钛钽铌类硬质合金，是在钨钴钛类硬质合金中加入少量的稀有金属碳化物(TaC 或 NbC)组成的。它具有前两类硬质合金的优点，用其制造的刀具既能加工脆性材料，又能加工韧性材料，同时还能加工高温合金、耐热合金及合金铸铁等难加工的材料。我国常用的 M 类硬质合金牌号有 YW1 和 YW2。

在硬质合金材料上涂覆涂层做成的刀片就是涂层硬质合金刀片。这种材料是在韧性、强度较好的硬质合金基体上或高速钢基体上，采用化学气相沉积(Chemical Vapor

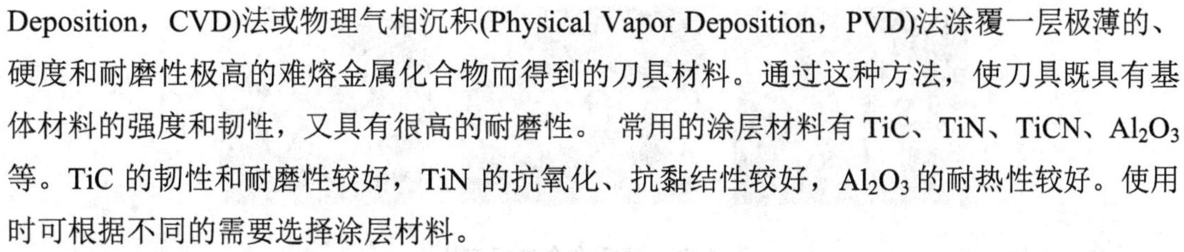

Deposition，CVD)法或物理气相沉积(Physical Vapor Deposition，PVD)法涂覆一层极薄的、硬度和耐磨性极高的难熔金属化合物而得到的刀具材料。通过这种方法，使刀具既具有基体材料的强度和韧性，又具有很高的耐磨性。 常用的涂层材料有 TiC、TiN、TiCN、Al_2O_3 等。TiC 的韧性和耐磨性较好，TiN 的抗氧化、抗黏结性较好，Al_2O_3 的耐热性较好。使用时可根据不同的需要选择涂层材料。

涂层刀具的使用范围相当广泛，非金属、铝合金、铸铁、钢、高强度钢、高硬度钢和耐热合金、钛合金等难加工材料的切削均可使用。

目前，最先进的涂层技术也称 ZX 技术，是利用纳米技术和薄膜涂层技术，使每层膜厚为 1 nm 的 TiN 和 AlN 超薄膜交互重叠约 2000 层累积而成，这是继 TiC、TiN、TiCN 后的第四代涂层。它的特点是远比以往的涂层硬，接近 CBN 的硬度，寿命是一般涂层的 3 倍，大幅度提高了耐磨性，是较有发展前途的刀具材料。

目前涂层刀具的常用涂层有如下几种。

① TiC 涂层。TiC 涂层呈银白色，硬度高(3200 HV)、耐磨性好且有牢固的黏着性，一般涂层厚度为 5～7 μm。

② TiN 涂层。TiN 涂层呈金黄色，硬度为 2300 HV，有很强的抗氧化能力和很小的摩擦因数，抗磨损性能比 TiC 涂层强，涂层厚度为 8～12 μm。

③ TiCN 涂层。TiCN 涂层呈蓝灰色，硬度为 3000 HV，为高韧性通用涂层。

④ TiAlN 涂层。TiAlN 涂层呈紫黑色，硬度为 3200 HV，可用于加工难加工材料、干切削和硬材料。

⑤ AlTiN 涂层。AlTiN 涂层呈黑色，硬度为 3400 HV，比 TiAlN 有更好的切削性能。

⑥ TiN 和 TiC 复合涂层。里层为 TiC 涂层，外层为 TiN 涂层，从而使其兼有 TiC 的高硬度、高耐磨性和 TiN 的不黏刀等特点，复合涂层的性能优于单层。

⑦ Al_2O_3 涂层。Al_2O_3 涂层硬度为 3000 HV，耐磨性好、耐热性高、化学稳定性好和摩擦因数小，适用于高速切削。

一般来说，在相同的切削速度下，涂层高速钢刀具的耐磨损性能比未涂层的提高 2～10 倍；涂层硬质合金刀具的耐磨损性能比未涂层的提高 1～3 倍。所以，一片涂层刀片可代替几片未涂层刀片使用。

硬质合金刀片及硬质合金涂层刀片如图 1-57 和图 1-58 所示。

图 1-57　硬质合金刀片

图 1-58　硬质合金涂层刀片

(3)　陶瓷。陶瓷的主要成分是 Al_2O_3。陶瓷刀具基本上由两大类组成：一类为纯氧化铝类(白色陶瓷)，另一类为TiC添加类(黑色陶瓷)。陶瓷刀片硬度可达78 HRC以上，能耐1200～1450℃的高温，化学稳定性很好，所以能承受较高的切削速度。主要特点是：高硬度、高温强度好、化学性能稳定，与被加工材料的亲和性低，故不易产生粘刀和积屑瘤现象，加工表面非常光洁平整。但陶瓷刀具的抗弯强度低，抗冲击韧性差，脆性大，易崩刃。陶瓷刀具适用于加工耐热合金等难加工材料，刀具耐用度比传统刀具高几倍甚至几十倍，减少了加工中的换刀次数，可进行高速切削或实现"以车、铣代磨"，切削效率比传统刀具高3～10倍。金属陶瓷刀片如图1-59所示。

图 1-59　金属陶瓷刀片

(4)　立方氮化硼(CBN)。立方氮化硼是靠超高压、高温技术人工合成的超硬刀具材料，其硬度可达4500 HV以上，仅次于金刚石。主要特点是热稳定性好，硬度高，与铁族元素亲和力小，但脆性大、韧性差，特别适用于加工超高硬度的材料。目前主要用于加工淬火钢、冷硬铸铁、高温合金和一些难加工的材料。

(5)　聚晶金刚石(PCD)。聚晶金刚石硬度极高，可达 10 000 HV(硬质合金仅为 1300～1800 HV)。聚晶金刚石刀具的耐磨性是硬质合金的80～120倍，但韧性差，对铁族材料亲和力大，因此一般不宜加工黑色金属，主要用于硬质合金、玻璃纤维塑料、硬橡胶、石墨、陶瓷、有色金属等材料的高速精加工。

上述五大类刀具材料从总体上分析，材料的硬度、耐磨性，金刚石最高，依次降低到高速钢；材料的韧性则是高速钢最高，金刚石最低。图1-60所示为目前实用的各种刀具材料根据硬度和韧性排列的大致位置。涂层刀具材料具有较好的实用性能，也是将来能使硬度和韧性并存的手段之一。在数控机床中，应用最广泛的是硬质合金类。因为硬质合金材料从经济性、适应性、多样性、工艺性等各方面，综合效果都优于陶瓷、立方氮化硼和聚晶金刚石。

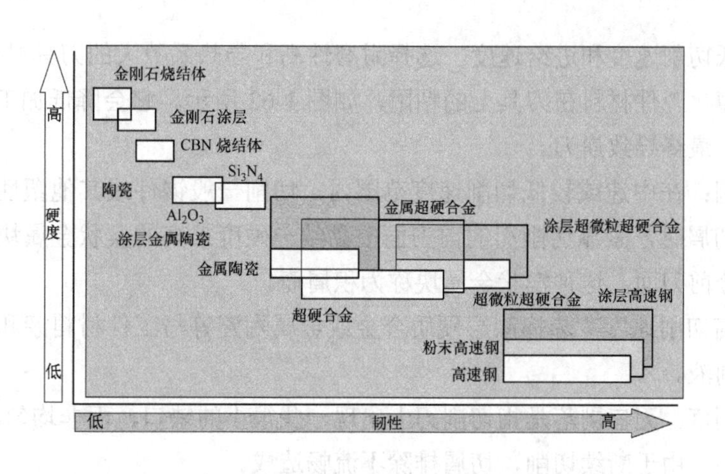

图 1-60　切削用刀具材料的硬度与韧性关系图

3. 数控刀具的失效形式及影响刀具耐用度的因素

1)　数控刀具的主要失效形式及对策

在切削过程中，刀具磨损到一定的限度、切削刃崩刃或破损、切削刃卷刃(塑性变形)时，刀具丧失其切削能力或无法保证加工质量，称为刀具失效。刀具破损的主要形式及产生的原因和对策如下。

(1)　后刀面磨损。由机械应力引起的、出现在后刀面上的摩擦磨损称为后刀面磨损，如图 1-61 所示刀具的磨损形式中的后面磨损。

产生的原因：由于刀具材料过软，刀具的后角偏小，加工过程中切削速度太高、进给量太小，造成后刀面磨损过量，使得加工表面尺寸精度降低，增大了摩擦力。

对策：应选择耐磨性高的刀具材料，同时降低切削速度，提高进给量，增大刀具后角。

(2)　主切削刃的边界磨损。主切削刃上的边界磨损常见于与工件的接触面处。

产生的原因：工件表面硬化、锯齿状切屑造成的摩擦，影响切屑的流向并导致崩刀，如图 1-61 所示刀具的磨损形式中的边界磨损(主切削刃)。

对策：降低切削速度和进给速度，同时选择耐磨刀具材料并增大前角使切削刃锋利。

(3)　前刀面磨损(月牙洼磨损)。在前刀面上由摩擦和扩散导致的磨损，如图 1-61 所示刀具的磨损形式中的月牙洼磨损。前刀面磨损会使刀具产生变形、干扰排屑、降低切削刃强度。

产生的原因：切屑与工件材料的接触以及对发热区域的扩散引起；另外，刀具材料过软，加工过程中切削速度太高、进给量太大，也是前刀面磨损产生的原因。

对策：降低切削速度和进给速度，同时选择涂层硬质合金材料刀具。

(4)　塑性变形。切削刃在高温或高应力作用下产生的变形。它将影响切屑的形成质量，有时也会导致崩刀。

产生的原因：切削速度、进给速度太高以及工件材料中的硬质点的作用，刀具材料太软和切削刃温度很高等现象引起。

对策：降低切削速度和进给速度，选择耐磨性高和导热系数大的刀具材料。

(5) 积屑瘤。工件材料在刀具上的粘附，如图 1-62 所示。它会降低加工表面质量并改变切削刃形状，最终导致崩刀。

产生的原因：在中速或较低切削速度范围内，切削一般钢件或其他塑性金属材料，而又能形成带状切屑时，紧靠切削刃的前刀面上黏结一硬度很高的楔状金属块，它包围着切削刃且覆盖部分前刀面，这种楔状金属块称为积屑瘤。

对策：提高切削速度，选择涂层硬质合金或金属陶瓷等与工件材料亲和力小的刀具材料，并使用切削液。

(6) 刃口剥落。刃口剥落是指切削刃上出现一些很小的缺口，而非均匀的磨损。

产生的原因：由于断续切削，切屑排除不流畅造成。

对策：在开始加工时降低进给速度，选择韧性好的刀具材料和切削刃强度高的刀片。

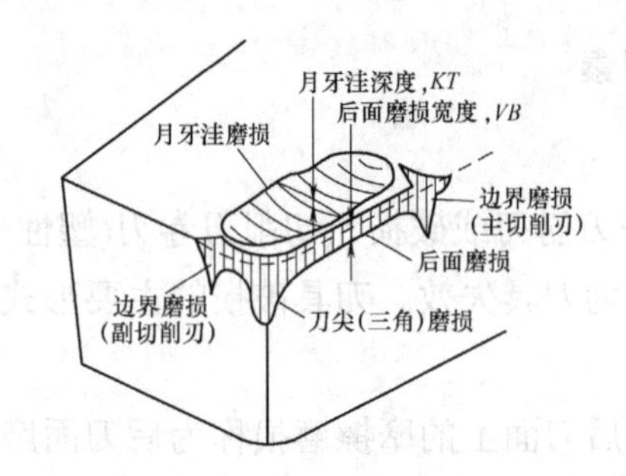

图 1-61 刀具的磨损形式

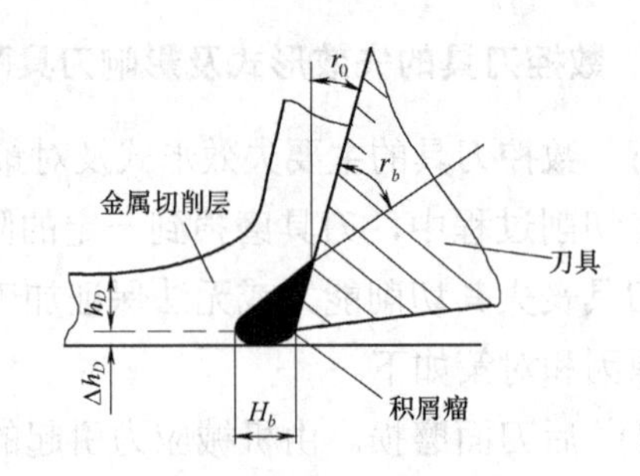

图 1-62 积屑瘤

(7) 崩刀。刀尖、切削刃整块崩掉，崩刀将损坏刀具和工件。

产生的原因：刃口的过度磨损和较高的应力或刀具材料过硬，切削刃强度不够及进给量太大造成。

对策：选择韧性好的刀具材料，加工时减小进给量和切削深度，另外选用高强度或刀尖圆角较大的刀片。

(8) 热裂纹。

产生的原因：由于断续切削时温度变化产生的垂直于切削刃的裂纹。热裂纹可降低工件表面质量并导致刃口剥落。

对策：选择韧性好的刀具材料，同时减小进给量和切削深度，并使用切削液。

2) 影响刀具耐用度的因素

所谓刀具耐用度，是指从刀具刃磨后开始切削，一直到磨损量达到磨钝标准为止所经过的总切削时间，用符号“T”表示，单位为 min。耐用度为切削时间，不包括对刀、测量、快进、回程等非切削时间。影响刀具耐用度的因素有切削用量、刀具几何参数、刀具材料和工件材料。

(1) 切削用量。

切削用量是影响刀具耐用度的一个重要因素。切削速度 V_c、进给量 f、背吃刀量 a_p 增大，刀具耐用度 T 减小，且 V_c 影响最大，f 次之，a_p 最小。所以在保证一定刀具耐用度的条件下，

为了提高生产率，应首先选取大的背吃刀量 a_p，然后选择较大的进给量 f，最后选择合理的切削速度 V_c。

(2)　刀具几何参数。

刀具几何参数对刀具耐用度影响最大的是前角 Y_0 和主偏角 K_r。

前角 Y_0 增大，可使切削力减小，切削温度降低，耐用度提高；但前角 Y_0 太大，会使刀具强度削弱，散热差，且易于破损，刀具耐用度反而下降了。由此可见，对于每一种具体加工条件，都有一个使刀具耐用度“T”最高的合理数值。

主偏角 K_r 减小，可使刀尖强度提高，改善散热条件，提高刀具耐用度；但主偏角 K_r 过小，则背向力(径向力)增大，对刚性差的工艺系统，切削时易引起振动。

(3)　刀具材料。

刀具材料的高温强度越高，耐磨性越好，刀具耐用度越高。但在有冲击切削、强力切削和难加工材料切削时，影响刀具耐用度的主要因素是冲击韧性和抗弯强度。韧性越好，抗弯强度越高，刀具耐用度越高，越不容易产生破损。

(4)　工件材料。

工件材料的强度、硬度越高，切削产生的温度越高，刀具耐用度越低。此外，工件材料的塑性、韧性越高，导热性越低，切削温度越高，刀具耐用度越低。

合理选择刀具耐用度，可以提高生产效率和降低加工成本。刀具耐用度定得过高，就要选取较小的切削用量，从而降低了金属切除率，降低了生产率，提高了加工成本；反之，耐用度定得过低，虽然可以采取较大的切削用量，但因刀具磨损快，换刀、磨刀时间增加，刀具费用增大，同样会使生产效率降低和成本提高。

4. 数控可转位车削刀具及刀片

目前数控机床主要采用镶嵌式机夹可转位刀片的刀具。

1)　数控可转位车削刀具

(1)　数控可转位车削刀具的特点。

数控车床所采用的可转位车刀，其几何参数是通过刀片结构形状和刀体上刀片槽座的方位安装组合形成的。

数控可转位刀具具体要求和特点如表 1-8 所示。

表 1-8　数控可转位车削刀具的特点

要　求	特　点	目　的
精度高	采用 M 级或更高精度等级的刀片；多采用精密级的刀杆；用带微调装置的刀杆在机外预调好	保证刀片重复定位精度，方便坐标设定，保证刀尖位置精度
可靠性高	采用断屑可靠性高的断屑槽型或有断屑台和断屑器的车刀；采用结构可靠的车刀，采用复合式夹紧结构和夹紧可靠的其他结构	断屑稳定，不能有紊乱和带状切屑；适应刀架快速移动和换位以及整个自动切削过程中夹紧不得有松动的要求

续表

要　求	特　点	目　的
换刀迅速	采用车削工具系统；采用快换小刀夹	迅速更换不同形式的切削部件，完成多种切削加工，提高生产效率
刀片材料	刀片较多采用涂层刀片	满足生产节拍要求，提高加工效率
刀杆截形	刀杆较多采用正方形刀杆，但因刀架系统结构差异大，有的需采用专用刀杆	刀杆与刀架系统匹配

(2) 可转位车刀的种类。

可转位车刀按其用途可分为外圆车刀、仿形车刀、端面车刀、内孔车刀、切槽车刀、切断车刀和螺纹车刀等。具体种类、常用主偏角和适用机床如表 1-9 所示。

表 1-9　可转位车刀的种类、常用主偏角和适用机床

种　类	常用主偏角	适用机床
外圆车刀	90°、50°、60°、75°、45°	普通车床和数控车床
仿形车刀	93°、107.5°	仿形车床和数控车床
端面车刀	90°、45°、75°	普通车床和数控车床
内圆车刀	45°、60°、75°、90°、91°、93°、95°、107.5°	普通车床和数控车床
切断车刀	无	普通车床和数控车床
螺纹车刀	无	普通车床和数控车床
切槽车刀	无	普通车床和数控车床

常见机夹数控可转位车刀如图 1-63、图 1-64 和图 1-65 所示。

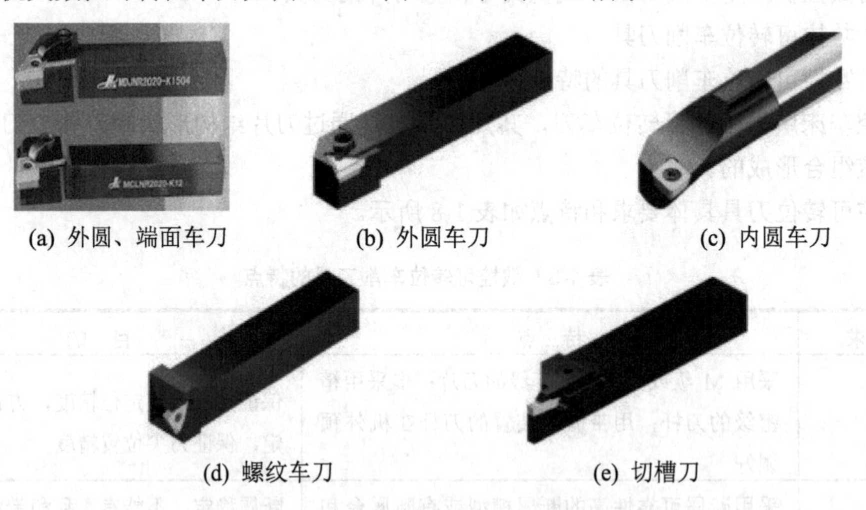

(a) 外圆、端面车刀　(b) 外圆车刀　(c) 内圆车刀

(d) 螺纹车刀　(e) 切槽刀

图 1-63　常见机夹数控可转位车刀

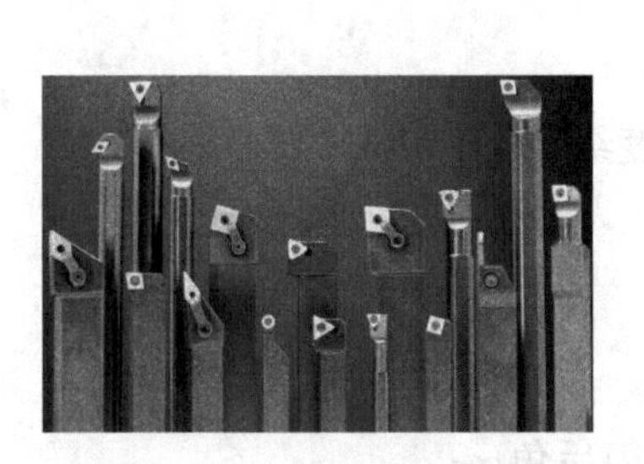

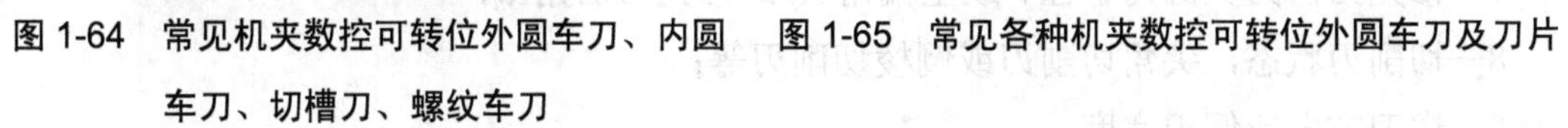

图 1-64　常见机夹数控可转位外圆车刀、内圆车刀、切槽刀、螺纹车刀　　图 1-65　常见各种机夹数控可转位外圆车刀及刀片

(3) 数控可转位车刀的结构形式。

可转位车刀由刀片、定位元件、夹紧元件和刀体组成。常见可转位车刀刀片的夹紧方式有杠杆式、楔块式、楔块上压式和螺钉上压式夹紧四种方式。杠杆式、楔块式、楔块上压式刀片的夹紧方式如图 1-66 所示。

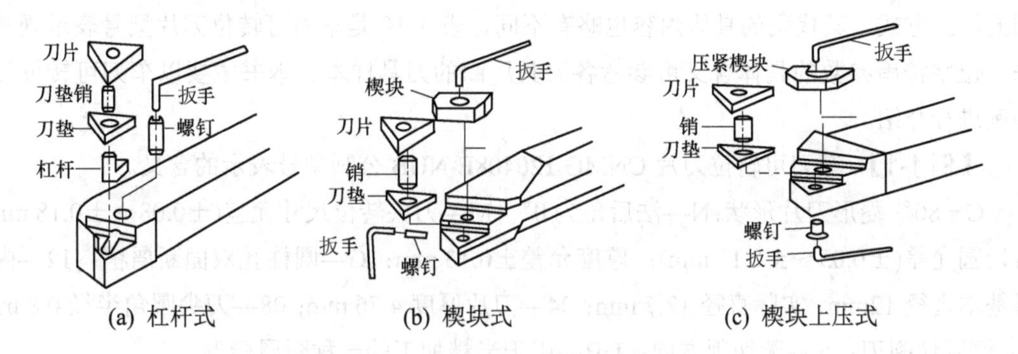

(a) 杠杆式　　(b) 楔块式　　(c) 楔块上压式

图 1-66　可转位车刀刀片的夹紧方式

① 杠杆式依靠螺钉旋紧压靠杠杆，由杠杆的力压紧刀片达到夹紧的目的。

② 楔块式依靠销与楔块的压下力将刀片夹紧。

③ 楔块上压式依靠销与楔块的压下力将刀片夹紧。

④ 螺钉上压式依靠螺钉与销的压下力将刀片夹紧。

2) 数控机夹可转位刀片

(1) 可转位刀片代码。

选用机夹可转位刀片，首先要了解可转位刀片型号表示规则、各代码的含义。按国家标准规定，有圆孔可转位刀片(GB/T 2078—1987)、无孔可转位刀片(GB/T 2079—1987)、沉孔可转位刀片(GB/T 2080—1987)等。可转位刀片型号表示规则如表 1-10 所示。按国际标准 ISO 1832—2004，可转位刀片的代码表示方法由 10 位字符串组成，其排列如下。

1　2　3　4　5　6　7　8 — 9　10

其中，每一位字符串均代表了刀片某种参数的意义，分别如下。

1—刀片的几何形状及其夹角；

2—刀片主切削刃后角(法后角)；

3—公差，表示刀片内切圆直径 d 与厚度 s 的精度级别；

4—刀片型式、紧固方式或断屑槽；

5—刀片边长、切削刃长；

6—刀片厚度；

7—修光刀，刀尖圆角半径 r 或主偏角 K_r 或修光刃后角 α_n；

8—切削刃状态，尖角切削刃或倒棱切削刃等；

9—进刀方向或倒刃宽度；

10—各刀具公司的补充符号或倒刃角度。

一般情况下，第 8 位和第 9 位的代码在有要求时才填写，第 10 位代码因厂商而异，无论哪一种型号的刀片必须标注前 7 位代号。此外，各刀具厂商可以另外添加一些符号，用连接号将其与 ISO 代码相连接(如 PF 代表断屑槽型)。可转位刀片用于车、铣、钻、镗等不同的加工方式，其代码的具体内容也略有不同，表 1-10 是车刀可转位刀片型号表示规则，每一位字符串参数的具体含义可参考各刀具厂商的刀具样本。本书主要以车刀可转位刀片为例进行介绍。

【例 1-1】 车刀可转位刀片 CNMG 120408E-NUB 公制型号表示的含义。

C—80° 菱形刀片形状；N—法后角为 0°；M—刀尖转位尺寸允差(±0.08～±0.18 mm)，内切圆允差(±0.05～±0.13 mm)；厚度允差±0.13 mm；G—圆柱孔双面断屑槽；12—内切圆基本直径 12mm，实际直径 12.7 mm；04—刀片厚度 4.76 mm；08—刀尖圆角半径 0.8 mm；E—倒圆切削刃；N—无切削方向；UB—用于半精加工的一种断屑槽形。

常见可转位数控车刀刀片如图 1-67 所示。

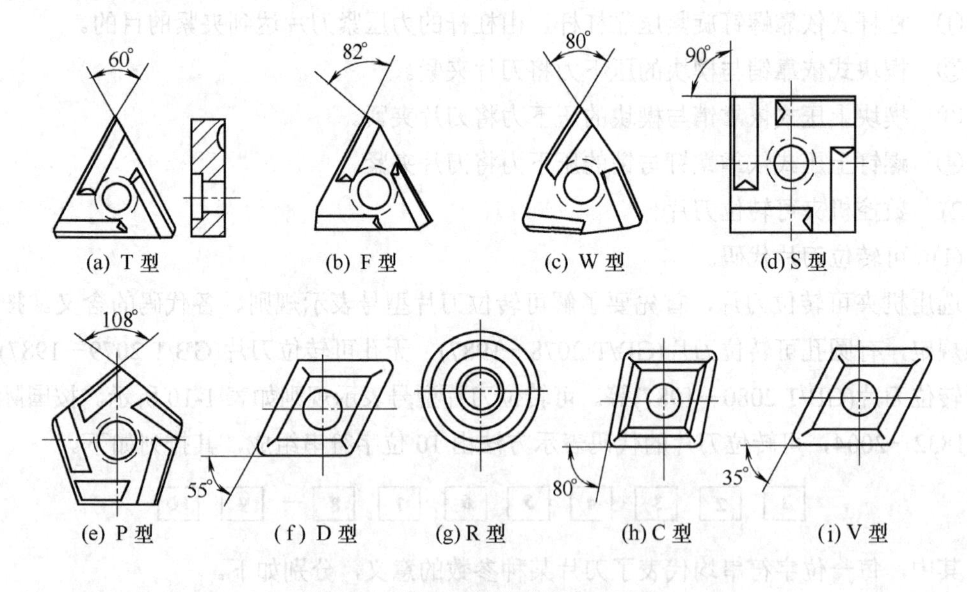

图 1-67　常见可转位数控车刀刀片

表 1-10　可转位刀片型号表示规则

代号	刀片形状
H	正六角形
O	正八角形
P	正五角形
S	正方形
T	正三角形
C	菱形顶角 80°
D	菱形顶角 55°
E	菱形顶角 75°
F	菱形顶角 50°
M	菱形顶角 85°
V	菱形顶角 35°
W	等边不等角六角形
L	长方形
A	平行四边形顶角 85°
B	平行四边形顶角 82°
K	平行四边形顶角 55°
R	圆形

①形状代号

②法后角代号	
代号	法后角（度）
A	3
B	5
C	7
D	15
E	20
F	25
G	30
N	0
P	11
O	其他法后角

法后角是主切削刃的法后角

精度代号			
代号	刀尖转位尺寸 m 允差 /mm	内接圆允差 ϕd/mm	厚度允差 s/mm
A	±0.005	±0.025	±0.025
F	±0.005	±0.013	±0.025
C	±0.013	±0.025	±0.025
H	±0.013	±0.013	±0.025
E	±0.025	±0.025	±0.025
G	±0.025	±0.025	±0.13
J	±0.005	±0.05～±0.13	±0.025
K*	±0.013	±0.05～±0.13	±0.025
L*	±0.025	±0.05～±0.13	±0.025
M*	±0.08～±0.18	±0.05～±0.13	±0.13
N*	±0.08～±0.18	±0.05～±0.13	±0.025
U*	±0.13～±0.38	±0.08～±0.25	±0.13

带* 号的刀片原则上侧面上不磨削的烧结体表面

③精度代号

④槽孔代号									
公制									
代号	有无孔	孔的形状	有无断屑槽	刀片断面	代号	有无孔	孔的形状	有无断屑槽	刀片断面
W	有	圆柱孔+单面倒角(40°～60°)	无		A	有	圆柱孔	无	
T	有		单面		M	有	圆柱孔	单面	
Q	有	圆柱孔+双面倒角(40°～60°)	无		G	有	圆柱孔	两面	
U	有		两面		N	无	—	无	
B	有	圆柱孔+单面倒角(70°～90°)	无		R	无	—	单面	
H	有		单面		F	无	—	两面	
C	有	圆柱孔+双面倒角(70°～90°)	无		X	—	—	—	特殊
J	有		两面						

公制 R	W	V	D	C	S	T	内接圆/mm
	02		04	03	03	06	3.97
	S3		05	04	04	08	4.76
	03		06	05	05	09	5.56
06							6.00
	04	11	07	06	06	11	6.35
	05		09	08	07	13	7.94
08							8.00
09	06	16	11	09	09	16	9.525
10							10.00
12							12.00
12	08	19	15	12	12	22	12.70
	10		19	16	15	27	15.875
16							16.00
19	13		23	19	19	33	19.05
20							20.00
			27	22	22	38	22.225
25							25.00
25			31	25	25	44	25.04
31			38	32	31	55	31.75
32							32.00

⑤切刃长代号和内接圆代号

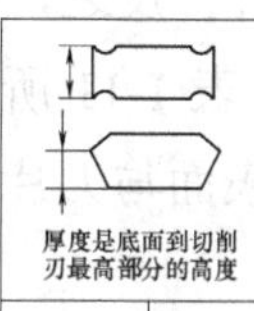

厚度是底面到切削刃最高部分的高度

公制	厚度/mm
01	1.59
02	2.38
T2	2.78
03	3.18
T3	3.97
04	4.76
06	6.36
07	7.94
09	9.32

⑥厚度代号

⑦刀尖圆角半径记号	
公制	刀尖圆角半径 /mm
00	无圆角
02	0.2
04	0.4
08	0.8
12	1.2
16	1.6
20	2.0
24	2.4
28	2.8
32	3.2
D0(英制)或 MO（公制）	圆形刀片

⑧切削刃处理代号		
形状	倒棱	代号
	尖锐刀刃	F
	倒圆刀刃	E
	倒棱刀刃	T
	双重处理刀刃	S

一般省略不写

⑨切削方向代号		
形状	切削方向	代号
	右	R
	左	L
	无	N

N　一般省略不写

⑩刀片断槽代号	
精密切削 微量切削	FT,F1
精加工 仿形加工	UA,UR
半精加工 中量切削	UB,UT,GG
粗加工	UD,GG
重切削	UC,RM
软质材切削	GN,GC
不锈钢加工	SF,SG
耐热合金等难加工材料加工	GN,SF

断屑槽代号后的符号一般表示材质

(2) 数控车削可转位刀片的选择。

数控车削可转位刀片的选择依据是被加工零件的材料、表面粗糙度和加工余量等。

① 刀片材料的选择。

车刀刀片材料主要有高速钢、硬质合金、涂层硬质合金、陶瓷、CBN、PCD，应用最多的是硬质合金刀片和涂层硬质合金刀片。选择刀片材料主要依据被加工工件的材料、被加工表面的精度要求、切削载荷的大小以及加工中有无冲击和振动等情况进行选择。

② 刀片尺寸的选择。

刀片尺寸的大小取决于必要的有效切削刃长度 L，有效切削刃长度 L 与背吃刀量 a_p 和主偏角 K_r 有关，如图 1-68 所示。使用时可查阅有关手册或刀具公司的刀具样本选取。

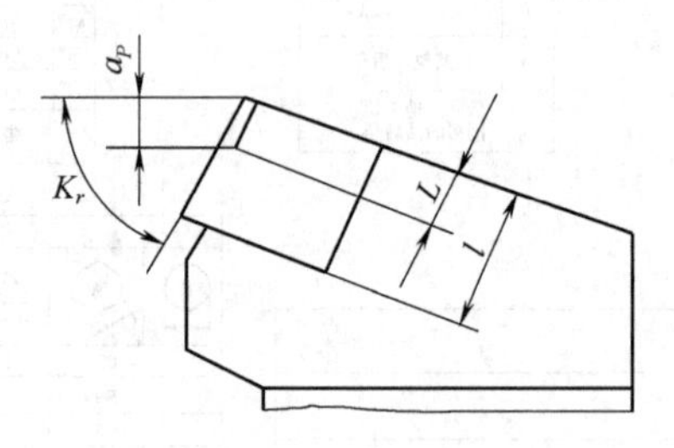

图 1-68　L、a_p 与 K_r 的关系

③ 刀片形状的选择。

刀片形状主要依据被加工工件的表面形状、切削方法、刀具寿命和刀片的转位次数等因素来选择。可转位刀片形状按国家标准 GB/T 2076—1987 规定为 17 种，与 ISO 标准相同。边数多的刀片，刀尖角大、耐冲击，可利用的切削刃多，刀具寿命长；但其切削刃短，工艺适应性差。同时，刀尖角大的刀片，车削时的背向力大，容易引起振动。通常刀尖角度对加工性能的影响如图 1-69 所示。如果单从刀片形状考虑，在数控车床刚度、功率允许的条件下，大余量、粗加工及工件刚度较高时，应尽量采用刀尖角较大的刀片；反之，则采用较小的刀片。同时，刀片形状的选择主要取决于被加工零件的轮廓形状。表 1-11 所示为被加工表面及适用于主偏角 45° 到 95° 的刀片形状。使用时，具体被加工表面与刀片形状和主偏角的关系可查阅有关手册或刀具公司的刀具样本选取。

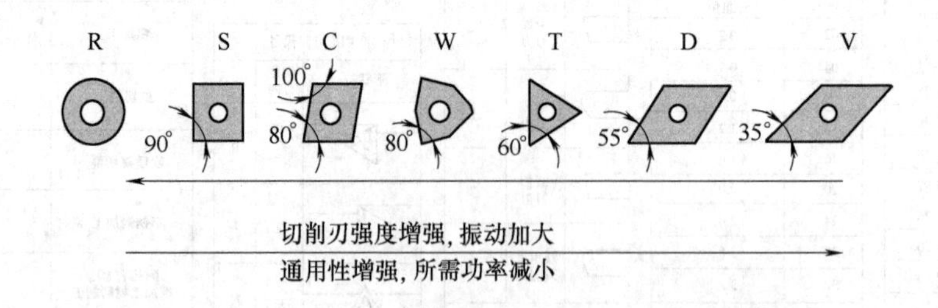

图 1-69　刀尖角度与加工性能的关系

表 1-11　被加工表面与适用的刀片形状

车削外圆表面			车削端面			车削成型面		
主偏角	刀片形状及加工示意图	推荐选用刀片	主偏角	刀片形状及加工示意图	推荐选用刀片	主偏角	刀片形状及加工示意图	推荐选用刀片
45°	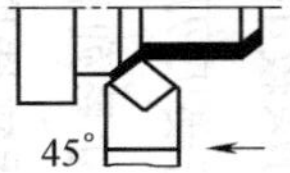	SCMA　SPMR SCMM SNMM-8　SPUN SNMM-9	75°	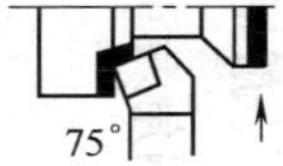	SCNA　SPMR SCMM　SPUR SPUN　CNMG	15°	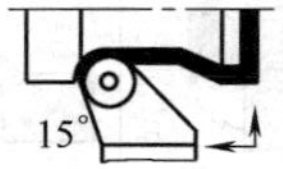	RCMM
45°	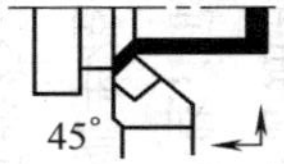	SCMA　SPMR SCMM　SNMG SPUN　SPGR	90°	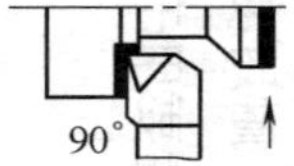	TNUN　TNMA TCMA　TPUN TCMM　TPMR	45°	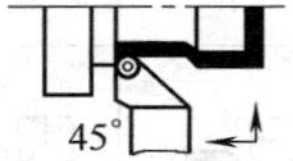	RNNG
60°	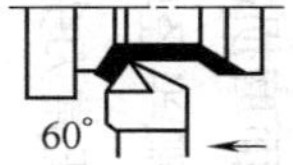	TCMA TNMM-8 TCMM　TPUN	90°	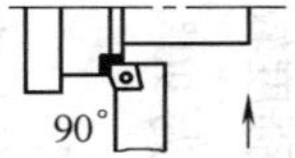	CCMA	60°	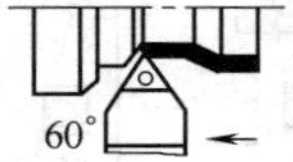	TNMM-8
75°	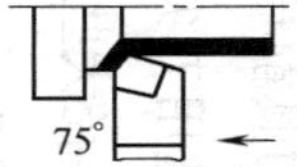	SCMM　SPUM SCMA　SPMR SNMA	95°	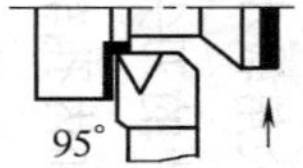	TPUN　TPMR	90°	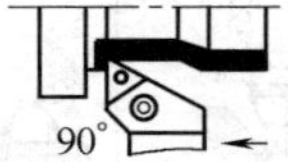	TNMG
95°	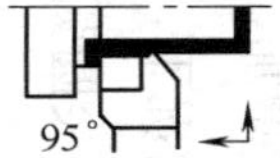	CCMA　CCMM CNMM-7				93°		TNMA

常见车削外回转表面、内回转表面与刀片形状、主偏角的关系如图 1-70 所示。

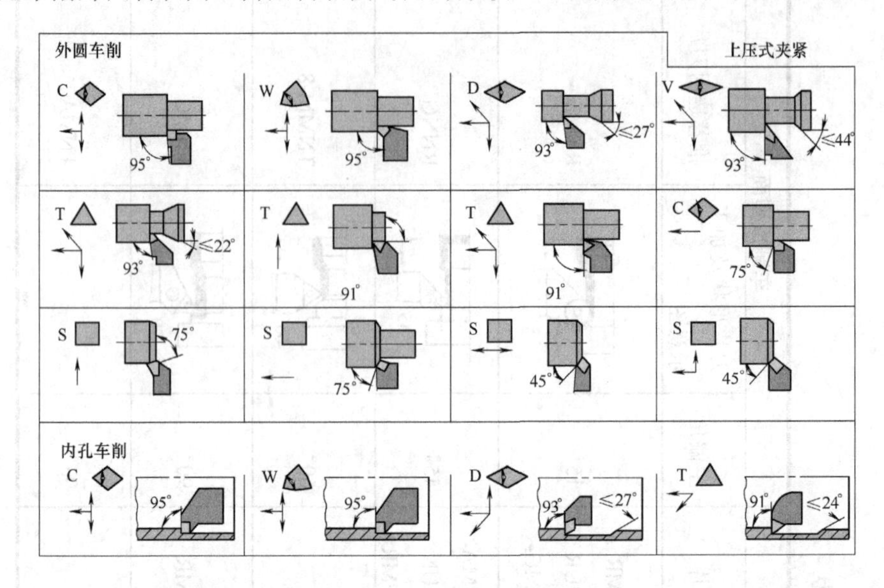

图 1-70　常见车削外回转表面、内回转表面与刀片形状、主偏角的关系示例

常用正三角形刀片、正方形刀片、正五边形刀片和菱形刀片的特点如下。

- 正三角形刀片一般用于主偏角为 60° 或 90° 的外圆车刀、端面车刀和内孔车刀。

  特点：刀尖角较小，强度较差，耐用度低，一般适用于采用较小的切削用量。

- 正方形刀片的刀尖角为 90°，主要用于主偏角为 45°、60°、75° 等的外圆车刀、端面车刀和内孔车刀。

  优点：强度和散热性能均有所提高，通用性较好。

- 正五边形刀片的刀尖角为 108°，由于切削时径向力大，只宜在加工系统刚性较好的情况下使用。

  优点：强度、耐用度高、散热面积大。

- 菱形刀片和圆形刀片主要用于成形表面和圆弧表面的加工。

④　刀片的刀尖半径选择。

刀尖圆弧半径的大小直接影响刀尖的强度及被加工零件的表面粗糙度。刀尖圆弧半径增大，刀尖锋刃降低，加工表面粗糙度值增大，切削力增大且易产生振动，切削性能变坏，但刀刃强度增加，刀具前后刀面磨损减少。通常在切深较小的精加工、细长轴加工、机床刚性差的情况下，选用刀尖圆弧半径较小些；而在需要刀刃强度高、工件直径大的粗加工中，选用刀尖圆弧半径大些。正常刀尖圆弧半径的尺寸系列有：0.2 mm、0.4 mm、0.8 mm、1.2 mm、1.6 mm、2.0 mm 等。刀尖圆弧半径一般适宜选取进给量的 2～3 倍。

⑤　刀杆头部形式的选择。

刀杆头部形式按主偏角和直头、弯头分为 15～18 种，各形式规定了相应的代码，国家

标准和刀具样本中都一一列出，可根据实际情况进行选择。车削直角台阶的工件可选主偏角大于或等于90°的刀杆；一般粗车可选主偏角45°～90°的刀杆；精车可选45°～75°的刀杆；中间切入、仿形车则可选45°～107.5°的刀杆；工艺系统刚性好时可选较小值，工艺系统刚性差时可选较大值。图1-71所示为几种不同主偏角车刀车削加工的示意图，图中箭头指向表示车削时车刀的进给方向。车削端面时，可以采用偏刀或45°端面车刀。

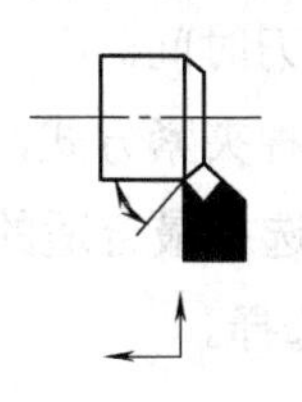

(a) 45°主偏角车削加工示例

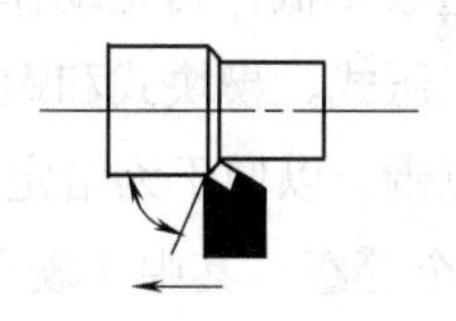

(b) 75°主偏角车削加工示例

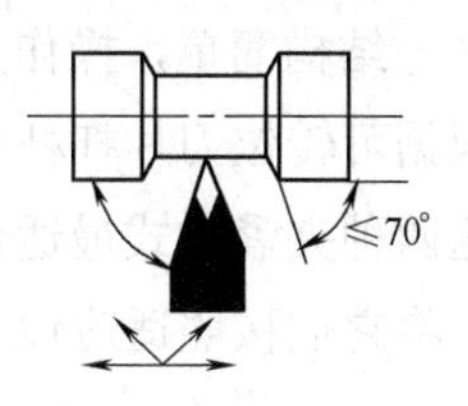

(c) 75°30′主偏角车削加工示例

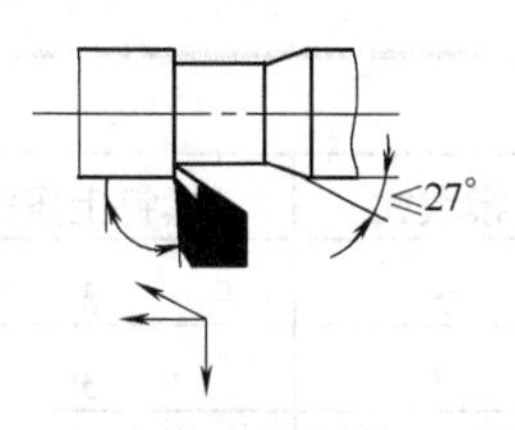

(d) 93°主偏角车削加工示例

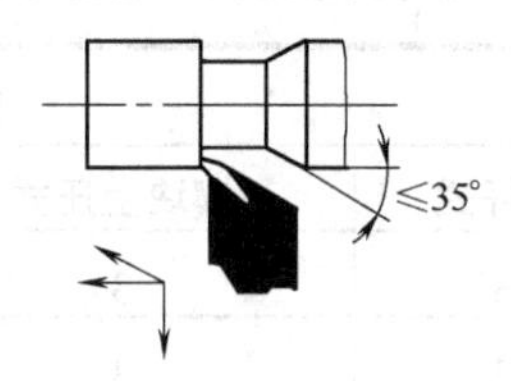

(e) 107°30′主偏角车削加工示例

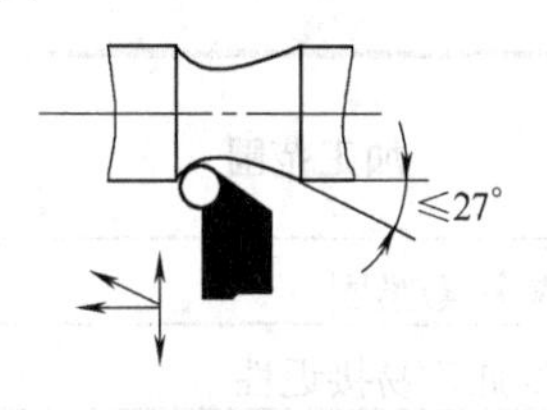

(f) 45°主偏角仿形车削加工示例

图1-71　不同主偏角车刀车削加工示意图

⑥　左右手刀杆的选择。

弯头或直头刀杆按车削方向可分为右手刀R(右手)、左手刀L(左手)和左右刀N(左右手)。

- 右手刀R，即车削时，自右至左车削工件回转表面。
- 左手刀L，即车削时，自左至右车削工件回转表面。
- 左右刀N，即车削时，既可自左至右车削工件回转表面，也可自右至左车削工件回转表面，如图1-72所示。

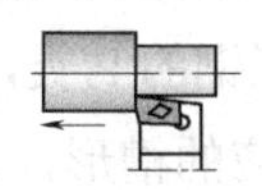

(a) 右手刀R

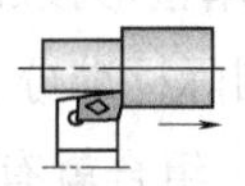

(b) 左手刀L

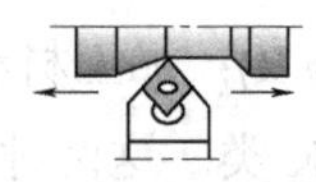

(c) 左右手刀N

图1-72　左右手刀杆

注意： 区分左、右手刀的方向。选择时要考虑机床刀架是前置式还是后置式、前刀面是向上还是向下、主轴的旋转方向以及需要的进给方向等。

⑦　刀片厚度的选择。

刀片的厚度越大，则能承受的切削负荷越大。因此在车削的切削力大时，应选用较厚的刀片，太薄，刀片就容易破碎。刀片的厚度可根据背吃刀量a_p和进给量f的大小来选择。使用时可查阅有关手册或刀具公司的刀具样本选取。

⑧ 刀片夹紧方式的选择。

为了使刀具能达到良好的切削性能，对刀片的夹紧方式有如下几个基本要求。

- 夹紧可靠，不允许刀片松动或移动。
- 定位准确，确保定位精度和重复定位精度。
- 排屑流畅，有足够的排屑空间。
- 结构简单，操作方便，制造成本低，转位动作快，缩短换刀时间。

根据可转位刀片杠杆式、楔块上压式、楔块式和螺钉上压式四种夹紧方式，表 1-12 列举了这四种夹紧方式最适合的加工范围，以便于为给定的加工工序选择最合适的夹紧方式。其中，将它们按照适应性分为 1～3 个等级，其中 3 表示最合适的选择。

表 1-12 各种夹紧方式最适合的加工范围

加工范围	夹紧方式			
	杠杆式	楔块上压式	楔块式	螺钉上压式
可靠夹紧/紧固	3	3	3	3
仿形加工/易接近性	2	3	3	3
重复性	3	2	2	3
仿形加工/轻负荷加工	2	3	3	3
断续加工工序	3	2	3	3
外圆加工	3	1	3	3
内孔加工	3	3	3	3

⑨ 断屑槽形的选择。

断屑槽形的参数直接影响切屑的卷曲和折断，由于刀片的断屑槽形式较多，各种断屑槽刀片使用情况也不尽相同。槽形根据加工类型和加工对象的材料特性来确定，各刀具厂商表示方法不一样，但基本思路一样：基本槽形按加工类型分有精加工(代码 F)、普通加工(代码 M)和粗加工(代码 R)；加工材料按国际标准分有加工钢的 P 类，加工不锈钢、合金钢的 M 类和加工铸铁的 K 类。这两种情况一组合就有了相应的槽形，比如 FP 就是指用于钢的精加工槽形，MK 是用于铸铁普通加工的槽形。使用时可查阅有关手册或刀具公司的刀具样本选取。

数控加工时，如果切屑断得不好，它就会缠绕在刀头上，既可能挤坏刀片，也会把切削表面刮伤。普通车床用的硬质合金刀片一般是两维断屑槽，而数控车削刀片常采用三维断屑槽。三维断屑槽的形式很多，在刀片制造厂内一般是定型成若干种标准。它的共同特点是断屑性能好、断屑范围宽。对于具体材质的零件，在切削参数定下之后，要注意选好刀片的槽型。选择过程中可以作一些理论探讨，但更主要的是进行实切试验。在一些场合，也可以根据已有刀片的槽型来修改切削参数。

5. 中心钻

中心钻是加工中心孔的刀具，常用的主要有四种型式：A 型，不带护锥的中心钻；B 型，带 120° 护锥的中心钻；C 型，带螺纹的中心钻；R 型，弧形中心钻。加工直径 d 为 1～10 mm 的中心孔时，通常采用不带护锥的 A 型中心钻；工序较长、精度要求较高的工件，为了避免 60° 定心锥被损坏，一般采用带 120° 护锥的 B 型中心钻；对于既要钻中心孔，又要在中心孔前端加工出螺纹，为轴向定位和紧固用的特殊要求中心孔，则选择带螺纹的中心钻 C 型；对于定位精度要求较高的轴类零件(如圆拉刀)，则采用 R 型中心钻。具体中心钻如图 1-73 所示。

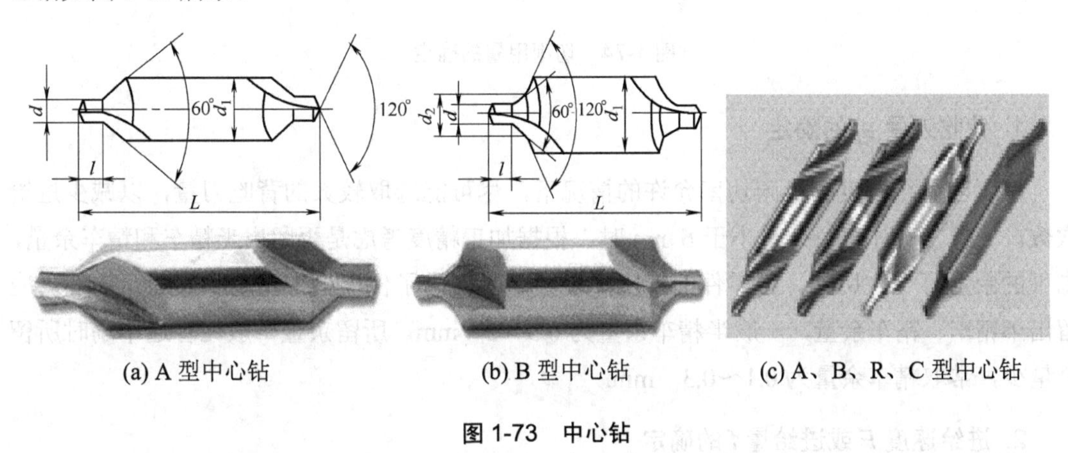

(a) A 型中心钻　(b) B 型中心钻　(c) A、B、R、C 型中心钻

图 1-73　中心钻

6. 车刀的安装

在实际切削中，车刀安装的高低、车刀刀杆是否与工件轴线垂直对车刀角度都有很大影响。 以车削外圆为例，当车刀刀尖高于工件轴线时，因其车削平面与基面的位置发生变化而使前角增大，后角减小；反之，则前角减小，后角增大。车刀安装的歪斜对主偏角、副偏角影响较大，特别是在车螺纹时，会使牙形半角产生误差。因此，正确地安装车刀是保证加工质量、减小刀具磨损、提高刀具使用寿命的重要环节。

资料六　切削用量选择

数控车削加工的切削用量包括背吃刀量 a_p、主轴转速 S 或者切削速度 V_c(恒线速时)、进给量 f 或者进给速度 F，如图 1-74 所示。合理的切削用量是在充分发挥数控车床效能、刀具性能和保证加工质量的前提下，获得较高的生产效率和较低的加工成本。为在一定刀具耐用度条件下取得较高的生产效率，选取切削用量的合理顺序和原则如下。

(1) 粗车时，考虑选择一个尽可能大的背吃刀量 a_p，其次选择一个较大的进给量 f，最后在保证刀具耐用度的前提下，确定一个合适的切削速度 V_c。

(2) 精车时，精车时应选用较小(但不太小)的背吃刀量 a_p 和进给量 f，并选用切削性能高的刀具材料和合理的几何参数，以尽可能提高切削速度 V_c。

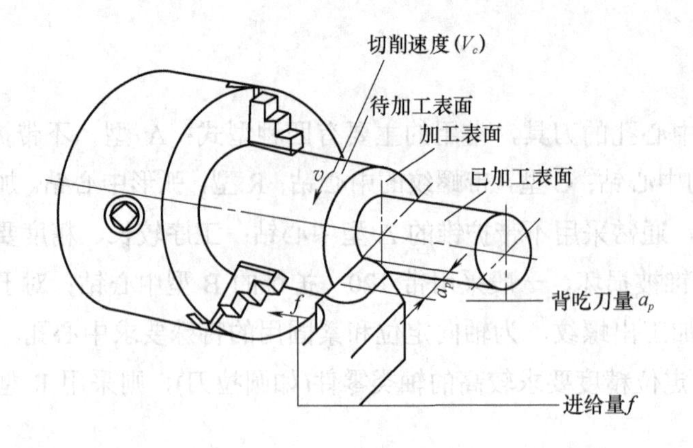

图 1-74　切削用量的确定

1. 背吃刀量 a_p 的确定

在工艺系统刚度和机床功率允许的情况下，尽可能选取较大的背吃刀量，以减少进给次数。一般当毛坯直径余量小于 6 mm 时，根据加工精度考虑是否留出半精车和精车余量，剩下的余量可一次切除。当零件的精度要求较高时，为了保证加工精度和表面粗糙度，应留出半精车、精车余量，一般半精车余量为 0.5～2　mm，所留余量一般比普通车削时所留余量少，常取精车余量为 0.1～0.3　mm。

2. 进给速度 F 或进给量 f 的确定

进给速度 F 是指在单位时间内，刀具沿进给方向移动的距离(单位为 mm/min)，进给量 f 的单位为 mm/r，数控车床一般采用进给量 f。

1)　确定进给速度的原则

(1)　进给量 f 的选取应该与背吃刀量和主轴转速相适应。

(2)　在保证工件加工质量的前提下，为提高生产效率，可以选择较高的进给速度(2000 mm/min 以下)。

(3)　在切断、车削深孔或精车时，应选择较低的进给速度。

(4)　当刀具空行程特别是远距离“回零”时，可以设定尽量高的进给速度。

(5)　粗车时，一般取 f 为 0.25～0.5 mm/r，精车时常取 f 为 0.08～0.2 mm/r，切断时 f 为 0.05～0.15 mm/r。

2)　进给速度 F 的计算

进给速度的大小直接影响表面粗糙度值和车削效率，因此进给速度的确定应在保证表面质量的前提下，选择较高的进给速度。

进给速度包括纵向进给速度和横向进给速度。一般根据零件的表面粗糙度、刀具及工件材料等因素，查阅切削用量手册选取进给量 f，再按式(1-1)计算进给速度：

$$F=nf \tag{1-1}$$

式中：F——进给速度，单位为 mm/min；

f——进给量，单位为 mm/r；

n——工件或刀具的转速，单位为 r/min。

粗车时加工表面粗糙度要求不高，进给量 f 主要受刀杆、刀片、工件和机床进给机构的强度与刚度能承受的切削力所限制，一般取为 0.3～0.5 mm/r；半精加工与精加工的进给量，主要受加工表面粗糙度要求的限制，半精车时常取 0.2～0.3 mm/r，精车时常取 0.08～0.2 mm/r，切断时常取 0.05～0.15 mm/r。工件材料较软时，可选用较大的进给量；反之，应选较小的进给量。

表 1-13 和表 1-14 分别为无涂层硬质合金车刀粗车外圆、端面的进给量参考数值和按表面粗糙度选择半精车、精车进给量的参考数值，供选用参考。

表 1-13　硬质合金车刀粗车外圆、端面的进给量参考数值

工件材料	车刀刀杆尺寸 B/mm×H/mm	工件直径 d_w/mm	背吃刀量 a_p/ mm ≤3	>3～5	>5～8	>8～12	>12
			进给量 f/(mm/r)				
碳素结构钢、合金结构钢及耐热钢	16×25	20	0.3～0.4	—	—	—	—
		40	0.4～0.5	0.3～0.4	—	—	—
		60	0.5～0.7	0.4～0.6	0.3～0.5	—	—
		100	0.6～0.9	0.5～0.7	0.5～0.6	0.4～0.5	—
		400	0.8～1.2	0.7～1.0	0.6～0.8	0.5～0.6	—
	20×30 25×25	20	0.3～0.4	—	—	—	—
		40	0.4～0.5	0.3～0.4	—	—	—
		60	0.5～0.7	0.5～0.7	0.4～0.6	—	—
		100	0.8～1.0	0.7～0.9	0.5～0.7	0.4～0.7	—
		400	1.2～1.4	1.0～1.2	0.8～1.0	0.6～0.9	0.4～0.6
铸铁铜合金	16×25	40	0.4～0.5	—	—	—	—
		60	0.5～0.8	0.5～0.8	0.4～0.6	—	—
		100	0.8～1.2	0.7～1.0	0.6～0.8	0.5～0.7	—
		400	1.0～1.4	1.0～1.2	0.8～1.0	0.6～0.8	—
	20×30 25×25	40	0.4～0.5	—	—	—	—
		60	0.5～0.9	0.5～0.8	0.4～0.7	—	—
		100	0.9～1.3	0.8～1.2	0.7～1.0	0.5～0.8	—
		400	1.2～1.8	1.2～1.6	1.0～1.3	0.9～1.1	0.7～0.9

注：① 加工断续表面及有冲击的工件时，表内进给量应乘以系数 k=0.8。

② 在无外皮加工时，表内进给量应乘以系数 k=1.1。

③ 加工耐热钢及其合金时，进给量不大于 0.5mm/r。

④ 加工淬硬钢时，进给量应减小。当钢的硬度为 44～56 HRC 时，乘以系数 k=0.8；当钢的硬度为 57～62 HRC 时，乘以系数 k=0.5。

表 1-14 按表面粗糙度选择进给量的参考数值

工件材料	表面粗糙度 R_a/μm	切削速度范围 V_c(m/mim)	刀尖圆弧半径 $r_ε$/mm 0.5	1.0	2.0
			进给量 f/(mm/r)		
铸铁、青铜、铝合金	>5～10	100～200	0.25～0.40	0.40～0.50	0.50～0.60
	>2.5～5		0.15～0.25	0.25～0.40	0.40～0.60
	>1.25～2.5		0.10～0.15	0.15～0.20	0.20～0.35
碳钢及合金钢	>5～10	<50	0.30～0.50	0.45～0.60	0.55～0.70
		>50	0.40～0.55	0.55～0.65	0.65～0.70
	>2.5～5	<50	0.18～0.25	0.25～0.30	0.30～0.40
		>50	0.25～0.30	0.30～0.35	0.30～0.50
	>1.25～2.5	<50	0.10～0.15	0.11～0.15	0.15～0.22
		50～100	0.11～0.16	0.16～0.25	0.25～0.35
		>100	0.16～0.20	0.20～0.25	0.25～0.35

3. 主轴转速 n 的确定

光车时主轴转速应根据零件上被加工部位的直径，并按零件和刀具的材料及加工性质等条件所允许的切削速度 V_c(m/min)来确定。切削速度除了计算和查表选取外，还可根据实践经验确定。切削速度确定之后，可用式(1-2)计算主轴转速：

$$n = \frac{1000V_c}{\pi d} \tag{1-2}$$

式中：n——工件或刀具的转速，单位为 r/min；

V_c——切削速度，单位为 m/min；

d——切削刃选定点处所对应的工件或刀具的回转直径，单位为 mm。

表 1-15 是硬质合金外圆车刀切削速度的参考数值，供选用时参考。

表 1-15 硬质合金外圆车刀切削速度的参考数值

工件材料	热处理状态	a_p=0.3～2 mm	a_p=2～6 mm	a_p=6～10 mm
		f=0.08～0.3 mm/r	f=0.3～0.6 mm/r	f=0.6～1 mm/r
		V_c/(m/mim)		
低碳钢	热轧	140～180	100～120	70～90
中碳钢	热轧	130～160	90～110	60～80
	调质	100～130	70～90	50～70
合金结构钢	热轧	100～130	70～90	50～70
	调质	80～110	50～70	40～60
工具钢	退火	90～120	60～80	50～70
灰铸铁	HBS<190	90～120	60～80	50～70
	HBS=190～225	80～110	50～70	40～60

续表

工件材料	热处理状态	a_p=0.3～2 mm	a_p=2～6 mm	a_p=6～10 mm
		f=0.08～0.3 mm/r	f=0.3～0.6 mm/r	f=0.6～1 mm/r
		V_c/(m/mim)		
铜及铜合金		200～250	120～180	90～120
铝及铝合金		300～600	200～400	150～200
铸铝合金		100～180	80～150	60～100

注：切削钢及灰铸铁时刀具耐用度约为 60 min。

表 1-16 是采用国产硬质合金刀具及钻孔数控车切削用量的参考数值。

表 1-16　国产硬质合金刀具及钻孔数控车切削用量的参考数值

工件材料	加工方式	背吃刀量/mm	切削速度/(m/min)	进给量/(mm/r)	刀具材料
碳素钢 σ_b>600 MPa	粗加工	5～7	60～80	0.2～0.4	YT 类
	粗加工	2～3	80～120	0.2～0.4	
	精加工	0.2～0.3	120～150	0.1～0.2	
	车螺纹		70～100	导程	
	钻中心孔		500～800	0.06～0.01	W18Cr4V
	钻孔		10～30	0.1～0.2	
	切断(宽度<5 mm)			0.1～0.2	
合金钢 σ_b=1470 MPa	粗加工	2～3	50～80	0.2～0.4	YT 类
	精加工	0.1～0.15	60～100	0.1～0.2	
	切断(宽度<5 mm)		40～70	0.1～0.2	
铸铁 200 HBS 以下	粗加工	2～3	50～70	0.2～0.4	YG 类
	精加工	0.1～0.15	70～100	0.1～0.2	
	切断(宽度<5 mm)		50～70	0.1～0.2	
铝	粗加工	2～3	180～250	0.2～0.4	
	精加工	0.2～0.3	200～280	0.1～0.2	
	切断(宽度<5 mm)		50～220	0.1～0.2	
黄铜	粗加工	2～4	150～220	0.2～0.4	
	精加工	0.1～0.15	180～250	0.1～0.2	
	切断(宽度<5 mm)			0.1～0.2	

注：切削速度的单位除钻中心孔加工方式为 r/min 外，其他均为 m/min.

资料七　填写数控加工工序卡和刀具卡

数控加工工艺文件既是数控加工的依据，也是操作者遵守、执行的作业指导书。数控加工工艺文件是对数控加工的具体说明，目的是让操作者更明确加工程序的内容、装夹方式、加工顺序、走刀路线、切削用量和各个加工部位所选用的刀具等作业指导规程。数控加工工艺技术文件主要有：数控加工工序卡和数控加工刀具卡，更详细的还有数控加工走刀路线图等，有些数控加工工序卡还要求画出工序简图。

当前，数控加工工序卡、数控加工刀具卡及数控加工走刀路线图还没有统一的标准格式，都是由各个单位结合具体情况自行确定。

1. 数控加工工序卡

数控加工工序卡与普通加工工序卡有许多相似之处，所不同的是：若要求画出工序简图，数控加工工序的工序简图中应注明编程原点与对刀点，要进行简要编程说明(如所用加工机床型号、程序编号)及切削参数(即程序编入的主轴转速、进给速度、最大背吃刀量或宽度等)的选择。具体数控加工工序卡要求填写的内容如表 1-17 所示。

表 1-17　数控加工工序卡

<table>
<tr><td rowspan="2">单位名称</td><td rowspan="2" colspan="2">×××</td><td colspan="2">产品名称或代号</td><td colspan="3">零件名称</td><td colspan="2">零件图号</td></tr>
<tr><td colspan="2">×××</td><td colspan="3">×××</td><td colspan="2">×××</td></tr>
<tr><td>工序号</td><td colspan="2">程序编号</td><td colspan="2">夹具名称</td><td colspan="3">加工设备</td><td colspan="2">车间</td></tr>
<tr><td>×××</td><td colspan="2">×××</td><td colspan="2">×××</td><td colspan="3">×××</td><td colspan="2">×××</td></tr>
<tr><td>工序
简图</td><td colspan="9"></td></tr>
<tr><td>工步号</td><td colspan="3">工 步 内 容</td><td>刀具号</td><td>刀具
规格</td><td>主轴
转速</td><td>进给
速度</td><td>检测工具</td><td>备　注</td></tr>
<tr><td></td><td colspan="3"></td><td></td><td></td><td></td><td></td><td></td><td></td></tr>
<tr><td></td><td colspan="3"></td><td></td><td></td><td></td><td></td><td></td><td></td></tr>
<tr><td></td><td colspan="3"></td><td></td><td></td><td></td><td></td><td></td><td></td></tr>
<tr><td>编制</td><td>×××</td><td>审核</td><td>×××</td><td>批准</td><td>×××</td><td colspan="2">年　月　日</td><td>共　页</td><td>第　页</td></tr>
</table>

2. 数控加工刀具卡

数控加工刀具卡反映刀具编号、刀具型号规格与名称、刀具的加工表面、刀具数量和刀长等。有些更详细的数控加工刀具卡还要求反映刀具结构、尾柄规格、组合件名称代号、刀片型号和材料等。数控加工刀具卡是组装和调整刀具的依据。一般数控加工刀具卡如表 1-18 所示。

表 1-18　数控加工刀具卡

<table>
<tr><td colspan="3">产品名称或代号</td><td>×××</td><td>零件名称</td><td>×××</td><td colspan="2">零件图号</td><td>×××</td></tr>
<tr><td rowspan="2">序号</td><td rowspan="2">刀具号</td><td colspan="4">刀　具</td><td colspan="2" rowspan="2">加工表面</td><td rowspan="2">备注</td></tr>
<tr><td colspan="2">型号、规格、名称</td><td>数量</td><td>刀长/mm</td></tr>
<tr><td></td><td></td><td colspan="2"></td><td></td><td></td><td colspan="2"></td><td></td></tr>
<tr><td>编制</td><td>×××</td><td>审核</td><td>×××</td><td>批准</td><td>×××</td><td>年 月 日</td><td>共 页</td><td>第 页</td></tr>
</table>

3. 数控加工走刀路线图

数控加工走刀路线图告诉操作者关于编程中的刀具运动路线(如从哪里下刀、在哪里抬刀、哪里是斜下刀等)。为简化走刀路线图，一般可采用统一约定的符号来表示。不同的机床可以采用不同的图例与格式。表 1-19 所示为一种常见的数控加工走刀路线图示。

表 1-19　×××数控加工走刀路线图示

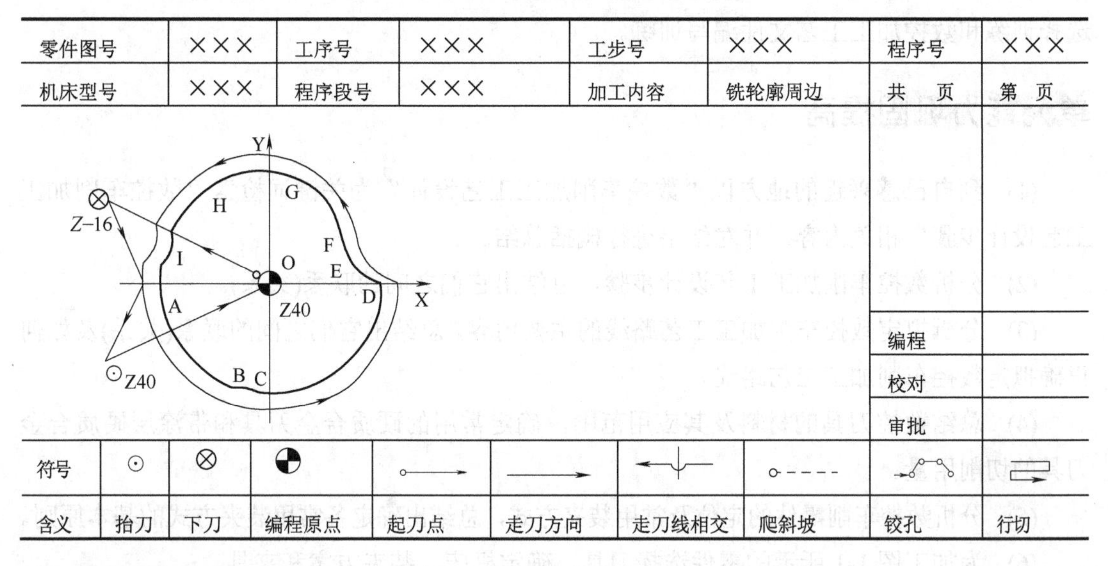

零件图号	×××	工序号	×××	工步号	×××	程序号	×××
机床型号	×××	程序段号	×××	加工内容	铣轮廓周边	共　页	第　页
						编程	
						校对	
						审批	

符号	⊙	⊗							
含义	抬刀	下刀	编程原点	起刀点	走刀方向	走刀线相交	爬斜坡	铰孔	行切

单元能力训练

(1) 数控车削加工工艺设计步骤包括哪几步？它们之间有什么联系？

(2) 识别各类数控车床及其主要技术参数的内涵。

(3) 识别数控车床的加工范围及其主要加工对象。

(4) 数控车削零件图纸工艺分析包括哪些内容？如何进行零件的结构工艺性分析？

(5) 拟定数控车削加工工艺路线的主要内容包括哪些？说明各主要内容的内涵及其相互联系。

(6) 进给加工路线确定的原则有哪些？为什么？

(7) 定位基准的选择原则有哪些？数控车削零件常用装夹方式有哪几种？各有何特点？

(8) 如何在数控车床上自车圆弧软爪？

(9) 数控刀具材料有哪些？各有何特点？

(10) 影响刀具耐用度的因素有哪些？

(11) 如何选择数控车削可转位刀片？

(12) 数控车削加工的切削用量包括哪些？如何确定切削用量？

(13) 填写数控加工工艺文件的目的是什么？

(14) 到数控实训中心识别数控车床、刀具、夹具及工件。

(15) 在图书馆查阅纸质数控加工工艺书，按数控车削加工工艺设计步骤训练。

(16) 在计算机中通过关键词查找数控加工工艺，按数控车削加工工艺设计步骤训练。

(17) 识别几个具体的简单光轴零件和图纸，按数控车削加工工艺设计步骤进行如下训练：机床选择训练、零件图纸工艺分析训练、加工方法选择训练、工序划分训练、数控车削加工工艺路线拟定训练、定位基准选择及装夹方案确定训练、刀具选择训练、切削用量选择训练和数控加工工艺文件编写训练。

单元能力巩固提高

(1) 到自己感兴趣的地方以“数控车削加工工艺设计”为关键词检索“数控车削加工工艺设计步骤”相关内容，并对结果进行概括总结。

(2) 分析数控车削加工工艺设计步骤，总结出它们之间的联系(关系)。

(3) 分析拟定数控车削加工工艺路线的主要内容，总结出它们之间的联系(关系)及如何正确拟定数控车削加工工艺路线。

(4) 总结数控刀具的材料及其应用范围，确定常用的硬质合金刀具和带涂层硬质合金刀具的切削用量。

(5) 分析数控车削零件的定位及常用装夹方式，总结出确定各常用装夹方式的基本原则。

(6) 为加工图 1-1 所示的零件选择刀具，确定机床、装夹方案和夹具。

单元能力评价

能力评价方式如表 1-20 所示。

表 1-20 能力评价表

等级	评 价 标 准
优秀	(1) 能高质量、高效率地应用计算机完成资料的检索任务并总结； (2) 能分析数控车削加工工艺设计步骤，并总结出它们之间的联系(关系)； (3) 能分析拟定数控车削加工工艺路线的主要内容，并总结出它们之间的联系(关系)及如何正确拟定数控车削加工工艺路线； (4) 能总结数控刀具的材料及其应用范围，确定常用的硬质合金刀具和带涂层硬质合金刀具的切削用量； (5) 能分析数控车削零件的定位及常用装夹方式，并总结出确定各常用装夹方式的基本原则； (6) 能为加工图 1-1 所示的零件选择刀具，确定机床、装夹方案和夹具
良好	(1) 能在无教师的指导下应用计算机完成资料的检索任务并总结； (2) 能在无教师的指导下分析数控车削加工工艺设计步骤并总结； (3) 能在无教师的指导下分析拟定数控车削加工工艺路线的主要内容并总结； (4) 能在无教师的指导下总结数控刀具的材料及其应用范围； (5) 能在无教师的指导下分析数控车削零件的定位及常用装夹方式并总结； (6) 基本能为加工图 1-1 所示的零件选择刀具，确定机床、装夹方案和夹具

续表

等级	评价标准
中等	(1) 能在教师的偶尔指导下应用计算机完成资料的检索任务并总结； (2) 能在教师的偶尔指导下分析数控车削加工工艺设计步骤并总结； (3) 能在教师的偶尔指导下分析拟定数控车削加工工艺路线的主要内容并总结； (4) 能在教师的偶尔指导下总结数控刀具的材料及其应用范围并总结； (5) 能在教师的偶尔指导下分析数控车削零件的定位及常用装夹方式并总结
合格	(1) 能在教师的指导下应用计算机完成资料的检索任务并总结； (2) 能在教师的指导下分析数控车削加工工艺设计步骤并总结； (3) 能在教师的指导下分析拟定数控车削加工工艺路线的主要内容并总结； (4) 能在教师的指导下总结数控刀具的材料及其应用范围并总结； (5) 能在教师的指导下分析数控车削零件的定位及常用装夹方式并总结

单元二　编制短光轴零件数控车削加工工艺

单元能力目标

(1) 会制定短光轴零件的数控车削加工工艺。

(2) 会编写短光轴零件的数控车削加工工艺文件。

单元工作任务

在单元一中，我们查阅了设计数控车削加工工艺的相关工艺技术资料，现要完成单元一图 1-1 所示的光轴零件的数控车削加工工艺编制。

(1) 制定如图 1-1 所示的短光轴零件的数控车削加工工艺。

(2) 编制如图 1-1 所示的短光轴零件的数控车削加工工序卡和刀具卡等工艺文件。

加工案例工艺分析与编制

完成工作任务步骤如下。

1. 零件图纸工艺分析

零件图纸工艺分析主要引导学生审查图纸、分析零件的结构工艺性、尺寸精度、形位精度和表面粗糙度等零件图纸技术要求。

(1) 审查图纸。该案例零件图尺寸标注完整、正确，符合数控加工要求，加工部位清楚明确。

(2) 零件的结构工艺性分析。该案例零件材料 45 钢为典型回转体轴类零件，工艺性好。

(3) 零件图纸技术要求分析。该案例短光轴零件要求加工部位的两端面粗糙度 R_a 为 3.2 μm，长度尺寸精度为$100^{0}_{-0.1}$ mm，要求不高；外径粗糙度 R_a 为 1.6 μm，尺寸精度为$\phi60^{0}_{-0.02}$ mm，要求稍高。

2. 加工工艺路线设计

加工工艺路线设计主要引导学生选择加工方法、划分加工阶段、划分工序、工序顺序安排，最终确定进给加工路线。

1) 选择加工方法

根据外回转表面的加工方法和该光轴零件的加工精度及表面加工质量要求，选择粗车—半精车—精车加工即可满足零件图纸技术要求。但由于该零件毛坯长度较短，无法夹持一头完成全部加工，必须掉头车削加工，而掉头车削加工将造成两次安装无法避免的加工接刀痕迹问题，无法满足零件图纸技术要求。另外，由于外径加工余量不大，单边最大加工余量只有 2.5 mm，所以选择粗车—磨削的加工方法，但数控车加工时，必须顺带打出中心孔，为磨削装夹做好准备。

2) 划分加工阶段

根据上述加工方法分析，该案例零件加工划分为粗加工和精加工两个阶段。

3) 划分工序

根据上述加工方法，该案例零件毛坯长度较短，无法夹持一头完成全部加工，必须掉头车削加工，所以工序划分以一次安装所进行的加工作为一道工序，数控车削加工共分两道工序，每道工序又分三道工步，即粗精车端面、粗车外径和打中心孔三道工步。

4) 工序顺序安排

根据上述工序划分方法，该案例零件加工顺序按由粗到精、先面后孔、由近到远(由右到左)的原则确定，工步顺序按同一把刀能加工的内容连续加工原则确定。

5) 确定进给加工路线

根据上述加工顺序安排，该案例零件加工路线设计先粗精车一头端面，再粗车外径(含车倒角 2×45°)，后打中心孔；掉头粗精车一头端面(含车倒角 2×45°)，保证长度尺寸精度为$100^{0}_{-0.1}$ mm，后打中心孔；最后再安排磨削外径，保证外径尺寸精度为$\phi60^{0}_{-0.02}$ mm 和表面粗糙度 R_a为 1.6 μm。

3. 机床选择

机床选择主要引导学生如何根据加工零件规格大小、加工精度和加工表面质量等技术要求，正确合理地选择机床型号及规格。

该案例零件规格不大且尺寸精度要求较高的外径精加工采用磨削，所以数控车削选用规格不大的经济型数控车床 CJK6132(注：带尾架)即可，精加工磨削选用普通外圆磨床 M1320 即可。

4. 装夹方案及夹具选择

装夹方案及夹具选择主要引导学生根据加工零件规格大小、结构特点、加工部位、尺寸精度、形位精度和表面粗糙度等零件图纸技术要求，确定零件的定位、装夹方案及夹具。

该案例中的零件是典型回转体类零件，根据上述加工工艺路线设计，该案例零件装夹方案选用三爪卡盘反爪外台阶面以光轴一端定位，夹紧外径，因工件长径比小，且精加工安排磨削，所以无需找正；掉头装夹加工，担心已粗加工外径夹伤严重，可考虑在工件已加工表面夹持位包一层薄铜皮。夹具选择普通三爪卡盘或液压三爪卡盘均可。

数控车削夹持工件长度及夹紧余量参考值如表 1-21 所示。夹紧余量是指数控车刀车削至靠近三爪端面处与卡爪外端面的距离。

表 1-21　数控车削夹持工件长度及夹紧余量参考值

使用设备	夹持长度/mm	夹紧余量/mm	应 用 范 围
数控车床	8～10	7	用于加工直径较大、实心、易切断的零件
	15		用于加工套、垫片等零件一次车好不掉头
	20		用于加工有色薄壁管、套管零件
	25	7	用于加工各种螺纹、滚花及用样板刀车圆球和反车退刀件等

5. 刀具选择

刀具选择主要引导学生根据加工零件余量大小、结构特点、材质、热处理硬度、加工部位、尺寸精度、形位精度和表面粗糙度等零件图纸技术要求，结合刀具材料，正确合理地选择刀具。

根据上述加工工艺路线设计，该案例零件数控车只有加工端面、外径和中心孔，无热处理要求。根据各类型车刀的加工对象和特点，加工端面和外径选用右手外圆车刀(右手刀)，刀片选用带涂层硬质合金刀片，刀尖圆弧半径为 0.8 mm；加工中心孔选用 B 型中心钻；磨削外径选用中粒度砂轮。具体右手外圆车刀(右手刀)和 B 型中心钻如图 1-75 和图 1-76 所示。

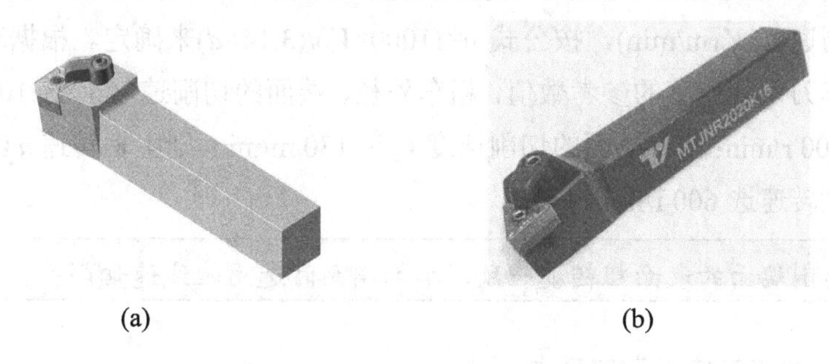

(a)　　(b)

图 1-75　右手外圆车刀(右手刀)

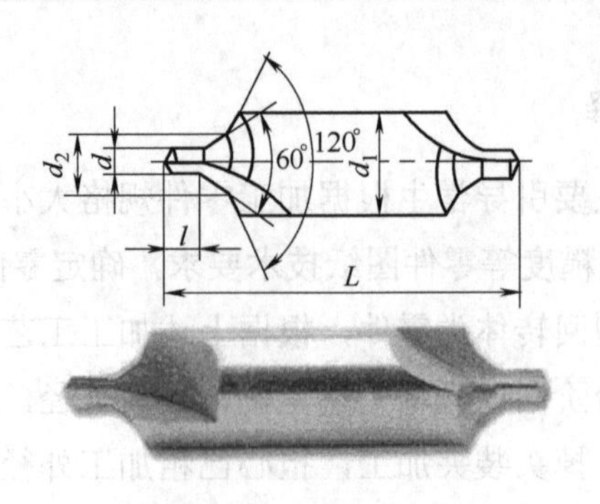

图 1-76　B 型中心钻

6. 切削用量选择

切削用量选择主要引导学生根据加工零件余量大小、材质、热处理硬度、尺寸精度、形位精度和表面粗糙度等零件图纸技术要求，结合所选刀具和拟定的加工工艺路线，正确合理地选择切削用量。

数控车削的切削用量包括背吃刀量 a_p、进给速度 F 或进给量 f 和主轴转速 n。

1)　背吃刀量 a_p

根据上述加工工艺路线设计，该案例零件外径、端面加工余量不大，单边最大加工余量只有约 2.5 mm，选择粗车—磨削加工方法。背吃刀量 a_p 在工艺系统刚度和机床功率允许的情况下，尽可能选取较大的背吃刀量，以减少进给次数。故粗车端面和外径时，背吃刀量 a_p 取约 2.25 mm，外径单边留 0.12～0.13 mm 的磨削余量，精车端面背吃刀量 a_p 取约 0.20～0.25 mm。

2)　进给量 f

根据表 1-13 所示的硬质合金车刀粗车外圆、端面的进给量参考数值和表 1-14 所示的按表面粗糙度选择进给量的参考数值，该案例零件粗车外径、端面的进给量 f 取 0.25 mm；精车端面的进给量 f 取 0.15 mm；中心钻按表 1-16 所示的国产硬质合金刀具及钻孔数控车切削用量参考数值，进给量 f 取 0.15 mm。

3)　主轴转速 n

主轴转速 n 应根据零件上被加工部位的直径，并按零件和刀具的材料及加工性质等条件所允许的切削速度 V_c(m/min)，按公式 $n=(1000\times V_c)/(3.14\times d)$来确定。根据表 1-15 所示的硬质合金外圆车刀切削速度的参考数值，粗车外径、端面的切削速度 V_c 选 100 m/min，则主轴转速 n 约为 500 r/min；精车端面的切削速度 V_c 选 130 m/min，则主轴转速 n 约为 650 r/min；钻中心孔的主轴转速选 600 r/min。

注意：为保证车削端面的表面粗糙度一致，车削端面时选用恒线速切削。

7. 填写数控加工工序卡和刀具卡

填写数控加工工序卡和刀具卡主要引导学生根据选择的机床、刀具、夹具、切削用量

和拟定的加工工艺路线，正确填写数控加工工序卡和刀具卡。

1)　光轴加工案例数控加工工序卡

光轴加工案例数控加工工序卡如表 1-22 所示(注：刀片为涂层硬质合金刀片)。

表 1-22　光轴数控加工工序卡

单位名称	×××	产品名称或代号		零件名称		零件图号	
		×××		光轴		×××	
工序号	程序编号	夹具名称		加工设备		车间	
×××	×××	三爪卡盘		CJK6132		数控中心	
工步号	工 步 内 容	刀具号	刀具规格/mm	主轴转速/(r/min)	进给速度/(mm/r)	检测工具	备　注
1	粗精车右端面，保证粗糙度 R_a 为 3.2 μm	T01	25×25	500/650	0.3/0.2	粗糙度标准块	
2	粗车倒角及外径，外径车削长度 80 mm，单边留磨 0.12～0.13，保证倒角粗糙度 R_a 为 6.3 μm	T01	25×25	500	0.25	游标卡尺	
3	右端面打中心孔	T02	$\phi 3$	600	0.15	游标卡尺	
4	粗精车左端面，保证粗糙度 R_a 为 3.2 μm 和总长 $100^{0}_{-0.1}$ mm	T01	25×25	500/650	0.3/0.2	带表游标卡尺	掉头装夹车
5	粗车倒角及外径，外径车削长度 25 mm，单边留磨 0.12～0.13 mm，保证倒角粗糙度 R_a 为 6.3 μm	T01	25×25	500	0.25	游标卡尺	
6	左端面打中心孔	T02	$\phi 3$	600	0.15	游标卡尺	
7	磨外径至 $\phi 60^{0}_{-0.02}$ mm					外径千分尺	外圆磨床
编制 ×××	审核 ×××	批准	×××	年　月　日		共　页	第　页

2)　光轴加工案例数控加工刀具卡

光轴加工案例数控加工刀具卡如表 1-23 所示。

表 1-23　光轴数控加工刀具卡

产品名称或代号	×××	零件名称	光轴		零件图号	×××
序号	刀具号	刀具			加工表面	备注
		规格名称	数量	刀长/mm		
1	T01	右手外圆车刀	1	实测	端面、外径、倒角	刀尖半径 0.8 mm
2	T02	ϕ3mmB 型中心钻	1	实测	中心孔	
编制 ×××	审核 ×××	批准 ×××	年　月　日		共　页	第　页

单元能力训练

(1) 光轴加工图纸工艺分析训练。
(2) 光轴加工方法选择和工序划分训练。
(3) 光轴加工装夹方案训练。
(4) 光轴加工刀具、夹具、机床选择训练。
(5) 光轴加工切削用量选择训练。
(6) 光轴加工工艺拟定训练。
(7) 光轴加工工艺文件编制训练。

单元能力巩固提高

将图 1-1 所示的光轴零件表面粗糙度改为 $R_a3.2\ \mu m$，其他不变，试设计其数控加工工艺。

单元能力评价

能力评价方式如表 1-24 所示。

表 1-24　能力评价表

等级	评　价　标　准
优秀	能高质量、高效率地完成图 1-1 所示的光轴零件数控加工工艺设计，并完成单元能力巩固提高的光轴零件数控加工工艺设计
良好	能在无教师的指导下完成图 1-1 所示的光轴零件数控加工工艺设计
中等	能在教师的偶尔指导下完成图 1-1 所示的光轴零件数控加工工艺设计
合格	能在教师的指导下完成图 1-1 所示的光轴零件数控加工工艺设计

单元三　编制阶梯轴数控车削加工工艺

单元能力目标

(1) 会制定阶梯轴的数控车削加工工艺。
(2) 会编制阶梯轴的数控车削加工工艺文件。

单元工作任务

本单元完成如图 1-77 所示的阶梯轴加工案例零件的数控车削加工，具体设计该阶梯轴

的数控加工工艺。

(1) 分析图 1-77 所示的阶梯轴加工案例，确定正确的数控车削加工工艺。

(2) 编制图 1-77 所示的阶梯轴的数控车削加工工序卡和刀具卡等工艺文件。

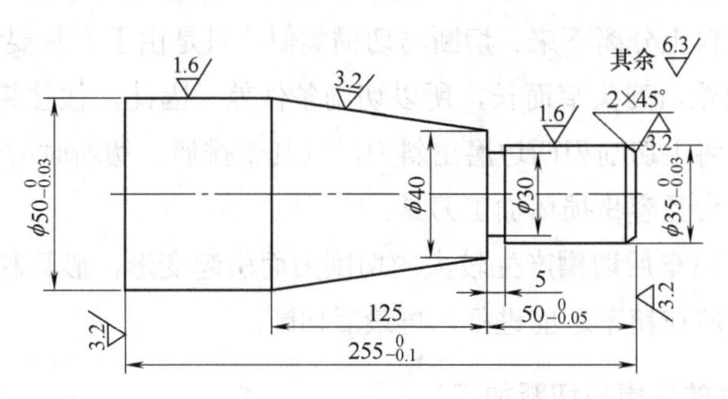

图 1-77　阶梯轴加工案例

阶梯轴加工案例零件说明：该阶梯轴加工案例零件材料为 45 钢，毛坯尺寸为 ϕ57 mm×260 mm，小批生产。现有该阶梯轴加工案例数控加工工艺规程如表 1-25 所示。

表 1-25　阶梯轴加工案例数控加工工艺规程

工序号	工序内容	刀具号	刀具名称	主轴转速/(r/min)	进给速度/(mm/r)	背吃刀量/mm	机床	夹具
1	车右端面	T01	左手刀	300	0.1	2.5	经济型数控车	专用夹具
2	粗精车倒角、ϕ35 mm 外径及长度 125 mm 锥度，保证尺寸精度和表面粗糙度	T01	左手刀	900/550	0.12/0.3		经济型数控车	专用夹具
3	切槽	T02	左手刀	800	0.3	2.5	经济型数控车	专用夹具
4	车左端面	T01	左手刀	300	0.1	2.5	经济型数控车	专用夹具
5	粗精车 ϕ50 mm 外径，保证尺寸精度和表面粗糙度	T01	左手刀	900/550	0.12/0.3		经济型数控车	专用夹具

完成工作任务需再查阅的背景知识

资料一　切槽与切断工艺

1. 切槽与切断

回转体类零件内外回转表面或端面上经常设计一些沟槽，这些槽有螺纹退刀槽、砂轮越程槽、油槽、密封圈槽等。切槽和车端面有些相似，如同两把左右偏刀并在一起同时车左右两个端面，但刀具与工件的接触面积比较大，切削条件比较差。

将坯料或工件从夹持端上分离下来的切削方法称为切断。切断主要用于圆棒料下料或把加工完的工件从坯料上分离下来。切断与切槽类似，只是由于刀具要切到工件回转中心，散热条件差、排屑困难、刀头窄而长，所以切削条件差。因此，往往将切断刀刀头的高度加大，以增加强度；将主切削刃两边磨出斜刃，以利于排屑。切断时刀尖必须与工件等高，否则切断处将留有凸台且容易损坏加工刀具。

为了防止工件在精车后切槽产生较大的切削力而引起变形，破坏精车的加工精度，轴类零件上的切槽一般应在精车之前进行，再最后切断。

2. 回转体类零件的切槽与切断加工

回转体类零件内外回转表面或端面常见切槽与切断加工如图 1-78 所示。

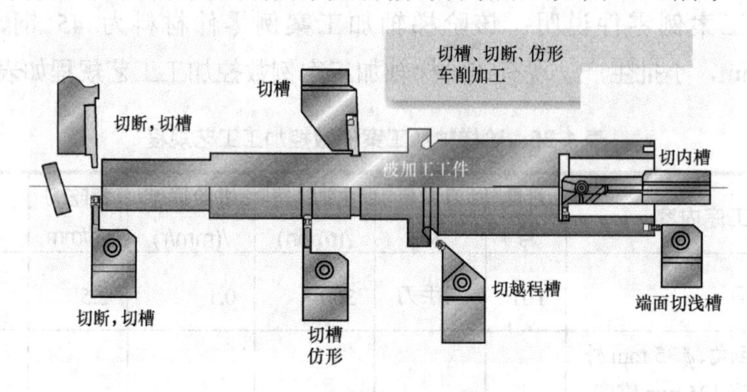

图 1-78 切槽与切断加工示例

3. 切断刀切削刃宽度的确定

切断刀主切削刃太宽，会造成切削力过大而引起振动，同时也会浪费工件材料；而主切削刃太窄，又会削弱刀头强度，容易使刀头折断。通常，切断钢件或铸铁材料时，切断刀主切削刃宽度 a 可用式(1-3)计算：

$$a \approx (0.5 \sim 0.6)\sqrt{D} \tag{1-3}$$

式中：a——主切削刃宽度，单位为 mm；

D——工件待加工表面直径，单位为 mm。

因切断刀或切槽刀的切削力较大，容易引起振动，故常用切断刀与切槽刀切削刃宽度 a 一般为 2～3.5mm。

4. 切断时切断刀的折断问题

当切断毛坯或不规则表面的工件时，切断前先用外圆车刀把工件车圆，或开始切断毛坯部分时，尽量减小进给量，以免发生“啃刀”而损坏切断刀。

用卡盘装夹工件切断时，如果工件装夹不牢固，或切断位置离卡盘较远，在切削力的作用下易将工件抬起，会造成切断刀刀头折断。因此，工件应装夹牢固，切断位置应尽可能靠近卡盘，当切断用一夹一顶装夹工件时，工件不应完全切断，而应在工件中心留一细杆，卸下工件后再用榔头敲断；否则，切断时会造成事故并折断切断刀。另外，如果切断刀装得与工件轴线不垂直，主切削刃没有对准工件中心，也容易使切断刀折断。

切断时的进给量太大，或数控车床 X 轴传动链间隙过大，切断时易发生“扎刀”，会造成切断刀折断；手动进给切断时，摇动手轮应连续、均匀，如果不得已而需中途停车时，应先把车刀退出后再停车。切断刀排屑不畅时，使切屑堵塞在槽内，造成刀头负荷增大而折断，所以切断时应注意及时排屑，防止堵塞。

资料二　常见的切槽刀与切断刀

常见切槽刀与切断刀及对应的刀片如图 1-79 和图 1-80 所示。

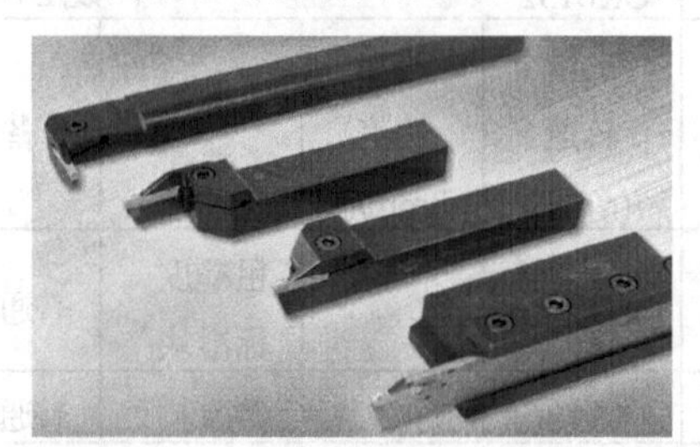

图 1-79　常见切槽刀与切断刀

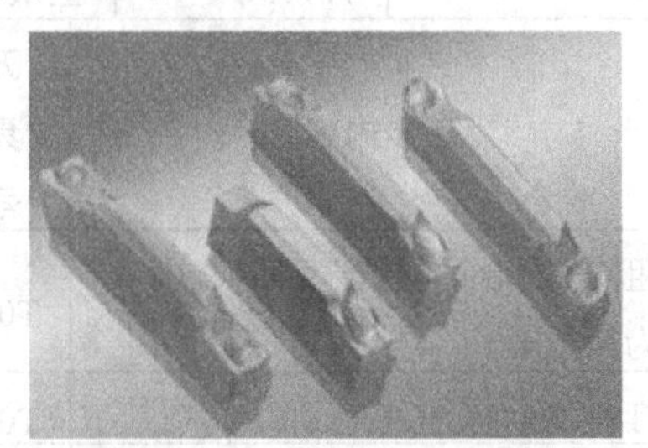

图 1-80　切槽、切断刀片

加工案例工艺分析与编制

1. 加工案例工艺分析

(1) 对图 1-77 所示的阶梯轴加工案例进行详尽分析，找出该阶梯轴加工工艺有什么不妥之处。

① 加工方法选择是否得当？

② 夹具选择是否得当？

③ 刀具选择是否得当？

④ 加工工艺路线是否得当？

⑤ 切削用量是否合适？

⑥ 工序安排是否合适？

⑦ 机床选择是否得当？

⑧ 装夹方案是否得当？

(2) 对上述问题进行分析后，如果有不当的地方改正过来，并提出正确的工艺措施。

(3) 制定正确工艺并优化工艺。

(4) 填写该阶梯轴加工案例的加工工序卡和刀具卡，确定装夹方案。

2. 加工案例加工工艺与装夹方案

1) 阶梯轴加工案例数控加工工序卡

阶梯轴加工案例数控加工工序卡如表 1-26 所示(注：数控加工刀片为涂层硬质合金刀片)。

表 1-26 阶梯轴加工案例数控加工工序卡

<table>
<tr><td colspan="2" rowspan="2">单位名称</td><td rowspan="2">×××</td><td colspan="2">产品名称或代号</td><td colspan="2">零件名称</td><td>零件图号</td></tr>
<tr><td colspan="2">×××</td><td colspan="2">阶梯轴</td><td>×××</td></tr>
<tr><td colspan="2">工序号</td><td>程序编号</td><td colspan="2">夹具名称</td><td colspan="2">加工设备</td><td>车间</td></tr>
<tr><td colspan="2">×××</td><td>×××</td><td colspan="2">三爪卡盘+顶针</td><td colspan="2">CK6132</td><td>数控中心</td></tr>
<tr><td>工步号</td><td colspan="2">工步内容</td><td>刀具号</td><td>刀具规格/mm</td><td>主轴转速/(r/min)</td><td>进给速度/(mm/r)</td><td>检测工具</td><td>备注</td></tr>
<tr><td>1</td><td colspan="2">粗精车右端面，保证表面粗糙度 R_a 为 3.2 μm</td><td>T01</td><td>25×25</td><td>400/450</td><td></td><td>粗糙度标准块</td><td>普通车床</td></tr>
<tr><td>2</td><td colspan="2">打中心孔</td><td>T02</td><td>$\phi 3$</td><td>550</td><td>0.15</td><td>游标卡尺</td><td>普通车床</td></tr>
<tr><td>3</td><td colspan="2">粗精车左端面，保证表面粗糙度 R_a 为 3.2 μm 和总长 $255^{0}_{-0.1}$ mm</td><td>T01</td><td>25×25</td><td>400/450</td><td></td><td>带表游标卡尺</td><td>普通车床，掉头车</td></tr>
<tr><td>4</td><td colspan="2">打中心孔</td><td>T02</td><td>$\phi 3$</td><td>550</td><td>0.15</td><td>游标卡尺</td><td>普通车床</td></tr>
<tr><td>5</td><td colspan="2">粗精车 $\phi 50$ mm 外径和长度至尺寸，保证外径 $\phi 50^{0}_{-0.03}$ mm 和表面粗糙度 R_a 为 1.6 μm</td><td>T03</td><td>25×25</td><td>600/720</td><td>0.3/0.15</td><td>外径千分尺</td><td>数控车床</td></tr>
<tr><td>6</td><td colspan="2">粗车倒角、$\phi 35$mm 外径及长度 125 mm 锥度，单边留 0.15 mm 余量</td><td>T03</td><td>25×25</td><td>600</td><td>0.3</td><td>游标卡尺</td><td>掉头装夹防夹伤</td></tr>
<tr><td>7</td><td colspan="2">切 5×$\phi 30$ mm 槽</td><td>T04</td><td>25×25</td><td>500</td><td>0.15</td><td>游标卡尺</td><td>数控车床</td></tr>
<tr><td>8</td><td colspan="2">精车倒角、$\phi 35$ mm 外径，保证外径 $\phi 35^{0}_{-0.03}$ mm、长度 $50^{0}_{-0.05}$ mm 及表面粗糙度 R_a 为 1.6 μm；精车长度 125 mm 锥度，保证表面粗糙度 R_a 为 3.2 μm</td><td>T03</td><td>25×25</td><td>720</td><td>0.15</td><td>外径千分尺</td><td>数控车床</td></tr>
<tr><td colspan="9">编制 ××× 审核 ××× 批准 ××× 年 月 日 共 页 第 页</td></tr>
</table>

2) 阶梯轴加工案例数控加工刀具卡

阶梯轴加工案例数控加工刀具卡如表 1-27 所示。

表 1-27　阶梯轴加工案例数控加工刀具卡

<table>
<tr><td colspan="3">产品名称或代号</td><td colspan="2">×××</td><td colspan="2">零件名称</td><td colspan="2">阶梯轴</td><td colspan="2">零件图号</td><td>×××</td></tr>
<tr><td rowspan="2">序号</td><td rowspan="2">刀具号</td><td colspan="6">刀具</td><td colspan="3" rowspan="2">加工表面</td><td rowspan="2">备注</td></tr>
<tr><td colspan="4">规格名称</td><td>数量</td><td>刀长/mm</td></tr>
<tr><td>1</td><td>T03</td><td colspan="4">右手外圆车刀</td><td>1</td><td>实测</td><td colspan="3">外径、锥度、倒角</td><td>刀尖半径
0.8 mm</td></tr>
<tr><td>2</td><td>T04</td><td colspan="4">3 mm 切槽刀</td><td>1</td><td>实测</td><td colspan="3">槽</td><td></td></tr>
<tr><td>编制</td><td>×××</td><td colspan="2">审核</td><td colspan="2">×××</td><td>批准</td><td>×××</td><td colspan="2">年 月 日</td><td>共 页</td><td>第 页</td></tr>
</table>

3)　阶梯轴加工案例装夹方案

该案例零件是典型回转体类零件，适合选用三爪卡盘反爪外台阶面以一端定位，夹紧外径。因工件长径比(L/D)大于 5 且加工精度及表面粗糙度要求较高，三爪卡盘夹紧一端时，另一端必须采用机床尾架顶尖顶紧，即形成“一夹一顶”的装夹方式。掉头装夹加工时，担心已精加工的 $\phi 50$ mm 外径表面夹伤，在工件 $\phi 50$ mm 已加工表面夹持位包一层铜皮，防止工件夹伤。

单元能力训练

(1)　切槽与切断加工工艺有什么特点?

(2)　切断时如何防止切断刀折断?

(3)　阶梯轴类零件的加工图纸工艺分析训练。

(4)　阶梯轴类零件的加工工艺路线设计训练。

(5)　阶梯轴类零件的装夹方案选择训练。

(6)　加工阶梯轴类的零件刀具、夹具、机床和切削用量选择训练。

(7)　阶梯轴类零件的加工工艺文件编制训练。

单元能力巩固提高

图 1-81 所示为传动轴加工案例，零件材料为 45 钢，批量 30 件。试确定毛坯尺寸，设计其数控加工工艺，并确定装夹方案。

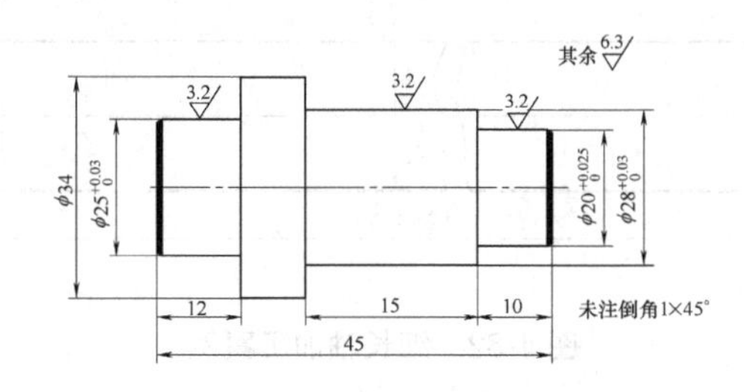

图 1-81　传动轴加工案例

单元能力评价

能力评价方式如表 1-28 所示。

表 1-28　能力评价表

等级	评　价　标　准
优秀	能高质量、高效率地找出图 1-77 所示的阶梯轴加工案例中工艺设计不合理之处，提出正确的解决方案，并完整、优化地设计图 1-81 所示的传动轴加工案例零件的数控加工工艺，确定毛坯和装夹方案
良好	能在教师的偶尔指导下找出图 1-77 所示的阶梯轴加工案例中工艺设计不合理之处，并提出正确的解决方案
中等	能在教师的偶尔指导下找出图 1-77 所示的阶梯轴加工案例中工艺设计不合理之处，并提出基本正确的解决方案
合格	能在教师的指导下找出图 1-77 所示的阶梯轴加工案例中工艺设计不合理之处

单元四　编制细长轴数控车削加工工艺

单元能力目标

(1)　会解决细长轴的数控车削加工的工艺问题，并进行相应的工艺处理。

(2)　会制定细长轴的数控车削加工工艺。

(3)　会编制细长轴的数控车削加工工艺文件。

单元工作任务

本单元完成如图 1-82 所示的细长轴加工案例零件的数控车削加工，具体设计该细长轴的数控加工工艺。

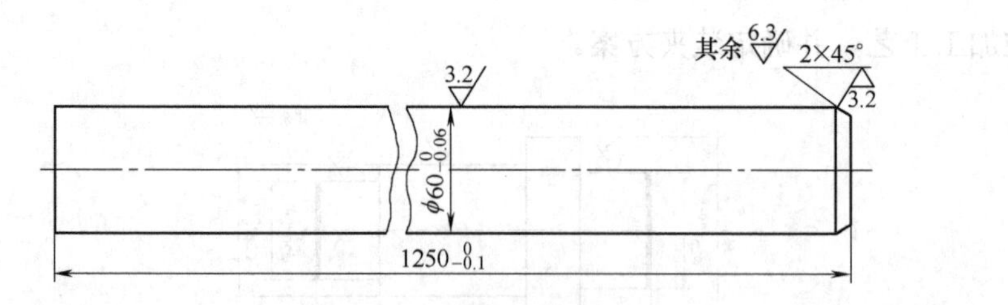

图 1-82　细长轴加工案例

(1)　界定细长轴。

(2) 分析细长轴的加工工艺特点。

(3) 解决细长轴的加工变形问题。

(4) 制定图 1-82 所示的细长轴零件的数控车削加工工艺。

(5) 编制图 1-82 所示的细长轴零件的数控车削加工工序卡和刀具卡等工艺文件。

细长轴加工案例零件说明：该细长轴(材料 45 钢，批量 3 件)零件右端面在普通车床已加工好，并打好中心孔，倒角尚未加工，零件毛坯尺寸为 ϕ67 mm×1320 mm。

现有该细长轴加工案例数控加工工艺规程如表 1-29 所示。

表 1-29　细长轴加工案例数控加工工艺规程

工序号	工序内容	刀具号	刀具名称	主轴转速/(r/min)	进给速度/(mm/r)	背吃刀量/mm	机床	夹具
1	粗精车外径至尺寸，长度至尺寸	T01	右手刀	600/900	0.35/0.2	3/0.5	精密型短行程数控车	三爪卡盘+死顶尖
2	切断保证工件长度	T02	切槽刀	600	0.3	1	精密型短行程数控车	三爪卡盘+死顶尖

完成工作任务需再查阅的背景知识

资料一　细长轴的结构与工艺特点

一般把长度与直径之比大于 20(L/D>20)的轴类零件称为细长轴。细长轴加工时有如下几个工艺特点。

1. 细长轴刚性差

细长轴在车削时如果工艺措施不当，很容易因为切削力和自身重力的作用而发生弯曲变形，产生振动，从而影响加工精度和表面粗糙度。

2. 细长轴车削时易受热伸长产生变形

细长轴车削时常用两顶尖或一端用卡盘一端用顶尖装夹，由于每次走刀时间较长，大部分切削热传入工件，导致工件轴向伸长而产生弯曲变形，当细长轴以较高速旋转时，这种弯曲所引起的离心力，将使弯曲变形进一步加剧。

3. 车削细长轴时车刀磨损大

由于车削细长轴每次走刀的时间较长，使车刀磨损大而降低工件的加工精度并增大表面粗糙度值。

4. 工艺系统调整困难，加工精度不易保证

车削细长轴时，由于中心架或跟刀架的使用，使得机床、刀具、辅助工夹具、工件之间的配合、调整困难，增大了系统共振的因素，容易造成工件竹节形、棱圆形等误差，影响加工精度。

资料二　车削细长轴时的工艺处理

1. 用中心架支承车削细长轴

一般在车削细长轴时，用中心架来增加工件的刚性，当工件可以进行分段切削时，中心架支承在工件中间，如图 1-83 所示。在工件装上中心架之前，必须在毛坯中部车出一段支承中心架支承爪的沟槽，其表面粗糙度及圆柱度误差要小，并在支承爪与工件接触处经常加润滑油。为提高工件精度，车削前应将工件轴线调整到与机床主轴回转中心同轴。

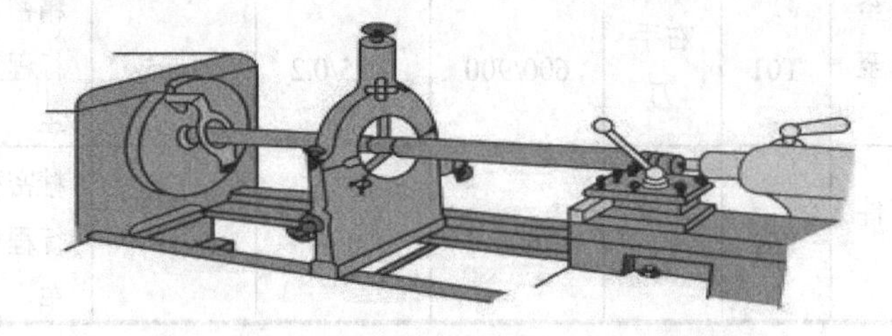

图 1-83　用中心架支承车削细长轴加工示例

2. 用跟刀架支承车削细长轴

对不适宜调头车削的细长轴，不能用中心架支承，而要用跟刀架支承进行车削，以增加工件的刚性。跟刀架固定在床鞍上，一般有两个支承爪，它可以跟随车刀移动，抵消径向切削力，提高车削细长轴的形状精度和减小表面粗糙度。但由于工件本身的向下重力，以及偶尔的弯曲，车削时会在瞬时离开支承爪及瞬时接触支承爪时产生振动，所以车削细长轴一般采用三支承跟刀架，如图 1-84 所示。

采用三支承跟刀架加工细长轴外圆，车刀安装粗车时，刀尖可比工件中心高出 0.03～0.05 mm，使刀尖部分的后面压住工件，车刀此时相当于跟刀架的第四个支承块，有效地增强了工件的刚度，可减少工件振动和变形，提高加工精度。精车时，刀尖可比工件中心低 0.03～0.05 mm，用以增大后角减少刀具磨损，切削刃不会“啃入”工件，防止损伤工件表面。采用三支承跟刀架加工细长轴示例如图 1-85 所示。

3. 车削细长轴时宜采用反向进给

车削细长轴时，为防止工件振动，常采用反向(自左向右即采用左手刀)进给，使工件内部产生拉应力。此外，宜采用弹性尾顶尖(活顶尖)，以防止工件热伸长而导致工件弯曲，在工件和卡爪间垫入开口钢丝圈，以防止工件变形。

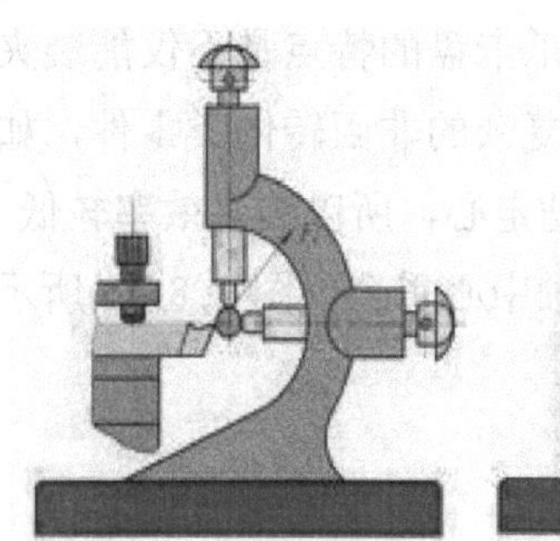

(a)两支承跟刀架

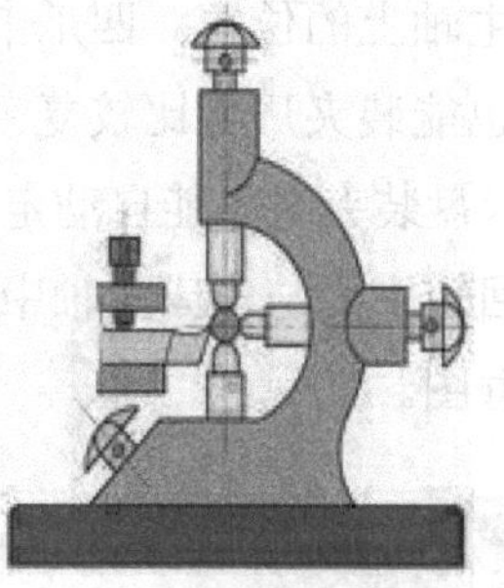

(b)三支承跟刀架

图 1-84　支承跟刀架

图 1-85　三支承跟刀架加工细长轴示例

4. 车削细长轴粗车刀应采用较大的主偏角

为防止细长轴粗车时的弯曲变形和振动，采用较大的主偏(75° 或 75° 以上)使车削径向力较小，轴向力较大，在反向切削中使工件受到较大的拉力。

5. 细长轴加工过程中要适当安排热处理和校直

细长轴的刚性差，工件坯料的自重、弯曲和工件材料的内应力都是造成工件弯曲的原因。因此，在细长轴的加工过程中要在精车前适当安排热处理，以消除材料的内应力。对于弯曲的坯料，加工前要进行校直。一般粗车时工件挠度不大于 1 mm，精车时不大于 0.2 mm。

当工件坯料在全长上的弯曲量超过 1 mm 时应进行校直。当工件精度要求较高或坯料直径较大时，采用热校直；当工件精度要求较低且坯料直径较小时，可采用反向锤击法进行冷校直。反向锤击法与一般冷校直法相比，工件虽不易回弹或复弯，但仍存在内应力，因此车去表层后还有弯回的趋势。所以对坯料直径较小而精度要求较高的工件，可在反向锤击法冷校直后再进行退火处理，以消除应力。

6. 车削细长轴时要装夹正确

细长轴工件装夹不良是工件弯曲的一个重要原因。细长轴毛坯往往都存在一定的挠度，一般用四爪单动卡盘装夹为宜。因为四爪单动卡盘具有可调整被夹工件圆心位置的特点，可用于“借”正毛坯上的某些弯曲部分，以防止车削后工件弯曲。卡爪夹持毛坯不宜过长，一般在 15～20 mm 为宜。

另外，尾座顶尖与工件中心孔不宜顶得过紧，否则，车削时产生的切削热会使工件膨胀伸长，造成工件弯曲变形。

资料三　四爪卡盘

四爪卡盘的外形如图 1-86(a)所示，它的四个对称分布卡爪通过 4 个螺杆独立移动，又称四爪单动卡盘，可以调整工件夹持部位在主轴上的位置。四爪卡盘的特点是不仅能装夹较大型回转体类零件、偏心回转体类零件，也能装夹形状比较复杂的非回转体类零件，如方形、长方形等，而且夹紧力大。由于四爪卡盘装夹时不能自动定心，所以装夹效率较低，装夹时必须用划线盘或百分表找正，使工件回转中心与车床主轴中心重合。图 1-86(b)所示为用百分表找正四爪卡盘装夹工件外圆的示意图。

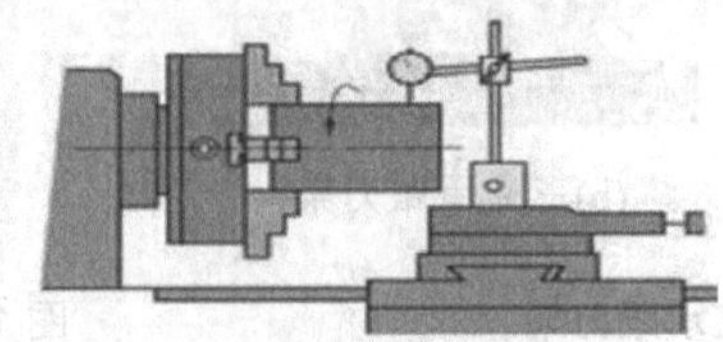

(a) 四爪卡盘　　　　(b) 用百分表找正

图 1-86　四爪卡盘及其装夹找正示例

四爪卡盘不同于三爪卡盘之处不仅是多了一个爪，而且每个爪都是单动的，这样就可以加工偏心零件和其他形状较复杂、难以装夹在通用卡盘上的零件。加工这类零件时，钳工先在工件上划线确定孔或轴的偏心位置，再使用划针对偏心的孔或轴的偏心位置进行找正，不断地调整各卡爪，使工件孔或轴的轴心线和车床主轴线重合。四爪卡盘除此作用外，还可夹持方型零件等。因四爪卡盘装夹找正繁琐费时，装夹效率较低，因此常用于单件或小批生产时采用。四爪卡盘的卡爪也有正爪和反爪两种形式。

加工案例工艺分析与编制

1. 加工案例工艺分析

(1) 对图 1-82 所示的细长轴加工案例进行详尽分析，指出该细长轴加工案例与图 1-1 所示的光轴有何区别，加工工艺有何特点？找出该细长轴加工工艺有什么不妥之处？

① 该细长轴加工案例与图 1-1 所示的光轴有何区别？

② 细长轴加工工艺有何特点？

③ 加工方法选择是否得当？

④ 夹具选择是否得当？

⑤ 刀具选择是否得当？

⑥ 加工工艺路线是否得当？

⑦ 切削用量是否合适？

⑧ 工序安排是否合适？

⑨ 机床选择是否得当？

⑩ 装夹方案是否得当？

(2) 对上述问题进行分析后，如果有不当的地方改正过来，并提出正确的工艺措施。

(3) 制定正确工艺并优化工艺。

(4) 填写该细长轴加工案例的加工工序卡和刀具卡，确定装夹方案。

2. 加工案例的加工工艺与装夹方案

1) 细长轴加工案例数控加工工序卡

细长轴加工案例数控加工工序卡如表 1-30 所示(注：刀片为涂层硬质合金刀片)。

表 1-30　细长轴加工案例数控加工工序卡

单位名称	×××	产品名称或代号			零件名称		零件图号
		×××			细长轴		×××
工序号	程序编号	夹具名称			加工设备		车间
×××	×××	四爪卡盘+弹性顶针+三支承跟刀架			CJK6146/2000		数控中心
工步号	工步内容	刀具号	刀具规格/mm	主轴转速/(r/min)	进给速度/(mm/r)	检测工具	备注
1	粗车外径至 $\phi 63.6$ mm，长度 1258 mm	T01	25×25	350	0.2	游标卡尺	
2	校直并消除工件内应力					百分表	挠度 0.2 mm 内
3	半精车、精车倒角及外径，保证外径 $\phi 60^{0}_{-0.06}$ mm 及表面粗糙度 R_a 为 3.2 μm，长度 1255 mm	T01	25×25	400/450	0.15/0.1	外径千分尺	分两刀半精车
4	切断保证长度 $1250^{0}_{-0.1}$ mm	T02	3 mm	300	0.10	专用检具	
编制	×××	审核 ×××	批准	×××	年　月　日	共 页	第　页

2) 细长轴加工案例数控加工刀具卡

细长轴加工案例数控加工刀具卡如表 1-31 所示。

表 1-31　细长轴加工案例数控加工刀具卡

产品名称或代号		×××	零件名称	细长轴	零件图号	×××
序号	刀具号	刀具			加工表面	备注
		规格名称	数量	刀长/mm		
1	T01	左手外圆车刀	1	实测	外径、倒角	刀尖半径 0.8 mm，主偏角 75°
2	T02	3 mm 切断刀	1	实测	左端面	
编制	×××	审核 ×××	批准	×××	年 月 日 共 页	第　页

3) 细长轴加工案例装夹方案

该案例零件长径比(L/D)大于 20，是典型的回转体细长轴类零件。细长轴刚性很差，在车削时如果工艺措施不当，很容易因为切削力和重力的作用而发生弯曲变形，产生振动，从而影响加工精度和表面粗糙度。应选用四爪单动卡盘“借”正毛坯上的某些弯曲部分，再采用弹性顶尖顶紧，另外，须选用三支承跟刀架跟踪加工。因生产批量为 3 件，为使每个零件加工时能轴向准确定位，四爪单动卡盘装夹工件时，在四爪单动卡盘内放置合适的圆盘件或隔套，工件装夹时只需靠紧圆盘件或隔套即可准确轴向定位。

单元能力训练

(1) 细长轴的加工工艺有什么特点?

(2) 如何解决细长轴的车削变形问题?

(3) 四爪卡盘有何特点?四爪卡盘装夹工件如何校正?

(4) 细长轴零件的加工图纸工艺分析训练。

(5) 细长轴零件的加工工艺路线设计训练。

(6) 细长轴零件的装夹方案选择训练。

(7) 加工细长轴零件的刀具、夹具、机床和切削用量选择训练。

(8) 细长轴零件的加工工艺文件编制训练。

单元能力巩固提高

将图 1-82 所示的细长轴零件表面粗糙度改为 $R_a1.6\ \mu m$，其他不变，试设计其数控加工工艺。

单元能力评价

能力评价方式如表 1-32 所示。

表 1-32　能力评价表

等级	评 价 标 准
优秀	能高质量、高效率地找出图 1-82 所示的细长轴加工案例中工艺设计不合理之处，提出正确的解决方案，并完整、优化地设计单元能力巩固提高的细长轴零件数控加工工艺
良好	能在教师的偶尔指导下找出图 1-82 所示的细长轴加工案例中工艺设计不合理之处，并提出正确的解决方案
中等	能在教师的偶尔指导下找出图 1-82 所示的细长轴加工案例中工艺设计不合理之处，并提出基本正确的解决方案
合格	能在教师的指导下找出图 1-82 所示的细长轴加工案例中工艺设计不合理之处

单元五　编制螺纹数控车削加工工艺

单元能力目标

(1) 会确定螺纹车削的加工方法、进给次数与背吃刀量。

(2) 会制定带螺纹零件的数控车削加工工艺。

(3) 会编制带螺纹零件的数控车削加工工艺文件。

单元工作任务

本单元完成如图 1-87 所示的联接轴(带螺纹)加工案例的数控车削加工，具体设计该联接轴的数控加工工艺。

(1) 分析图纸，确定螺纹加工方法。

(2) 制定图 1-87 所示的联接轴(带螺纹)的数控车削加工工艺。

(3) 编制图 1-87 所示的联接轴(带螺纹)的数控车削加工工序卡和刀具卡等工艺文件。

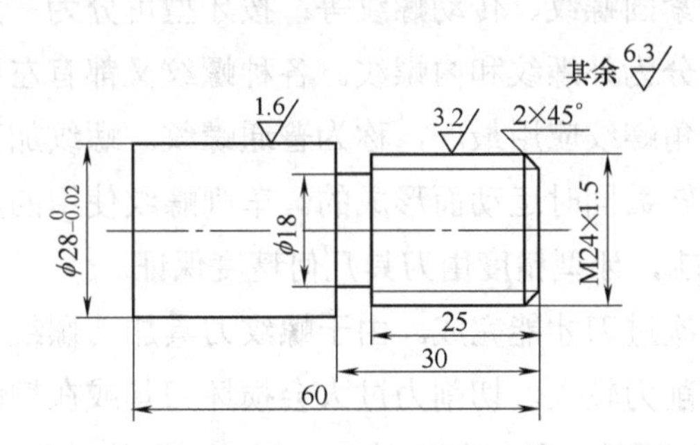

图 1-87　联接轴(带螺纹)加工案例

联接轴加工案例零件说明：该联接轴(材料 45 钢，批量 60 件)零件毛坯尺寸为 ϕ32 mm×64 mm。

现有该联接轴加工案例数控加工工艺规程如表 1-33 所示。

表 1-33　联接轴加工案例数控加工工艺规程

工序号	工序内容	刀具号	刀具名称	主轴转速/(r/min)	进给速度/(mm/r)	背吃刀量/mm	机床	夹具
1	车右端面	T01	左手刀	300	0.1	2	经济型数控车	四爪卡盘
2	粗精车 M24×1.5 外径至 ϕ24 mm	T01	左手刀	900/550	0.12/0.3	0.1/0.5	经济型数控车	四爪卡盘

续表

工序号	工序内容	刀具号	刀具名称	主轴转速/(r/min)	进给速度/(mm/r)	背吃刀量/mm	机床	夹具
3	车 M24×1.5 螺纹	T02	螺纹车刀	900	1.5	2	经济型数控车	四爪卡盘
4	切 5×ϕ18 槽	T03	切断刀	800	0.3	2.9	经济型数控车	四爪卡盘
5	车左端面	T01	左手刀	900	0.1	2	经济型数控车	四爪卡盘
6	粗精车 ϕ28 mm 外径至尺寸	T01	左手刀	800/550	0.15/0.3	0.1/0.5	经济型数控车	四爪卡盘

完成工作任务需再查阅的背景知识

资料一　螺纹加工工艺

车削螺纹是数控车床常见的加工任务。螺纹种类按标准可分为公制螺纹和英制螺纹；按用途可分为联接螺纹、紧固螺纹、传动螺纹等；按牙型可分为三角螺纹、方牙螺纹、梯形螺纹等；按联接形式可分为外螺纹和内螺纹。各种螺纹又都有左旋、右旋以及单头、多头之分。其中，以公制三角螺纹应用最广，称为普通螺纹。螺纹加工是由刀具的直线运动和主轴按预先输入的比例转数同时运动而形成的。车削螺纹使用的刀具是成形刀具，螺距和尺寸精度受机床精度影响，牙型精度由刀具几何精度保证。

螺纹车削通常需要多次进刀才能完成。由于螺纹刀具加工螺纹时是成形刀具，所以刀刃与工件接触线较长，切削力较大。切削力过大会损坏刀具或在切削中引起震颤，在这种情况下为避免切削力过大可采用“侧向切入法”，又称“斜进法”，如图 1-88(a)所示。一般情况下，当螺距小于 3 mm 时可采用“径向切入法”，又称“直进法”，如图 1-88(b)所示。

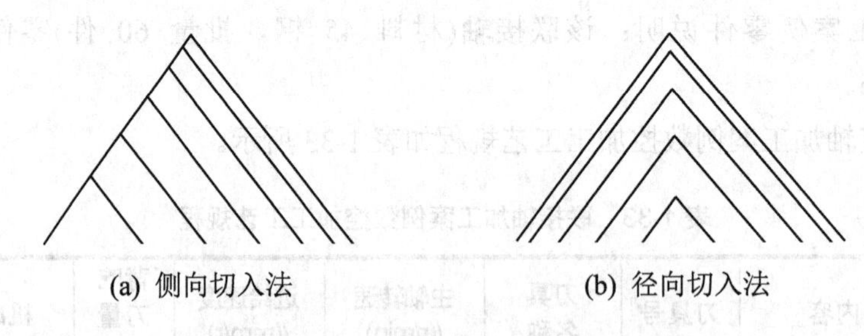

图 1-88　螺纹加工的侧向切入法与径向切入法

侧向切入法与径向切入法在数控车床编程系统中一般有相应的指令，也有的数控系统可根据螺距的大小自动选择侧向切入法或径向切入法，车削圆柱螺纹进刀方向应垂直于主轴轴线。

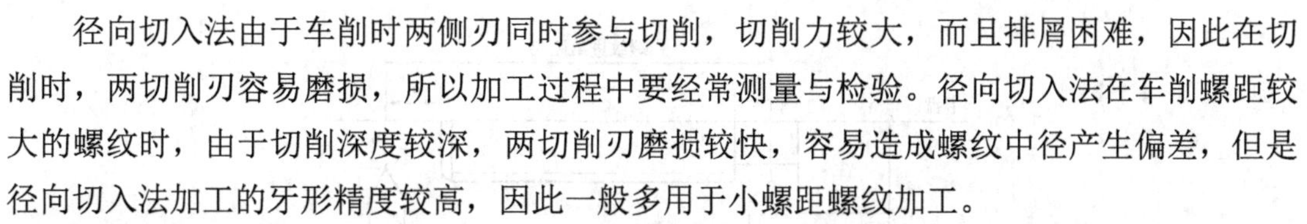

径向切入法由于车削时两侧刃同时参与切削，切削力较大，而且排屑困难，因此在切削时，两切削刃容易磨损，所以加工过程中要经常测量与检验。径向切入法在车削螺距较大的螺纹时，由于切削深度较深，两切削刃磨损较快，容易造成螺纹中径产生偏差，但是径向切入法加工的牙形精度较高，因此一般多用于小螺距螺纹加工。

侧向切入法由于车削时单侧刃参与切削，因此参与切削的侧刃容易磨损和损伤，使加工的螺纹面不直，刀尖角发生变化，造成牙形精度较差。但是，由于侧向切入法只有单侧刃参与切削，刀具切削负载较小，排屑容易，并且切削深度为递减式，因此，侧向切入法一般用于大螺距螺纹加工。另外，由于侧向切入法排屑容易、切削刃加工工况较好，在螺纹精度要求不高的情况下，此加工方法更为适用。在加工较高精度的螺纹时，可采用两刀加工完成，既先用侧向切入法进行粗车，然后用径向切入法进行精车。这种加工方法要注意刀具起始点要准确，否则加工的螺纹容易乱扣，造成加工零件报废。另外，侧向切入法由于车削时切削力较小，常用于加工不锈钢等难加工材料的螺纹。

由于车削螺纹时的切削力大，容易引起工件弯曲，因此，工件上的螺纹一般都是在半精车以后车削的。螺纹车好后，再精车各段外圆。

资料二　螺纹牙型高度(螺纹总切深)的确定

螺纹牙型高度是指在螺纹牙型上，牙顶到牙底之间垂直于螺纹轴线的距离，它是车削螺纹时螺纹车刀片的总切入深度。

根据普通螺纹国家标准规定，普通螺纹的牙型理论高度 H=0.866P，但实际加工时，由于螺纹车刀刀尖半径的影响，螺纹的实际切深会有所变化。GB 197—2003 规定螺纹车刀可在牙底最小削平高度 H/8 处削平或倒圆，则螺纹实际牙型高度 h 可按式(1-4)计算：

$$h=H-2(H/8)=0.6495P \tag{1-4}$$

式中：H——螺纹原始三角形高度，H=0.866P；

P——螺距。

资料三　车削螺纹时轴向进给距离的确定

在数控车床上车削螺纹时，车刀沿螺纹方向的 Z 向进给应与车床主轴的旋转保持严格的速比关系。考虑到车刀从停止状态达到指定的进给速度或从指定的进给速度降至零，数控车床进给伺服系统有一个很短的过渡过程，因此应避免在数控车床进给伺服系统加速或减速的过程中切削。沿轴向进给的加工路线长度，除保证加工螺纹长度外，还应增加δ_1(2～5 mm)的刀具引入距离和δ_2(1～2 mm)的刀具切出距离，如图 1-89 所示。这样在切削螺纹时，能保证在升速后使刀具接触工件，刀具离开工件后再降速。

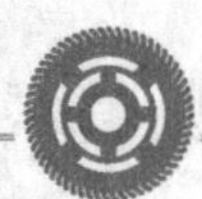

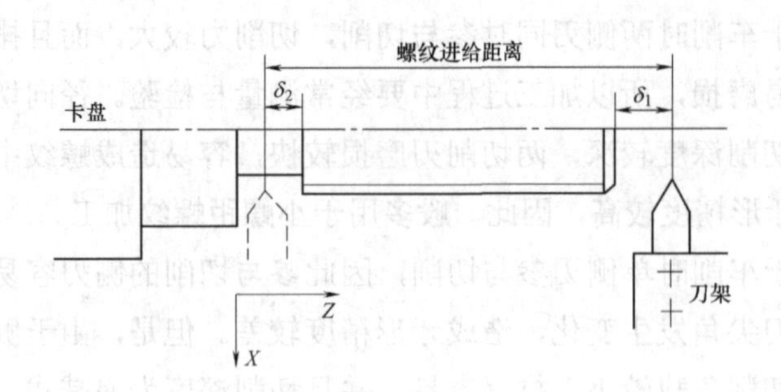

图 1-89　车螺纹时的引入、切出距离

资料四　内外螺纹加工与外螺纹车刀和螺纹车刀片

1. 内外螺纹加工

回转体类零件常见内外螺纹加工如图 1-90 所示。

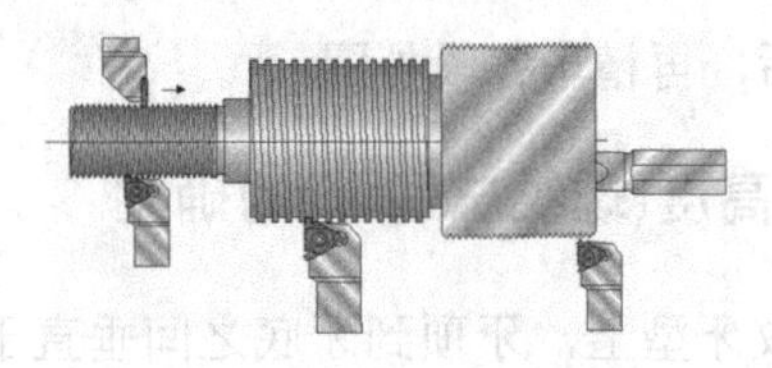

图 1-90　内外螺纹加工

2. 常见外螺纹车刀与螺纹车刀片

常见外螺纹车刀与螺纹车刀片如图 1-91 和图 1-92 所示。

图 1-91　常见外螺纹车刀

图 1-92　螺纹车刀片

资料五　车削螺纹时主轴转速的确定

数控车床加工螺纹时，因其传动链的改变，原则上其转速只要能保证主轴每转一周时，刀具沿主进给轴(一般为 Z 轴)方向移动一个螺距即可，不应受到限制。但数控车削螺纹时，会受到以下几方面的影响。

(1)　螺纹加工程序段中指令的螺距值，相当于以进给量 f(mm/r)表示的进给速度 F，如果将机床的主轴转速选择过高，其换算后的进给速度 F(mm/min)则必定大大超过正常值。

(2)　刀具在其位移过程的始/终，都将受到伺服驱动系统升/降频率和数控装置插补运算速度的约束，由于升/降频特性满足不了加工需要等原因，则可能因主进给运动产生的超前和滞后而导致部分螺距不符合要求。

(3) 车削螺纹必须通过主轴的同步运行功能来实现，即车削螺纹需要有主轴脉冲发生器(编码器)。当其主轴转速选择过高时，通过编码器发出的定位脉冲(即主轴每转一周时所发出的一个基准脉冲信号)将可能因“过冲”(特别是当编码器的质量不稳定时)而导致工件螺纹产生乱纹(俗称“烂牙”)。

鉴于上述原因，不同的数控系统车削螺纹时推荐使用不同的主轴转速范围。大多数普通型数控车床的数控系统推荐车削螺纹时的主轴转速如式(1-5)所示。

$$n \leqslant \frac{1200}{P} - k \tag{1-5}$$

式中：n——主轴转速，单位为 r/min；

P——工件螺纹的螺距或导程，单位为 mm；

k——保险系数，一般取为 80。

资料六　车削螺纹时应遵循的几个原则

车削螺纹时应遵循以下几个原则。

(1) 在保证生产效率和正常切削的情况下，宜选择较低的主轴转速。

(2) 当螺纹加工程序段中的导入长度δ_1和切出长度δ_2比较充裕时，可选择适当高一些的主轴转速。

(3) 当编码器所规定的允许工作转速超过机床所规定主轴的最大转速时，则可选择尽量高一些的主轴转速。

(4) 通常情况下，车削螺纹时主轴转速应按其机床或数控系统说明书中规定的计算式进行确定。

(5) 牙型较深，螺距较大时，可分数次进给，每次进给的背吃刀量用螺纹深度减去精加工背吃刀量所得之差按递减规律分配。

常用公制螺纹切削的进给次数与背吃刀量如表 1-34 所示。

表 1-34　常用公制螺纹切削的进给次数与背吃刀量(双边)

螺距/mm		1.0	1.5	2.0	2.5	3.0	3.5	4.0
牙深/mm		0.649	0.974	1.299	1.624	1.949	2.273	2.598
背吃刀量(mm)和切削次数	1 次	0.7	0.8	0.9	1.0	1.2	1.5	1.5
	2 次	0.4	0.6	0.6	0.7	0.7	0.7	0.8
	3 次	0.2	0.4	0.6	0.6	0.6	0.6	0.6
	4 次	—	0.16	0.4	0.4	0.4	0.6	0.6
	5 次	—	—	0.1	0.4	0.4	0.4	0.4
	6 次	—	—	—	0.15	0.4	0.4	0.4
	7 次	—	—	—	—	0.2	0.2	0.4
	8 次	—	—	—	—	—	0.15	0.3
	9 次	—	—	—	—	—	—	0.2

英制螺纹切削的进给次数与背吃刀量如表 1-35 所示。

表 1-35　英制螺纹切削的进给次数与背吃刀量(双边)

牙数/(牙/英寸)		24	18	16	14	12	10	8
牙深/英寸		0.678	0.904	1.016	1.162	1.355	1.626	2.033
背吃刀量(英寸)和进给次数	1 次	0.8	0.8	0.8	0.8	0.9	1.0	1.2
	2 次	0.4	0.6	0.6	0.6	0.6	0.7	0.7
	3 次	0.16	0.3	0.5	0.5	0.6	0.6	0.6
	4 次		0.11	0.14	0.3	0.4	0.4	0.5
	5 次				0.13	0.21	0.4	0.5
	6 次						0.16	0.4
	7 次							0.17

资料七　常见的螺纹加工方法

1. 内螺纹加工方法

常见的内螺纹加工方法如表 1-36 所示。

表 1-36　常见的内螺纹加工方法

内　螺　纹	
右 螺 纹	左 螺 纹
右 手 刀	左 手 刀
转向	转向
转向	转向

2. 外螺纹加工方法

常见的外螺纹加工方法如表 1-37 所示。

表 1-37　常见的外螺纹加工方法

外　螺　纹	
右 螺 纹	左 螺 纹
右 手 刀	左 手 刀
反装车刀 转向	转向 反装车刀
转向 反装车刀	转向 反装车刀

加工案例工艺分析与编制

1. 加工案例工艺分析

(1) 对图 1-87 所示的联接轴(带螺纹)加工案例进行详尽分析，找出该联接轴加工工艺有什么不妥之处？

① 加工方法选择是否得当？

② 夹具选择是否得当？

③ 刀具选择是否得当？

④ 加工工艺路线是否得当？

⑤ 切削用量是否合适？

⑥ 工序安排是否合适？

⑦ 机床选择是否得当？

⑧ 装夹方案是否得当？

(2) 对上述问题进行分析后，如果有不当的地方请改正过来，并提出正确的工艺措施。

(3) 制定正确工艺并优化工艺。

(4) 填写该联接轴加工案例加工工序卡和刀具卡并确定装夹方案。

2. 加工案例加工工艺与装夹方案

(1) 联接轴(带螺纹)加工案例数控加工工序卡

联接轴(带螺纹)加工案例数控加工工序卡如表 1-38 所示(注：刀片为涂层硬质合金刀片)。

表 1-38　联接轴加工案例数控加工工序卡

单位名称	×××	产品名称或代号	零件名称	零件图号
		×××	联接轴	×××
工序号	程序编号	夹具名称	加工设备	车间
×××	×××	液压三爪卡盘+软爪	CK6116	数控中心

工步号	工步内容	刀具号	刀具规格/mm	主轴转速/(r/min)	进给速度/(mm/r)	检测工具	备注
1	车左端面，保证表面粗糙度 R_a 为 6.3 μm	T01	20×20	800	0.2	粗糙度标准块	
2	粗精车 ϕ28 mm 外径，车削长度 32 mm，保证 $\phi 28^{0}_{-0.01}$ mm 和表面粗糙度 R_a 为 1.6 μm	T01	20×20	800/900	0.25/0.15	外径千分尺	
3	车右端面，保证长度尺寸 60 mm 和表面粗糙度 R_a 为 6.3 μm	T01	20×20	800	0.2	游标卡尺	掉头装夹车，防夹伤

续表

工步号	工步内容	刀具号	刀具规格/mm	主轴转速/(r/min)	进给速度/(mm/r)	检测工具	备注
4	粗车倒角及 M24×1.5 外径至 ϕ24.1 mm，车削长度 29.8 mm	T01	20×20	820	0.25	游标卡尺	分两次粗车
5	切 5×ϕ18 槽，保证表面粗糙度 R_a为 6.3 μm	T02	20×20	450	0.15	游标卡尺	
6	精车倒角及 M24×1.5 外径至 ϕ23.95 mm，保证长度 30 mm 和表面粗糙度 R_a为 3.2 μm	T01	20×20	920	0.15	游标卡尺	
7	粗精车 M24×1.5 螺纹	T03	20×20	400	1.5	螺纹环规	分 5～6 刀车削
编制 ×××	审核 ×××	批准 ×××		年 月 日		共 页	第 页

(2) 联接轴(带螺纹)加工案例数控加工刀具卡

联接轴(带螺纹)加工案例数控加工刀具卡如表 1-39 所示。

表 1-39 联接轴加工案例数控加工刀具卡

产品名称或代号		×××	零件名称	联接轴	零件图号	×××
序号	刀具号	刀具			加工表面	备注
		规格名称	数量	刀长/mm		
1	T01	右手外圆车刀	1	实测	端面、外径、倒角	刀尖半径 0.8 mm
2	T02	3 mm 切槽刀	1	实测	槽	
3	T03	螺纹车刀	1	实测	M24×1.5 螺纹	螺距 1.5 mm 刀片
编制 ×××	审核 ×××	批准 ×××		年 月 日	共 页	第 页

3) 联接轴加工案例装夹方案

该案例零件右边有 M24×1.5 螺纹，若用三爪卡盘夹紧先车螺纹外径、螺纹及切槽，则掉头时夹螺纹外径，会夹伤已车螺纹，所以只能先车左边外径及端面。再因车螺纹及切槽切削力较大，且该案例零件批量 60 件，若掉头总是在工件已车外圆包铜皮，会影响生产效率。因此，该工件夹紧采用液压三爪卡盘配软爪，先在软爪夹紧状态自车三软爪形成的内圆弧至 ϕ27.95 mm 后，先夹工件右边，以自车的内圆弧软爪台阶轴向定位，此时三爪卡盘夹紧工件接触面积为 6 条线接触，比无自车软爪 3 条线接触面积大。左边端面、外圆加工好后，掉头夹已加工好的左边外圆，夹紧时软爪轻微变形使软爪圆弧面全夹紧在 ϕ28 mm 的外圆上，夹紧面积大，不会夹伤工件，且装夹效率高。

单元能力训练

(1) 螺纹加工的径向切入法与侧向切入法有何异同？各用在什么情况下？

(2) 如何确定螺纹总切深？

(3) 车削螺纹时轴向进给距离如何确定？

(4) 车削螺纹时为什么要按递减规律分配？

(5) 识别内外螺纹加工(含左旋、右旋螺纹)的主轴转向与刀具安装。

(6) 带螺纹零件的加工图纸工艺分析训练。

(7) 带螺纹零件的加工工艺路线设计训练。

(8) 带螺纹零件的装夹方案选择训练。

(9) 加工带螺纹零件的刀具、夹具、机床和切削用量选择训练。

(10) 带螺纹零件的加工工艺文件编制训练。

单元能力巩固提高

图 1-93 所示的传动联接轴加工案例零件材料为 45 钢，批量 20 件。试确定毛坯尺寸，设计其数控加工工艺，并确定装夹方案。

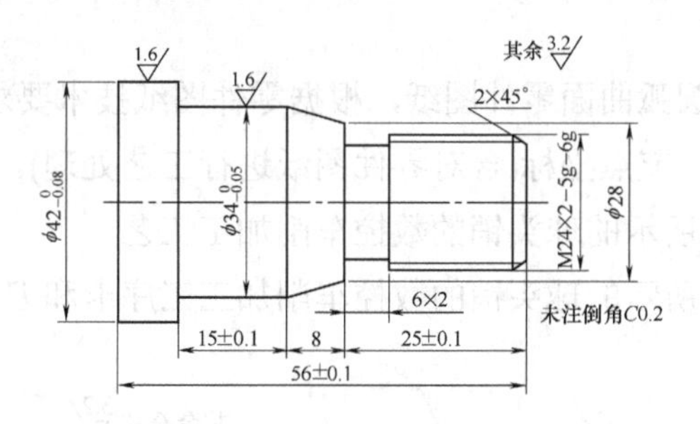

图 1-93　传动联接轴加工案例

单元能力评价

能力评价方式如表 1-40 所示。

表 1-40　能力评价表

等级	评 价 标 准
优秀	能高质量、高效率地找出图 1-87 所示的联接轴(带螺纹)加工案例中工艺设计不合理之处，提出正确的解决方案，并完整、优化地设计图 1-93 所示的传动联接轴零件的数控加工工艺，确定装夹方案
良好	能在教师的偶尔指导下找出图 1-87 所示的联接轴(带螺纹)加工案例中工艺设计不合理之处，并提出正确的解决方案

续表

等级	评 价 标 准
中等	能在教师的偶尔指导下找出图 1-87 所示的联接轴(带螺纹)加工案例中工艺设计不合理之处，并提出基本正确的解决方案
合格	能在教师的指导下找出图 1-87 所示的联接轴(带螺纹)加工案例中工艺设计不合理之处

单元六　编制外圆弧曲面零件数控车削加工工艺

单元能力目标

(1) 会零件图形的数学处理及编程尺寸设定值的确定。

(2) 会制定轴类带外圆弧曲面零件的数控车削加工工艺。

(3) 会编制轴类带外圆弧曲面零件的数控车削加工工艺文件。

单元工作任务

本单元要完成如图 1-94 所示的球头销加工案例的数控车削加工，具体设计该球头销的数控加工工艺。

(1) 分析轴类带外圆弧曲面零件图纸，根据零件图纸技术要求确定加工方案。

(2) 计算零件基点、节点坐标(含对零件图纸进行工艺处理)。

(3) 制定如图 1-94 所示的球头销的数控车削加工工艺。

(4) 编制如图 1-94 所示的球头销的数控车削加工工序卡和刀具卡等工艺文件。

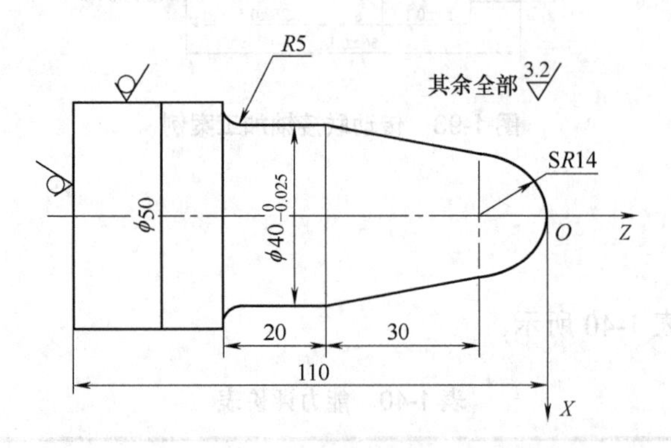

图 1-94　球头销加工案例

球头销加工案例零件说明：该球头销(材料 45 钢，批量 30 件)零件毛坯尺寸为 ϕ50 mm×113 mm。

现有该球头销加工案例数控加工工艺规程如表 1-41 所示。

表 1-41　球头销加工案例数控加工工艺规程

工序号	工序内容	刀具号	刀具名称	主轴转速/(r/min)	进给速度/(mm/r)	背吃刀量/mm	机床	夹具
1	车右端面保证总长 110 mm	T01	左手刀	300	0.1	3	全功能数控车	四爪卡盘
2	粗车、半精车、精车外圆、锥度及球头	T01	左手刀	900/450	0.12/0.5	0.1/0.5	全功能数控车	四爪卡盘

完成工作任务需再查阅的背景知识

资料一　零件图形的数学处理及编程尺寸设定值的确定

数控加工是一种基于数字的加工，分析数控加工工艺过程不可避免地要进行数字分析和计算。对零件图形的数学处理是数控加工这一特点的突出体现。数控编程工艺员在拿到零件图后，必须对它作数学处理以便最终确定编程尺寸设定值。

1. 编程原点的选择

加工程序中的字大部分是尺寸字，这些尺寸字中的数据是程序的主要内容。同一个零件，同样的加工，由于编程原点选择不同，尺寸字中的数据就会不一样，所以编程之前首先要选定编程原点。从理论上来说，编程原点选在任何位置都是可以的。但实际上，为了换算尽可能简便以及尺寸较为直观(至少让部分点的指令值与零件图上的尺寸值相同)，应尽可能将编程原点的位置选得合理些；另外，当编程原点选在不同位置时，对刀的方便性和准确性也不同；还有就是编程原点位置不同时，确定其在毛坯上位置的难易程度和加工余量的均匀性也不一样。车削件的程序原点 *X* 向一般应取在零件加工表面的回转中心，即装夹后与车床主轴的轴心线同轴，所以编程原点位置只在 *Z* 向做选择。如图 1-95 所示的 *Z* 向不对称零件，编程原点 *Z* 向位置一般在左端面、右端面两者中做选择。如果是左右对称零件，*Z* 向编程原点应选在对称平面内。一般编程原点的确定原则如下。

(1) 将编程原点选在设计基准上，并以设计基准为定位基准，这样可避免基准不重合而产生的误差及不必要的尺寸换算。如图 1-95 所示的圆锥滚子轴承内圈零件，批量生产时，编程原点选在左端面上。

(2) 容易找正对刀，对刀误差小。如图 1-95 所示的圆锥滚子轴承内圈零件，若单件生产，用 G92 建立工件坐标系，选零件的右端面为编程原点，可通过试切直接确定编程原点在 *Z* 向的位置，不用测量，找正对刀比较容易，对刀误差小。

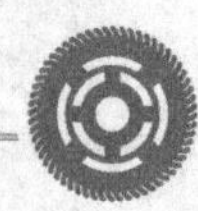

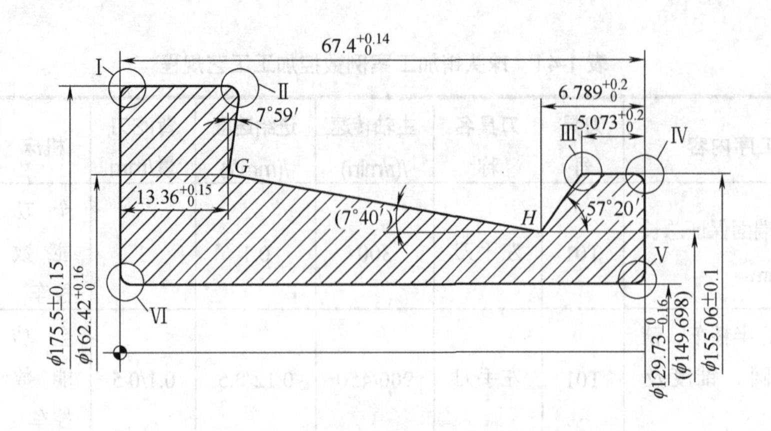

图 1-95　圆锥滚子轴承内圈零件简图

(3) 编程方便。如图 1-96 所示的典型轴类零件，选零件球面的中心(图中点 O)为编程原点，各节点的编程尺寸计算会比较方便。

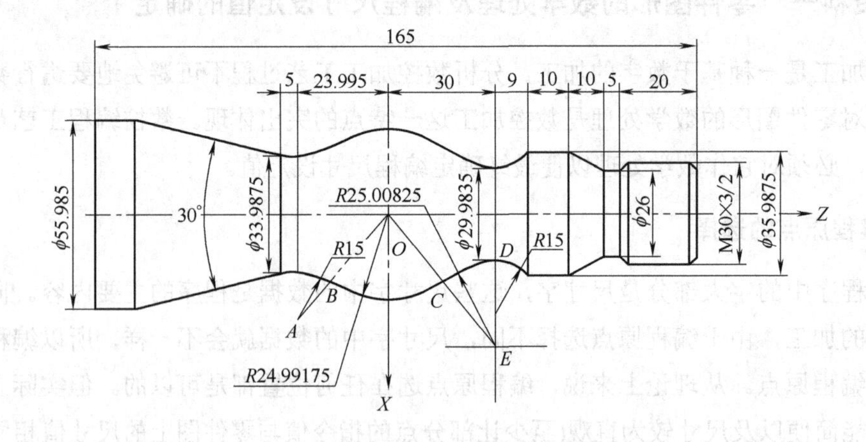

图 1-96　典型轴类零件编程原点设定示例

(4) 在毛坯上的位置能够容易、准确地确定，并且各面的加工余量均匀。

(5) 对称零件的编程原点应选在对称中心。一方面可以保证加工余量均匀，另一方面可以采用镜像编程，编一个程序加工两个工序，零件的轮廓精度高。

具体应用哪条原则，要视具体情况而定，在保证加工质量的前提下，按操作方便和效率高来选择。

2. 编程尺寸设定值的确定

编程尺寸设定值理论上应为该尺寸误差分散中心，但由于事先无法知道分散中心的确切位置，可先由平均尺寸代替，最后根据试加工结果进行修正，以消除常值系统性误差的影响。

1) 编程尺寸设定值确定的步骤

(1) 精度高的尺寸处理，将基本尺寸换算成平均尺寸。

(2) 几何关系的处理，保持原重要的几何关系，如角度、相切等不变。

(3) 精度低的尺寸的调整，通过修改一般尺寸保持零件原有几何关系，使之协调。

(4) 节点坐标尺寸的计算，按调整后的尺寸计算有关未知节点的坐标尺寸。

(5) 编程尺寸的修正，按调整后的尺寸编程并加工一组工件，测量关键尺寸的实际误差分散中心，并求出常值系统性误差，再按此误差对程序尺寸进行调整并修改程序。

2) 应用实例

【例 1-2】 图 1-97 所示的典型轴类零件的数控车削编程尺寸的确定(单位：mm)。

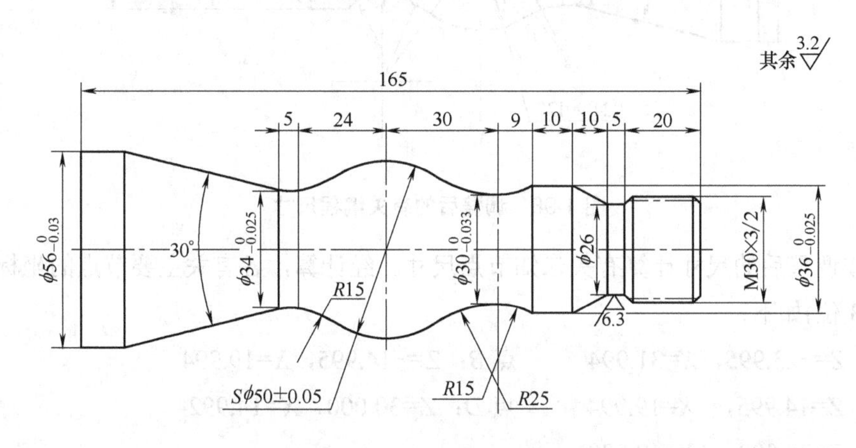

图 1-97　典型轴类零件简图

该零件中的 $\phi56^{0}_{-0.03}$、$\phi34^{0}_{-0.025}$、$\phi30^{0}_{-0.033}$、$\phi36^{0}_{-0.025}$ 四个直径基本尺寸都为最大尺寸，若按此基本尺寸编程，考虑到车削时刀具的磨损及让刀变形，实际加工尺寸肯定偏大，难以满足加工精度要求，所以必须按平均尺寸确定编程尺寸。但这些尺寸一改，若其他尺寸保持不变，则左边 $R15$ 圆弧与 $S\phi50\pm0.05$ 球面、$S\phi50\pm0.05$ 与 $R25$ 圆弧以及 $R25$ 与右边 $R15$ 圆弧相切的几何关系就不能保持，所以必须按前述步骤对有关尺寸进行修正，以确定编程尺寸值。

(1) 将精度高的基本尺寸换算成平均尺寸。$\phi56^{0}_{-0.03}$ 改为 $\phi55.985\pm0.015$，$\phi34^{0}_{-0.025}$ 改为 $\phi33.9875\pm0.0125$，$\phi30^{0}_{-0.033}$ 改为 $\phi29.9835\pm0.0165$，$\phi36^{0}_{-0.025}$ 改为 $\phi35.9875\pm0.0125$。

(2) 保持原有关圆弧间相切的几何关系，修改其他精度低的尺寸使之协调，如图 1-98 所示。

设工件坐标系原点为图示点 O，工件轴线为 Z 轴，径向为 X 轴。点 A 为左边 $R15$ 圆弧圆心；点 B 为左边 $R15$ 圆弧与 $R25$ 球面圆弧切点；点 C 为 $R25$ 球面圆弧与右边 $R25$ 圆弧切点；点 D 为 $R25$ 圆弧与右边 $R15$ 圆弧切点；点 E 为 $R25$ 圆弧圆心。要保证点 E 到轴线距离为 40，由于点 D 到轴线距离为 14.991 75(编程尺寸决定)，所以该处圆弧半径调整为 $R25.008\ 25$，保持 OE 间距离为 50 不变，则球面圆弧半径调整为 $R24.991\ 75$；保持左边 $R15$

圆弧半径不变并与 $\phi 33.9875 \pm 0.0125$ 外圆和 $R24.991\ 75$ 球面圆弧相切，则左边 $R15$ 圆弧中心按此要求计算确定。其他调整后的有关尺寸如图 1.98 所示。

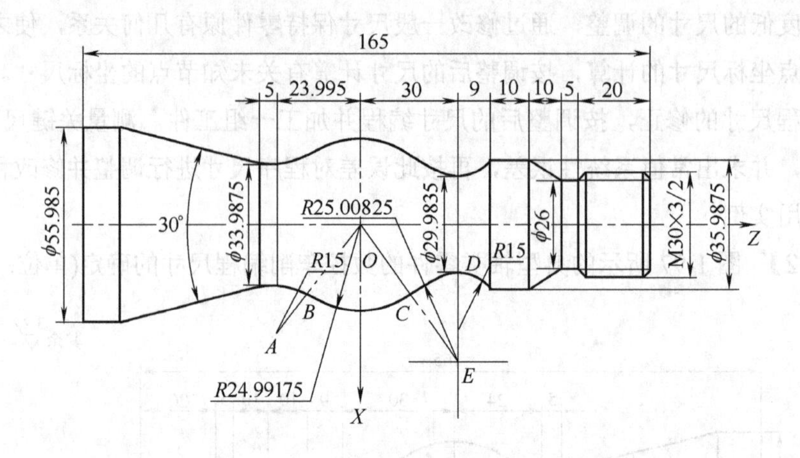

图 1-98　调整后的有关编程尺寸

(3) 按调整后的尺寸计算有关未知节点尺寸。经计算，各有关主要节点的坐标值(保留小数点后 3 位)如下：

点 *A*：*Z*=−23.995，*X*=31.994　　点 *B*：Z=−14.995，*X*=19.994

点 *C*：*Z*=14.995，　*X*=19.994　　点 *D*：Z=30.000，*X*=14.992

点 *E*：*Z*=30.000，　*X*=40.000

由上述可以看出，球面圆弧调整后的直径并不是其平均尺寸，但在其尺寸公差范围内。

资料二　外圆弧曲面轴类零件数控车削刀具选择

车削圆弧表面或凹槽时，要注意车刀副后刀面是否会与工件已车削轮廓表面干涉，如图 1-99 所示。

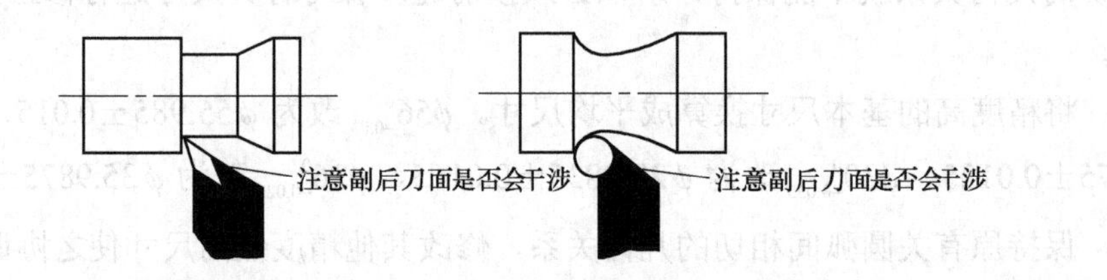

图 1-99　注意车刀副后刀面与工件已车削轮廓表面的干涉问题

对于车刀、副后刀面会与工件已车削轮廓表面干涉的情况，或车削圆弧的圆弧曲率半径较小容易发生干涉的情况，一般采用直头刀杆车削，如图 1-100 所示。

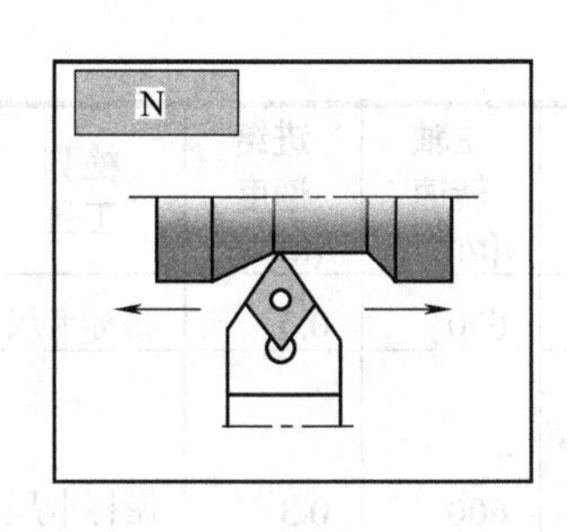

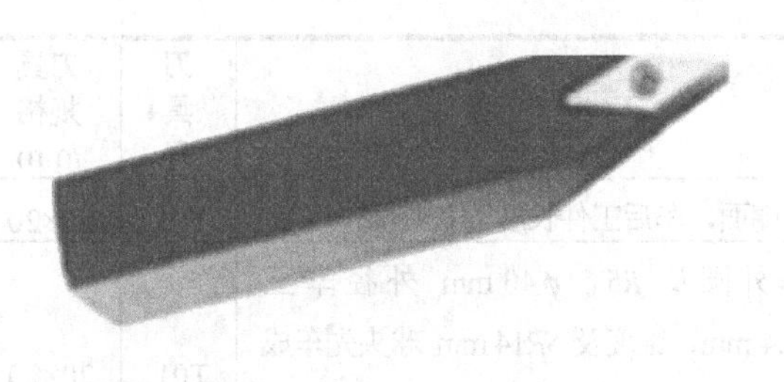

图 1-100　直头刀杆及其车削示例

加工案例工艺分析与编制

1. 加工案例工艺分析

(1) 对图 1-94 所示的球头销加工案例进行详尽分析，找出该球头销加工工艺有什么不妥之处。

① 加工方法选择是否得当?

② 夹具选择是否得当?

③ 刀具选择是否得当?

④ 加工工艺路线是否得当?

⑤ 切削用量是否合适?

⑥ 工序安排是否合适?

⑦ 机床选择是否得当?

⑧ 装夹方案是否得当?

(2) 对上述问题进行分析后，如果有不当的地方请改正过来，并提出正确的工艺措施。

(3) 制定正确工艺并优化工艺。

(4) 填写该球头销加工案例的加工工序卡和刀具卡，确定装夹方案及计算圆弧曲面的圆心坐标。

2. 加工案例加工工艺与装夹方案

1) 球头销加工案例数控加工工序卡

球头销加工案例数控加工工序卡如表 1-42 所示(注：刀片为涂层硬质合金刀片)。

表 1-42　球头销加工案例数控加工工序卡

单位名称	×××	产品名称或代号	零件名称	零件图号
		×××	球头销	×××
工序号	程序编号	夹具名称	加工设备	车间
×××	×××	液压三爪卡盘+软爪	CJK6125	数控中心

续表

工步号	工步内容	刀具号	刀具规格/mm	主轴转速/(r/min)	进给速度/(mm/r)	检测工具	备注
1	车右端面，车后工件长度 110.3 mm	T01	20×20	600	0.3	游标卡尺	
2	粗车外圆及 $R5$，ϕ40 mm 外径车至 ϕ40.4 mm，锥度及 SR14 mm 球头先车成锥度至右端小头直径 ϕ16.5 mm，$R5$ 车至 R4.75 mm	T01	20×20	600	0.3	游标卡尺	
3	粗车 SR14 球头至 SR14.2 mm	T01	20×20	650	0.25	游标卡尺	
4	精车 SR14 mm 至尺寸，保证总长 110 mm；精车锥面至尺寸，保证锥面总长 30 mm，精车 ϕ40 mm 外径至尺寸，保证 $\phi 40^{0}_{-0.025}$ mm 和 R5 mm 圆弧；保证所有加工面粗糙度 R_a 为 3.2 μm	T02	20×20	800	0.1	外径千分尺和专用检具	
编制 ××× 审核 ×××	批准 ×××			年 月 日		共 页	第 页

2) 球头销加工案例数控加工刀具卡

球头销加工案例数控加工刀具卡如表 1-43 所示。

表 1-43 球头销加工案例数控加工刀具卡

产品名称或代号		×××	零件名称		球头销	零件图号	×××
序号	刀具号	刀具			加工表面		备注
		规格名称	数量	刀长/mm			
1	T01	右手外圆车刀	1	实测	端面、外径、圆弧和锥面		刀尖半径 1.2 mm
2	T02	右手外圆车刀	1	实测	端面、外径、圆弧和锥面		刀尖半径 0.8 mm
编制	×××	审核 ×××	批准	×××	年 月 日	共 页	第 页

3) 球头销加工案例装夹方案

该案例零件是典型回转体轴类零件，最适合采用三爪卡盘夹紧，因该工件生产批量 30 件，为提高生产效率，采用液压三爪卡盘配软爪，配软爪目的是避免工件加工夹伤较严重。再因该工件左端不用加工，所以加工时可夹紧工件左端，在液压三爪卡盘内放置合适的圆盘件或隔套，工件装夹时只需靠紧圆盘件或隔套即可准确轴向定位，实现快速装夹。

4) 球头销加工案例圆弧曲面圆心坐标计算

该案例零件工件坐标系编程原点设置如图 1-94 所示，按此工件坐标系设置，该案例零件两圆弧曲面的圆心坐标计算如下。

SR14 mm 圆弧的圆心坐标是：　X=0 mm，　Z=−14 mm

R5 mm 圆弧的圆心坐标是：　　X=50 mm，Z=− (44+20−5)=−59 mm

单元能力训练

(1) 零件图形的数学处理包含哪些内容？

(2) 如何确定编程尺寸设定值？

(3) 车削圆弧表面或凹槽时，若车刀副后刀面会与工件已车削轮廓表面干涉，如何选择加工刀具？

(4) 计算零件编程基点、节点坐标(含对零件图纸进行工艺处理)训练。

(5) 带外圆弧曲面轴类零件的加工图纸工艺分析训练。

(6) 带外圆弧曲面轴类零件的加工工艺路线设计训练。

(7) 带外圆弧曲面轴类零件的装夹方案选择训练。

(8) 加工带外圆弧曲面轴类零件的刀具、夹具、机床和切削用量选择训练。

(9) 带外圆弧曲面轴类零件的加工工艺文件编制训练。

单元能力巩固提高

将如图 1-94 所示的球头销加工案例的加工要求改成如图 1-101 所示的加工要求，其他不变。试确定毛坯尺寸，设计其数控加工工艺，计算圆弧曲面的圆心坐标，并确定装夹方案。

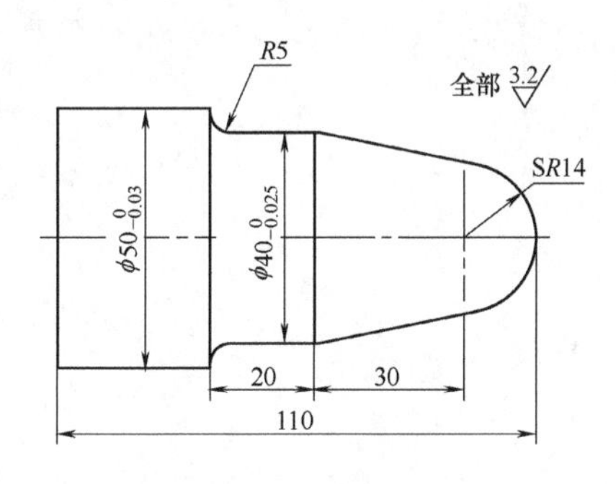

图 1-101　球头销

单元能力评价

能力评价方式如表 1-44 所示。

表 1-44　能力评价表

等级	评　价　标　准
优秀	能高质量、高效率地找出图 1-94 所示的球头销加工案例中工艺设计不合理之处，提出正确的解决方案，并完整、优化地设计图 1-101 所示的球头销零件的数控加工工艺，计算圆弧曲面的圆心坐标，确定毛坯和装夹方案

续表

等级	评 价 标 准
良好	能在教师的偶尔指导下找出图 1-94 所示的球头销加工案例中工艺设计不合理之处，并提出正确的解决方案
中等	能在教师的偶尔指导下找出图 1-94 所示的球头销加工案例中工艺设计不合理之处，并提出基本正确的解决方案
合格	能在教师的指导下找出图 1-94 所示的球头销加工案例中工艺设计不合理之处

项目二　简易回转体盘、套类零件数控车削加工工艺编制

项目总体能力目标

(1) 会对简易回转体盘、套类零件图进行数控车削加工工艺性分析，包括：会分析零件图纸技术要求，会检查零件图的完整性和正确性，会分析零件的结构工艺性。

(2) 会拟定简易回转体盘、套类零件的数控车削加工工艺路线，包括：会选择加工方法，会划分加工阶段，会划分加工工序，会确定加工路线，会确定加工顺序。

(3) 会选用回转体盘、套类零件的数控车削加工刀具。

(4) 会选择回转体盘、套类零件的数控车削加工夹具，并确定装夹方案。

(5) 会按回转体盘、套类零件的数控车削加工工艺选择合适的切削用量与机床。

(6) 会编制回转体盘、套类零件的数控车削加工工艺文件。

项目总体工作任务

(1) 分析简易回转体盘、套类零件图的数控车削加工工艺性。

(2) 拟定简易回转体盘、套类零件的数控车削加工工艺路线。

(3) 选择简易回转体盘、套类零件的数控车削加工刀具。

(4) 选择简易回转体盘、套类零件的数控车削加工夹具，并确定装夹方案。

(5) 按简易回转体盘、套类零件的数控车削加工工艺选择合适的切削用量和机床。

(6) 编制简易回转体盘、套类零件的数控车削加工工艺文件。

单元一　编制简易盘类零件数控车削加工工艺

单元能力目标

(1) 会分析回转体盘类零件的图纸，并进行相应的工艺处理。

(2) 会选择回转体盘类零件的加工方法，并划分加工工序。

(3) 会确定回转体盘类零件的装夹方案，选择合适的加工刀具。

(4) 会制定简易回转体盘类零件的数控车削加工工艺。

(5) 会编制简易回转体盘类零件的数控车削加工工艺文件。

单元工作任务

本单元完成如图 2-1 所示的齿轮坯加工案例零件的数控车削加工，具体设计该齿轮坯的数控加工工艺。

(1) 分析图 2-1 所示的齿轮坯加工案例，确定正确的数控车削加工工艺。

(2) 编制图 2-1 所示的齿轮坯的数控车削加工工序卡和刀具卡等工艺文件。

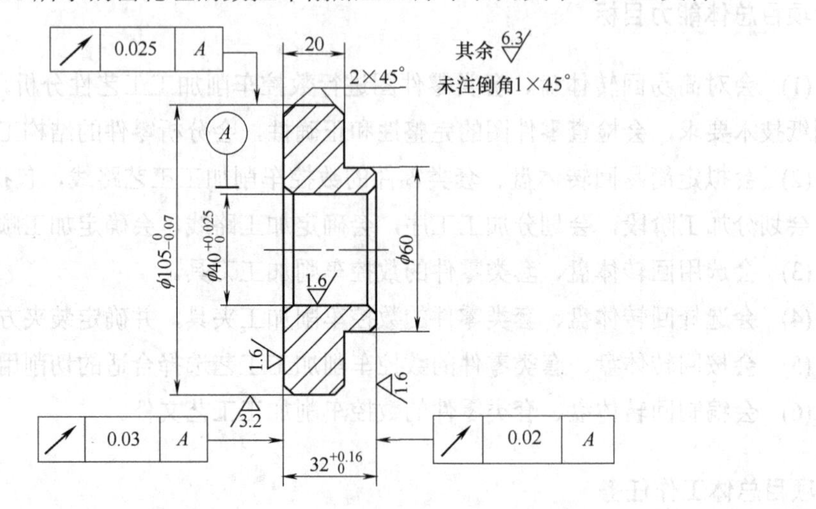

图 2-1 齿轮坯加工案例

齿轮坯加工案例零件说明：该齿轮坯加工案例零件材料为 45 钢，毛坯尺寸为 ϕ110 mm×36 mm，试制 5 件，齿轮坯内孔已用钻床钻孔至 ϕ33 mm。现有该齿轮坯加工案例数控加工工艺规程如表 2-1 所示。

表 2-1 齿轮坯加工案例数控加工工艺规程

工序号	工序内容	刀具号	刀具名称	主轴转速/(r/min)	进给速度/(mm/r)	背吃刀量/mm	机床	夹具
1	粗精车右端面	T01	左手刀	300/600	0.1/0.25	2/0.5	车削中心	四爪卡盘
2	粗精车 ϕ60 mm 外径和长度 12 至尺寸，倒大外角	T01	左手刀	600/400	0.12/0.3	1/1.5	车削中心	四爪卡盘
3	粗精车内孔至尺寸，孔口倒角	T02	ϕ12 内孔刀	300/250	0.1/0.2	0.5/0.8	车削中心	四爪卡盘
4	粗车左端面	T01	左手刀	350	0.1	2	车削中心	四爪卡盘
5	精车左端面，保证总长尺寸，孔口倒角，倒大外角	T01	左手刀	300	0.25	0.5	车削中心	四爪卡盘
6	粗精车 ϕ105 mm 外径至尺寸	T01	左手刀	600/400	0.15/0.25	0.5/1	车削中心	四爪卡盘

完成工作任务需再查阅的背景知识

资料一　盘类零件的工艺特点

盘类零件主要由端面、外圆和内孔等组成，有些盘类零件上还分布一些大小不一的孔系，一般零件直径大于零件的轴向尺寸。一般盘类零件除尺寸精度、表面粗糙度有要求外，其外圆对孔有径向圆跳动的要求，端面对孔有端面圆跳动或垂直度的要求，外圆与内孔间有同轴度要求及两端面之间的平行度要求等。保证径向圆跳动和端面圆跳动是制定盘套类零件工艺重点要考虑的问题。在工艺上一般分粗车、半精车和精车。精车时，尽可能把有形位精度要求的外圆、孔、端面在一次安装中全部加工完。若有形位精度要求的表面不可能在一次安装中完成时，通常先把孔作出，然后以孔定位上心轴或弹簧心轴加工外圆或端面(有条件也可在平面磨床上磨削端面)。

资料二　加工盘类零件的常用夹具

加工小型盘类零件常采用三爪卡盘装夹工件，若有形位精度要求的表面不可能在三爪卡盘安装中加工完成时，通常在内孔精加工完成后，以孔定位上心轴或弹簧心轴加工外圆或端面，保证形位精度要求。加工大型盘类零件时，因三爪卡盘规格没那么大，常采用四爪卡盘或花盘装夹工件。三爪卡盘和四爪卡盘装夹工件在项目一中已识别并熟悉，下面将介绍心轴和花盘。

1. 心轴

当工件用已加工过的孔作为定位基准，并能保证外圆轴线和内孔轴线的同轴度要求时，可采用心轴装夹。这种装夹方法可以保证工件内外表面的同轴度，适用于一定批量生产。心轴的种类很多，工件以圆柱孔定位常用圆柱心轴和小锥度心轴；对于带有锥孔、螺纹孔、花键孔的工件定位，常用相应的锥体心轴、螺纹心轴和花键心轴。圆锥心轴或锥体心轴定位装夹时，要注意其与工件的接触情况。工件在圆柱心轴上的定位装夹如图 2-2 所示，圆锥心轴或锥体心轴定位装夹时与工件的接触情况如图 2-3 所示。

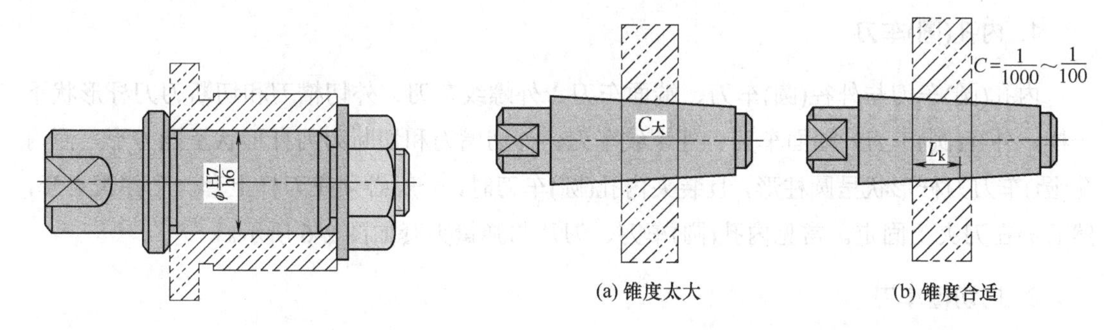

图 2-2　工件在圆柱心轴上定位装夹　　图 2-3　圆锥心轴安装工件的接触情况

圆柱心轴是以外圆柱面定心、端面压紧来装夹工件的，心轴与工件孔一般用 H7/h6、H7/g6 的间隙配合，所以工件能很方便地套在心轴上。但是，由于配合间隙较大，一般只能保证同轴度 0.02 mm 左右。为了消除间隙，提高心轴定位精度，心轴可以做成锥体，但锥体的锥度要很小，否则工件在心轴上会产生歪斜，常用的锥度为 C=1/1000～1/100。定位时，工件楔紧在心轴上，楔紧后孔会产生弹性变形，从而使工件不致倾斜。

当工件直径较大时，则应采用带有压紧螺母的圆柱心轴，它的夹紧力较大，但定位精度较锥度心轴低。

2. 花盘

花盘是安装在车床主轴上的一个大圆盘。对于形状不规则的工件，或无法使用三爪卡盘及四爪卡盘装夹的工件，可用花盘装夹，它也是加工大型盘套类零件的常用夹具。花盘上面开有若干个 T 形槽，用于安装定位元件、夹紧元件和分度元件等辅助元件。采用花盘可加工形状复杂的盘套类零件或偏心类零件的外圆、端面和内孔等表面。用花盘装夹工件时，要注意平衡，应采用平衡装置以减少由离心力产生的振动及主轴轴承的磨损。一般平衡措施有两种：一种是在较轻的一侧加平衡块(配重块)，其位置距离回转中心越远越好；另一种是在较重的一侧加工减重孔，其位置距离回转中心越近越好，平衡块的位置和重量最好可以调节。花盘如图 2-4 所示，在花盘上装夹工件及其平衡如图 2-5 所示。

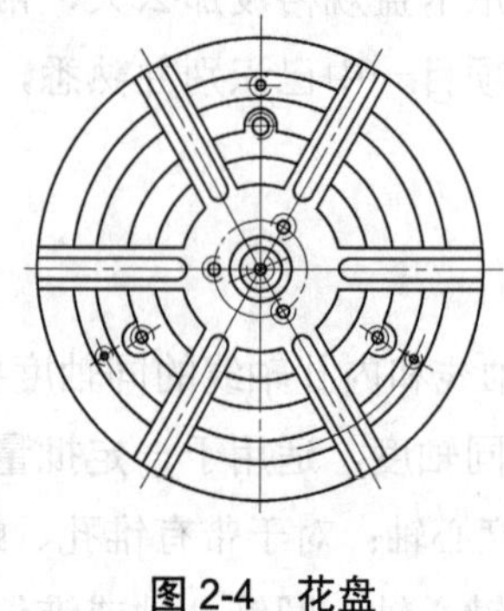

图 2-4　花盘

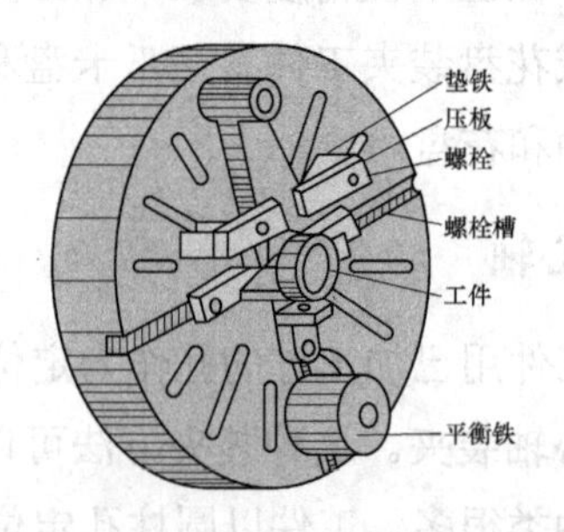

图 2-5　在花盘上装夹工件及平衡

资料三　内孔(圆)加工刀具

1. 内孔(圆)车刀

内孔(圆)车刀与外径(圆)车刀、端面车刀、外螺纹车刀、外切槽刀和切断刀刀杆形状不一样，外径(圆)车刀、端面车刀、外螺纹车刀、外切槽刀和切断刀刀杆形状呈四方形，而内孔(圆)车刀刀杆形状呈圆柱形，且装夹内孔(圆)车刀时，一般必须在刀杆上套一个弹簧夹套，然后装在刀夹上固定。常见内孔(圆)车刀、刀片与弹簧夹套如图 2-6 所示。

2. 内切槽车刀

内切槽车刀与内孔(圆)车刀一样，刀杆形状呈圆柱形。装夹内切槽车刀时，一般也必须

在刀杆上套一个弹簧夹套，再用刀夹通过弹簧夹套夹住内切槽车刀，刀片与外切槽车刀片一样。常见内切槽车刀如图 2-7 所示。

图 2-6　常见内孔(圆)车刀、刀片与弹簧夹套

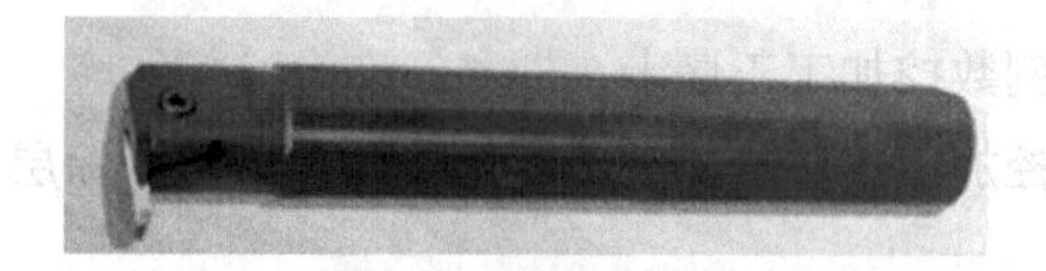

图 2-7　内切槽车刀

3. 内螺纹车刀

内螺纹车刀与内切槽车刀一样，刀杆形状呈圆柱形。装夹内螺纹车刀时，一般也必须在刀杆上套一个弹簧夹套，再用刀夹通过弹簧夹套夹住内螺纹车刀，刀片与外螺纹车刀片一样。常见内螺纹车刀如图 2-8 所示。

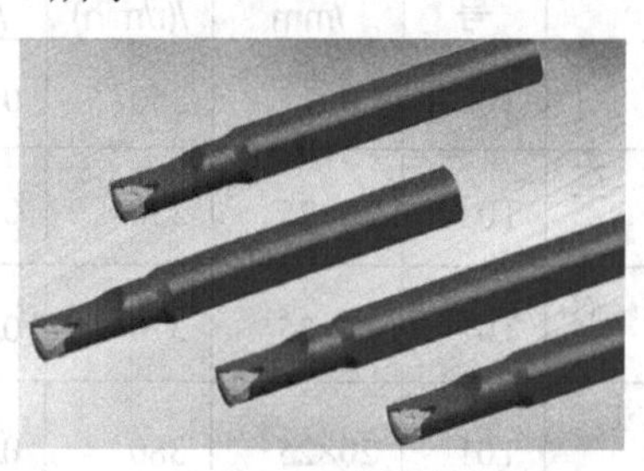

图 2-8　内螺纹车刀

加工案例工艺分析与编制

1. 加工案例工艺分析

(1) 对图 2-1 所示的齿轮坯加工案例进行详尽分析，找出该齿轮坯加工工艺有什么不妥之处？

① 加工方法选择是否得当？

② 夹具选择是否得当？

③ 刀具选择是否得当？

④ 加工工艺路线是否得当？

⑤ 切削用量是否合适？

⑥ 工序安排是否合适？

⑦ 机床选择是否得当？

⑧ 装夹方案是否得当？

(2) 对上述问题进行分析后，如果有不当的地方改正过来，并提出正确的工艺措施。

(3) 制定正确工艺并优化工艺。

(4) 填写该齿轮坯加工案例的加工工序卡和刀具卡，确定装夹方案。

2. 加工案例加工工艺与装夹方案

1) 齿轮坯加工案例数控加工工序卡

齿轮坯加工案例数控加工工序卡如表 2-2 所示(注：刀片为涂层硬质合金刀片)。

表 2-2 齿轮坯加工案例数控加工工序卡

单位名称	×××	产品名称或代号			零件名称	零件图号	
		×××			齿轮坯	×××	
工序号	程序编号	夹具名称			加工设备	车间	
×××	×××	三爪卡盘+锥度心轴+顶针			CK6132	数控中心	
工步号	工步内容	刀具号	刀具规格/mm	主轴转速/(r/min)	进给速度/(mm/r)	检测工具	备注
1	粗车右端面至总长 34.6 mm	T01	20×25	350	0.3	游标卡尺	
2	粗车 $\phi 60$ mm 外径至 $\phi 62 \times 11$ mm	T01	20×25	350	0.25	游标卡尺	
3	粗精车左端面至总长 33 mm，表面粗糙度 R_a 为 1.6 μm	T01	20×25	370	0.3/0.15	游标卡尺	掉头装夹
4	粗精车 $\phi 105$mm 外径至尺寸，保证 $\phi 105^{0}_{-0.07}$ mm	T01	20×25	380	0.3/0.15	外径千分尺	
5	粗车、半精车、精车 $\phi 40$ mm 内孔至尺寸，保证 $\phi 40^{+0.025}_{0}$ mm	T02	$\phi 20$	850	0.25/0.12	内径千分表	
6	左端内孔 1×45° 和大外角 2×45° 倒角	T03	20×25	360	0.2	游标卡尺	
7	精车 $\phi 60$ mm 外径和台肩面 20 mm 至尺寸	T01	20×25	400	0.2	游标卡尺	掉头装夹找正，防夹伤
8	半精车右端面至总长 32.3 mm	T01	20×25	500	0.15	游标卡尺	
9	右端内孔、外圆倒角 1×45° 和大外角 2×45° 倒角	T03	20×25	360	0.2	游标卡尺	
10	精车右端面，保证总长 $32^{+0.16}_{0}$	T01	20×25	550	0.08	带表游标卡尺	锥度心轴+顶针
编制 ×××	审核 ×××	批准 ×××		年 月 日		共 页	第 页

2)　齿轮坯加工案例数控加工刀具卡

齿轮坯加工案例数控加工刀具卡如表 2-3 所示。

表 2-3　齿轮坯加工案例数控加工刀具卡

<table>
<tr><td colspan="3">产品名称或代号</td><td colspan="2">×××</td><td>零件名称</td><td colspan="2">齿轮坯</td><td colspan="2">零件图号</td><td colspan="2">×××</td></tr>
<tr><td rowspan="2">序号</td><td rowspan="2">刀具号</td><td colspan="5">刀具</td><td rowspan="2" colspan="4">加工表面</td><td rowspan="2">备注</td></tr>
<tr><td colspan="3">规格名称</td><td>数量</td><td>刀长/mm</td></tr>
<tr><td>1</td><td>T01</td><td colspan="3">右手外圆车刀</td><td>1</td><td>实测</td><td colspan="4">端面、外径</td><td>刀尖半径
0.8 mm</td></tr>
<tr><td>2</td><td>T02</td><td colspan="3">ϕ20 内孔车刀</td><td>1</td><td>实测</td><td colspan="4">内孔</td><td>刀尖半径
0.8 mm</td></tr>
<tr><td>3</td><td>T03</td><td colspan="3">45° 端面车刀</td><td>1</td><td>实测</td><td colspan="4">倒角</td><td></td></tr>
<tr><td>编制</td><td>×××</td><td>审核</td><td colspan="2">×××</td><td>批准</td><td>×××</td><td colspan="2">年　月　日</td><td colspan="2">共　页</td><td>第　页</td></tr>
</table>

3)　齿轮坯加工案例装夹方案

该案例零件由端面、外圆和内孔等组成，零件直径尺寸比轴向长度大很多，两端面对内孔和外圆对内孔都有径向圆跳动要求，是典型的盘类零件。因零件试制生产 5 件，为保证零件加工的形位精度要求，该齿轮坯装夹加工时，首先用三爪卡盘夹紧工件左端(在三爪卡盘内放置合适的圆盘件或隔套，工件装夹时只需靠紧圆盘件或隔套即可准确轴向定位)，粗车右端面和 ϕ60 mm 外径，掉头装夹 ϕ60 mm 外径，以已车台肩端面轴向定位，粗精车左端面、内孔、外圆和倒角。然后掉头装夹已精车 ϕ105 mm 外径(在三爪卡盘内放置合适的圆盘件或隔套，工件装夹时只需靠紧圆盘件或隔套即可准确轴向定位)，但为防止已精车 ϕ105 mm 外径夹伤，可考虑在工件 ϕ105 mm 已精车表面夹持位包一层铜皮，防止工件夹伤。因垫铜皮且为保证工件夹正，以免夹歪，用百分表找正工件后，精车 ϕ60 mm 外径和台肩面 20 mm 长度至尺寸，然后半精车右端面和内孔孔口 ϕ60 mm 外径及大外角倒角。最后，用锥度心轴和顶针装夹工件，用卡箍带动工件旋转，精车右端面，保证长度尺寸。具体用锥度心轴和顶针装夹工件如图 2-9 所示。

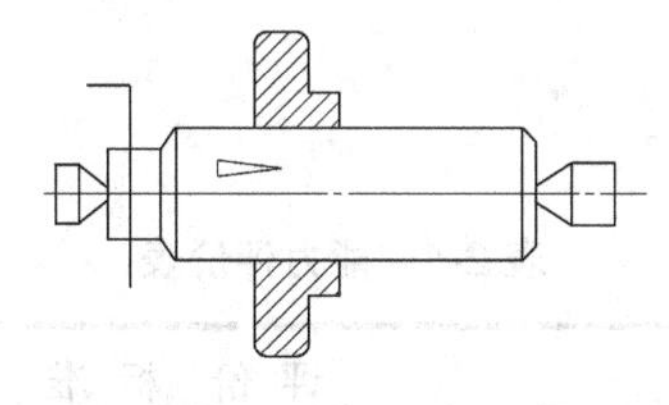

图 2-9　锥度心轴和顶针装夹工件示意图

单元能力训练

(1)　盘类零件加工工艺有什么特点?

(2) 加工盘类零件的常用夹具有哪些？各有何特点？

(3) 如何夹持内孔车削刀具？

(4) 盘类零件的加工图纸工艺分析训练。

(5) 盘类零件的加工工艺路线设计训练。

(6) 盘类零件的装夹方案选择训练。

(7) 加工盘类零件的刀具、夹具、机床和切削用量选择训练。

(8) 盘类零件的加工工艺文件编制训练。

单元能力巩固提高

若图 2-1 所示的齿轮坯加工案例图纸还要求加工时保证内孔与外圆的同轴度为 0.025 mm(见图 2-10)，其他不变，试设计其数控加工工艺，并确定装夹方案。

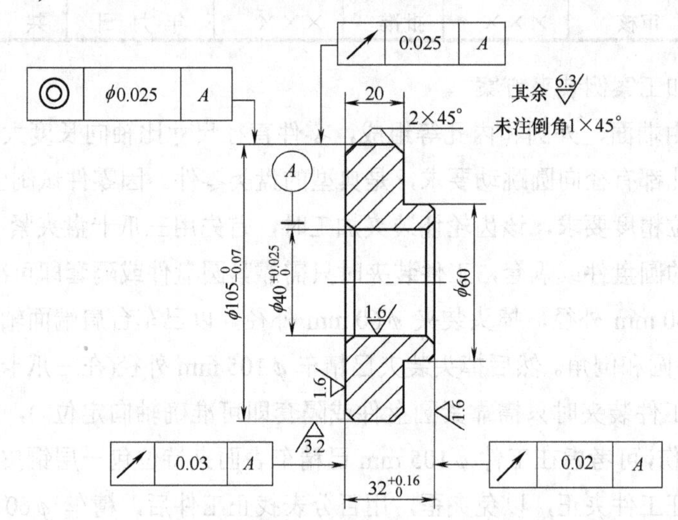

图 2-10　齿轮坯加工案例

单元能力评价

能力评价方式如表 2-4 所示。

表 2-4　能力评价表

等级	评 价 标 准
优秀	能高质量、高效率地找出图 2-1 所示的齿轮坯加工案例中工艺设计不合理之处，提出正确的解决方案，并完整、优化地设计图 2-10 所示的齿轮坯加工案例零件的数控加工工艺，并确定装夹方案
良好	能在教师的偶尔指导下找出图 2-1 所示的齿轮坯加工案例中工艺设计不合理之处，并提出正确的解决方案

续表

等级	评 价 标 准
中等	能在教师的偶尔指导下找出图 2-1 所示的齿轮坯加工案例中工艺设计不合理之处，并提出基本正确的解决方案
合格	能在教师的指导下找出图 2-1 所示的齿轮坯加工案例中工艺设计不合理之处

单元二　编制简易套类零件数控车削加工工艺

单元能力目标

(1) 会分析回转体套类零件的图纸，并进行相应的工艺处理。

(2) 会选择回转体套类零件的加工方法，并划分加工工序。

(3) 会确定回转体套类零件的装夹方案，选择合适的加工刀具。

(4) 会制定简易回转体套类零件的数控车削加工工艺。

(5) 会编制简易回转体套类零件的数控车削加工工艺文件。

单元工作任务

本单元完成如图 2-11 所示的隔套加工案例零件的数控车削加工，具体设计该隔套的数控加工工艺。

(1) 分析图 2-11 所示的隔套加工案例，确定正确的数控车削加工工艺。

(2) 编制图 2-11 所示的隔套的数控车削加工工序卡和刀具卡等工艺文件。

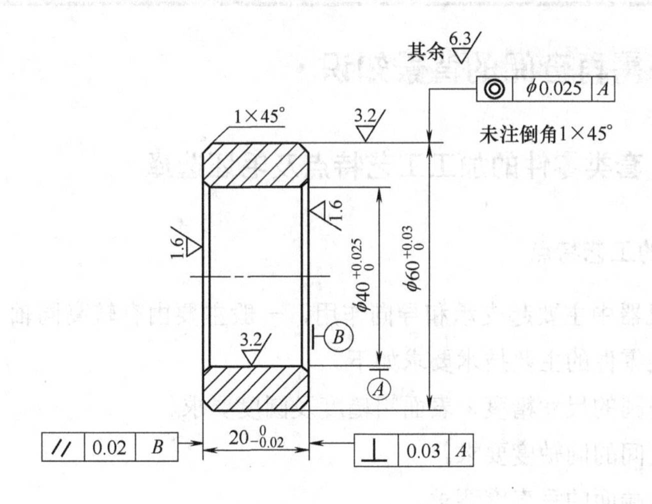

图 2-11　隔套加工案例

隔套加工案例零件说明：该隔套加工案例零件的材料为 45 钢，毛坯尺寸为

ϕ64 mm×23 mm，批量 200 件，隔套内孔已用钻床钻孔至 ϕ35 mm。现有该隔套加工案例数控加工工艺规程如表 2-5 所示。

表 2-5　隔套加工案例数控加工工艺规程

工序号	工序内容	刀具号	刀具名称	主轴转速/(r/min)	进给速度/(mm/r)	背吃刀量/mm	机床	夹具
1	粗精车右端面	T01	右手车刀	300/400	0.1/0.2	1/0.5	经济型数控车	三爪卡盘+硬爪
2	粗精车外圆，保证外圆尺寸	T01	右手车刀	800/500	0.15/0.25	1.2/0.8	经济型数控车	三爪卡盘+硬爪
3	粗精车左端面，保证总长	T01	右手车刀	500/600	0.1/0.2	1/0.5	经济型数控车	三爪卡盘+硬爪
4	粗精车内孔，保证内孔尺寸	T02	内孔车刀	400/500	0.15/0.25	1.5/0.5	经济型数控车	三爪卡盘+硬爪
5	左端面孔口和外圆倒角	T01	右手车刀	900	0.5	0.1	经济型数控车	三爪卡盘+硬爪
6	右端面孔口和外圆倒角	T01	右手车刀	900	0.5	0.1	经济型数控车	三爪卡盘+硬爪

完成工作任务需再查阅的背景知识

资料一　套类零件的加工工艺特点及毛坯选择

1. 套类零件的工艺特点

套类零件在机器中主要起支承和导向作用，一般主要由有较高同轴度要求的内外圆表面组成。一般套类零件的主要技术要求如下。

(1) 内孔及外圆的尺寸精度、表面粗糙度及圆度要求。

(2) 内外圆之间的同轴度要求。

(3) 孔轴线与端面的垂直度要求。

薄壁套类零件壁厚很薄，径向刚度很弱，在加工过程中受切削力、切削热及夹紧力等因素的影响极易变形，导致以上各项技术要求难以保证。装夹进行加工时，必须采取相应

的预防纠正措施，以免加工时引起工件变形；或因装夹变形加工后变形恢复，造成已加工表面变形，加工精度达不到零件图纸技术要求。

2. 加工套类零件的加工工艺原则

(1) 粗、精加工应分开进行。

(2) 尽量采用轴向压紧，如果采用径向夹紧时，应使径向夹紧力分布均匀。

(3) 热处理工序应安排在粗、精加工之间进行。

(4) 中小型套类零件的内外圆表面及端面应尽量在一次安装中加工出来。

(5) 在安排孔和外圆加工顺序时，应尽量采用先加工内孔，然后以内孔定位加工外圆的加工顺序。

(6) 车削薄壁套类零件时，车削刀具应选择较大的主偏角，以减小背向力，防止加工工件变形。

3. 毛坯选择

套类零件的毛坯主要根据零件材料、形状结构、尺寸大小及生产批量等因素进行选择。孔径较小时，可选棒料，也可采用实心铸件；孔径较大时，可选用带预制孔的铸件或锻件；壁厚较小且较均匀时，还可选用管料；当生产批量较大时，还可采用冷挤压和粉末冶金等先进毛坯制造工艺，可在毛坯精度提高的基础上提高生产率，节约用材。套类零件材料一般选用钢、铸铁、青铜或者黄铜等。

资料二　套类零件的定位与装夹方案

1. 套类零件的定位基准选择

套类零件的主要定位基准为内外圆中心。外圆表面与内孔中心有较高的同轴度要求时，加工中常互为基准反复装夹加工，以保证零件图纸技术要求。

2. 套类零件的装夹方案

(1) 套类零件的壁厚较大，零件以外圆定位时，可直接采用三爪卡盘装夹，外圆轴向尺寸较小时，可与已加工过的端面组合定位装夹，如采用反爪装夹；工件较长时可加顶尖装夹，再根据工件长度判断加工精度，是否再加中心架或跟刀架，采用“一夹一顶一托”法装夹。

(2) 套类零件以内孔定位时，可采用心轴装夹(圆柱心轴、可胀式心轴)；当零件的内、外圆同轴度要求较高时，可采用小锥度心轴装夹；当工件较长时，可在两端孔口各加工出一小段60°锥面，用两个圆锥对顶定位装夹。

(3) 当套类零件壁厚较小时，也即薄壁套类零件，直接采用三爪卡盘装夹会引起工件变形，可采用轴向装夹、刚性开缝套筒装夹和圆弧软爪装夹(自车软爪成圆弧爪，适当增大卡爪夹紧接触面积)等办法。

- 轴向装夹法

  轴向装夹法也就是将薄壁套类零件由径向夹紧改为轴向夹紧，轴向装夹法如图 2-12 所示。

- 刚性开缝套筒装夹法

  薄壁套类零件采用三爪自定心卡盘装夹(见图 2-13)，零件只受到三个卡爪的夹紧力，夹紧接触面积小，夹紧力不均衡，容易使零件发生变形。采用图 2-14 所示的刚性开缝套筒装夹，夹紧接触面积大，夹紧力较均衡，不容易使零件发生变形。

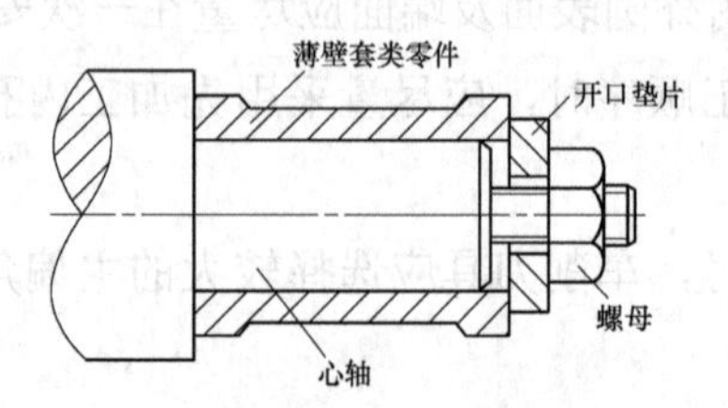

图 2-12　工件轴向夹紧示意图

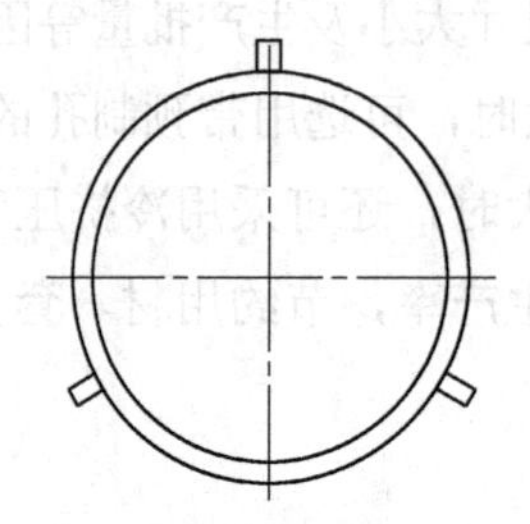

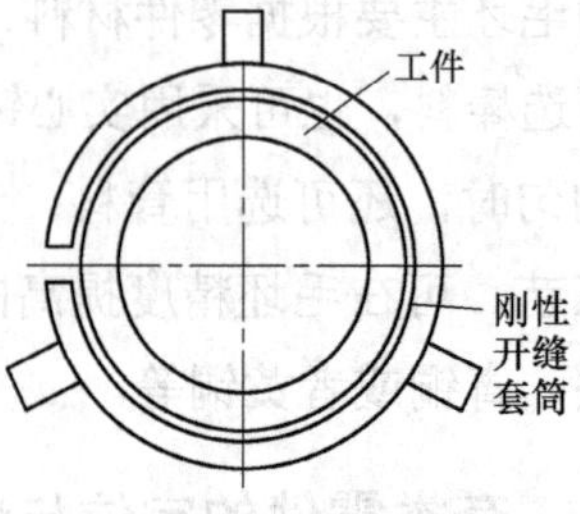

图 2-13　三爪自定心卡盘装夹示意图

工件

刚性
开缝
套筒

图 2-14　刚性开缝套筒装夹示意图

- 圆弧软爪装夹法

  当被加工薄壁套类零件以三爪卡盘外圆定位装夹时，采用内圆弧软爪装夹定位工件方法如项目一所述。

当被加工薄壁套类零件以内孔(圆)定位装夹(涨内孔)时，可采用外圆弧软爪装夹，在数控车床上装刀根据加工工件内孔大小自车，自车外圆弧软爪如图 2-15 所示。

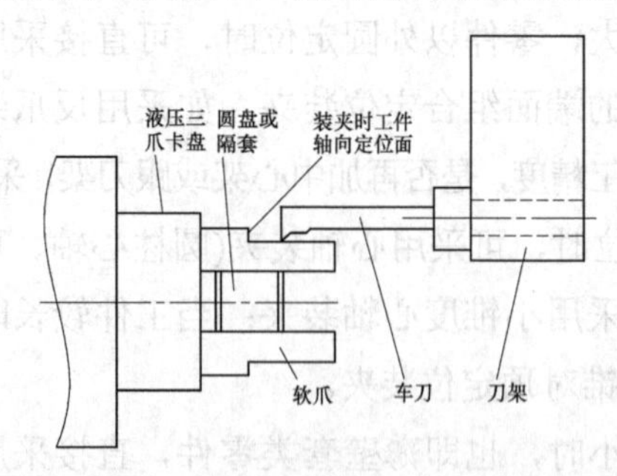

图 2-15　数控车床自车加工外圆弧软爪示意图

加工软爪时要注意软爪应与加工时相同的夹紧状态下进行车削，以免在加工过程中松

动和由于卡爪反向间隙而引起定心误差；车削软爪外定心表面时，要在靠卡盘处夹适当的圆盘料，以消除卡盘端面螺纹的间隙。自车加工的三外圆弧软爪所形成的外圆弧直径大小应比用来定心装夹的工件内孔直径略大一点，其他与项目一所述自车加工内圆弧软爪要求一样。

套类零件的尺寸较小时，尽量在一次装夹下加工出较多表面，既减小装夹次数及装夹误差，又容易获得较高的形位精度。

资料三　加工套类零件的常用夹具

加工中小型套类零件的常用夹具有：手动三爪卡盘、液压三爪卡盘和心轴等；加工中大型套类零件的常用夹具有：四爪卡盘和花盘，这些夹具在前面已识别并熟悉，此处不再赘述，这里另介绍加工中小型套类零件常用的弹簧心轴夹具。

当工件用已加工过的孔作为定位基准，并能保证外圆轴线和内孔轴线的同轴度要求时，常采用弹簧心轴装夹。这种装夹方法可保证工件内外表面的同轴度，比较适用于批量生产。弹簧心轴(又称涨心心轴)既能定心，又能夹紧，是一种定心夹紧装置。弹簧心轴一般分为直式弹簧心轴和台阶式弹簧心轴。

1. 直式弹簧心轴

直式弹簧心轴如图 2-16 所示，它的最大特点是直径方向上膨胀较大，可达 1.5～5 mm。

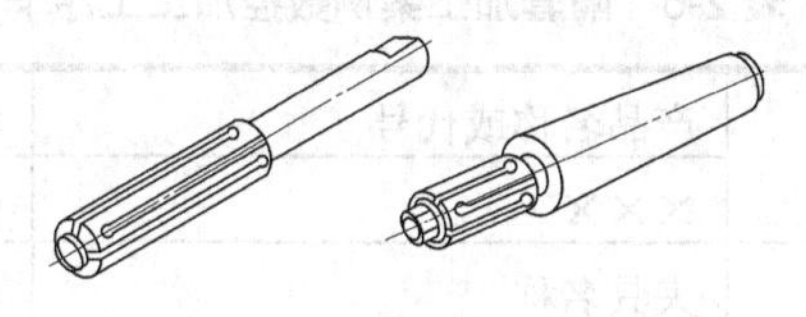

图 2-16　直式弹簧心轴

2. 台阶式弹簧心轴

台阶式弹簧心轴如图 2-17 所示，它的膨胀量较小，一般为 1.0～2.0 mm。

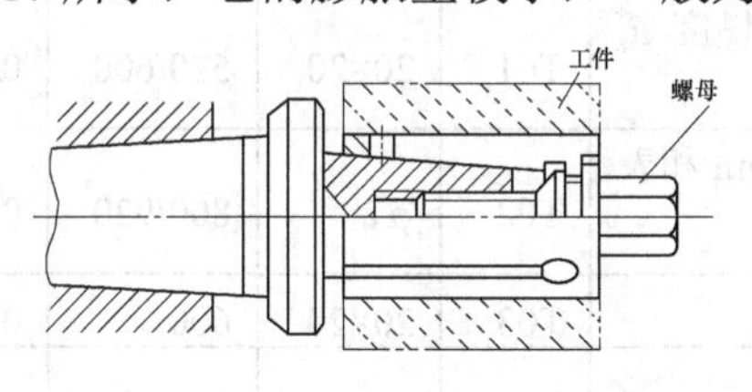

图 2-17　台阶式弹簧心轴

加工案例工艺分析与编制

1. 加工案例工艺分析

(1)　对图 2-11 所示的隔套加工案例进行详尽分析，找出该隔套加工工艺有什么不妥之处？

① 加工方法选择是否得当？

② 夹具选择是否得当？

③ 刀具选择是否得当？

④ 加工工艺路线是否得当？

⑤ 切削用量是否合适？

⑥ 工序安排是否合适？

⑦ 机床选择是否得当？

⑧ 装夹方案是否得当？

(2) 对上述问题进行分析后，如果有不当的地方改正过来，并提出正确的工艺措施。

(3) 制定正确工艺并优化工艺。

(4) 填写该隔套加工案例的加工工序卡和刀具卡，并确定装夹方案。

2. 加工案例加工工艺与装夹方案

1) 隔套加工案例数控加工工序卡

隔套加工案例数控加工工序卡如表 2-6 所示(注：刀片为涂层硬质合金刀片)。

表 2-6 隔套加工案例数控加工工序卡

单位名称	×××	产品名称或代号			零件名称		零件图号	
		×××			隔套		×××	
工序号	程序编号	夹具名称			加工设备		车间	
×××	×××	三爪卡盘+圆弧软爪			CK6116		数控中心	
工步号	工步内容	刀具号	刀具规格/mm	主轴转速/(r/min)	进给速度/(mm/r)	检测工具	备注	
1	粗精车右端面，保证表面粗糙度 R_a 为 1.6 μm	T01	20×20	520/600	0.25/0.12	粗糙度标准块		
2	粗精车内孔，保证 $\phi40_{0}^{+0.025}$ mm 和表面粗糙度 R_a 为 3.2 μm	T02	ϕ20	800/920	0.2/0.1	内径百分表		
3	右端孔口和外圆倒角	T03	20×20	600	0.2	游标卡尺		
4	粗精车左端面，保证表面粗糙度 R_a 为 1.6 μm 和总长 $20_{0}^{-0.02}$ mm	T01	20×20	520/600	0.25/0.12	外径千分尺	掉头装夹，防夹变形	
5	粗精车外圆，保证 $\phi60_{0}^{-0.05}$ mm 和表面粗糙度 R_a 为 3.2 μm	T01	20×20	520/600	0.2/0.1	外径千分尺		
6	左端孔口和外圆倒角	T03	20×20	600	0.2	游标卡尺		
编制 ×××	审核 ×××	批准 ×××			年 月 日		共 页	第 页

2)　隔套加工案例数控加工刀具卡

隔套加工案例数控加工刀具卡如表 2-7 所示。

表 2-7　隔套加工案例数控加工刀具卡

产品名称或代号		×××		零件名称		隔套	零件图号	×××
序号	刀具号	刀具				加工表面	备注	
		规格名称		数量	刀长/mm			
1	T01	右手外圆车刀		1	实测	端面、外圆	刀尖半径 0.8 mm，主偏角 90°	
2	T02	ϕ20 mm 内孔车刀		1	实测	内孔	刀尖半径 0.8 mm，主偏角 93°	
3	T03	45° 端面车刀		1	实测	倒角		
编制	×××	审核	×××	批准	×××	年 月 日	共 页	第 页

3)　隔套加工案例装夹方案

该隔套加工案例零件主要由有一定同轴度要求的内外圆表面组成，是典型的套类零件。套类零件在加工过程中受切削力、切削热及夹紧力等因素的影响极易变形，必须采取相应的预防纠正措施。该套类零件壁厚 10 mm，长度 20 mm，不算太薄，零件刚性还可以，但因零件有形位精度要求，还是要考虑零件装夹时的夹紧变形。基于上述情况，该案例零件装夹采用圆弧软爪装夹法，在数控车床上装刀根据工件内孔大小和外圆大小自车外圆弧软爪和内圆弧软爪，分别用于涨紧工件内孔和夹紧工件外径，用自车软爪加工出的软爪轴向台阶面轴向定位装夹。加工时先用内圆弧软爪装夹工件外圆，车右端面、内孔及倒角，再用外圆弧软爪涨紧工件内孔，车左端面、外圆及倒角，保证零件的形位精度要求。

单元能力训练

(1)　套类零件加工工艺有什么特点？

(2)　如何选择套类零件的装夹方案？

(3)　轴向装夹法和刚性开缝套筒装夹法各用于什么零件的加工？为什么？

(4)　如何加工外圆弧软爪？

(5)　加工套类零件的常用夹具有哪些？各有何特点？

(6)　套类零件的加工图纸工艺分析训练。

(7)　套类零件的加工工艺路线设计训练。

(8)　套类零件的装夹方案选择训练。

(9)　加工套类零件的刀具、夹具、机床和切削用量选择训练。

(10) 套类零件的加工工艺文件编制训练。

单元能力巩固提高

图 2-18 所示的套筒加工案例零件材料为 45 钢，毛坯尺寸为 ϕ96mm×130 mm，批量 50 件，套筒内孔已用普通钻床加工至 ϕ50 mm。试设计其数控加工工艺，并确定装夹方案。

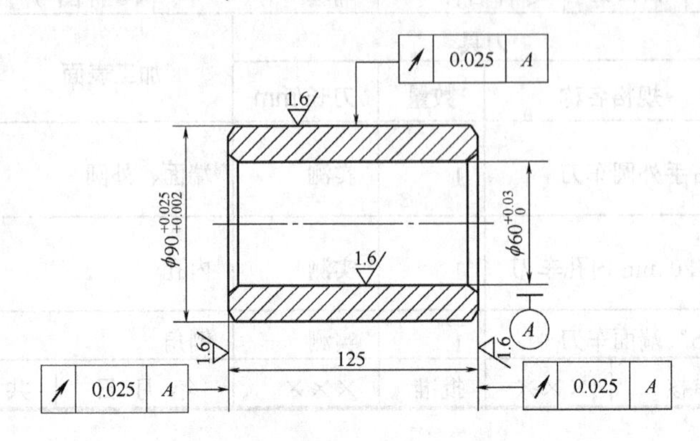

图 2-18　套筒加工案例

单元能力评价

能力评价方式如表 2-8 所示。

表 2-8　能力评价表

等级	评 价 标 准
优秀	能高质量、高效率地找出图 2-11 所示的隔套加工案例中工艺设计不合理之处，提出正确的解决方案，并完整、优化地设计图 2-18 所示的套筒加工案例零件的数控加工工艺，确定装夹方案
良好	能在教师的偶尔指导下找出图 2-11 所示的隔套加工案例中工艺设计不合理之处，并提出正确的解决方案
中等	能在教师的偶尔指导下找出图 2-11 所示的隔套加工案例中工艺设计不合理之处，并提出基本正确的解决方案
合格	能在教师的指导下找出图 2-11 所示的隔套加工案例中工艺设计不合理之处

单元三　编制简易回转体套类零件外圆弧曲面数控车削加工工艺

单元能力目标

(1) 会分析回转体套类零件外圆弧曲面的图纸，并进行相应的工艺处理。

(2) 会选择回转体套类零件外圆弧曲面的加工方法，并划分加工工序。

(3) 会确定回转体套类零件外圆弧曲面的装夹方案，选择合适的加工刀具。

(4) 会制定简易回转体套类零件外圆弧曲面的数控车削加工工艺。

(5) 会编制简易回转体套类零件外圆弧曲面的数控车削加工工艺文件。

单元工作任务

本单元加工如图 2-19 所示的 GE220ES-2RS 关节轴承内套外球面，该零件的内孔和两端面在前面工序已精加工好，外球面在液压仿形车床已粗加工好，因液压仿形车床加工精度不高，球径单边尚留约 4 mm 的加工余量。零件材料为 GCr15SiMn，硬度 58～60 HRC，批量生产。如何设计该 GE220ES-2RS 关节轴承内套外球面的数控加工工艺？

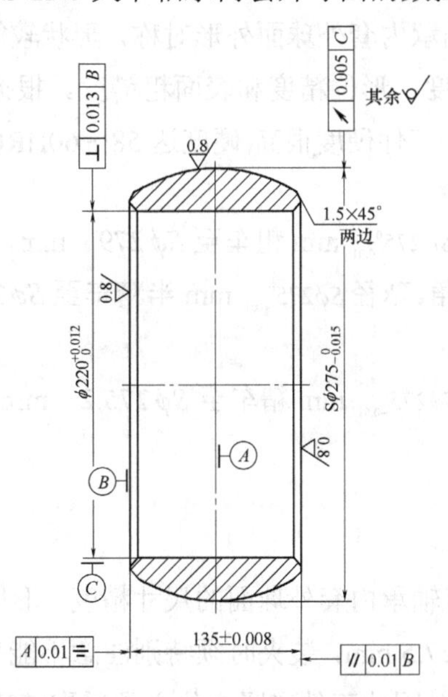

图 2-19　GE220ES-2RS 关节轴承内套外球面加工图

(1) 制定图 2-19 所示的 GE220ES-2RS 关节轴承内套外球面的数控车削加工工艺。

(2) 编制图 2-19 所示的 GE220ES-2RS 关节轴承内套外球面的数控车削加工工序卡和刀具卡等工艺文件，确定装夹方案。

加工案例工艺分析与编制

1. 零件图纸工艺分析

该 GE220ES-2RS 关节轴承内套外球面的尺寸精度、形位精度和表面粗糙度均要求很高，内径和两端面已精加工好，成品工件最大厚度仅为 27.5 mm，装夹时必须特别注意不能夹伤或碰伤这些工件表面，夹紧不能引起工件放松后变形，工件夹紧定位必须采取特殊工艺措

施；此外，工件硬度很高，硬度达 58～60 HRC，选择加工刀具必须引起高度重视；因工件的尺寸精度、形位精度和表面粗糙度均要求很高，所以不能采用经济型数控车床加工，且必须消除机床进给传动机构的反向间隙，以免引起球径误差及影响形位精度。

2. 机床选择

因该 GE220ES-2RS 关节轴承内套外球面的尺寸精度、形位精度和表面粗糙度均要求很高，所以不能采用经济型数控车床加工，必须采用精度较好的全功能数控车床加工，且必须消除机床进给传动机构的反向间隙。根据工件最大加工直径近达 300 mm，所以选用沈阳第一机床厂生产的 CKS6145/580 全功能斜床身数控车床加工。

3. 加工工艺路线设计

该 GE220ES-2RS 关节轴承内套外球面外形对称，形状较简单，主要是如何设计加工顺序保证其要求很高的尺寸精度、形位精度和表面粗糙度。根据该工件外球面已粗加工过，单边留约 4 mm 的加工余量，工件硬度很高(硬度达 58～60HRC)的特点，设计其加工工艺方案和顺序如下。

(1) 粗车外球面。球径 $S\phi275^{0}_{-0.015}$ mm 粗车至 $S\phi279$ mm，球径单边留 2 mm 余量。

(2) 半精车外球面及倒角。球径 $S\phi275^{0}_{-0.015}$ mm 半精车至 $S\phi276$ mm 及两端面倒角至尺寸，球径单边留 0.5 mm 余量。

(3) 精车外球面。球径 $S\phi275^{0}_{-0.015}$ mm 精车至 $S\phi275.2$ mm，球径单边留 0.1 mm 余量。

(4) 细车外球面至尺寸。

4. 装夹方案及夹具选择

因该 GE220ES-2RS 关节轴承内套外球面的尺寸精度、形位精度和表面粗糙度均要求很高，成品工件最大厚度仅为 27.5 mm，装夹时须特别注意不能夹伤或碰伤这些工件表面，夹紧不能引起工件放松后变形，因此工件夹紧定位必须采取特殊工艺措施；此外，工件为批量生产，根据上述要求，采用液压三爪卡盘涨内孔装夹工件。但是，为保证夹紧不能引起工件放松后变形，所以采用焊接的包容式软爪涨紧工件内孔装夹工件，如图 2-20 所示。

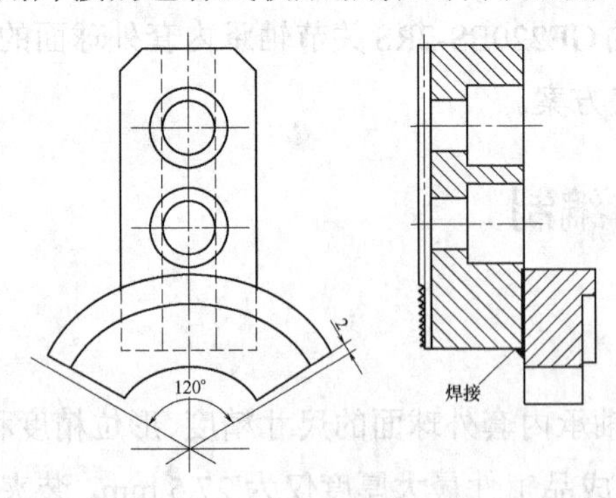

图 2-20　涨紧工件内孔的包容式软爪

由图 2-20 可知，该包容式软爪涨紧工件内孔时，三爪外表面几乎全部涨紧贴在工件的内孔表面，夹紧的接触面积很大，这样就不会引起工件夹紧变形。

5. 刀具选择

因该工件主要是车削外圆弧表面及两端面圆弧转角处倒角，工件硬度很高(硬度达 58～60 HRC)，尺寸精度、形位精度和表面粗糙度均要求很高，所以采用刚性较好的外圆车刀，粗车和半精车时刀片采用 55° 的菱形陶瓷刀片，刀尖半径为 0.8 mm；精车和细车时采用 35° 的菱形陶瓷刀片，刀尖半径为 0.4 mm。选用的刀具如图 2-21 所示，具体选择左手刀或右手刀根据加工条件确定。为确保刀具的刚度，刀杆采用 50×50 专用外圆车刀，因刀杆较大、重量较重，为使刀架换刀灵活轻便，采用中空刀杆。

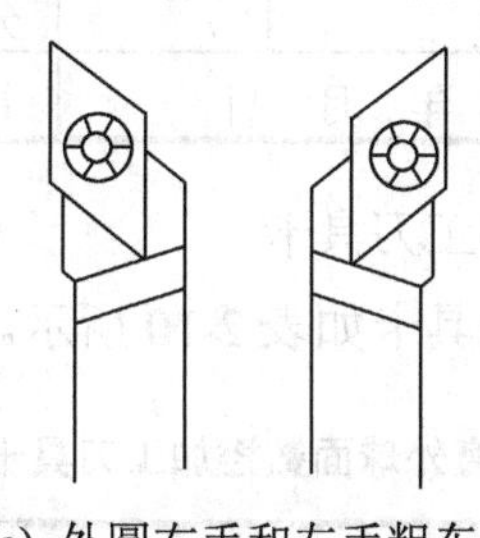

(a) 外圆右手和左手粗车刀

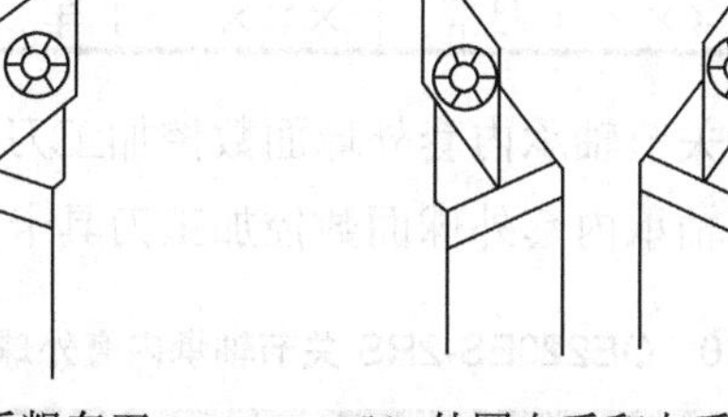

(b) 外圆右手和左手精车刀

图 2-21　粗车刀和精车刀

6. 切削用量选择

切削用量可根据陶瓷刀片生产厂家提供的推荐切削线速度 V_c(140～250m/min 的中速)偏下一点的切削线速度选取，具体切削用量详见数控加工工序卡。

7. 填写数控加工工序卡和刀具卡

1)　GE220ES-2RS 关节轴承内套外球面数控加工工序卡

GE220ES-2RS 关节轴承内套外球面数控加工工序卡如表 2-9 所示。

表 2-9　GE220ES-2RS 关节轴承内套外球面数控加工工序卡

单位名称	×××	产品名称或代号	零件名称	零件图号
		×××	GE220ES-2RS 关节轴承内套	×××
工序号	程序编号	夹具名称	加工设备	车间
×××	×××	液压三爪卡盘(配包容式软爪	CKS6145/580	数控中心

工步号	工 步 内 容	刀具号	刀具规格/mm	主轴转速/(r/min)	进给速度/(mm/r)	检测工具	备　注
1	粗车外球面至 $S\phi279$ mm，球径单边留 2 mm 余量	T01	50×50 专用外圆车刀	200	0.3	游标卡尺	55° 菱形陶瓷刀片

续表

工步号	工 步 内 容	刀具号	刀具规格/mm	主轴转速/(r/min)	进给速度/(mm/r)	检测工具	备 注
2	半精车外球面及倒角，半精车至 $S\phi 276$ mm 及两端面倒角至尺寸，球径单边留 0.5 mm 余量	T01	50×50 专用外圆车刀	220	0.2	外径千分尺	55°菱形陶瓷刀片
3	精车外球面，精车至 $S\phi 275.2$ mm，球径单边留 0.1 mm 余量	T02	50×50 专用外圆车刀	250	0.12	外径千分尺	35°菱形陶瓷刀片
4	细车外球面至尺寸	T02	50×50 专用外圆车刀	280	0.05	外径千分尺	35°菱形陶瓷刀片
编制 ×××	审核 ×××	批准	×××	年 月 日		共 页	第 页

2) GE220ES-2RS 关节轴承内套外球面数控加工刀具卡

GE220ES-2RS 关节轴承内套外球面数控加工刀具卡如表 2-10 所示。

表 2-10 GE220ES-2RS 关节轴承内套外球面数控加工刀具卡

产品名称或代号		×××		零件名称	GE220ES-2RS 关节轴承内套	零件图号	×××
序号	刀具号	刀具				加工表面	备注
		规格名称		数量	刀长/mm		
1	T01	50×50 专用外圆车刀		1	实测	外球面	配陶瓷刀片
2	T02	50×50 专用外圆车刀		1	实测	外球面	配陶瓷刀片
编制	×××	审核	×××	批准	×××	年 月 日	共 页　第 页

单元能力训练

(1) 包容式软爪有何好处？

(2) 加工工艺分析能力训练。

(3) 数控车削刀具选择、工艺参数选择、工序安排、装夹方案确定及夹具选择、机床选择等训练。

(4) 工艺文件编制训练。

单元能力巩固提高

将图 2-19 所示的 GE220ES-2RS 关节轴承内套外球面零件改为：只有两端面加工好，内孔单边留 3 mm 余量，内孔两端孔口倒角 1.5×45°，外球面单边留 5 mm 余量，其他不变，试设计其数控加工工艺。

单元能力评价

能力评价方式如表 2-11 所示。

表 2-11　能力评价表

等级	评　价　标　准
优秀	能高质量、高效率地完成图 2-19 所示的 GE220ES-2RS 关节轴承内套外球面数控加工工艺设计，并正确设计单元能力巩固提高的 GE220ES-2RS 关节轴承内套外球面数控加工工艺
良好	能在无教师的指导下完成图 2-19 所示的 GE220ES-2RS 关节轴承内套外球面数控加工工艺设计
中等	能在教师的偶尔指导下完成图 2-19 所示的 GE220ES-2RS 关节轴承内套外球面数控加工工艺设计
合格	能在教师的指导下完成图 2-19 所示的 GE220ES-2RS 关节轴承内套外球面数控加工工艺设计

单元四　编制简易回转体套类零件内圆弧曲面数控车削加工工艺

单元能力目标

(1)　会分析回转体套类零件内圆弧曲面的图纸，并进行相应的工艺处理。

(2)　会选择回转体套类零件内圆弧曲面的加工方法，并划分加工工序。

(3)　会确定回转体套类零件内圆弧曲面的装夹方案，选择合适的加工刀具。

(4)　会制定简易回转体套类零件内圆弧曲面的数控车削加工工艺。

(5)　会编制简易回转体套类零件内圆弧曲面的数控车削加工工艺文件。

单元工作任务

本单元完成如图 2-22 所示的 GE220ES-2RS 关节轴承外套内球面加工案例零件的数控车削加工，具体设计该 GE220ES-2RS 关节轴承外套内球面的数控加工工艺。

(1)　分析图 2-22 所示的 GE220ES-2RS 关节轴承外套内球面加工案例，确定正确的数控加工工艺。

(2)　编制图 2-22 所示的 GE220ES-2RS 关节轴承外套内球面的数控加工工序卡和刀具卡等工艺文件，确定装夹方案。

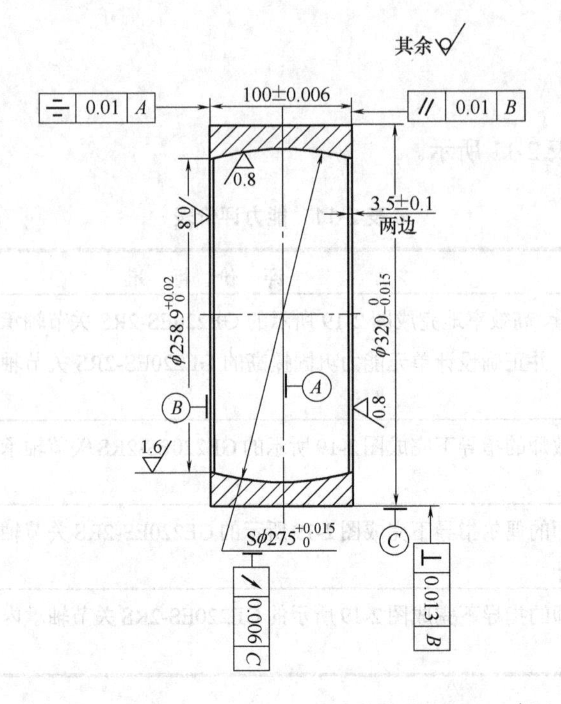

图 2-22　GE220ES-2RS 关节轴承外套内球面加工案例

GE220ES-2RS 关节轴承外套内球面加工案例零件说明：该零件的外径和两端面在前面工序中已精加工好，内球面及两宽度为 3.5 mm 的密封槽位内孔在液压车床已粗加工过，球径单边尚留约 6.5 mm 的加工余量，宽度为 3.5 mm 的密封槽位两端内孔单边尚留约 4 mm 的加工余量。零件材料为 GCr15，硬度为 58～60 HRC，批量生产。现有该 GE220ES-2RS 关节轴承外套内球面加工案例加工工艺规程如表 2-12 所示。

表 2-12　GE220ES-2RS 关节轴承外套内球面加工案例加工工艺规程

工序号	工序内容	刀具号	刀具名称	主轴转速 /(r/min)	进给速度 /(mm/r)	背吃刀量 /mm	机床	夹具
1	粗车密封槽位内径至 ϕ255 mm 及内球面至 $S\phi$271 mm，球径单边留 2 mm 余量	T01	25×25 内孔车刀	300	150	0.1	CK7616 数控车床	弹簧心轴夹具
2	半精车密封槽位内径至 ϕ257.9 mm 及内球面至 $S\phi$274 mm，各留 1 mm 的余量	T01	25×25 内孔车刀	180	100	0.3	CK7616 数控车床	弹簧心轴夹具
3	精车密封槽位内径及内球面至尺寸	T02	25×25 内孔车刀	200	80	0.3	CK7616 数控车床	弹簧心轴夹具

加工案例工艺分析与编制

1. 加工案例工艺分析

(1) 对图 2-22 所示的案例进行详尽分析，找出该 GE220ES-2RS 关节轴承外套内球面加工工艺有什么不妥之处？

① 加工方法选择是否得当？

② 夹具选择是否得当？

③ 刀具选择是否得当？

④ 加工工艺路线是否得当？

⑤ 切削用量是否合适？

⑥ 工序安排是否合适？

⑦ 机床选择是否得当？

⑧ 装夹方案是否得当？

(2) 对上述问题进行分析后，如果有不当的地方改正过来，并提出正确的工艺措施。

(3) 制定正确工艺并优化工艺。

(4) 填写该 GE220ES-2RS 关节轴承外套内球面加工案例的加工工序卡和刀具卡，确定装夹方案。

2. 加工案例加工工艺与装夹方案

1) GE220ES-2RS 关节轴承外套内球面加工案例数控加工工序卡

GE220ES-2RS 关节轴承外套内球面加工案例数控加工工序卡如表 2-13 所示。

表 2-13　GE220ES-2RS 关节轴承外套内球面数控加工工序卡

单位名称	×××	产品名称或代号		零件名称		零件图号
		×××		GE220ES-2RS 关节轴承外套		×××
工序号	程序编号	夹具名称		加工设备		车间
×××	×××	液压三爪卡盘(配包容式软爪		CK6180 数控车床		数控中心

工步号	工步内容	刀具号	刀具规格/mm	主轴转速/(r/min)	进给速度/(mm/r)	检测工具	备注
1	粗车内球面至 $S\phi 267$ mm	T01	$\phi 50$ 专用内孔镗刀	200	0.3	内径百分表	55°菱形陶瓷刀片

续表

工步号	工步内容	刀具号	刀具规格/mm	主轴转速/(r/min)	进给速度/(mm/r)	检测工具	备注
2	粗车两宽度为3.5 mm密封槽位内孔至 ϕ255.5 mm；粗车内球面至 $S\phi$271.5 mm	T01	ϕ50 专用内孔镗刀	200	0.3	游标卡尺和内径百分表	55° 菱形陶瓷刀片
3	半精车两宽度为3.5 mm密封槽位内孔至 ϕ258 mm；半精车内球面至 $S\phi$274 mm	T01	ϕ50 专用内孔镗刀	220	0.2	游标卡尺和内径百分表	55° 菱形陶瓷刀片
4	精车两宽度为3.5 mm密封槽位内孔至 ϕ258.7 mm，直径单边留0.1 mm余量；精车内球面至 $S\phi$274.8 mm，球径单边留0.1 mm余量	T02	ϕ50 专用内孔镗刀	250	0.12	游标卡尺和内径千分表	35° 菱形陶瓷刀片
5	细车两宽度为3.5 mm密封槽位内孔至尺寸，细车内球面至尺寸	T02	ϕ50 专用内孔镗刀	250	0.05	游标卡尺和内径千分表	35° 菱形陶瓷刀片
编制 ×××	审核 ×××	批准 ×××		年 月 日		共 页	第 页

2) GE220ES-2RS 关节轴承外套内球面数控加工刀具卡

GE220ES-2RS 关节轴承外套内球面数控加工刀具卡如表2-14所示。

表 2-14 GE220ES-2RS 关节轴承外套内球面数控加工刀具卡

产品名称或代号		×××	零件名称	GE220ES-2RS 关节轴承外套	零件图号	×××
序号	刀具号	刀具			加工表面	备注
		规格名称	数量	刀长/mm		
1	T01	ϕ50 专用内孔镗刀	1	实测	内球面	配陶瓷刀片，刀杆中空
2	T02	ϕ50 专用内孔镗刀	1	实测	内球面	配陶瓷刀片，刀杆中空
编制 ×××	审核 ×××	批准 ×××		年 月 日	共 页	第 页

3) GE220ES-2RS 关节轴承外套内球面加工案例装夹方案

因该 GE220ES-2RS 关节轴承外套内球面的尺寸精度、形位精度和表面粗糙度均要求很高，成品工件最大厚度仅为22.5 mm，装夹时须特别注意不能夹伤或碰伤这些工件表面，夹紧不能引起工件放松后变形，因此工件夹紧定位必须采取特殊工艺措施；此外，工件为批量生产。根据上述要求，采用液压三爪卡盘夹工件外径，但为保证夹紧不能引起工件放松后变形，所以采用焊接的包容式软爪夹工件外径，如图2-23所示。

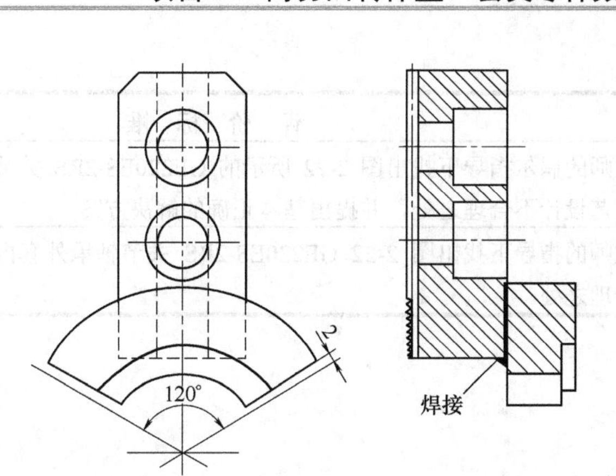

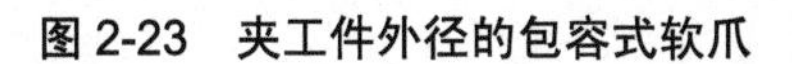

图 2-23　夹工件外径的包容式软爪

由图 2-23 可知，该包容式软爪夹紧工件外径时，三爪内表面几乎全部夹紧贴在工件的外径表面，夹紧的接触面积很大，这样就不会引起工件夹紧变形。

单元能力训练

(1) 如何加工夹工件外径的包容式软爪。

(2) 加工工艺分析能力训练。

(3) 数控车削刀具选择、工艺参数选择、工序安排、装夹方案确定及夹具选择、机床选择等训练。

(4) 填写工艺文件训练。

单元能力巩固提高

将图 2-22 所示的 GE220ES-2RS 关节轴承外套内球面零件改为：内球面尚未粗加工，工件内孔为圆柱孔，内孔单边尚留有 3.5 mm 的余量，其他不变，试设计其数控加工工艺。

单元能力评价

能力评价方式如表 2-15 所示。

表 2-15　能力评价表

等级	评　价　标　准
优秀	能高质量、高效率地找出图 2-22 所示的 GE220ES-2RS 关节轴承外套内球面加工案例中工艺设计不合理之处，提出正确的解决方案，并完整、优化地设计单元能力巩固提高的 GE220ES-2RS 关节轴承外套内球面的数控加工工艺
良好	能在教师的偶尔指导下找出图 2-22 所示的 GE220ES-2RS 关节轴承外套内球面加工案例中工艺设计不合理之处，并提出正确的解决方案

续表

等级	评 价 标 准
中等	能在教师的偶尔指导下找出图 2-22 所示的 GE220ES-2RS 关节轴承外套内球面加工案例中工艺设计不合理之处，并提出基本正确的解决方案
合格	能在教师的指导下找出图 2-22 GE220ES-2RS 关节轴承外套内球面加工案例中工艺设计不合理之处

项目三　简易偏心回转体类零件数控车削加工工艺编制

项目能力目标

(1) 会对简易偏心回转体类零件图进行数控车削加工工艺性分析，包括：分析零件图纸技术要求，检查零件图的完整性和正确性，分析零件的结构工艺性。

(2) 会拟定简易偏心回转体类零件的数控车削加工工艺路线，包括：选择加工方法，会划分加工阶段，划分加工工序，确定加工路线，确定加工顺序。

(3) 会选用偏心回转体类零件的数控车削加工刀具。

(4) 会选择偏心回转体类零件的数控车削加工夹具，并确定装夹方案。

(5) 会按偏心回转体类零件的数控车削加工工艺选择合适的切削用量与机床。

(6) 会编制偏心回转体类零件的数控车削加工工艺文件。

项目工作任务

本项目完成如图 3-1 所示的偏心轴加工案例零件的数控车削加工，具体设计该偏心轴的数控加工工艺。

(1) 分析图 3-1 所示的偏心轴加工案例，确定正确的数控车削加工工艺。

(2) 编制图 3-1 所示的偏心轴的数控车削加工工序卡和刀具卡等工艺文件，并确定装夹方案。

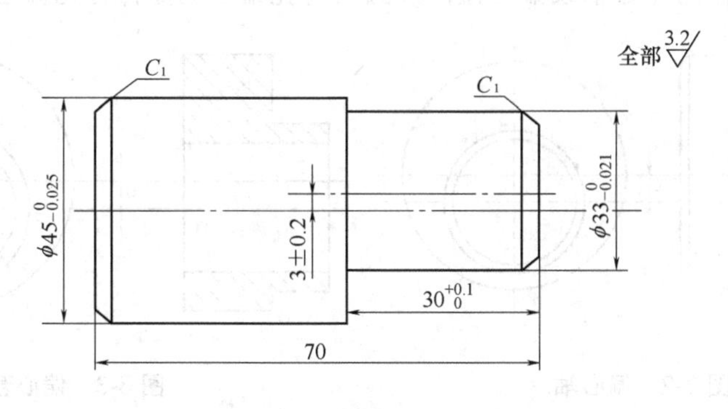

图 3-1　偏心轴加工案例

偏心轴加工案例零件说明：该偏心轴加工案例零件材料为 45 钢，毛坯尺寸为 ϕ50 mm×74 mm，试制 5 件。现有该偏心轴加工案例数控加工工艺规程如表 3-1 所示。

表 3-1　偏心轴加工案例数控加工工艺规程

工序号	工序内容	刀具号	刀具名称	主轴转速/(r/min)	进给速度/(mm/r)	背吃刀量/mm	机床	夹具
1	粗精车右端面	T01	左手刀	800/400	0.1/0.15	2.5	全功能数控车	弹簧夹套
2	粗精车 C_1 倒角、ϕ33 mm 外径至尺寸和 30 mm 长度	T01	左手刀	850/500	0.15/0.3	1.5	全功能数控车	弹簧夹套
3	粗精车左端面，保证总长 70 mm	T01	左手刀	800/400	0.1/0.15	2	全功能数控车	弹簧夹套
4	粗精车 C_1 倒角、ϕ45 mm 外径和长度至尺寸	T01	左手刀	850/400	0.15/0.3	1.5	全功能数控车	弹簧夹套

完成工作任务需再查阅的背景知识

在机械传动中，回转运动变为往复直线运动或往复直线运动变为回转运动，一般都是利用偏心零件来完成的。

资料一　偏心回转体类零件的工艺特点

偏心回转体类零件就是零件的外圆和外圆或外圆与内孔的轴线相互平行而不重合，偏离一个距离的零件。如图 3-2 和图 3-3 所示，这两条平行轴线之间的距离称为偏心距。外圆与外圆偏心的零件称为偏心轴或偏心盘；外圆与内孔偏心的零件称为偏心套。

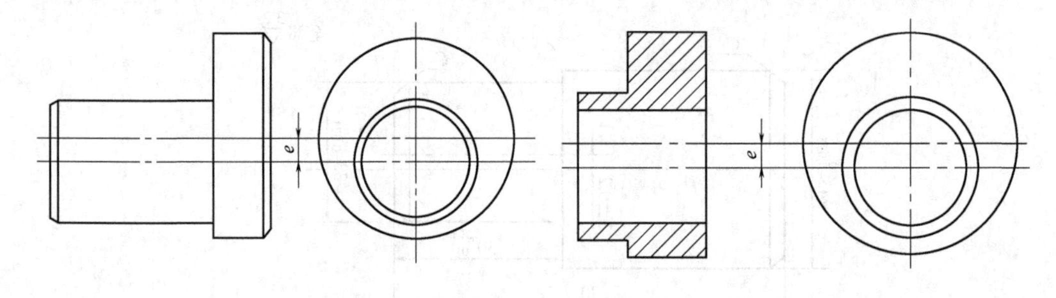

图 3-2　偏心轴　　　　图 3-3　偏心套

偏心轴、偏心套加工工艺比常规回转体轴类、套类、盘类零件的加工工艺复杂，主要是因为难以把握好偏心距，难以达到图纸技术要求的偏心距公差要求。偏心轴、偏心套一般都是采用车削加工，它们的加工原理基本相同，主要是在装夹方面采取措施，即把需要加工的偏心部分的轴线找正到与车床主轴旋转轴线相重合。偏心部分的轴线找正到与车床

主轴旋转轴线相重合后，后续的加工工艺与常规回转体轴类、套类、盘类零件的加工工艺相同。

资料二　加工偏心回转体类零件的常用夹具

加工中小型偏心回转体类零件的常用夹具有：三爪卡盘、四爪卡盘、两顶尖装夹、偏心卡盘、角铁和专用偏心车削夹具等；加工中大型偏心回转体类零件的常用夹具有：四爪卡盘和花盘。其中三爪卡盘、四爪卡盘、两顶尖装夹和花盘这些夹具在前面已经识别并熟悉不再赘述，偏心卡盘和专用偏心车削夹具为专用车削偏心类零件夹具，一般工厂里较少配置，这里也不再赘述。这里再介绍常用于加工偏心回转体类零件和外形复杂零件的角铁。

在车床上加工壳体、支座、杠杆、接头和偏心回转体等零件的回转端面和回转表面，由于零件形状较复杂，难以装夹在通用卡盘上，常采用夹具体呈角铁状的夹具，通常称为角铁。角铁和在角铁上装夹及找正工件方法如图 3-4 所示。

在角铁上装夹和找正工件时，钳工先在偏心工件上划线确定孔或轴的偏心位置，再使用划针对偏心的孔或轴的偏心位置进行找正，不断地调整各部件，使工件孔或轴的轴心线和车床主轴轴线重合。用角铁装夹工件时，要注意平衡，应采用平衡装置以减少由离心力产生的振动及主轴轴承的磨损，平衡铁的位置和重量最好可以调节。

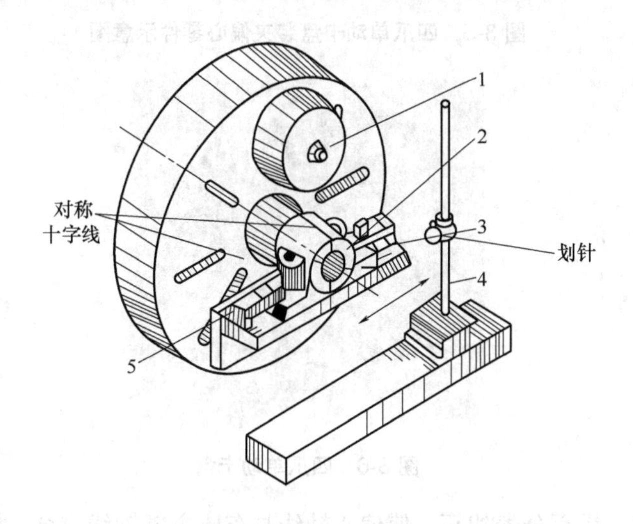

图 3-4　角铁和在角铁上装夹及找正工件示例

1—平衡铁；2—工件；3—角铁；4—划针盘；5—压板

资料三　加工偏心回转体类零件的常用装夹方案

加工偏心回转体类零件的常用装夹方案有：用四爪单动卡盘装夹、用三爪自定心卡盘装夹、用两顶尖装夹、用偏心卡盘装夹和用专用夹具装夹。由于用两顶尖装夹切削用量小，一般精加工时才使用；用偏心卡盘装夹，一般工厂里较少配置偏心卡盘；用专用夹具装夹，必须根据零件大小、形状加工制造车削专用夹具，这里不再赘述；这里只介绍常用的用四爪单动卡盘和三爪自定心卡盘装夹车削加工偏心回转体类零件的装夹方案。

1. 用四爪单动卡盘装夹的装夹方案和步骤

(1) 预调卡盘卡爪，使其中两爪呈对称位置，另两爪处于不对称位置，其偏离主轴中心的距离大致等于工件的偏心距(以该加工案例零件为例)，如图3-5所示。图3-6所示为四爪单动卡盘。

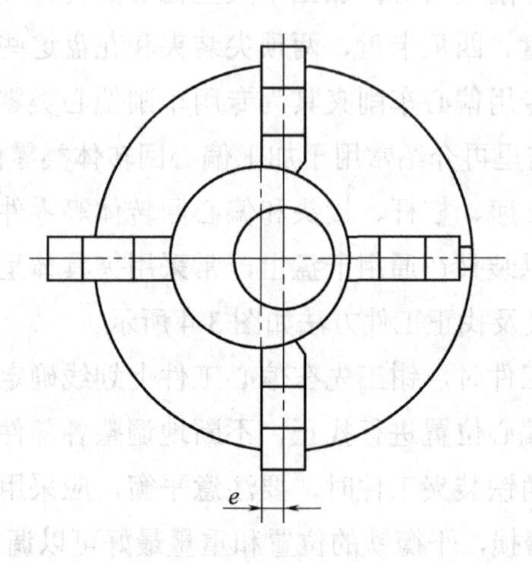

图 3-5　四爪单动卡盘装夹偏心零件示意图

图 3-6　四爪单动卡盘

(2) 装夹工件，用百分表找正，使偏心轴线与车床主轴轴线重合，如图3-7所示。找正点 *a* 用卡爪调整，找正点 *b* 用木槌或铜棒轻击。

(3) 校正偏心距，用百分表表杆触头垂直接触在工件外圆上，并使百分表压缩量为0.5～1 mm，用手缓慢转动卡盘使工件转一周，百分表指示处读数的最大值和最小值的一半即为偏心距，如图3-7所示。按此方法校正使 *a*、*b* 两点的偏心距基本一致，并在图样规定的公差范围内。

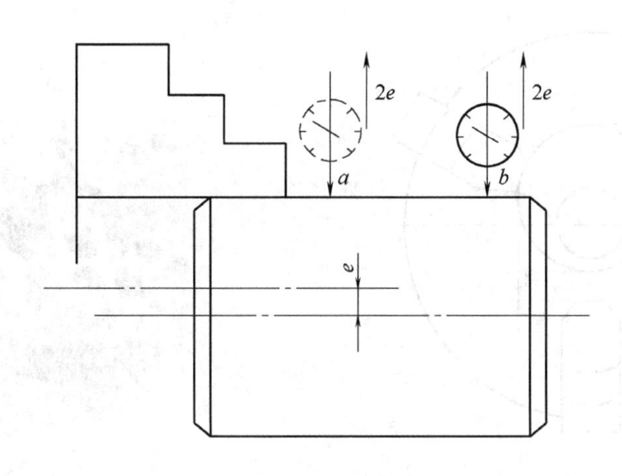

图 3-7　找正示意图

(4)　将四爪均匀地锁紧一遍，检查确认偏心轴线和侧、顶母线在夹紧时没有位移。检查方法与步骤(3)一样。

(5)　复查偏心距，当工件只剩约 0.5 mm 精车余量时，按图 3-8 所示的方法复查偏心距。将百分表杆触头垂直接触工件外圆上，用手缓慢转动卡盘使工件转一周，检查百分表指示处读数的最大值和最小值的一半是否在偏心距公差允许范围内，若偏心距超差，则略紧相应卡爪即可。

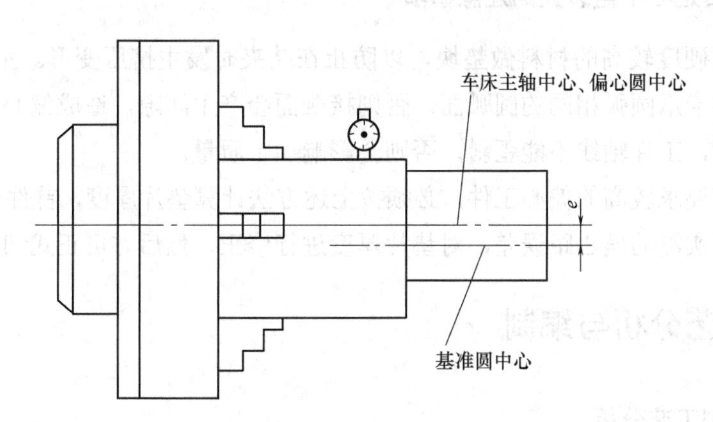

图 3-8　用百分表复查偏心距示意图

2. 用三爪自定心卡盘装夹的装夹方案

长度较短的偏心回转体类零件可以在三爪卡盘上进行车削。先把偏心工件中非偏心部分的外圆车好，随后在卡盘任意一个卡爪与工件接处面之间垫上一块预先选好厚度的垫片，使工件轴线相对于车床主轴轴线产生的位移等于工件的偏心距，如图 3-9 所示。图 3-10 液压为三爪自定心卡盘，经校正母线与偏心距，并把工件夹紧后，即可车削。

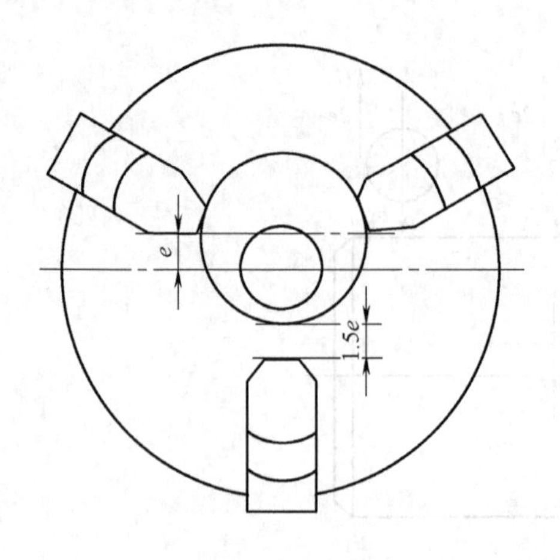

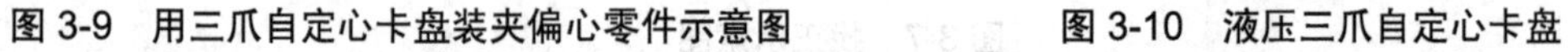

图 3-9　用三爪自定心卡盘装夹偏心零件示意图

图 3-10　液压三爪自定心卡盘

垫片厚度可按式(3-1)计算：

$$x = 1.5e \pm 1.5\Delta e \tag{3-1}$$

式中：x——垫片厚度，单位为 mm；

e——工件偏心距，单位为 mm；

Δe——试切后，实测偏心距误差，实测结果比要求的大取负号，反之取正号。

3. 用三爪自定心卡盘装夹的注意事项

(1) 应选用硬度较高的材料做垫块，以防止在装夹时发生挤压变形。垫块与卡爪接触的一面应做成与卡爪圆弧相同的圆弧面，否则接触面会产生间隙，造成偏心距误差。

(2) 装夹时，工件轴线不能歪斜，否则会影响加工质量。

(3) 对精度要求较高的偏心工件，必须按上述方法计算垫片厚度，首件试切不考虑Δe，根据首件试切后实测的偏心距误差，对垫片厚度进行修正，然后方可正式切削。

加工案例工艺分析与编制

1. 加工案例工艺分析

(1) 对图 3-1 所示的偏心轴加工案例进行详尽分析，找出该偏心轴加工工艺有什么不妥之处？

① 加工方法选择是否得当？

② 夹具选择是否得当？

③ 刀具选择是否得当？

④ 加工工艺路线是否得当？

⑤ 切削用量是否合适？

⑥ 工序安排是否合适？

⑦ 机床选择是否得当？

⑧ 装夹方案是否得当？

(2) 对上述问题进行分析后，如果有不当的地方改正过来，并提出正确的工艺措施。

(3) 制定正确工艺并优化工艺。

(4) 填写该偏心轴加工案例的加工工序卡和刀具卡，并确定装夹方案。

2. 加工案例加工工艺与装夹方案

1) 偏心轴加工案例数控加工工序卡

偏心轴加工案例数控加工工序卡如表 3-2 所示(注：刀片为涂层硬质合金刀片)。

表 3-2　偏心轴加工案例数控加工工序卡

单位名称		×××	产品名称或代号			零件名称		零件图号
			×××			偏心轴		×××
工序号		程序编号	夹具名称			加工设备		车间
×××		×××	三爪卡盘+圆弧垫片			CK7616		数控中心
工步号	工 步 内 容		刀具号	刀具规格/mm	主轴转速/(r/min)	进给速度/(mm/r)	检测工具	备 注
1	粗精车左端面，保证表面粗糙度 R_a 为 3.2 μm		T01	20×20	650	0.3/0.2	粗糙标准块准尺	
2	粗精车 C_1 倒角、ϕ45 mm 外径至尺寸，保证尺寸 $\phi45^{0}_{-0.025}$ mm 和表面粗糙度 R_a 为 3.2 μm，车削长度 43 mm		T01	20×20	650/720	0.3/0.2	外径千分尺和游标卡尺	
3	粗精车右端面，保证表面粗糙度 R_a 为 3.2 μm 和总长 70 mm		T01	20×20	650	0.3/0.2	游标卡尺	掉头装夹防夹伤，垫圆弧垫片确保偏心量
4	粗精车 C_1 倒角、ϕ33 mm 外径至尺寸，保证尺寸 $\phi33^{0}_{-0.021}$ mm、$30^{+0.1}_{0}$ mm 和表面粗糙度 R_a 为 3.2 μm		T01	20×20	600/920	0.3/0.2	外径千分尺和带表游标卡尺	
编制	×××	审核	×××	批准	×××	年 月 日	共 页	第 页

2) 偏心轴加工案例数控加工刀具卡

偏心轴加工案例数控加工刀具卡如表 3-3 所示。

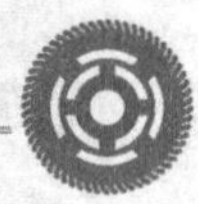

表 3-3　偏心轴加工案例数控加工刀具卡

<table>
<tr><td colspan="2">产品名称或代号</td><td>×××</td><td>零件名称</td><td colspan="2">偏心轴</td><td colspan="2">零件图号</td><td>×××</td></tr>
<tr><td rowspan="2">序号</td><td rowspan="2">刀具号</td><td colspan="4">刀具</td><td colspan="2" rowspan="2">加工表面</td><td rowspan="2">备注</td></tr>
<tr><td colspan="2">规格名称</td><td>数量</td><td>刀长/mm</td></tr>
<tr><td>1</td><td>T01</td><td colspan="2">右手外圆车刀</td><td>1</td><td>实测</td><td colspan="2">端面、外径、倒角</td><td>刀尖半径 0.8 mm</td></tr>
<tr><td>编制</td><td>×××</td><td>审核</td><td>×××</td><td>批准</td><td>×××</td><td>年 月 日</td><td>共 页</td><td>第 页</td></tr>
</table>

3)　偏心轴加工案例装夹方案

该偏心轴加工案例零件有一偏心量(3±0.2) mm，是典型的偏心轴零件。加工时，先用三爪卡盘装夹右端(在三爪卡盘内放置合适的圆盘件或隔套，工件装夹时只需靠紧圆盘件或隔套即可准确轴向定位)，把没偏心的左端 ϕ45 mm 外径、端面先车好。掉头装夹已车好的左端，为防止工件夹伤已车好的左端 ϕ45 mm 外径，可考虑在工件 ϕ45 mm 已加工表面夹持位包一层铜皮。另外，为保证偏心量 3±0.2 mm，在三爪卡盘任意一个卡爪与工件接处面之间垫上一块预先计算选好厚度的圆弧垫片，使工件轴线相对于车床主轴轴线产生的位移等于工件的偏心距 3±0.2 mm。经校正母线与偏心距无误并把工件夹紧后，即可车削。为使更换工件装夹时能够准确轴向定位，在三爪卡盘内放置合适的圆盘件或隔套，工件装夹时只需靠紧圆盘件或隔套即可准确轴向定位。

项目能力训练

(1)　偏心回转体类零件加工工艺有什么特点？

(2)　加工偏心回转体类零件的常用夹具有哪些？各有何特点？

(3)　试述用四爪单动卡盘和三爪自定心卡盘装夹工件的装夹方案。

(4)　偏心回转体类零件的加工图纸工艺分析训练。

(5)　偏心回转体类零件的加工工艺路线设计训练。

(6)　偏心回转体类零件的装夹方案选择训练。

(7)　加工偏心回转体类零件的刀具、夹具、机床和切削用量选择训练。

(8)　偏心回转体类零件的加工工艺文件编制训练。

项目能力巩固提高

图 3-11 所示偏心盘加工案例零件材料为 45 钢，毛坯尺寸为 ϕ210 mm×123 mm，单件生产，偏心盘内孔已钳工划线钻孔至 ϕ50 mm。试设计其数控加工工艺，并确定装夹方案。

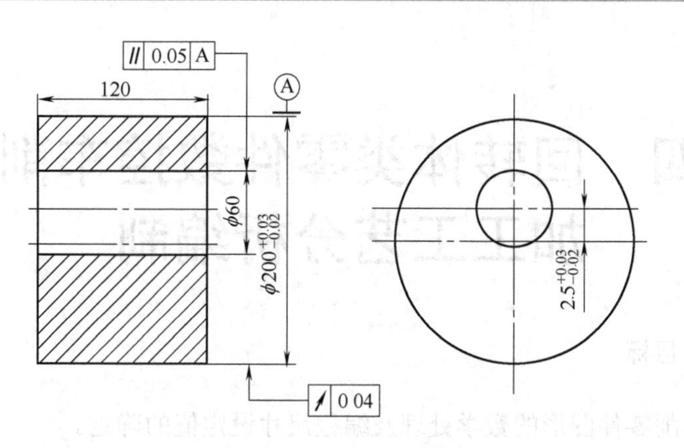

图 3-11　偏心盘加工案例

项目能力评价

能力评价方式如表 3-4 所示。

表 3-4　能力评价表

等级	评价标准
优秀	能高质量、高效率地找出图 3-1 所示的偏心轴加工案例中工艺设计不合理之处，提出正确的解决方案，并正确设计图 3-11 所示的偏心盘加工案例零件的数控加工工艺，确定装夹方案
良好	能在教师的偶尔指导下找出图 3-1 所示的偏心轴加工案例中工艺设计不合理之处，并提出正确的解决方案
中等	能在教师的偶尔指导下找出图 3-1 所示的偏心轴加工案例中工艺设计不合理之处，并提出基本正确的解决方案
合格	能在教师的指导下找出图 3-1 所示的偏心轴加工案例中工艺设计不合理之处

项目四　回转体类零件数控车削综合加工工艺分析编制

项目总体能力目标

(1) 会数控车削零件图形的数学处理及编程尺寸设定值的确定。

(2) 会对中等以上复杂程度回转体轴类、套类、盘类、薄壁套类零件图进行数控车削加工工艺性分析，包括：分析零件图纸技术要求，检查零件图的完整性和正确性，分析零件的结构工艺性。

(3) 会拟定中等以上复杂程度回转体轴类、套类、盘类、薄壁套类零件的数控车削加工工艺路线，包括：会选择加工方法，划分加工阶段，划分加工工序，确定加工路线，确定加工顺序。

(4) 会选择中等以上复杂程度回转体轴类、套类、盘类、薄壁套类零件的数控车削加工刀具。

(5) 会选择中等以上复杂程度回转体轴类、套类、盘类、薄壁套类零件的数控车削加工夹具，并确定装夹方案。

(6) 会按中等以上复杂程度回转体轴类、套类、盘类、薄壁套类零件的数控车削加工工艺选择合适的切削用量和机床。

(7) 会编制中等以上复杂程度回转体轴类、套类、盘类、薄壁套类零件的数控车削加工工艺文件。

项目总体工作任务

(1) 分析中等以上复杂程度回转体轴类、套类、盘类、薄壁套类零件图的数控车削加工工艺性。

(2) 拟定中等以上复杂程度回转体轴类、套类、盘类、薄壁套类零件的数控车削加工工艺路线。

(3) 选择中等以上复杂程度回转体轴类、套类、盘类、薄壁套类零件的数控车削加工刀具。

(4) 选择中等以上复杂程度回转体轴类、套类、盘类、薄壁套类零件的数控车削加工夹具，并确定装夹方案。

(5) 按中等以上复杂程度回转体轴类、套类、盘类、薄壁套类零件的数控车削加工工艺选择合适的切削用量和机床。

(6) 编制中等以上复杂程度回转体轴类、套类、盘类、薄壁套类零件的数控车削加工工艺文件。

单元一　分析编制回转体轴类零件数控车削综合加工工艺

单元能力目标

(1) 会数控车削中等以上复杂程度回转体轴类零件图形的数学处理及编程尺寸设定值的确定。

(2) 会制定中等以上复杂程度回转体轴类零件的数控车削综合加工工艺。

(3) 会编制中等以上复杂程度回转体轴类零件的数控车削加工工艺文件。

单元工作任务

本单元完成如图 4-1 所示的联接轴加工案例零件的数控车削加工，具体设计该联接轴的数控加工工艺。

(1) 分析图 4-1 所示的联接轴加工案例零件的图纸，进行相应的工艺处理。

(2) 制定图 4-1 所示的联接轴加工案例零件的数控车削加工工艺。

(3) 编制图 4-1 所示的联接轴加工案例零件的数控车削加工工序卡和刀具卡等工艺文件。

联接轴加工案例零件说明：该联接轴材料 45 钢，批量 3 件。

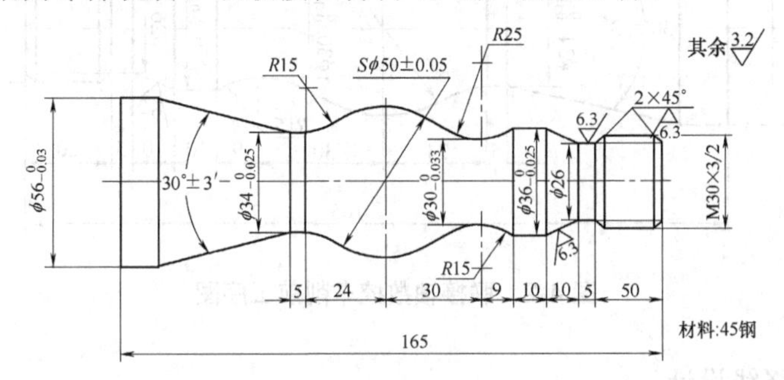

图 4-1　联接轴加工案例

加工案例工艺分析与编制

完成工作任务步骤如下。

1. 零件图纸工艺分析

该联接轴加工案例零件加工表面由圆柱、圆锥、顺圆弧、逆圆弧及双头螺纹等表面组成。圆柱面直径、球面直径及凹圆弧面的直径尺寸和大锥面锥角等的精度要求较高；球径 $S\phi 50$ mm 的尺寸公差还兼有控制该球面形状(线轮廓)误差的作用，大部分的表面粗糙度为 $R_a3.2$ μm。尺寸标注完整，轮廓描述清楚。零件的材料为 45 钢，无热处理和硬度要求，切削加工性能较好。

通过上述分析，可采用以下几点工艺措施。

(1) 零件图形的数学处理及编程尺寸设定值的确定。

① 对零件图上几个精度要求较高的尺寸，将基本尺寸换算成平均尺寸。

② 保持零件图上原重要的几何约束关系，如角度、相切等不变。

③ 调整零件图上精度低的尺寸，通过修改一般精度尺寸保持零件原有几何约束关系，使之协调。

④ 节点坐标尺寸的计算，按调整后的尺寸计算有关未知节点的坐标尺寸。具体经调整计算后的各节点坐标值见项目一单元六。

(2) 在轮廓曲线上，有三处为圆弧，其中两处为既过象限又改变进给方向的轮廓曲线，因此在加工时应进行数控车床进给传动系统反向间隙补偿，以保证轮廓曲线的准确性。

(3) 为便于装夹，毛坯选用 $\phi 60$ mm×180 mm 棒料，毛坯左端先用普通车床车出夹持部位，如图 4-2 所示双点划线部分，右端面也先用普通车床车好保证总长 165 mm，并钻好中心孔。

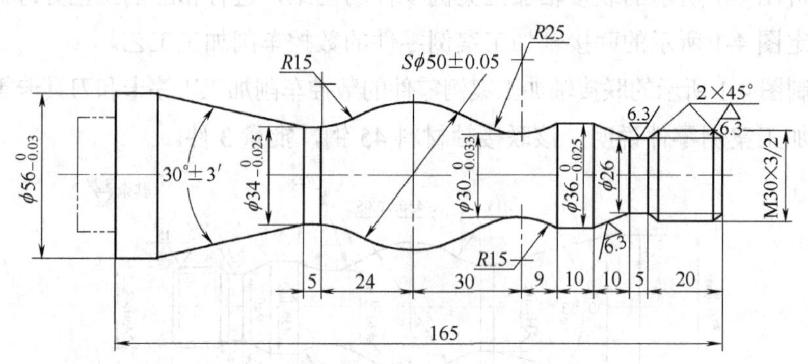

图 4-2 联接轴数控车削前工序图

2. 加工工艺路线设计

1) 确定加工顺序

加工顺序为先粗车后精车，粗车给精车单边留 0.25 mm 的余量；工步顺序按由近到远(由右至左)的原则进行，即先从右到左进行粗车(单边留 0.25 mm 精车余量)，然后从右到左进行精车，最后车削螺纹。

(1) 粗车分以下两步进行。

① 粗车外圆，基本采用阶梯切削路线，粗车 $\phi 56$ mm、$S\phi 50$ mm、$\phi 36$ mm、M30 mm 各外圆段以及锥长为 10 mm 的圆锥段，留 1 mm 的余量。

② 自右向左粗车 $R15$ mm、$R25$ mm、$S\phi 50$mm、$R15$mm 各圆弧面及 30°±3′ 的圆锥面。

(2) 自右向左精车：螺纹右端倒角→车削螺纹段外圆 $\phi 30$ mm→螺纹左端倒角→5 mm×$\phi 26$ mm 螺纹退刀槽→锥长 10 mm 的圆锥→$\phi 36$ mm 圆柱段→$R15$ mm、$R25$ mm、$S\phi 50$ mm、$R15$ mm 各圆弧面→5 mm×$\phi 34$ mm 的槽→30°±3′ 的圆锥面→$\phi 56$ mm 圆柱段。

(3) 车螺纹。

2) 确定进给加工路线

数控车床数控系统具有粗车循环和车螺纹循环功能，只要正确使用编程指令，机床数控系统就会自行确定其进给路线，因此，该案例零件的粗车循环和车螺纹循环不需要人为确定其进给加工路线，但精车的进给加工路线需要人为确定。该案例零件精车的进给加工路线是从右到左沿零件表面轮廓精车进给，如图 4-3 所示。

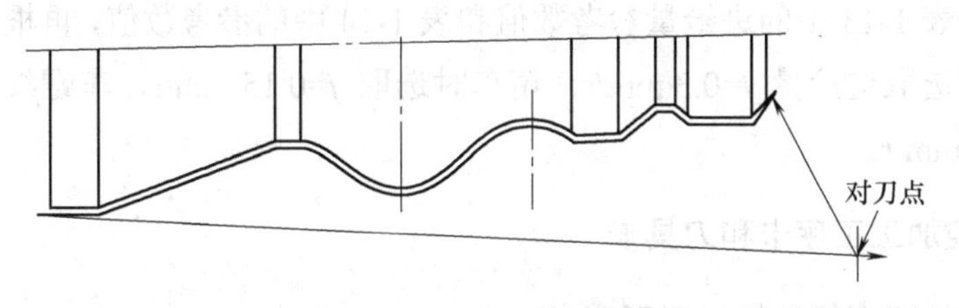

图 4-3　精车轮廓进给加工路线

3. 机床选择

该案例零件规格不大，除尺寸精度要求稍高外，加工表面粗糙度要求不高，所以数控车床选用规格不大的全功能型数控车床 CK6125(注：带尾架)即可。

4. 装夹方案及夹具选择

为便于装夹，案例零件毛坯的左端可在普通车床上预先车出夹持部分(如图 4-2 所示的双点划线部分)，右端面也在普通车床上先车好保证总长 165 mm，并钻好中心孔。装夹时以零件的轴线和左端大端面(设计基准)为定位基准。用三爪自定心卡盘定心夹紧左端，右端采用活动顶尖作辅助支承(“一夹一顶”)。

5. 刀具选择

(1) 选用 $\phi 5$ mm 中心钻钻削中心孔。

(2) 粗车及车端面选用硬质合金主偏角 95° 外圆车刀(右手刀)，为防止副后刀面与工件轮廓发生干涉，副偏角不能太小，选副偏角 K_r' =35°。

(3) 精车轮廓选用带涂层硬质合金主偏角 90° 右手刀，车螺纹选用带涂层硬质合金 60° 外螺纹车刀，刀尖圆弧半径应小于轮廓最小圆角半径，取刀尖圆弧半径 r_ε=0.15～0.2 mm。

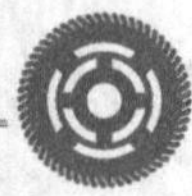

6. 切削用量选择

1) 背吃刀量的选择

轮廓粗车循环时选 a_p=3 mm，精车时 a_p=0.25 mm；螺纹粗车时选 a_p=0.4 mm，逐刀减少，精车时 a_p=0.1 mm。

2) 主轴转速 n 的选择

车直线和圆弧轮廓时，查项目一表 1-15 中的参考数值，选粗车的切削速度 V_c=90 m/min，精车的切削速度 V_c=120 m/min，然后利用公式 $n=(1000\times V_c)/(3.14\times d)$，计算主轴转速 n 得到：粗车 500 r/min、精车 1200 r/min。车螺纹时按公式 $n\leqslant 1200/P-K$ 计算得到最高转速为 320 r/min，因螺距为 3 mm 稍大，为确保螺纹车刀片耐用度，选取 250 r/min。

3) 进给速度的选择

根据项目一表 1-13 中的进给量参考数值和表 1-14 中的参考数值，再根据加工的实际情况，确定粗车时选取进给量 f=0.3 mm/r，精车时选取 f=0.15 mm/r，车螺纹的进给量等于螺纹导程，即 f=3 mm/r。

7. 填写数控加工工序卡和刀具卡

1) 联接轴加工案例数控加工工序卡

联接轴加工案例数控加工工序卡如表 4-1 所示。

表 4-1 联接轴加工案例数控加工工序卡

单位名称	×××		产品名称或代号		零件名称		零件图号
			×××		联接轴		×××
工序号	程序编号		夹具名称		加工设备		车间
×××	×××		三爪卡盘+活动顶针		CK6125		数控中心
工步号	工 步 内 容	刀具号	刀具规格/mm	主轴转速/(r/min)	进给速度/(mm/r)	检测工具	备 注
1	车右端面和左端夹持位，保证总长 165 mm	T02	25×25	500		游标卡尺	普通车床
2	钻中心孔	T01	$\phi 5$	600		游标卡尺	普通车床
3	粗车轮廓	T02	25×25	500	0.3	游标卡尺	数控车床
4	精车轮廓，保证各尺寸的尺寸精度	T03	25×25	1200	0.15	样板	数控车床
5	粗精车螺纹	T04	25×25	250	3	螺纹环规	逐刀减少
编制	××× 审核 ×××	批准	×××	年 月 日		共 页	第 页

2)　联接轴加工案例数控加工刀具卡

联接轴加工案例数控加工刀具卡如表 4-2 所示。

表 4-2　联接轴加工案例数控加工刀具卡

产品名称或代号	×××	零件名称	联接轴	零件图号	×××	
序号	刀具号	刀具			加工表面	备注
		规格名称	数量	刀长/mm		
1	T01	ϕ5 中心钻	1	实测	钻 ϕ5 中心孔	
2	T02	95° 外圆车刀(硬质合金)	1	实测	车左右端面及粗车轮廓	右手刀
3	T03	90° 外圆车刀(带涂层)	1	实测	精车轮廓	右手刀
4	T04	60° 外螺纹车刀(带涂层)	1	实测	车螺纹	
编制	×××	审核 ×××	批准	×××	年 月 日　共 页	第 页

单元能力训练

(1)　中等以上复杂程度轴类零件的加工图纸工艺分析训练。

(2)　中等以上复杂程度轴类零件的加工工艺路线设计训练。

(3)　中等以上复杂程度轴类零件的装夹方案选择训练。

(4)　加工中等以上复杂程度轴类的零件刀具、夹具、机床和切削用量选择训练。

(5)　中等以上复杂程度轴类零件的加工工艺文件编制训练。

单元能力巩固提高

图 4-4 所示的球头联接轴加工案例零件材料为 45 钢，批量 20 件。试确定毛坯尺寸，设计其数控加工工艺，并确定装夹方案。

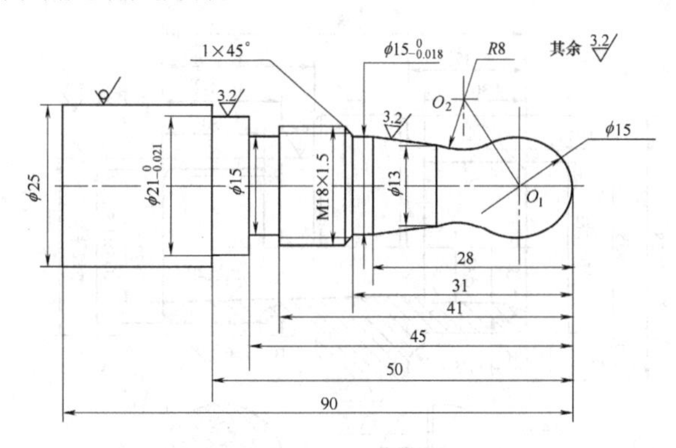

图 4-4　球头联接轴

单元能力评价

能力评价方式如表 4-3 所示。

表 4-3　能力评价表

等级	评　价　标　准
优秀	能高质量、高效率地完成图 4-1 所示的联接轴加工案例零件数控加工工艺设计，并正确完成图 4-4 所示的球头联接轴数控加工工艺设计，确定毛坯和装夹方案
良好	能在无教师的指导下完成图 4-1 所示的联接轴加工案例零件数控加工工艺设计
中等	能在教师的偶尔指导下完成图 4-1 所示的联接轴加工案例零件数控加工工艺设计
合格	能在教师的指导下完成图 4-1 所示的联接轴加工案例零件数控加工工艺设计

单元二　分析编制回转体套类零件数控车削综合加工工艺

单元能力目标

(1)　会数控车削中等以上复杂程度回转体套类零件图形的数学处理及编程尺寸设定值的确定。

(2)　会制定中等以上复杂程度回转体套类零件的数控车削综合加工工艺。

(3)　会编制中等以上复杂程度回转体套类零件的数控车削加工工艺文件。

单元工作任务

本单元完成图 4-5 所示的轴承套加工案例零件的数控车削加工，具体设计该轴承套的数控加工工艺。

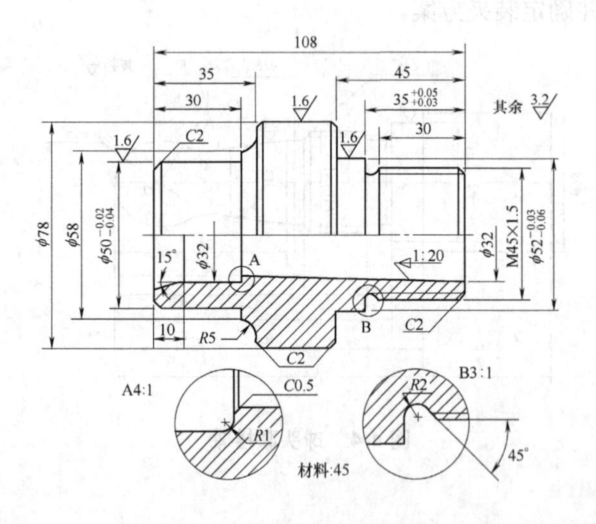

图 4-5　轴承套加工案例

(1) 分析图 4-5 所示的轴承套加工案例零件的图纸，进行相应的工艺处理。

(2) 制定图 4-5 所示的轴承套加工案例零件的数控车削加工工艺。

(3) 编制图 4-5 所示的轴承套加工案例零件的数控车削加工工序卡、刀具卡等工艺文件。

轴承套加工案例零件说明：该轴承套材料为 45 钢，毛坯 ϕ82 mm×112 mm 棒料，单件小批生产。

加工案例工艺分析与编制

1. 零件图纸工艺分析

该轴承套加工案例零件表面由内外圆柱面、内圆锥面、顺圆弧、逆圆弧及外螺纹等表面组成，其中多个直径尺寸与轴向尺寸有较高的尺寸精度和表面粗糙度要求。零件图尺寸标注完整，符合数控加工尺寸标注要求；轮廓描述清楚完整；零件材料 45 钢，切削加工性能较好，无热处理和硬度要求。

通过上述分析，采取以下几点工艺措施。

(1) 对于零件图上几个精度要求较高的尺寸，编程时将基本尺寸换算成平均尺寸。

(2) 左、右端面均为多个尺寸的设计基准，数控车床加工前，应该先用普通车床将左、右端面及总长加工好，并钻中心孔，再用立式钻床钻孔至 ϕ26 mm。

(3) 内孔尺寸较小，车 1:20 锥孔与车 ϕ32 mm 孔及 15° 锥面时需掉头装夹。

2. 加工工艺路线设计

加工顺序按由内到外、由粗到精、由近到远的原则确定，在一次装夹中尽可能加工出较多的工件表面。结合本案例零件的结构特征，可先加工内孔各表面，然后加工外轮廓各表面。由于该零件为单件小批量生产，加工进给路线设计不必考虑最短进给路线或最短空行程路线，外轮廓表面车削走刀路线可沿零件轮廓顺序进行，如图 4-6 所示。

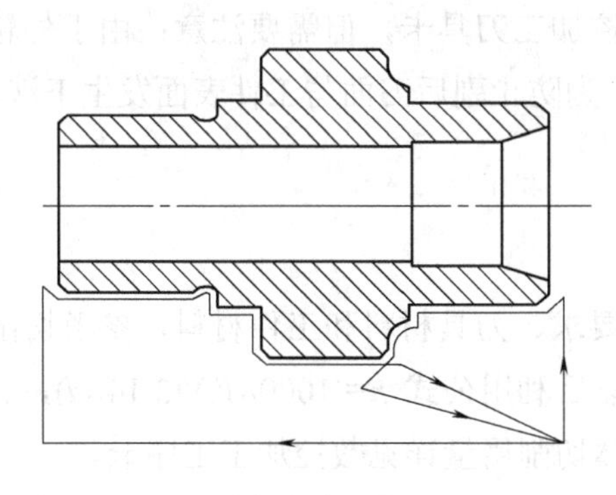

图 4-6　外轮廓加工走刀路线

3. 机床选择

该案例零件规格不大，尺寸精度要求不甚高，加工表面粗糙度要求稍高，所以数控车床选用规格不大的全功能型数控车床CK6125(注：带尾架)即可。

4. 装夹方案及夹具选择

1) 内孔加工

定位基准：内孔加工时以外圆定位。

装夹方案：用三爪自定心卡盘夹紧(在卡盘内放置合适的圆盘件或隔套，工件装夹时只须靠紧圆盘件或隔套即可准确轴向定位)。

2) 外轮廓加工

定位基准：确定零件轴线为定位基准。

装夹方案：加工外轮廓时，为保证一次安装加工出全部外轮廓，需要设一圆锥心轴装置，用三爪卡盘夹持心轴左端，心轴右端锁紧并露出中心孔，再用尾座顶尖顶紧以提高工艺系统的刚性， 如图4-7所示。

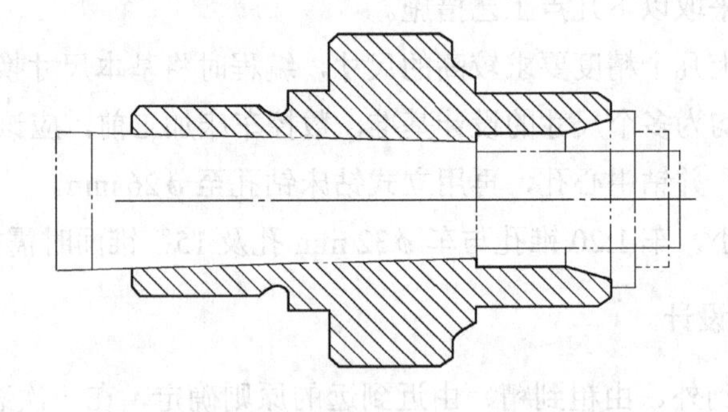

图4-7　外轮廓车削装夹方案

5. 刀具选择

具体所选刀具详见数控加工刀具卡，但需要注意：由于外轮廓表面是台阶，因而车刀的主偏角应为90°～93°，为防止副后刀面与工件表面发生干涉，应选择较大的副偏角，具体选副偏角 K_r'=55°。

6. 切削用量选择

根据被加工表面质量要求、刀具材料和工件材料，参考切削用量手册或有关资料选取切削速度与每转进给量，然后利用公式 $n=(1000\times V_c)/(3.14\times d)$，计算主轴转速，计算结果填入数控加工工序卡中。具体切削用量详见数控加工工序卡。

背吃刀量的选择因粗、精加工而有所不同。粗加工时，在工艺系统刚性和机床功率允许的情况下，尽可能取较大的背吃刀量，以减少进给次数；精加工时，为保证零件表面粗

糙度要求，背吃刀量一般取 0.1～0.2 mm 较为合适。

7. 填写数控加工工序卡和刀具卡

1)　轴承套加工案例数控加工工序卡

轴承套加工案例数控加工工序卡如表 4-4 所示。

表 4-4　轴承套加工案例数控加工工序卡

单位名称	×××	产品名称或代号	零件名称	零件图号
		×××	轴承套	×××
工序号	程序编号	夹具名称	加工设备	车间
×××	×××	三爪卡盘+锥度心轴	CK6125	数控中心

工步号	工步内容	刀具号	刀具规格/mm	主轴转速/(r/min)	进给速度/(mm/r)	检测工具	备注
1	车两端面，保证总长 108 mm	T01	25×25	320		游标卡尺	普通车床
2	钻 ϕ3 mm 中心孔	T02	ϕ3	600		游标卡尺	普通车床
3	钻 ϕ32 mm 孔的底孔至 ϕ26 mm	T03	ϕ26	200		游标卡尺	立式钻床
4	粗车 ϕ32 mm 内孔、15° 斜面及 C0.5 倒角	T04	ϕ20	800	0.3	游标卡尺	
5	精车 ϕ32 mm 内孔、15° 斜面及 C0.5 倒角	T04	ϕ20	850	0.15	游标卡尺	
6	粗车 1:20 锥孔	T04	ϕ20	800	0.3	游标卡尺	掉头装夹
7	精车 1:20 锥孔	T04	ϕ20	850	0.15	内径百分表	
8	从右至左粗车外轮廓	T05	ϕ25	400	0.3	游标卡尺	心轴装夹
9	从左至右粗车外轮廓	T06	ϕ25	400	0.3	游标卡尺	心轴装夹
10	从右至左精车外轮廓，保证各尺寸的尺寸精度	T05	25×25	500	0.1	样板	心轴装夹
11	从左至右精车外轮廓，保证各尺寸的尺寸精度	T06	25×25	500	0.1	样板	心轴装夹
12	粗精车 M45×1.5 螺纹	T07	25×25	320	1.5	螺纹环规	卸心轴，改三爪卡盘装夹，防夹伤，逐刀减少
编制	×××	审核 ×××	批准 ×××	年　月　日		共　页	第　页

2)　轴承套加工案例数控加工刀具卡

轴承套加工案例数控加工刀具卡如表 4-5 所示(注：未注刀片为涂层硬质合金刀片)。

表 4-5　轴承套加工案例数控加工刀具卡

产品名称或代号		×××	零件名称		轴承套	零件图号	×××
序号	刀具号	刀具				加工表面	备注
		规格名称		数量	刀长/mm		
1	T01	45° YT 硬质合金端面车刀		1	实测	车端面	
2	T02	ϕ3 mm 中心钻		1	实测	钻 ϕ3 mm 中心孔	
3	T03	ϕ26 mm 钻头		1	实测	钻 ϕ32 mm 底孔	
4	T04	95° 内孔车刀(ϕ20)		1	实测	车内孔各表面	刀尖半径 0.8 mm
5	T05	93° 右手外圆车刀		1	实测	自右至左车外表面	刀尖半径 0.8 mm
6	T06	93° 左手外圆车刀		1	实测	自左至右车外表面	刀尖半径 0.8 mm
7	T07	60° 外螺纹车刀		1	实测	车 M45×1.5 螺纹	
编制	×××	审核	×××	批准	×××	年 月 日　共 页	第 页

单元能力训练

(1) 中等以上复杂程度套类零件的加工图纸工艺分析训练。

(2) 中等以上复杂程度套类零件的加工工艺路线设计训练。

(3) 中等以上复杂程度套类零件的装夹方案选择训练。

(4) 加工中等以上复杂程度套类零件的刀具、夹具、机床和切削用量选择训练。

(5) 中等以上复杂程度套类零件的加工工艺文件编制训练。

单元能力巩固提高

图 4-8 所示的联接套加工案例零件材料为 45 钢，批量 10 件。试确定毛坯尺寸，设计其数控加工工艺，并确定装夹方案。

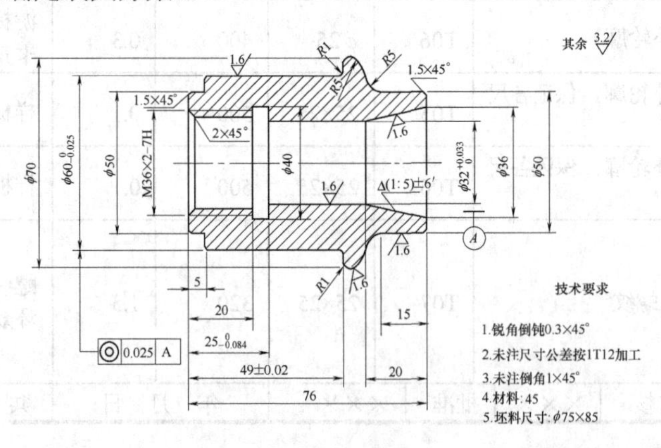

图 4-8　联接套

单元能力评价

能力评价方式如表 4-6 所示。

表 4-6　能力评价表

等级	评 价 标 准
优秀	能高质量、高效率地完成图 4-5 所示的轴承套加工案例零件数控加工工艺设计，并正确完成图 4-8 联接套零件数控加工工艺设计，确定毛坯和装夹方案
良好	能在无教师的指导下完成图 4-5 所示的轴承套加工案例零件数控加工工艺设计
中等	能在教师的偶尔指导下完成图 4-5 所示的轴承套加工案例零件数控加工工艺设计
合格	能在教师的指导下完成图 4-5 所示的轴承套加工案例零件数控加工工艺设计

单元三　分析编制回转体盘类零件数控车削综合加工工艺

单元能力目标

(1) 会数控车削中等以上复杂程度回转体盘类零件图形的数学处理及编程尺寸设定值的确定。

(2) 会制定中等以上复杂程度回转体盘类零件的数控车削综合加工工艺。

(3) 会编制中等以上复杂程度回转体盘类零件的数控车削加工工艺文件。

单元工作任务

本单元完成如图 4-9 所示的过渡盘加工案例零件的数控车削加工，具体设计该过渡盘的数控加工工艺。

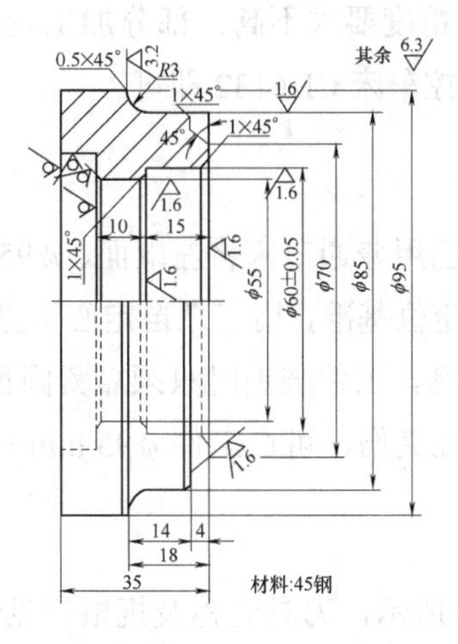

图 4-9　过渡盘加工案例

(1) 分析图 4-9 所示的过渡盘加工案例零件的图纸，进行相应的工艺处理。

(2) 制定图 4-9 所示的过渡盘加工案例零件的数控车削加工工艺。

(3) 编制图 4-9 所示的过渡盘加工案例零件的数控车削加工工序卡、刀具卡等工艺文件。

过渡盘加工案例零件说明：该过渡盘零件材料为 45 钢，毛坯 ϕ100 mm×39 mm 圆钢，在数控加工前，已用钻床钻孔至 ϕ52 mm，并用普通车床将左端面、ϕ95 mm 外圆及左端未标注内孔加工好，总长剩下约 37 mm，小批生产。

加工案例工艺分析与编制

1. 零件图纸工艺分析

该过渡盘加工案例零件表面由端面、外圆和内孔等表面组成，属典型盘类零件，零件材料为 45 钢，切削加工性能较好，无热处理和硬度要求，尺寸精度要求不高，只有多处加工表面粗糙度要求稍高。零件图尺寸标注完整，符合数控加工尺寸标注要求，轮廓描述清楚完整。

2. 加工工艺路线设计

根据过渡盘加工案例零件图纸技术要求和普通机床对工件的加工情况，确定加工顺序及加工工艺路线如下。

(1) 粗车右端面及外圆轮廓。

(2) 粗车内孔。

(3) 精车右端面及外圆轮廓。

(4) 精车内孔。

3. 机床选择

该案例零件规格不大，尺寸精度要求不高，部分加工表面粗糙度要求稍高，所以数控车床选用规格不大的全功能型数控车床 CK6132 即可。

4. 装夹方案及夹具选择

该案例零件在数控加工前，已用普通车床将左端面、ϕ95 mm 外圆精加工好，故以已加工出的 ϕ95 mm 外圆及左端面为定位基准，用三爪自定心卡盘定心夹紧；定位夹紧时，在三爪卡盘内放置合适的圆盘件或隔套，工件装夹时只须靠紧圆盘件或隔套即可准确轴向定位；但为防止已精车好的 ϕ95 mm 外径夹伤，可在工件 ϕ95 mm 已精车表面夹持位包一层铜皮。

5. 刀具选择

具体所选刀具形状如图 4-10 所示，刀具名称及规格详见过渡盘数控加工刀具卡。

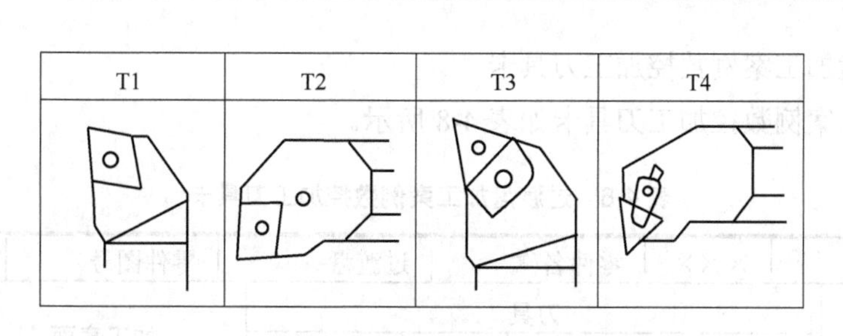

图 4-10　所选刀具及形状

6. 切削用量选择

具体切削用量详见过渡盘数控加工工序卡。

7. 填写数控加工工序卡和刀具卡

1)　过渡盘加工案例数控加工工序卡

过渡盘加工案例数控加工工序卡如表 4-7 所示(注：刀片为涂层硬质合金刀片)。

表 4-7　过渡盘加工案例数控加工工序卡

单位名称	×××	产品名称或代号	零件名称	零件图号
		×××	过渡盘	×××
工序号	程序编号	夹具名称	加工设备	车间
×××	×××	三爪卡盘	CK6132	数控中心

工步号	工步内容	刀具号	刀具规格/mm	主轴转速/(r/min)	进给速度/(mm/r)	检测工具	备注
1	粗车右端面	T01	25×25	400	0.3	游标卡尺	
2	粗车右端外轮廓	T01	25×25	400	0.3	游标卡尺	
3	粗车 ϕ55 mm 及 ϕ60 mm 内孔	T02	ϕ25	550	0.25	游标卡尺	
4	精车右端面及外轮廓，保证总长 35 mm 及外圆各尺寸精度和粗糙度要求	T03	25×25	500	0.15	带表游标卡尺	
5	精车 ϕ55 mm 及 ϕ60 mm 内孔，保证内孔各尺寸精度和表面粗糙度要求	T04	ϕ32	650	0.1	内径百分表	

编制	×××	审核	×××	批准	×××	年　月　日	共　页	第　页

2) 过渡盘加工案例数控加工刀具卡

过渡盘加工案例数控加工刀具卡如表4-8所示。

表4-8 过渡盘加工案例数控加工刀具卡

产品名称或代号		×××	零件名称		过渡盘	零件图号	×××
序号	刀具号	刀具			加工表面		备注
		规格名称	数量	刀长/mm			
1	T01	右手外圆车刀	1	实测	粗车端面、外圆		刀尖半径1.2 mm
2	T02	95° 内孔车刀(ϕ25)	1	实测	粗车内孔		刀尖半径1.2 mm
3	T03	右手外圆车刀	1	实测	精车端面、外轮廓		刀尖半径0.8 mm
4	T04	95° 内孔车刀(ϕ32)	1	实测	精车内孔		刀尖半径0.8 mm
编制	×××	审核 ×××	批准	×××	年 月 日	共 页	第 页

单元能力训练

(1) 中等以上复杂程度盘类零件的加工图纸工艺分析训练。
(2) 中等以上复杂程度盘类零件的加工工艺路线设计训练。
(3) 中等以上复杂程度盘类零件的装夹方案选择训练。
(4) 加工中等以上复杂程度盘类的零件刀具、夹具、机床和切削用量选择训练。
(5) 中等以上复杂程度套类零件的加工工艺文件编制训练。

单元能力巩固提高

将图4-9所示的过渡盘零件材料改为HT200，内孔ϕ55 mm只铸出ϕ45 mm，其他不变，试设计其数控加工工艺。

单元能力评价

能力评价方式如表4-9所示。

表4-9 能力评价表

等级	评 价 标 准
优秀	能高质量、高效率地完成图4-9所示的过渡盘加工案例零件数控加工工艺设计，并完整、优化地设计单元能力巩固提高的过渡盘零件数控加工工艺
良好	能在无教师的指导下完成图4-9所示的过渡盘加工案例零件数控加工工艺设计

续表

等级	评　价　标　准
中等	能在教师的偶尔指导下完成图 4-9 所示的过渡盘加工案例零件数控加工工艺设计
合格	能在教师的指导下完成图 4-9 所示的过渡盘加工案例零件数控加工工艺设计

单元四　分析编制回转体薄壁套类零件数控车削综合加工工艺

单元能力目标

(1) 会数控车削中等以上复杂程度回转体薄壁套类零件图形的数学处理及编程尺寸设定值的确定。

(2) 会制定中等以上复杂程度回转体薄壁套类零件的数控车削加工工艺，并确定装夹方案。

(3) 会编制中等以上复杂程度回转体薄壁套类零件的数控车削加工工艺文件。

单元工作任务

本单元设计如图 4-11 所示的半成品轴套加工案例零件的数控车削加工工艺。

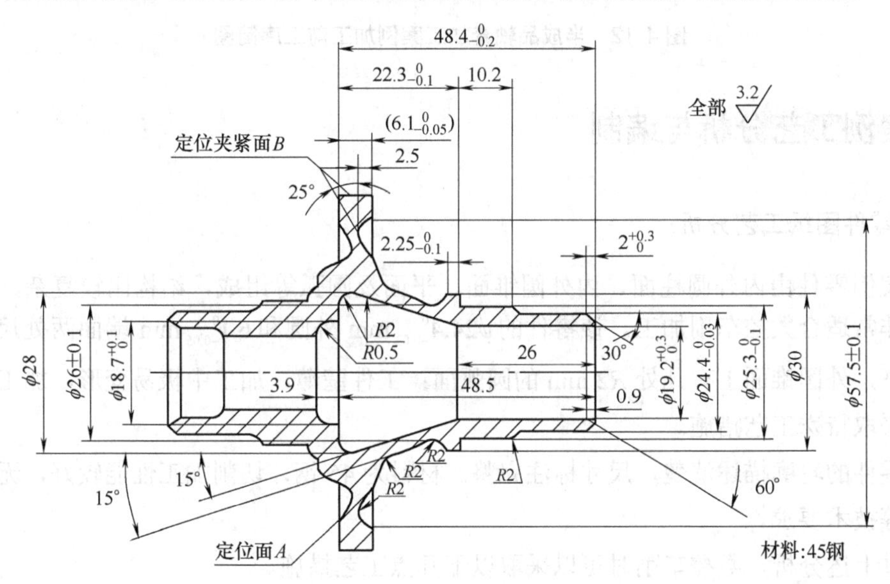

图 4-11　半成品轴套加工案例

(1) 分析图 4-11 所示的半成品轴套加工案例零件的图纸，进行相应的工艺处理。

(2) 制定图 4-11 所示的半成品轴套加工案例零件的数控车削加工工艺，并确定装夹方案。

(3) 编制图 4-11 所示的半成品轴套加工案例零件的数控车削加工工序卡、刀具卡等工艺文件。

半成品轴套加工案例零件说明：该半成品轴套零件材料为 45 钢，小批生产。图 4-12 所示是半成品轴套加工案例数控加工前的工序简图。数控加工部位为图 4-11 中端面 *A* 以右的内外表面。

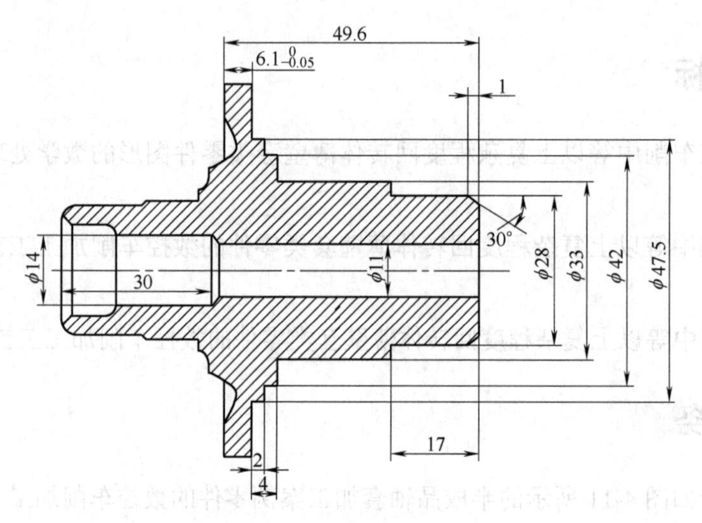

图 4-12　半成品轴套加工案例加工前工序简图

加工案例工艺分析与编制

1. 零件图纸工艺分析

该案例零件由内外圆柱面、内外圆锥面、平面及圆弧等组成，结构比较复杂，加工部位多，非常适合数控车削加工。该零件的 $\phi24.4^{0}_{-0.03}$ mm 外圆和 $6.1^{0}_{-0.05}$ mm 端面两处尺寸精度要求较高，外圆锥面上有几处 *R*2 mm 的圆弧面；工件壁薄，加工中极易变形，加工难度较大，需采取特殊工艺措施。

该零件的轮廓描述清楚，尺寸标注完整。材料为 45 钢，切削加工性能较好，无热处理和硬度等技术要求。

通过上述分析，数控车削时可以采取以下几点工艺措施。

(1) 工件外圆锥面上 *R*2 mm 的圆弧面，由于圆弧半径较小，直接用成形刀车比用圆弧插补切削效率高，编程工作量小。

(2) 用端面 A 和外圆柱面 B 分别作为轴向和径向定位基准可实现基准重合，减小定位

误差，对保证加工精度有利。同时，应在加工中仔细对刀并认真调整机床。

(3) 因工件壁薄、易变形，在工件装夹、选择刀具、确定进给加工路线和切削用量方面，都需要认真考虑。为此，可选择刚性较好的端面 *A* 和外圆柱面 *B* 分别作为轴向和径向定位基准，以减少夹紧变形的影响。

(4) 该零件比较复杂，加工部位较多，可采用多把刀具来完成加工。

2. 装夹方案及夹具选择

为了使工序基准与定位基准重合，并敞开所有的加工部位，选择端面 *A* 和外圆柱面 *B* 分别为轴向和径向定位基准，限定 5 个自由度。由于该工件属薄壁易变形，为减少夹紧变形，选工件上刚度最好的部位外圆柱面 *B* 为夹紧表面，采用图 4-13 所示的包容式软卡爪。该软卡爪以其底部的端齿在卡盘(通常是液压卡盘)上定位，能保证较高的重复安装精度。为方便加工中的对刀和测量，可在软卡爪上设定一基准面，这个基准面是在数控车床上加工软卡爪的夹持表面和轴向定位支靠表面时一同加工出来的。基准面至支靠面的距离可以控制得很准确。

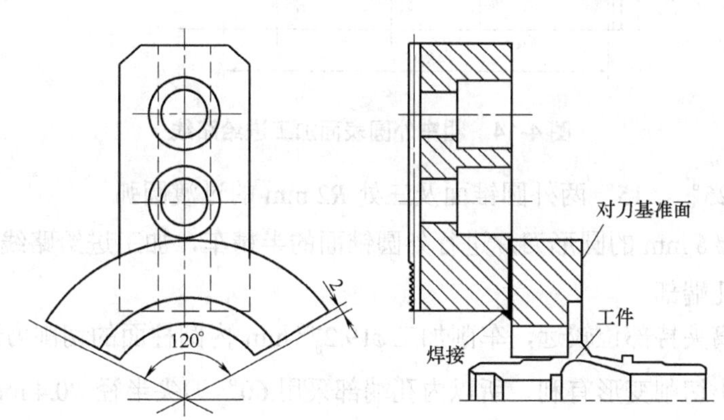

图 4-13　包容式软卡爪

3. 机床选择

该案例零件规格不大，尺寸精度要求稍高，因要自车加工软卡爪，一般要配液压三爪卡盘，所以数控车床选用规格不大的全功能型数控车床 CK6132 即可。

4. 刀具选择

根据该案例零件要加工的细微圆弧部位较多，因此加工刀具除成形车刀外，均选用机夹可转位车刀，机夹可转位车刀片均选用 TiC 或 TiN 的涂层刀片，以减少刀片的更换次数。刀片的断屑槽全部采用封闭槽型，以便变动走刀方向。

5. 加工工艺路线设计

为减少加工过程中的变形对最终精度的影响，内外表面的加工要交叉进行。根据先粗后精、先远后近、内外交叉的原则确定加工顺序和加工进给路线。具体的加工顺序和加工进给路线及所用刀具如下。

1) 粗车外圆表面

选用 80° 菱形刀片进行外圆表面粗车，其走刀路线及加工部位如图 4-14 所示。图 4-4 中虚线是对刀时的走刀路线。对刀时要以一定宽度(如 10 mm)的塞规靠在软卡爪对刀基准面上，然后将刀尖靠在塞规上，通过 CRT 上的读数检查停在对刀点的刀尖至基准面的距离。由于是粗车，可选用一把刀将整个外圆表面粗车成形。

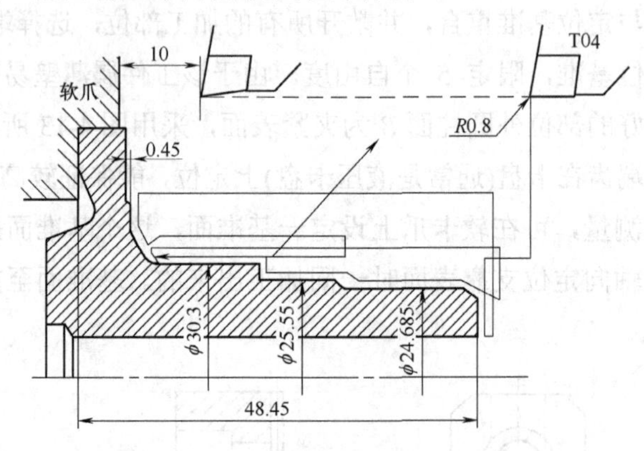

图 4-14 粗车外圆表面加工进给路线

2) 半精车 25°、15° 两外圆锥面及三处 R2 mm 的过渡圆弧

选用直径为 ϕ6 mm 的圆形刀片进行外圆锥面的半精车，加工进给路线如图 4-15 所示。

3) 粗车内孔端部

因内孔端部离夹持部位较远，车削加工 $\phi 19.2_{0}^{+0.3}$ mm 内圆柱面的切削力远比钻削扩孔的切削力小，对减小切削变形有利，所以内孔端部采用 60° 刀尖半径 R0.4 mm 的三角形刀片进行内孔端部的粗车。此加工共分三次走刀，依次将距内孔端部 10 mm 左右的一段车至 ϕ13.3 mm、ϕ15.6 mm 和 ϕ18 mm。其加工进给路线如图 4-16 所示。

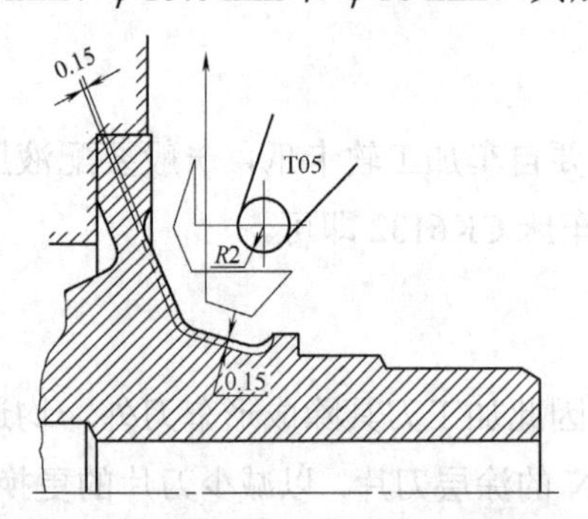

图 4-15 半精车外圆锥面及 R2 mm 圆弧加工进给路线

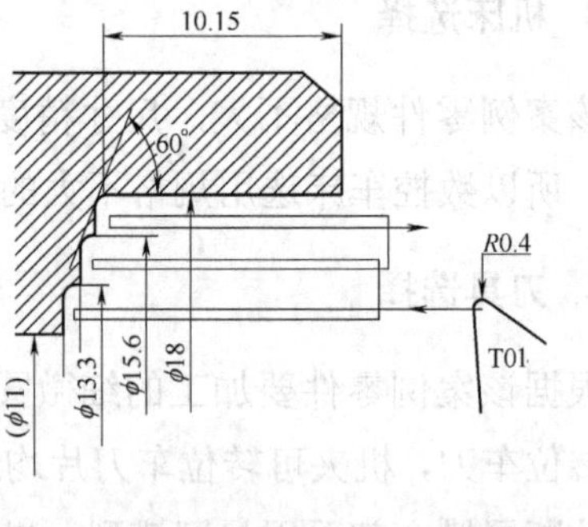

图 4-16 内孔端部粗车加工进给路线

4) 钻削内孔深部

选用 ϕ18 mm 钻头，顶角为 118°，进行内孔深部的钻削。与内孔车削相比，钻削的切

削效率较高，切屑的排除也比较容易；但是，孔口一段因远离工件的夹持部位，钻削不宜过大、过长，安排一个车削工步可减小切削变形，这是因为车削力比钻削力小，所以前面需安排孔口端部车削工步。加工进给路线如图 4-17 所示。

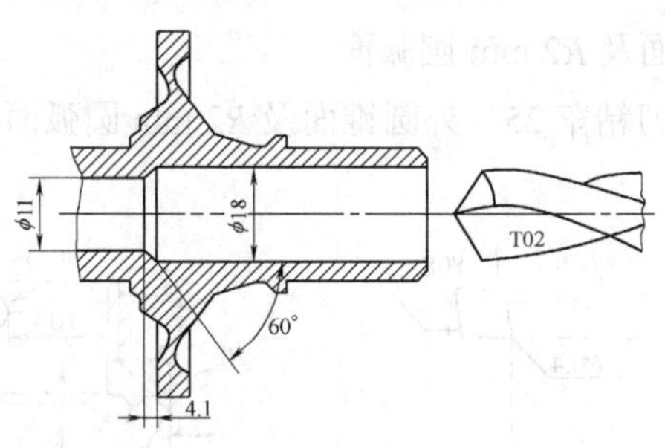

图 4-17　内孔深部钻削加工进给路线

5)　粗车内锥面及半精车其余内表面

选用 55° 带 R0.4 mm 圆弧刃的菱形刀片半精车 $\phi 19.2_{0}^{+0.3}$ mm 内孔及内圆锥面的粗车，以留有精加工余量 0.15 mm 的外端面为对刀基准。由于内锥面需切余量较多，分 4 次走刀进给，加工进给路线及切削部位如图 4-18 所示。每两次加工进给之间都安排一次退刀停车，以便操作者及时清除孔内切屑。其具体加工内容为：半精车 $\phi 19.2_{0}^{+0.3}$ mm 内孔(前工序尺寸为 ϕ18 mm)至 ϕ19.05 mm，粗车 15° 内圆锥面，半精车 R2 mm 圆弧面及左侧内表面。

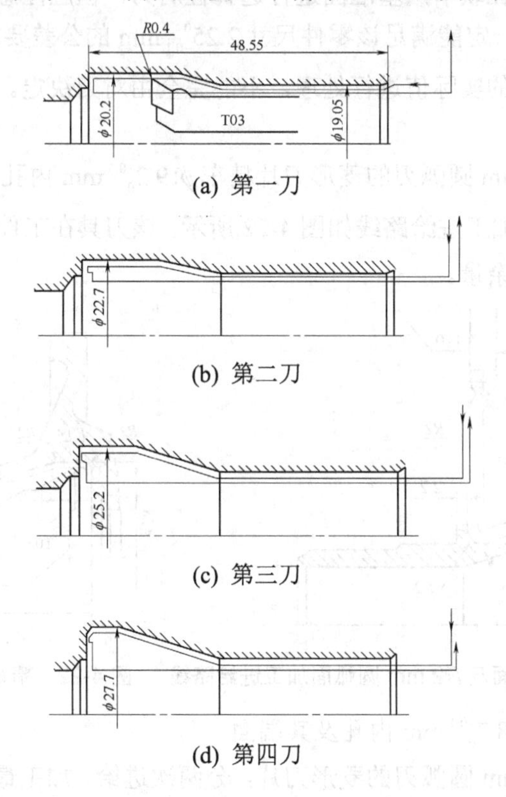

图 4-18　内表面粗车、半精车 4 次进给加工路线

6) 精车外圆柱面与端面

选用 80° 菱形刀片，精车图 4-19 中的右端面以及 ϕ24.385 mm、ϕ25.25 mm、ϕ30 mm 外圆及 R2 mm 圆弧和台阶面。由于是精车，刀尖圆弧半径选取较小值 R0.4 mm。

7) 精车 25° 外圆锥面及 R2 mm 圆弧面

用带 R2 mm 的圆弧车刀精车 25° 外圆锥面及 R2 mm 圆弧面，其加工进给路线如图 4-20 所示。

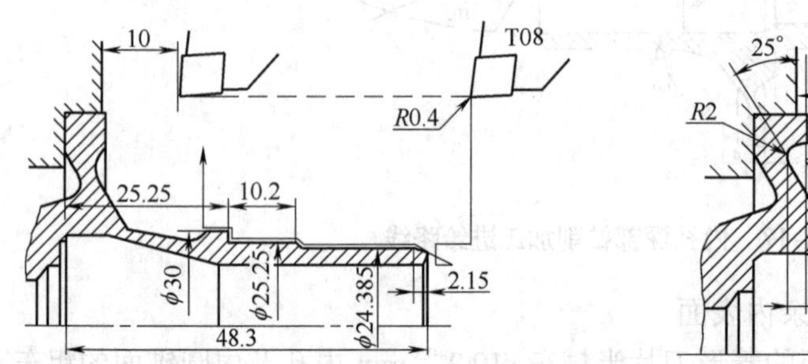

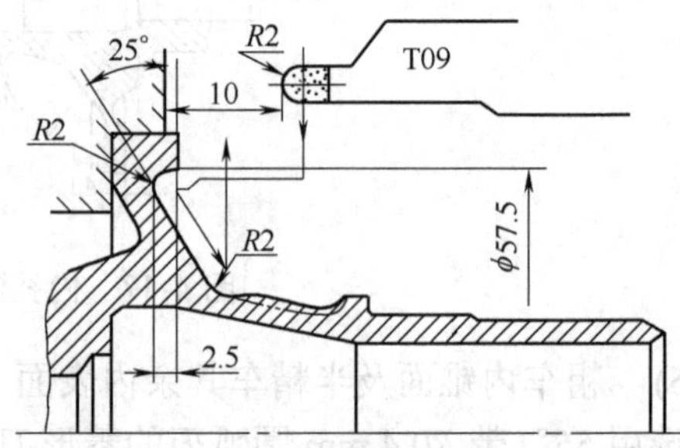

图 4-19 精车外圆柱面及端面加工路线 图 4-20 精车 25° 外圆锥面及 R2 mm 圆弧面加工路线

8) 精车 15° 外圆锥面及 R2 mm 圆弧面

选用 R2 mm 的圆弧车刀精车 15° 外圆锥面及 R2 mm 圆弧，其加工进给路线如图 4-21 所示。程序中同样安排在软卡爪基准面进行选择性对刀。但应注意受刀具圆弧 R2 mm 制造误差的影响，对刀后不一定能满足该零件尺寸 $2.25^{0}_{-0.1}$ mm 的公差要求。该刀具的轴向刀补量还应根据刀具圆弧半径的实际值进行处理，不能完全由对刀决定。

9) 精车内表面

选用 55° 带 R0.4 mm 圆弧刃的菱形刀片精车 $\phi19.2^{+0.3}_{0}$ mm 内孔、15° 内锥面、R2 mm 圆弧及锥孔端面，其精车加工进给路线如图 4-22 所示。该刀具在工件外端面上进行轴向对刀，此时外端面上已无加工余量。

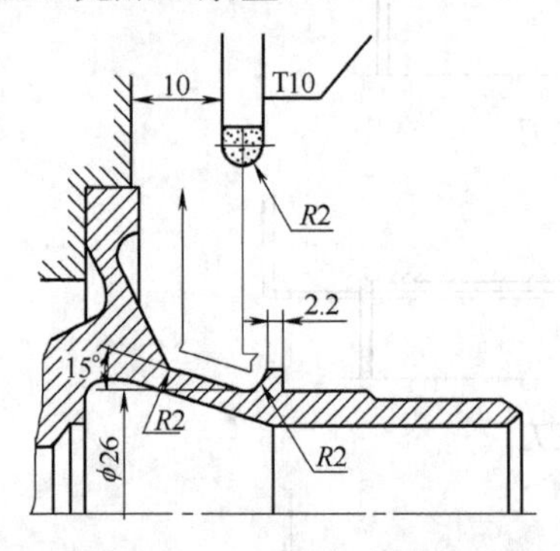

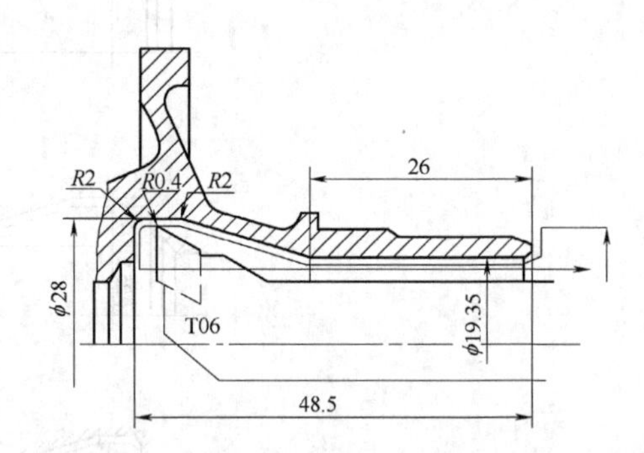

图 4-21 精车 15° 外圆锥面及 R2 mm 圆弧面加工进给路线 图 4-22 精车内表面加工进给路线

10) 加工最深处 $\phi18.7^{+0.1}_{0}$ mm 内孔及其端面

选用 80° 带 R0.4 mm 圆弧刃的菱形刀片，分两次进给，加工最深处 $\phi18.7^{+0.1}_{0}$ mm 内孔及端面。为便于清除切屑，中间需退刀一次，其加工进给路线如图 4-23 所示。对于这把刀具

要特别注意妥善安排内孔根部与端面车削时的走刀方向。因刀具伸入较多，刀具刚性欠佳，如果采用与图示走刀路线相反的方向车削该端面，切削时容易产生振动，加工表面的质量很难保证。

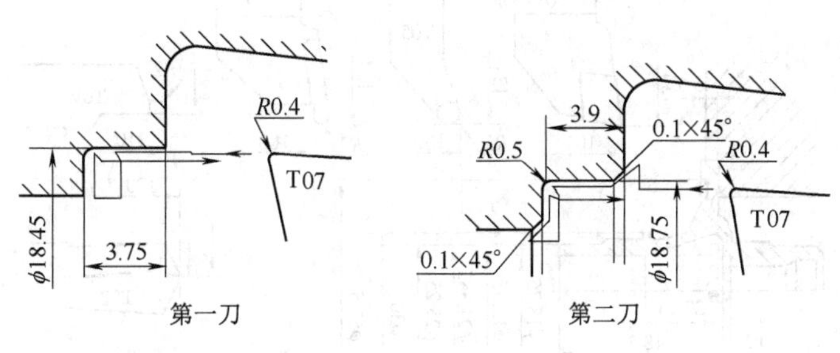

图 4-23　内孔深部及其端面加工进给路线

6. 切削用量选择

(1) 粗车外圆表面。车削端面时主轴转速 n=1400 r/min，其余部位 S=1000 r/min，端部倒角进给量 f=0.15 mm/r，其余部位 f=0.2～0.25 mm/r。

(2) 半精车 25°、15°两外圆锥面及三处 R2 mm 的过渡圆弧。

主轴转速 n=1000 r/min，切入时的进给量 f=0.1 mm/r，进给时 f=0.2mm/r。

(3) 粗车内孔端部。主轴转速 n=1000 r/min，进给量 f=0.1 mm/r。

(4) 钻削内孔深部。主轴转速 n=550 r/min，进给量 f=0.15 mm/r。

(5) 粗车内锥面及半精车其余内表面。主轴转速 n=700 r/min，车削 ϕ19.05 mm 内孔时进给量 f=0.2 mm/r，车削其余部位时 f=0.1 mm/r。

(6) 精车外圆柱面及端面。主轴转速 n=1400 r/min，进给量 f=0.15 mm/r。

(7) 精车 25°外圆锥面及 R2 mm 圆弧面。主轴转速 n=700 r/min，进给量 f=0.1 mm/r。

(8) 精车 15°外圆锥面及 R2 mm 圆弧面。切削用量与精车 25°外圆锥面相同。

(9) 精车内表面。主轴转速 n=1000 r/min，进给量 f=0.1 mm/r。

(10) 车削最深处 $\phi 18.7_{0}^{+0.1}$ mm 内孔及端面。主轴转速 n=1000 r/min，进给量 f=0.1 mm/r。

在确定了零件的加工进给路线、选择了切削刀具之后，若使用刀具较多，可结合零件定位和编程加工的具体情况，绘制一份刀具调整图。图 4-24 所示为本加工案例零件的刀具调整图。

在刀具调整图中，一般要反映如下内容。

(1) 本工序所需刀具的种类、形状、安装位置、预调尺寸和刀尖圆弧半径值等，有时还包括刀补组号。

(2) 刀位点。若以刀具端点为刀位点，则刀具调整图中 X 向和 Z 向的预调尺寸终止线交点即为该刀具的刀位点。

(3) 工件的安装方式及待加工部位。

(4) 工件的坐标原点。

(5) 主要尺寸的程序设定值(一般取为工件尺寸的平均值)。

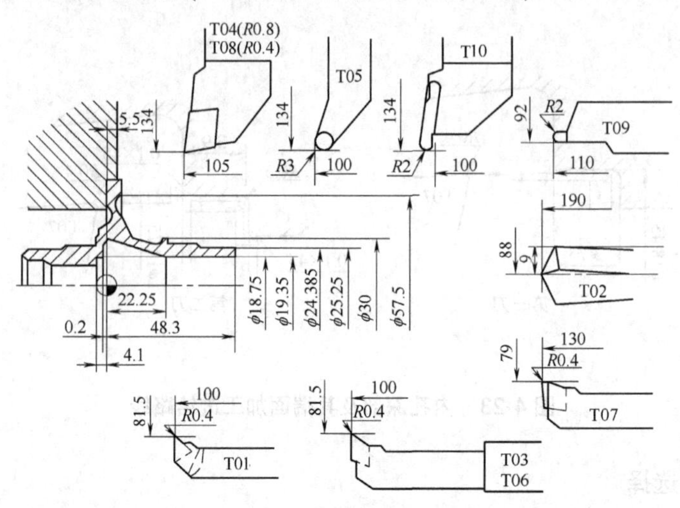

图 4-24　刀具调整图

7. 填写数控加工工序卡和刀具卡

(1) 按加工顺序将各工步的加工内容、所用刀具及切削用量等填入数控加工工序卡中。

(2) 将选定的各工步所用刀具的刀具型号、刀片型号、刀片牌号及刀尖圆弧半径等填入数控加工刀具卡中。

① 半成品轴套加工案例数控加工工序卡如表 4-10 所示(注：刀片为涂层硬质合金刀片)。

表 4-10　半成品轴套加工案例数控加工工序卡

<table>
<tr><td colspan="2" rowspan="2">单位名称</td><td rowspan="2">×××</td><td colspan="2">产品名称或代号</td><td>零件名称</td><td colspan="2">零件图号</td></tr>
<tr><td colspan="2">×××</td><td>半成品轴套</td><td colspan="2">×××</td></tr>
<tr><td colspan="2">工序号</td><td>程序编号</td><td colspan="2">夹具名称</td><td>加工设备</td><td colspan="2">车间</td></tr>
<tr><td colspan="2">×××</td><td>×××</td><td colspan="2">包容式软卡爪</td><td>CK6132</td><td colspan="2">数控中心</td></tr>
<tr><td>工步号</td><td>工步内容</td><td>刀具号</td><td>刀具规格/mm</td><td>主轴转速/(r/min)</td><td>进给速度/(mm/r)</td><td>检测工具</td><td>备注</td></tr>
<tr><td>1</td><td>粗车端面；粗车外表面分别至要求尺寸 ϕ24.685 mm、ϕ25.55 mm 和 ϕ30.3 mm</td><td>T01</td><td>25×25</td><td>1400
1000</td><td>0.15
0.2～0.25</td><td>游标卡尺</td><td></td></tr>
<tr><td>2</td><td>半精车外锥面，留精车余量 0.15 mm</td><td>T02</td><td>25×25</td><td>1000</td><td>0.1
0.2</td><td>游标卡尺</td><td></td></tr>
<tr><td>3</td><td>粗车深度 10.15 mm 的 ϕ18 mm 内孔</td><td>T03</td><td>ϕ10</td><td>1000</td><td>0.1</td><td>游标卡尺</td><td></td></tr>
</table>

续表

工步号	工 步 内 容	刀具号	刀具规格/mm	主轴转速/(r/min)	进给速度/(mm/r)	检测工具	备　注
4	钻扩 ϕ18 mm 内孔深度	T04	ϕ18	550	0.15	游标卡尺	钻头
5	粗车内锥面及半精车内表面分别至要求尺寸 ϕ27.7 mm 和 ϕ19.05 mm	T05	ϕ15	700	0.2 0.1	内径百分表	
6	精车端面及外圆柱面至要求尺寸	T06	25×25	1400	0.15	外径千分尺	
7	精车 25° 外圆锥面及 R2 mm 圆弧面至要求尺寸	T07	25×25	700	0.1	专用检具	成形车刀
8	精车 15° 外圆锥面及 R2 mm 圆弧面至要求尺寸	T08	25×25	700	0.1	专用检具	成形车刀
9	精车内表面至要求尺寸	T09	ϕ15	1000	0.1	内径百分表	
10	加工深处 $\phi18.7_{0}^{+0.1}$ mm 内孔及端面至要求尺寸	T10	ϕ15	1000	0.1	带表游标卡尺	
编制	××× 审核 ×××	批准	×××	年　月　日		共　页	第　页

② 半成品轴套加工案例数控加工刀具卡如表 4-11 所示。

表 4-11　半成品轴套加工案例数控加工刀具卡

产品名称或代号		×××	零件名称	半成品轴套	零件图号	×××
序号	刀具号	刀具			加工表面	备注
		刀具名称型号、刀片型号	数量	刀长/mm		
1	T01	PCGCL2525-09Q CCMT090408-GC435	1	实测	外表面	刀尖半径 0.8 mm
2	T02	PRJCL2525-06Q RCMT060300-GC435	1	实测	两外圆锥面和三处 R2 过渡圆弧	刀尖半径 3 mm
3	T03	PTJCL1010-09Q TCMT090304-GC435	1	实测	内孔端部	刀尖半径 0.4 mm
4	T04	ϕ18 麻花钻头	1	实测	内孔深部	
5	T05	PDJNL1515-11Q DNMA110404-GC435	1	实测	内锥面及其余内表面	刀尖半径 0.4 mm
6	T06	PCGCL2525-08Q CCMW080304-GC435	1	实测	外圆柱面及端面	刀尖半径 0.4 mm
7	T07	成形车刀	1	实测	外圆锥面及 R2mm 圆弧面	刀尖半径 2 mm
8	T08	成形车刀	1	实测	外圆锥面及 R2 mm 圆弧面	刀尖半径 2 mm
9	T09	PDJNL1515-11Q DNWA110404-GC435	1	实测	内表面	刀尖半径 0.4 mm
10	T10	PCJCL1515-06Q CCMW060304-GC435	1	实测	最深内孔及端面	刀尖半径 0.4 mm
编制	×××	审核 ×××	批准	×××	年 月 日 共 页	第 页

单元能力训练

(1) 中等以上复杂程度薄壁套类零件的加工图纸工艺分析训练。

(2) 中等以上复杂程度薄壁套类零件的加工工艺路线设计训练。

(3) 中等以上复杂程度薄壁套类零件的装夹方案选择训练。

(4) 加工中等以上复杂程度薄壁套类的零件刀具、夹具、机床和切削用量选择训练。

(5) 中等以上复杂程度薄壁套类零件的加工工艺文件编制训练。

单元能力巩固提高

图 4-25 所示的转接套加工案例零件材料为 45 钢，数控加工前已用普通车床将外径公称尺寸 $\phi 48$ mm 车至 $\phi 52$ mm，外径公称尺寸 $\phi 32$ mm 车至 $\phi 38$ mm×40 mm(两边余量基本对称)，内孔钻至 $\phi 18$ mm，零件现总长 58 mm，批量 40 件。试设计其数控加工工艺，并确定装夹方案。

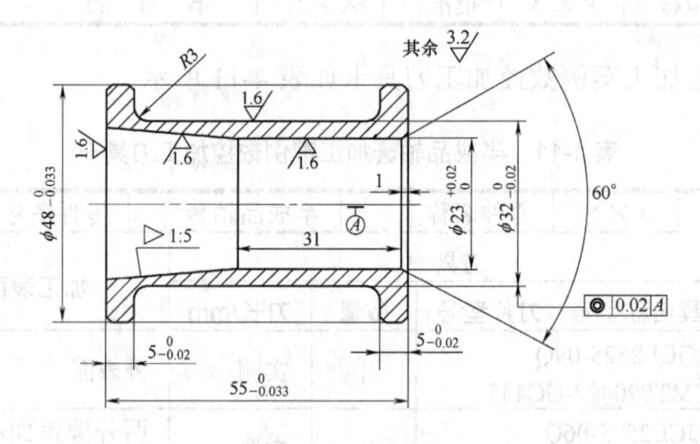

图 4-25 转接套

单元能力评价

能力评价方式如表 4-12 所示。

表 4-12 能力评价表

等级	评 价 标 准
优秀	能独立优质地完成图 4-11 所示的半成品轴套加工案例零件数控加工工艺设计，并完成图 4-25 所示的转接套零件数控加工工艺设计，确定装夹方案
良好	能在教师的偶尔指导下完成图 4-11 所示的半成品轴套加工案例零件数控加工工艺设计，且半成品轴套数控加工工艺设计正确
中等	能在教师的偶尔指导下完成图 4-11 所示的半成品轴套加工案例零件数控加工工艺设计，且半成品轴套数控加工工艺设计基本正确
合格	能在教师的指导下完成图 4-11 所示的半成品轴套加工案例零件数控加工工艺设计

项目五　简易数控铣削零件加工工艺编制

项目总体能力目标

(1) 会根据零件结构及技术要求选择数控铣床。

(2) 会数控铣削零件图形的数学处理。

(3) 会对简易数控铣削零件图进行数控铣削加工工艺性分析，包括：分析零件图纸技术要求，检查零件图的完整性和正确性，分析零件的结构工艺性，分析零件毛坯的工艺性。

(4) 会拟定简易数控铣削零件的加工工艺路线，包括：选择数控铣削平面与平面轮廓加工方法，划分加工阶段，划分加工工序，确定加工顺序，确定加工路线。

(5) 会根据数控铣削零件加工工艺熟练地选用整体式数控铣削刀具与机夹可转位铣削刀具。

(6) 会根据数控铣削常用夹具的用途来正确选择夹具和装夹方案。

(7) 会选择合适的切削用量。

(8) 会编制零件数控铣削加工工艺文件。

项目总体工作任务

(1) 分析平面及平面轮廓类零件图的数控铣削加工工艺性。

(2) 拟定平面及平面轮廓类零件的数控铣削加工工艺路线。

(3) 选择平面及平面轮廓类零件的数控铣削加工刀具。

(4) 选择平面及平面轮廓类零件的数控铣削加工夹具，确定装夹方案。

(5) 按平面及平面轮廓类零件的数控铣削加工工艺选择合适的切削用量与机床。

(6) 编制平面及平面轮廓类零件的数控铣削加工工艺文件。

单元一　数控铣削加工工艺设计入门

单元能力目标

(1) 会检索数控铣削加工工艺资料和工艺手册，从中获取完成当前工作任务所需要的工艺知识及数据。

(2) 会识别数控铣削加工工艺领域内的常用术语。

单元工作任务

本单元查询如图 5-1 所示垫块加工案例零件上平面的数控铣削加工背景知识，获取设计该垫块上平面的数控铣削加工工艺知识及数据。

(1) 查阅数控加工工艺书和工艺手册，获取设计图 5-1 所示的垫块零件上平面的数控铣削加工工艺知识及数据。

(2) 识别数控铣削加工工艺术语。

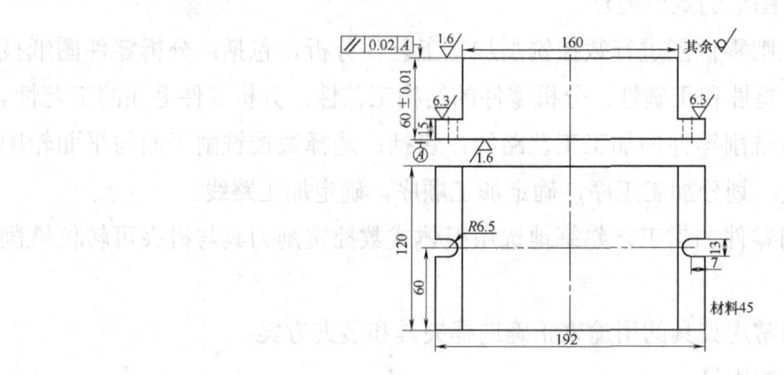

图 5-1 垫块加工案例

垫块加工案例零件说明：该垫块加工案例零件材料为 45 钢，下平面及两侧凸台均已按图纸技术要求加工好，上平面已粗加工好，留 1.2 mm 余量待加工，小批生产。如何设计该垫块上平面的数控铣削加工工艺？

完成工作任务需查阅的背景知识

数控铣削加工工艺设计步骤包括：机床选择、零件图纸工艺分析、加工工艺路线设计、装夹方案及夹具选择、刀具选择、切削用量选择和填写数控加工工序卡及刀具卡等。

资料一 数控铣削机床选择

数控铣削机床是主要采用铣削方式加工工件的数控机床。典型的数控铣削机床有数控铣床和加工中心两种，由于加工中心增加了刀库和自动换刀装置，主要用于自动换刀对箱体类等复杂零件进行多工序镗铣综合加工，所以数控铣削机床一般是指数控铣床。数控铣床除了能够进行外形轮廓铣削、平面型腔铣削及三维复杂型面的铣削(如凸轮、模具、叶片、螺旋桨等复杂零件的铣削加工)外，还具有孔加工功能。它通过人工手动换刀，也可以进行一系列孔的加工，如钻孔、扩孔、铰孔、镗孔和攻螺纹等。

1. 数控铣床的分类

数控铣床的种类很多，常用的分类方法是按其主轴的布置形式、控制轴类及其功能分

类。按数控铣床主轴布置形式可分为立式数控铣床、卧式数控铣床和立、卧两用数控铣床。

1)　按数控铣床的主轴布置形式分类

(1)　立式数控铣床。

立式数控铣床主轴轴线垂直于水平面，是数控铣床中最常见的一种布局形式，应用范围最广。立式数控铣床中又以三坐标(*X*、*Y*、*Z*)联动的数控铣床居多，其各坐标的控制方式主要有以下几种。

①　工作台纵、横向移动并升降，主轴不动，与普通立式升降台铣床相似。目前小型立式数控铣床一般采用这种方式。

②　工作台纵、横向移动，主轴升降。这种方式一般运用在中型立式数控铣床中，如图 5-2 所示。

③　大型立式数控铣床，由于需要考虑扩大行程，缩小占地面积和刚度等技术问题，多采用工作台移动式，其主轴可以在龙门架的横向与垂直溜板上运动，而工作台则沿床身作纵向运动，如图 5-3 所示。

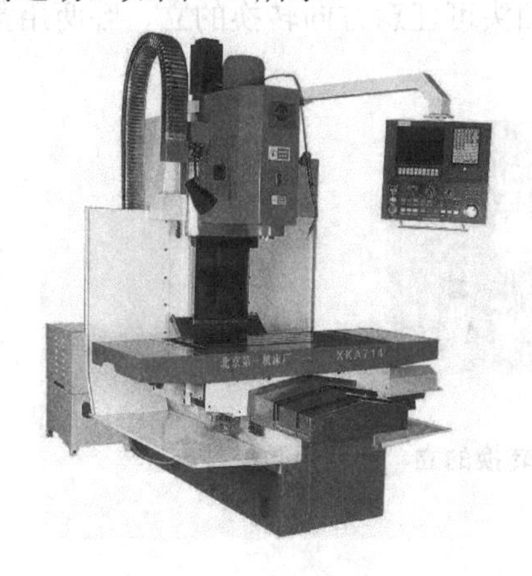

图 5-2　立式数控铣床

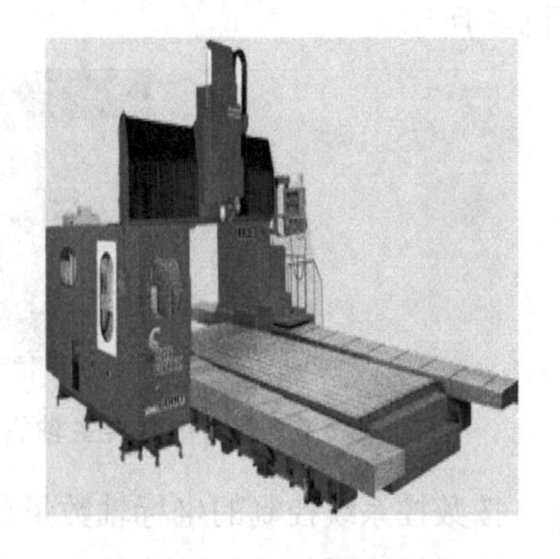

图 5-3　龙门式数控铣床

为扩大立式数控铣床的使用功能和加工范围，可增加数控转盘来实现四轴或五轴联动加工，如图 5-4 所示。

(2)　卧式数控铣床。

卧式数控铣床的主轴轴线平行于水平面，如图 5-5 所示，主要用于箱体类零件的加工。为了扩大加工范围和使用功能，卧式数控铣床通常采用增加数控转盘来实现四轴或五轴联动加工，这样不但工件侧面上的连续回转轮廓可以加工出来，而且可以实现在一次安装中，通过转盘改变工位，进行“四面加工”。尤其是配万能数控转盘的数控铣床，可以把工件上各种不同的角度或空间角度的加工面摆成水平来加工。这样，可以省去很多专用夹具或专用角度的成形铣刀。对于箱体类零件或需要在一次安装中改变工位的工件来说，选择带数控转盘的卧式数控铣床进行加工是非常合适的。由于卧式数控铣床在增加了数控转盘后很容易做到对工件进行“四面加工”，在许多方面胜过带数控转盘的立式数控铣床。

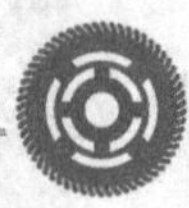

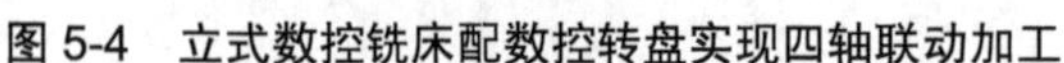

图 5-4　立式数控铣床配数控转盘实现四轴联动加工　　　图 5-5　卧式数控铣床

(3)　立、卧两用数控铣床。

立、卧两用数控铣床的主轴方向可以变换，能达到在一台机床上即可以进行立式加工，又可进行卧式加工，使其应用范围更广，功能更全，选择加工对象的余地更大，给用户带来了很大的方便。尤其是当生产批量小，品种多，又需要立、卧两种方式加工时，用户只需购买一台这样的机床就可以了。配万能数控主轴头可任意方向转换的立、卧两用数控铣床如图 5-6 所示。

图 5-6　配万能数控主轴头可任意方向转换的立、卧两用数控铣床

2)　按数控系统控制的坐标轴数量分类

按数控系统控制的坐标轴数量可分为 2.5 轴、3 轴、4 轴和 5 轴联动数控铣床。

(1)　2.5 坐标联动数控铣床。数控铣床只能进行 *X*、*Y*、*Z* 三个坐标中的任意两个坐标轴联动加工。

(2)　3 坐标联动数控铣床。数控铣床能进行 *X*、*Y*、*Z* 三个坐标轴联动加工。目前 3 坐标联动数控铣床仍占大多数。

(3)　4 坐标联动数控铣床。数控铣床能进行 *X*、*Y*、*Z* 三个坐标轴和绕其中一个轴作数控摆角联动加工。

(4)　5 坐标联动数控铣床。数控铣床能进行 *X*、*Y*、*Z* 三个坐标轴和绕其中两个轴作数控摆角联动加工。

3)　按数控系统的功能分类

按数控系统的功能可分为经济型、全功能型和高速铣削数控铣床。

(1)　经济型数控铣床。

经济型数控铣床一般是在普通立式铣床或卧式铣床的基础上改造而来的，采用经济型

数控系统，成本低，机床功能较少，主轴转速和进给速度不高，主要用于精度不高的简单平面或曲面零件加工，如图 5-7 所示。

(2)　全功能型数控铣床。

全功能型数控铣床一般采用半闭环或闭环控制，控制系统功能较强，数控系统功能丰富，一般可实现四轴或四轴以上的联动加工，加工适应性强，应用最为广泛，如图 5-8 所示。

(3)　高速铣削数控铣床。

一般将主轴转速在 8000～40 000 r/min 的数控铣床称为高速铣削数控铣床，其进给速度可达 10～30 m/min，如图 5-9 所示。这种数控铣床采用全新的机床结构、功能部件(电主轴、直线电机驱动进给)和功能强大的数控系统，并配以加工性能优越的刀具系统，可对大面积的曲面进行高效率、高质量的加工。

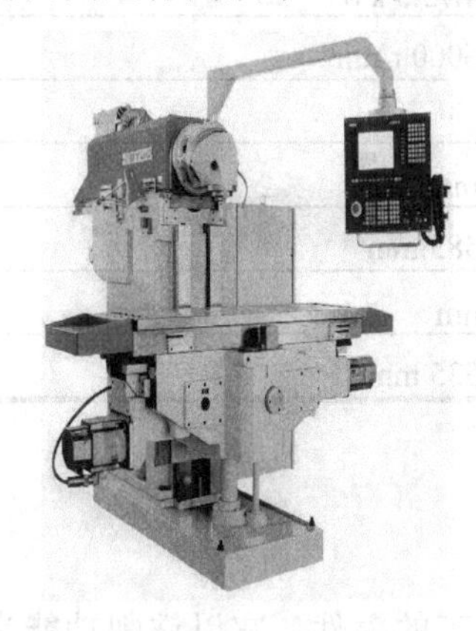

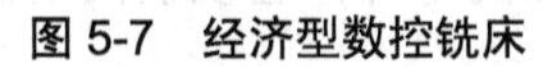

图 5-7　经济型数控铣床

图 5-8　全功能数控铣床

图 5-9　高速铣削数控铣床

2. 数控铣床的主要技术参数

数控铣床的主要技术参数反映了数控铣床的加工能力、加工范围、主轴转速范围、夹持最大刀具重量和直径、装夹刀柄标准和精度等指标，识别数控铣床的主要技术参数是选择数控铣床的重要一环。为了便于读者识别数控铣床的主要技术参数，下面摘选了北京第一机床厂生产的 XKA714 数控铣床的主要技术参数中与选择数控铣床较有关系的主要技术参数，如表 5-1 所示。

表 5-1　XKA714 数控铣床主要技术参数(摘选)

项　目		技术参数
工作台(宽×长)		400 mm×1270 mm
工作台负载		380 kg
工作台最大行程	X	800 mm
	Y	400 mm
	Z	500 mm

续表

项　目	技术参数
X、Y、Z 轴快移速度	5000 mm/min
X、Y、Z 轴进给速度(max)	3000 mm/min
定位精度	0.01 mm/300 mm
重复定位精度	±0.005 mm
X 轴电机扭矩	7.5 Nm
Y 轴电机扭矩	7.5 Nm
Z 轴电机扭矩	7.5 Nm
主轴锥度	BT40
主轴电机功率	3.7 kW/5.5 kW
主轴转速范围	60～6000 r/min
最大刀具重量	7 kg
最大刀具直径	ϕ80 mm
主轴鼻端至工作台面距离	85～585 mm
主轴中心至立柱面距离	423 mm
工作台内侧至立柱面距离	85～535 mm

3. 数控铣床主要加工对象及主要加工内容

1)　数控铣床主要加工对象

数控铣床可以用于加工许多普通铣床难以加工甚至无法加工的零件，它以铣削功能为主，主要适合铣削下列三类零件。

(1)　平面类零件。平面类零件是指加工面平行或垂直于水平面，以及加工面与水平面的夹角为一定值的零件。平面类零件的特点是：加工面为平面或加工面可以展开为平面。如图 5-10 所示的三个零件均属于平面类零件。图 5-10 中的曲线轮廓面 A 和圆台侧面 B，展开后均为平面，C 为斜平面。这类零件的数控铣削相对比较简单，一般只用三坐标数控铣床的两轴联动就可以加工出来。目前，数控铣床加工的绝大多数零件属于平面类零件。图 5-11 所示为较复杂典型平面类零件。

(2)　变斜角类零件。加工面与水平面的夹角呈连续变化的零件称为变斜角类零件，也称为直纹曲面类零件。这类零件的特点是：加工面不能展开为平面，但在加工中，铣刀圆周与加工面接触的瞬间为一条直线。图 5-12 所示为飞机上的一种变斜角梁椽条，该零件在第②肋至第⑤肋的斜角α从 3°10′均匀变化为 2°32′，从第⑤肋至第⑨肋再均匀变化为 1°20′，从第⑨肋至第⑫肋又均匀变化至 0°。这类零件一般采用四轴或五轴联动的数控铣床加工，也可用三轴数控铣床通过两轴联动用鼓形铣刀分层近似加工，但精度稍差。图 5-13 所示为变斜角类零件的加工。

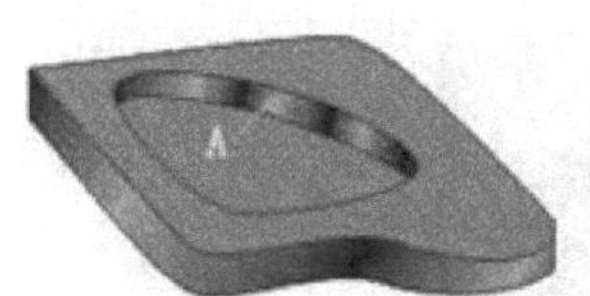

(a) 轮廓面 A

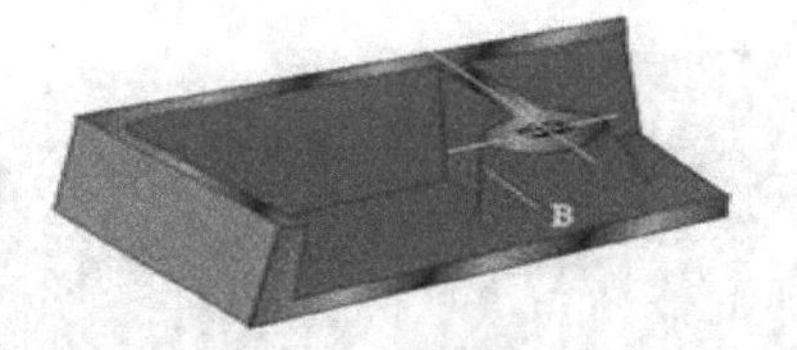

(b) 轮廓面 B

(c) 轮廓面 C

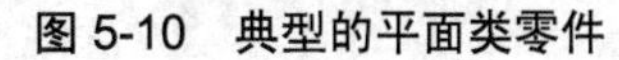

图 5-10　典型的平面类零件

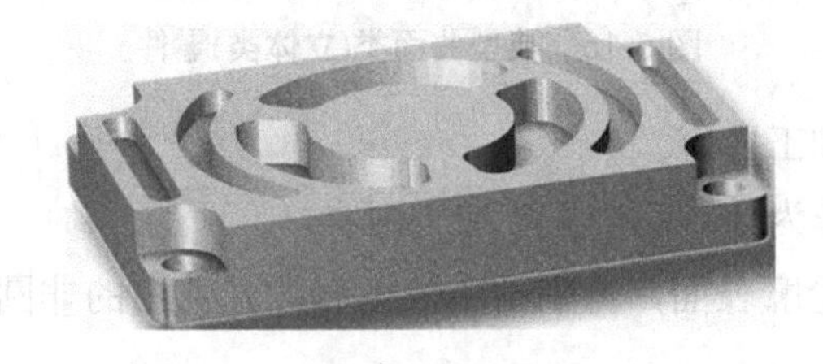

图 5-11　较复杂典型平面类零件

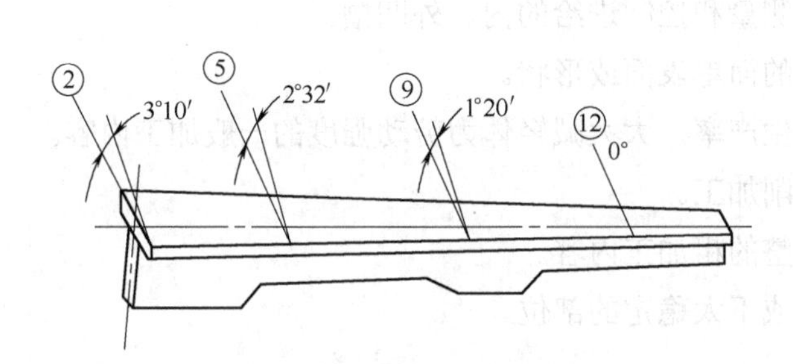

图 5-12　飞机上的变斜角梁椽条

图 5-13　变斜角类零件的加工

(3) 曲面类(立体类)零件。加工面为空间曲面的零件称为曲面类零件，如图 5-14 所示。这类零件的特点是：一是加工面不能展开成平面；二是加工面与加工刀具(铣刀)始终为点接触。这类零件在数控铣床的加工中也较为常见，通常采用两轴半联动数控铣床加工精度要求不高的曲面；精度要求高的曲面需用三轴联动数控铣床加工；若曲面周围有干涉表面，需用四轴甚至五轴联动数控铣床加工。图 5-15 所示为典型的曲面类(立体类)零件。

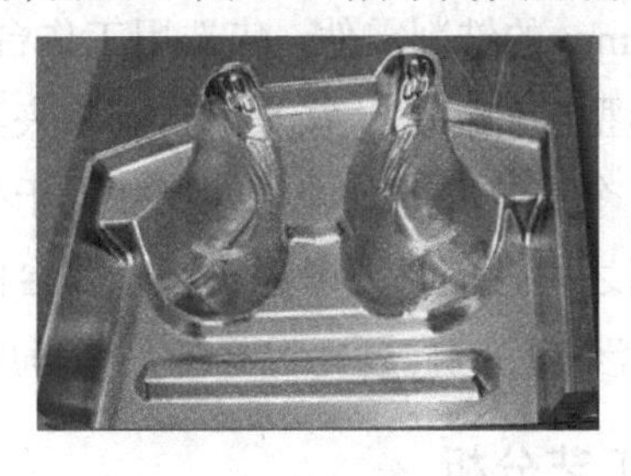

图 5-14　曲面类零件

图 5-15　典型曲面类(立体类)零件

2)　数控铣床主要加工内容

下列加工内容一般作为数控铣削主要加工内容。

(1)　工件上的曲线轮廓表面，特别是由数学表达式给出的非圆曲线和列表曲线等曲线轮廓。

(2)　给出数学模型的空间曲面或通过测量数据建立的空间曲面。

(3)　形状复杂、尺寸繁多，划线与检测困难的部位及尺寸精度要求较高的表面。

(4)　通用铣床加工时难以观察、测量和控制进给的内、外凹槽。

(5)　能在一次安装中顺带铣出来的简单表面或形状。

(6)　采用数控铣削后能成倍提高生产率，大大减轻体力劳动强度的一般加工内容。

下面加工内容一般不采用数控铣削加工。

(1)　需要进行长时间占机人工调整的粗加工内容。

(2)　毛坯上的加工余量不太充分或不太稳定的部位。

(3)　简单的粗加工表面。

(4)　必须用细长铣刀加工的部位，一般是指狭长深槽或高肋板小转接圆弧部位。

4. 数控铣床的选择

在数控铣床加工精度满足零件图纸技术要求的前提下，选择数控铣床的最主要技术参数是其多个数控轴的行程范围，数控铣床的三个基本直线坐标(X、Y、Z)行程反映该机床允许的加工空间。一般情况下，加工工件的轮廓尺寸应在机床的加工空间范围之内，如典型工件是 450 mm×450 mm ×450 mm 的铣削零件，应选用工作台面尺寸为 500 mm×500 mm 的数控铣床。选用工作台面比典型工件稍大一些是出于安装夹具的考虑，工作台面的大小基本上确定了加工空间的大小，个别情况下允许工件尺寸大于坐标行程，但这时必须要求零件上的加工区域处在行程范围之内，而且要考虑机床工作台的允许承载能力，以及工件是否与机床防护罩等附件发生干涉等系列问题。选择的具体考虑因素可参考项目七。

资料二　零件图纸工艺分析

数控铣削零件图纸工艺分析包括分析零件图纸技术要求、检查零件图的完整性和正确性、零件的结构工艺性分析和零件毛坯的工艺性分析。

1. 分析零件图纸技术要求

分析铣削零件图纸技术要求时，主要考虑如下几个方面。

(1) 各加工表面的尺寸精度要求。

(2) 各加工表面的几何形状精度要求。

(3) 各加工表面之间的相互位置精度要求。

(4) 各加工表面粗糙度要求以及表面质量方面的其他要求。

(5) 热处理要求及其他要求。

根据上述零件图纸技术要求，首先，要根据零件在产品中的功能研究分析零件与部件或产品的关系，从而认识零件的加工质量对整个产品质量的影响，并确定零件的关键加工部位和精度要求较高的加工表面等，认真分析上述各精度和技术要求是否合理。其次，要考虑在数控铣床上加工能否保证零件的各项精度和技术要求，进而具体考虑在哪一种机床上加工最为合理。

2. 检查零件图的完整性和正确性

由于数控铣削加工程序是以准确的坐标点来编制的，因此，各图形几何要素间的相互关系(如相切、相交、垂直、平行和同心等)应明确；各种几何要素的条件要充分，应无引起矛盾的多余尺寸或影响工序安排的封闭尺寸；尺寸、公差和技术要求是否标注齐全等。例如，在实际加工中常常会遇到图纸中缺少尺寸，给出的几何要素的相互关系不够明确，使编程计算无法完成，或者虽然给出了几何要素的相互关系，但同时又给出了引起矛盾的相关尺寸，同样给数控编程计算带来困难。另外，要特别注意零件图纸各方向尺寸是否有统一的设计基准，以便简化编程，保证零件的加工精度要求。

采用自动编程根据零件图纸建立复杂表面数学模型后，必须仔细地检查数学模型的完整性、合理性及几何拓扑关系的逻辑性。数学模型的完整性是指数学模型是否全面表达图纸所表达的零件真实形状；合理性是指生成的数学模型中的曲面是否满足曲面造型的要求，主要包括曲面参数对应性、曲面的光顺性等，曲面不能有异常的凸起和凹坑；几何拓扑关系的逻辑性是指曲面与曲面之间的相互关系，主要包括曲面与曲面之间的连接是否满足指定的要求(如位置连续性、切矢连续性、曲率连续性等)，曲面的修剪是否干净、彻底等。

3. 零件的结构工艺性分析

零件的结构工艺性是指所设计的零件在满足使用要求的前提下制造的可行性和经济性。良好的结构工艺性可以使零件加工容易，节省工时和材料，而较差的零件结构工艺性会使加工困难，浪费工时和材料，有时甚至无法加工。因此，零件各加工部位的结构工艺性应符合数控加工的特点。

1) 零件图纸上的尺寸标注应方便编程

编程方便与否常常是衡量数控工艺性好坏的一个指标。在实际生产中，零件图纸上尺寸标注方法对工艺性影响较大，为此零件图纸尺寸标注应符合数控加工编程方便的原则。

2) 分析零件的变形情况，保证获得要求的加工精度

零件尺寸所要求的加工精度、尺寸公差是否都可以得到保证？不要认为数控铣床加工精度高而放弃这种分析。特别要注意过薄的底板与肋板的厚度公差，“铣工怕铣薄”，数控铣削也是一样，过薄的底板或肋板在加工时由于产生的切削拉力及薄板的弹力退让极易产生切削面的振动，使薄板厚度尺寸公差难以保证，其表面粗糙度也将恶化或变坏。零件在数控铣削加工时的变形，不仅影响加工质量，而且当变形较大时，将使加工不能继续下去。根据实践经验，当面积较大的薄板厚度小于 3 mm 时，就应在工艺上充分重视这一问题。一般采取如下预防措施。

(1) 对于大面积的薄板零件，改进装夹方式，采用合适的加工顺序和刀具。

(2) 采用适当的热处理方法：如对钢件进行调质处理，对铸铝件进行退火处理。

(3) 采用粗、精加工分开及对称去除余量等措施来减小或消除变形的影响。

(4) 充分利用数控机床的循环功能，减小每次进刀的切削深度或切削速度，从而减小切削力，控制零件在加工过程中的变形。

3) 尽量统一零件轮廓内圆弧的有关尺寸

(1) 轮廓内圆弧半径 R 常常限制刀具的直径。

内槽(内型腔)圆角的大小决定着刀具直径的大小，所以内槽(内型腔)圆角半径不应太小。如图 5-16 所示的零件，其结构工艺性的好坏与被加工轮廓的高低、转角圆弧半径的大小等因素有关。图 5-16(b)与图 5-16(a)相比，转角圆弧半径大，可以采用较大直径的立铣刀来加工；加工平面时，进给次数也相应减少，表面加工质量也会好一些，因而图 5-16(b)工艺性较好。通常 $R<0.2H$ 时，可以判定零件该部位的工艺性不好。

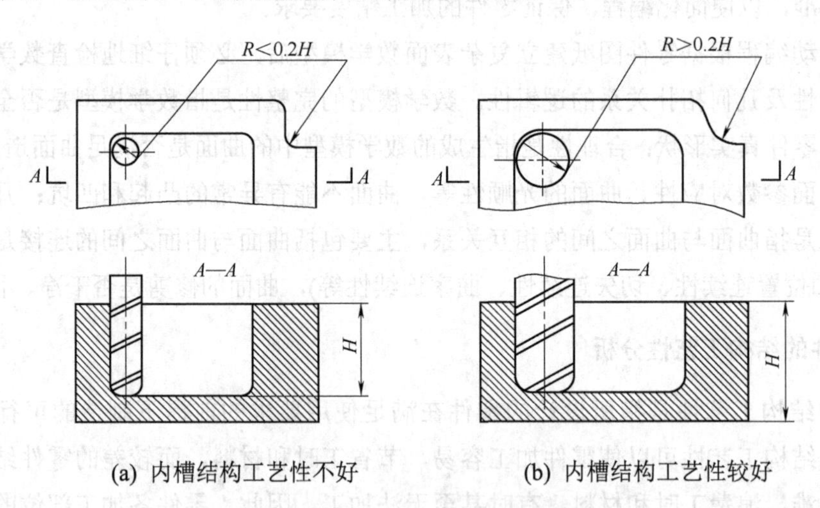

图 5-16 内槽(内型腔)结构工艺性对比

(2)　转接圆弧半径值大小的影响。

转接圆弧半径小，可以采用较大铣刀加工槽底平面，加工效率高且加工表面质量也较好，因此工艺性较好。

铣槽底平面时，槽底圆角半径 r 不要过大。如图 5-17 所示，铣刀端面刃与铣削平面的最大接触直径 $d=D-2r$(D 为铣刀直径)，当 D 一定时，r 越大，铣刀端面刃铣削平面的面积越小，加工平面的能力就越差，效率就越低，工艺性也越差。当 r 大到一定程度时，甚至必须用球头铣刀加工，这是应该尽量避免的。当铣削的底面面积较大，底部圆弧 r 也较大时，只能用两把 r 不同的铣刀分两次进行铣削。

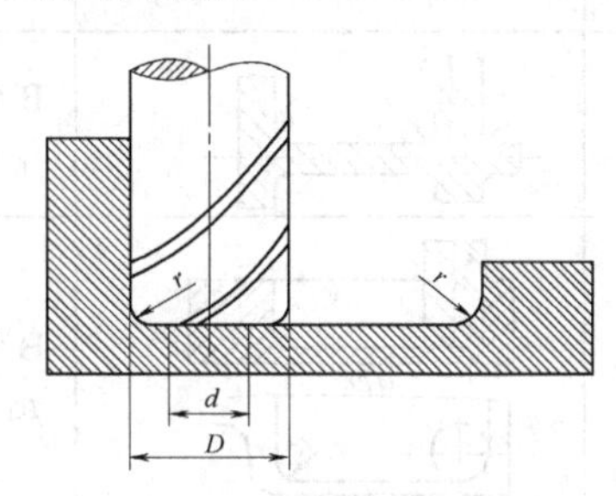

图 5-17　零件槽底平面圆弧对铣削工艺的影响

在一个零件上，凹圆弧半径在数值上一致性的问题对数控铣削的工艺性显得非常重要。零件的外形、内腔最好采用统一的几何类型或尺寸，这样可以减少换刀次数，使编程方便，有利于提高生产效率。一般来说，即使不能寻求完全统一，也要力求将数值相近的圆弧半径分组靠拢，达到局部统一，以尽量减少铣刀规格和换刀次数，并避免因频繁换刀而增加了零件加工面上的接刀阶差，降低表面加工质量。

4)　保证基准统一原则

有些零件需要多次装夹才能完成加工(见图 5-18)，由于数控铣削不能像普通铣床加工时常用的“试切法”来接刀，往往会因为零件的重新安装而接不好刀。为了避免上述问题的产生，减小两次装夹误差，最好采用统一基准定位，因此零件上应有合适的孔作定位基准孔。如果零件上没有基准孔，也可以专门设置工艺孔作为定位基准(如在毛坯上增加工艺凸耳或在后续工序要铣去的余量上设基准孔)；如果无法制出基准孔，最基本的也要用经过精加工的面作为统一基准；如果上述两种条件均不能满足，则最好只加工其中一个最复杂的面，另一面放弃数控铣削而改由通用铣床加工。

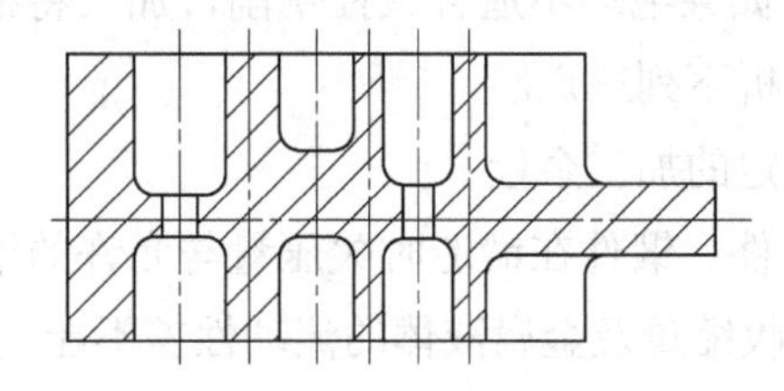

图 5-18　必须两次安装加工的零件

有关数控铣削零件的结构工艺性实例如表 5-2 所示。

表 5-2　数控铣削零件加工部位结构工艺性实例

序号	A 工艺性差的结构	B 工艺性好的结构	说明
1	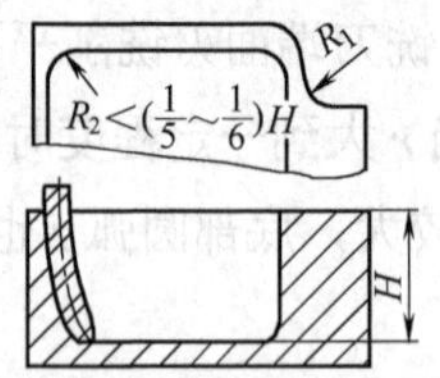R_1 $R_2<(\frac{1}{5}\sim\frac{1}{6})H$ H	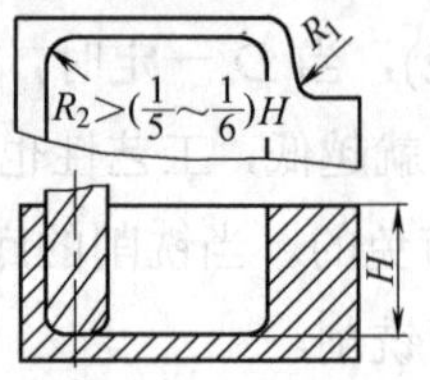R_1 $R_2>(\frac{1}{5}\sim\frac{1}{6})H$ H	B 结构可选用较高刚性刀具
2	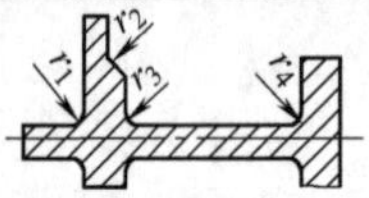r_1 r_2 r_3 r_4	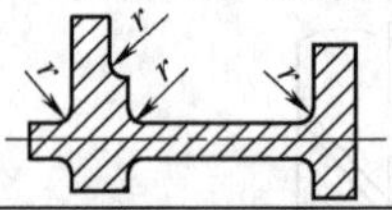r	B 结构需用刀具比 A 结构少，减少了换刀的辅助时间
3	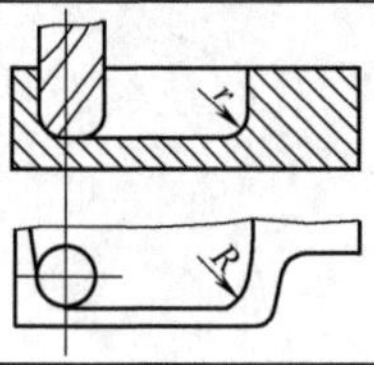r R	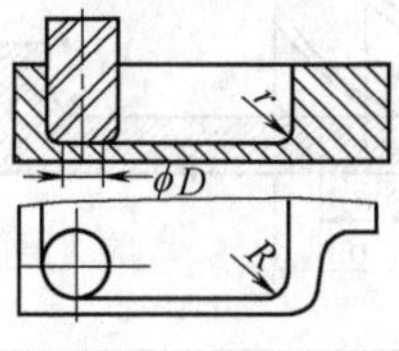r ϕD R	B 结构 R 大、r 小，铣刀端刃铣削面积大，生产效率高
4	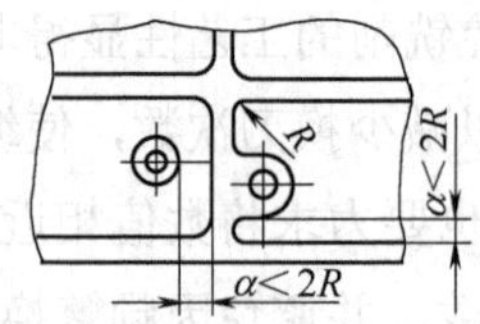R $a<2R$ $a<2R$	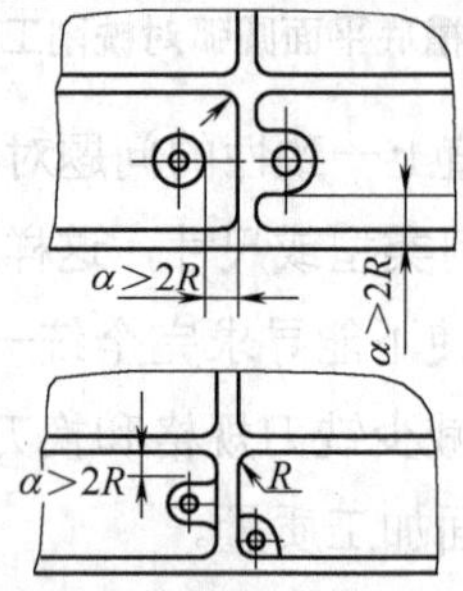$a\geq 2R$ $a>2R$ $a>2R$ R	B 结构 $a>2R$，便于半径为 R 的铣刀进入，所需刀具少，加工效率高
5	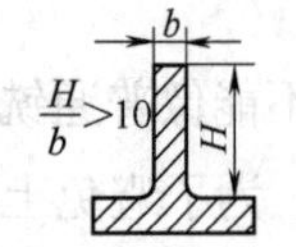b $\frac{H}{b}>10$ H	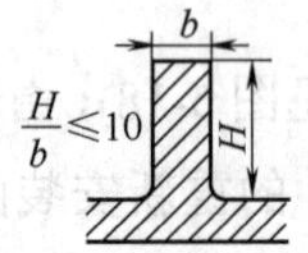b $\frac{H}{b}\leq 10$ H	B 结构刚性好，可用大直径铣刀加工，加工效率高

4. 零件毛坯的工艺性分析

在分析数控铣削零件的结构工艺性时，还需要分析零件的毛坯工艺性。因为零件在进行数控铣削加工时，由于加工过程的自动化，使余量的大小、如何装夹等问题在设计毛坯时就应仔细考虑好；否则，如果毛坯不适合数控铣削，加工将很难进行下去。数控铣削零件的毛坯工艺性分析主要分析下列三点。

1)　毛坯应有充分、稳定的加工余量

毛坯主要是指锻件、铸件。锻件在锻造时欠压量与允许的错模量会造成余量不均匀；铸件在铸造时因砂型误差、收缩量及金属液体的流动性差不能充满型腔等造成余量不均匀。此外，铸造、锻造后，毛坯的挠曲和扭曲变形量的不同也会造成加工余量不充分、不稳定。因此，除板料外，不论是锻件、铸件还是型材，只要准备采用数控铣削加工，其加工面均

应有充分的余量。经验表明，数控铣削中最难保证的是加工面与非加工面之间的尺寸，对这一点应引起特别的重视。因此，如果已确定或准备采用数控铣削加工，就应事先对毛坯的设计进行必要的更改或在设计时就加以充分考虑，即在零件图样注明的非加工面处增加适当的余量。

2)　分析毛坯的装夹适应性

主要考虑毛坯在加工时定位和夹紧的可靠性与方便性，以便在一次安装中加工出较多表面。对不便装夹的毛坯，可考虑在毛坯上另外增加装夹余量或工艺凸台、工艺凸耳等辅助基准。如图 5-19 所示，该工件缺少合适的定位基准，在毛坯上铸出两个工艺凸耳，在凸耳上制出定位基准孔。

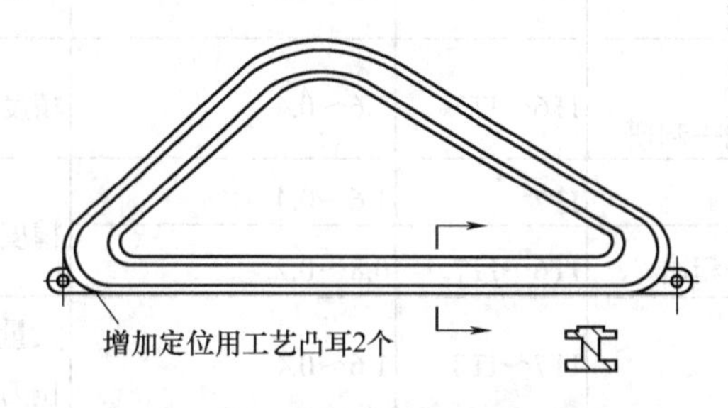

图 5-19　增加毛坯辅助基准示例

3)　分析毛坯的变形、余量大小及均匀性

分析毛坯加工中与加工后的变形程度，考虑是否应采取预防性措施和补救措施。如对于热轧中、厚铝板，经淬火时效后很容易加工变形，这时最好采用经预拉伸处理的淬火板坯。对于毛坯余量大小及均匀性，主要考虑在加工中是否要分层铣削，分几层铣削。在自动编程时，这个问题尤其重要。

资料三　拟定数控铣削加工工艺路线

拟定数控铣削加工工艺路线的主要内容包括：选择各加工表面的加工方法、划分加工阶段、划分加工工序、确定加工顺序(工序顺序安排)和进给加工路线(又称走刀路线)确定等。由于生产批量的差异，即使是同一零件的数控铣削加工工艺方案也有所不同。拟定数控铣削加工工艺时，应根据具体生产批量、现场生产条件、生产周期等情况，拟定经济、合理的数控铣削加工工艺。

1. 加工方法选择

对于数控铣削加工，应重点考虑这样几个方面：能保证零件的加工精度和表面粗糙度要求；使走刀路线最短，这样既可简化编程程序段，又可减少刀具空行程时间，提高加工效率；应使节点数值计算简单，程序段数量少，以减少编程工作量。一般根据零件的加工精度、表面粗糙度、材料、结构形状、尺寸及生产类型确定零件表面的数控铣削加工方法及加工方案。

1) 平面加工方法的选择

数控铣削平面主要采用端铣刀、立铣刀和面铣刀加工。粗铣的尺寸精度和表面粗糙度一般可达 IT10～IT12，表面粗糙度 R_a6.3～25 μm；精铣的尺寸精度和表面粗糙度一般可达 IT7～IT9，表面粗糙度 R_a1.6～6.3 μm；当零件表面粗糙度要求较高时，应采用顺铣方式。平面加工精度经济的加工方法(表内铣削加工方法采用数控铣削)如表 5-3 所示。

表 5-3　平面加工精度经济加工方法

序号	加 工 方 法	经济精度级	表面粗糙度 R_a 值/μm	适 用 范 围
1	粗铣—精铣或 粗铣—半精铣—精铣	IT7～IT9	6.3～1.6	一般不淬硬平面
2	粗铣—精铣—刮研或 粗铣—半精铣—精铣—刮研	IT6～IT7	1.6～0.4	精度要求较高的不淬硬平面
3	粗铣—精铣—磨削	IT7	1.6～0.4	精度要求高的淬硬平面
4	粗铣—精铣—粗磨—精磨	IT6～IT7	0.8～0.2	
5	粗铣—半精铣—拉	IT7～IT8	1.6～0.4	大量生产，较小的平面(精度视拉刀精度而定)
6	粗铣—精铣—磨削—研磨	IT6 级以上	0.2～0.05	高精度平面

2) 平面轮廓的加工方法

这类零件的表面多由直线和圆弧或各种曲线构成，通常采用 3 坐标数控铣床进行两轴半坐标加工。图 5-20 所示为由直线和圆弧构成的零件平面轮廓 *ABCDEA*，采用半径为 *R* 的立铣刀沿周向加工，虚线 *A'B'C'D'E'A'* 为刀具中心的运动轨迹。为保证加工面光滑，刀具沿 *PA'* 切入，沿 *A'K* 切出。

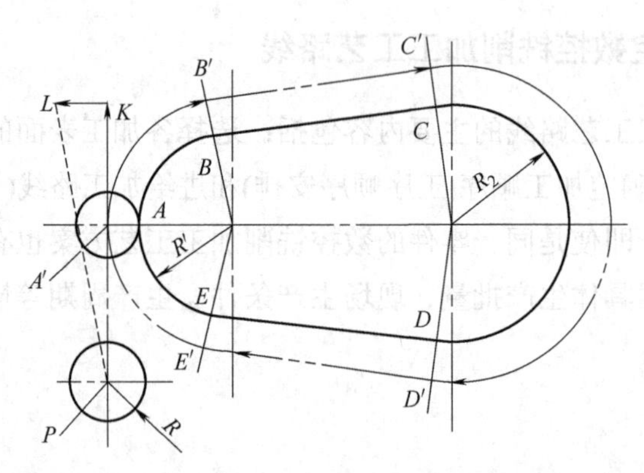

图 5-20　平面轮廓铣削

3) 固定斜角平面的加工方法

固定斜角平面是与水平面成一固定夹角的斜面，常用的加工方法如下。

(1) 当零件尺寸不大时，可用斜垫板垫平后加工；如果机床主轴可以摆角，则可以摆

成适当的定角，用不同的刀具来加工，如图 5-21 所示。当零件尺寸很大，斜面斜度又较小时，常用行切法加工("行切法"加工，即刀具与零件轮廓的切点轨迹是一行一行的，行间距按零件加工精度要求而确定)，但加工后，会在加工面上留下残留面积，需要用钳修方法加以清除，用 3 坐标数控立铣加工飞机整体壁板零件时常用此法。当然，加工斜面的最佳方法是采用 5 坐标数控铣床，主轴摆角后加工，可以不留残留面积。

(2)　对于图 5-10(b)所示的轮廓面 B 的正圆台表面，一般可用专用的角度成形铣刀加工。其效果比采用 5 坐标数控铣床摆角加工更好。

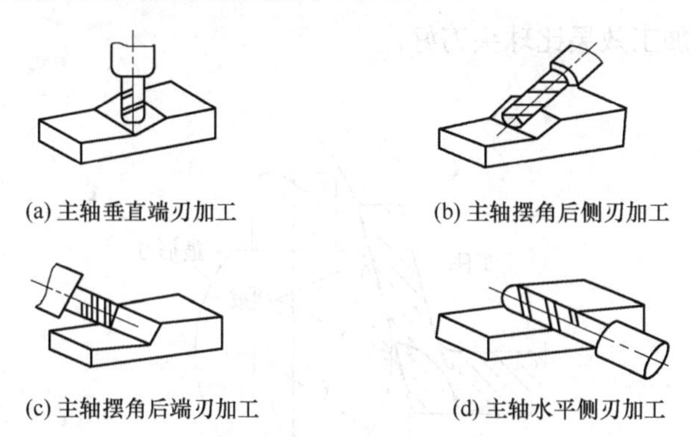

(a) 主轴垂直端刃加工
(b) 主轴摆角后侧刃加工
(c) 主轴摆角后端刃加工
(d) 主轴水平侧刃加工

图 5-21　主轴摆角加工固定斜面

4)　变斜角面的加工

(1)　对曲率变化较小的变斜角面，用 x、y、z 和 A4 坐标联动的数控铣床，采用立铣刀(但当零件斜角过大，超过机床主轴摆角范围时，可用角度成形铣刀加以弥补)以插补方式摆角加工，如图 5-22(a)所示。加工时，为保证刀具与零件型面在全长上始终贴合，刀具绕 A 轴摆角度。

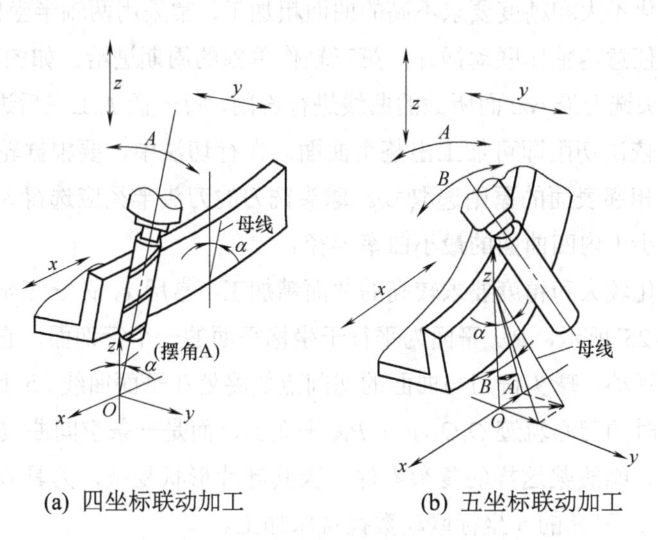

图 5-22　四、五坐标数控铣床加工零件变斜角面

(2) 对曲率变化较大的变斜角面，用 4 坐标联动加工难以满足加工要求，最好用 *x*、*y*、*z*、*A* 和 *B*(或 *C* 转轴)的 5 坐标联动数控铣床，以圆弧插补方式摆角加工，如图 5-22(b)所示。图 5-22 中夹角 *A* 和 *B* 分别是零件斜面母线与 *z* 坐标轴夹角 α 在 *zoy* 平面上和 *xoy* 平面上的分夹角。

(3) 采用 3 坐标数控铣床两坐标联动，利用球头铣刀和鼓形铣刀，以直线或圆弧插补方式进行分层铣削加工，加工后的残留面积用钳修方法清除，图 5-23 所示是用鼓形铣刀分层铣削变斜角面的情形。由于鼓形铣刀的鼓径可以做得比球头铣刀的球径大，所以加工后的残留面积高度小，加工效果比球头刀好。

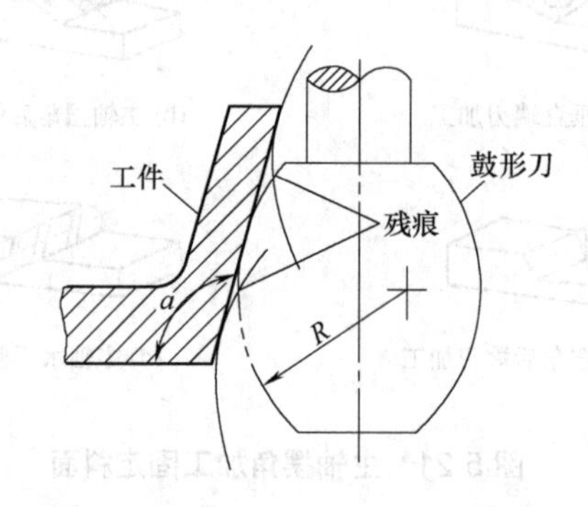

图 5-23 用鼓形铣刀分层铣削变斜角面

5) 曲面轮廓的加工方法

立体曲面的加工应根据曲面形状、刀具形状及精度要求采用不同的铣削加工方法，如两轴半、三轴、四轴及五轴等联动加工。

(1) 对曲率变化不大和精度要求不高的曲面粗加工，常采用两轴半坐标的行切法加工，即 *x*、*y*、*z* 三轴中任意两轴作联动插补，第三轴作单独的周期进给。如图 5-24 所示，将 *x* 向分成若干段，球头铣刀沿 *yoz* 面所截的曲线进行铣削，每一段加工完后进给 Δx，再加工另一相邻曲线，如此依次切削即可加工出整个曲面。在行切法中，要根据轮廓表面粗糙度的要求及刀头不干涉相邻表面的原则选取 Δx。球头铣刀的刀头半径应选得大一些，有利于散热，但刀头半径应小于内凹曲面的最小曲率半径。

(2) 对曲率变化较大和精度要求较高的曲面精加工，常用 *x*、*y*、*z* 三坐标联动插补的行切法加工。如图 5-25 所示，*Pyz* 平面为平行于坐标平面的一个行切面，它与曲面的交线为 *ab*。由于是三坐标联动，球头铣刀与曲面的切削点始终处在平面曲线 *ab* 上，可获得较规则的残留沟纹，但这时的刀心轨迹 O_1O_2 不在 *Pyz* 平面上，而是一条空间曲线。

(3) 对像叶轮、螺旋桨这样的复杂零件，因其叶片形状复杂，刀具容易与相邻表面干涉，常用 *x*、*y*、*z*、*A* 和 *B* 的 5 坐标联动数控铣床加工。

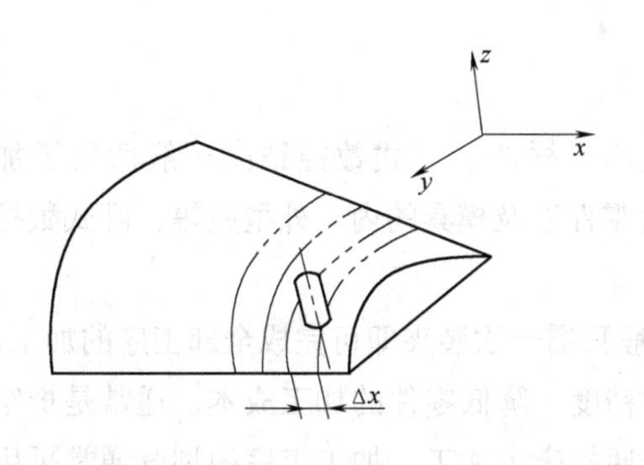

图 5-24　两轴半坐标行切法加工曲面

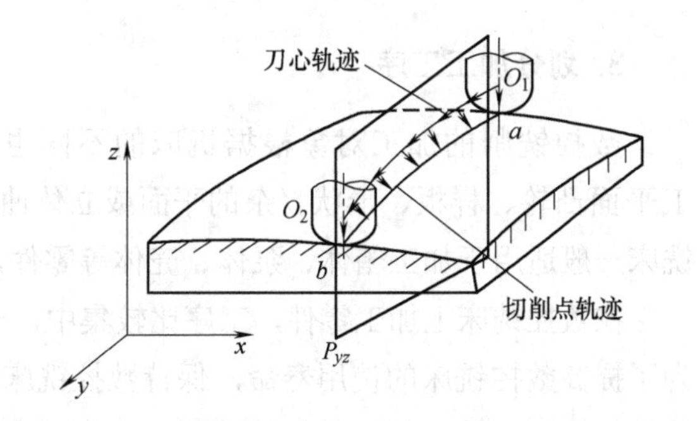

图 5-25　三轴联动行切法加工曲面的切削点轨迹

2. 划分加工阶段

当数控铣削零件的加工质量要求较高时，往往不可能用一道工序来满足其要求，而要用几道工序逐步达到所要求的加工质量。为保证加工质量和合理地使用设备，零件的加工过程通常按工序性质不同，分为粗加工、半精加工、精加工和光整加工四个阶段，如下。

(1) 粗加工阶段。粗加工阶段主要任务是切除毛坯上各表面的大部分多余金属，使毛坯在形状和尺寸上接近零件成品，其目的是提高生产率。

(2) 半精加工阶段。半精加工阶段任务是使主要表面达到一定的精度，留有一定的精加工余量，为主要表面的精加工(精铣或精磨)做好准备，并可完成一些次要表面加工，如扩孔、攻螺纹、铣键槽等。

(3) 精加工阶段。精加工阶段任务是保证各主要表面达到图纸规定的尺寸精度和表面粗糙度要求，其主要目标是如何保证加工质量。

(4) 光整加工阶段。光整加工阶段任务是对零件上精度和表面粗糙度要求很高(IT6 级以上，表面粗糙度为 R_a0.2 mm 以下)的表面，需要进行光整加工，其目的是提高尺寸精度、减小表面粗糙度。

划分加工阶段的目的如下。

(1) 保证加工质量。使粗加工产生的误差和变形，通过半精加工和精加工予以纠正，并逐步提高零件的精度和表面质量。

(2) 合理使用设备。避免以精干粗，充分发挥机床的性能，延长使用寿命。

(3) 便于安排热处理工序，使冷热加工工序配合得更好，热处理变形可以通过精加工予以消除。

(4) 有利于及早发现毛坯的缺陷(如铸件的砂眼、气孔等)粗加工时发现毛坯缺陷，及时予以报废，以免继续加工造成工时的浪费。

加工阶段的划分不是绝对的，必须根据工件的加工精度要求和工件的刚性来决定。一般说来，工件精度要求越高、刚性越差，划分阶段应越细；当工件批量小、精度要求不太高、工件刚性较好时，也可以不分或少分阶段。

3. 划分加工工序

数控铣削的加工对象根据机床的不同也是不一样的。立式数控铣床一般适用于加工平面凸轮、样板、形状复杂的平面或立体曲面零件以及模具的内、外型腔等。卧式数控铣床一般适用于加工箱体、泵体、壳体等零件。

在数控铣床上加工零件，工序比较集中，一般只需一次装夹即可完成全部工序的加工。为了提高数控铣床的使用寿命，保持数控铣床的精度，降低零件的加工成本，通常是把零件的粗加工，特别是零件的基准面、定位面在普通机床上加工。加工工序的划分通常采用工序集中原则和工序分散原则，单件、小批生产时，通常采用工序集中原则；成批生产时，可按工序集中原则划分，也可按工序分散原则划分，应视具体情况而定。对于结构尺寸和重量都很大的重型零件，应采用工序集中原则，以减少装夹次数和运输量。对于刚性差、精度高的零件，应按工序分散原则划分工序。

在数控铣床上加工的零件，一般按工序集中原则划分工序，划分方法如下。

(1) 刀具集中分序法。这种方法就是按所用刀具来划分工序的，用同一把刀具加工完成所有可以加工的部位，然后再换刀。这种方法可以减少换刀次数，缩短辅助时间，减少不必要的定位误差。

(2) 粗、精加工分序法。根据零件的形状、尺寸精度等因素，按粗、精加工分开的原则，先粗加工，再半精加工，最后精加工。这种划分方法适用于加工后变形较大，需粗、精加工分开的零件，如毛坯为铸件、焊接件或锻件的零件。

(3) 加工部位分序法。即以完成相同型面的那一部分工艺过程作为一道工序，一般先加工平面、定位面，再加工孔；先加工形状简单的表面，再加工复杂的几何形状表面；先加工精度比较低的部位，再加工精度比较高的部位。

(4) 安装次数分序法。以一次安装完成的那一部分工艺过程作为一道工序。这种划分方法适用于工件的加工内容不多、加工完成后就能达到待检的状态。

4. 加工顺序(工序顺序安排)

数控铣削加工顺序安排是否合理，将直接影响到零件的加工质量、生产率和加工成本。应根据零件的结构和毛坯状况，结合定位及夹紧的需要综合考虑，重点应保证工件的刚度不被破坏，尽量减少变形。制定零件数控铣削加工工序顺序一般遵循下列原则。

(1) 基面先行原则。用作精基准的表面，要首先加工出来，因为定位基准的表面越精确，装夹误差就越小。所以，第一道工序一般是进行定位面的粗加工和半精加工(有时包括精加工)，然后再以精基准面定位加工其他表面。

(2) 先粗后精原则。先安排粗加工，中间安排半精加工，最后安排精加工和光整加工，逐步提高加工表面的加工精度，减小加工表面粗糙度。

(3) 先主后次原则。先安排零件的装配基面和工作表面等主要表面的加工，后安排如

键槽、紧固用的光孔和螺纹孔等次要表面的加工。由于次要表面加工工作量小，又常与主要表面有位置精度要求，所以一般放在主要表面的半精加工之后精加工之前进行。

(4) 先面后孔原则。对于箱体、支架类零件，平面轮廓尺寸较大，先加工用作定位的平面和孔的端面，然后再加工孔，特别是钻孔，孔的轴线不易偏斜。这样可使工件定位夹紧稳定可靠，利于保证孔与平面的位置精度，减小刀具的磨损，同时也给孔加工带来方便。

(5) 先内后外原则。一般先进行内型腔加工，后进行外形加工。

5. 进给加工路线的确定

1) 逆铣与顺铣的确定

(1) 逆铣与顺铣的概念。

铣刀的旋转方向和工作台(工件)进给方向相反时称为逆铣，相同时称为顺铣，如图 5-26 所示。

(2) 逆铣与顺铣的特点。

逆铣时(见图 5-26(a))，刀具从已加工表面切入，切削厚度从零逐渐增大；刀齿在已加工表面上滑行、挤压，使这段表面产生严重的冷硬层，下一个刀齿切入时，又在冷硬层表面滑行、挤压，不仅使刀齿容易磨损，而且使工件的表面粗糙度增大；并且刀齿在已加工面处切入工件时，由于切屑变形大，切屑作用在刀具上的力使刀具实际切深加大，可能会产生“挖刀”式的多切，造成后续加工余量不足。同时，刀齿切离工件时垂直方向的切削分力 F_{V1} 有把工件从工作台上挑起的倾向，因此需较大的夹紧力。但逆铣时刀齿从已加工表面切入，不会造成从毛坯面切入而“打刀”；另外，其水平切削分力与工件进给方向相反，使铣床工作台纵向进给的丝杠与螺母传动面始终是右侧面抵紧(见图 5-26(b))，不会受丝杠螺母副间隙的影响，铣削较平稳。

顺铣时(见图 5-26(c))，刀具从待加工表面切入，切削厚度从最大逐渐减小为零，切入时冲击力较大；刀齿无滑行、挤压现象，对刀具耐用度有利；其垂直方向的切削分力 F_{V2} 向下压向工作台，减小了工件上下的振动，对提高铣刀加工表面质量和工件的夹紧有利。但顺铣的水平切削分力与工件进给方向一致，当水平切削分力大于工作台摩擦力(例如遇到加工表面有硬皮或硬质点)时，使工作台带动丝杠向左窜动，丝杠与螺母传动副右侧面出现间隙(见图 5-26(d))，硬点过后丝杠螺母副的间隙恢复正常(左侧间隙)，这种现象对加工极为不利，会引起“啃刀”或“打刀”现象，甚至损坏夹具或机床。

上述逆铣与顺铣是对铣刀中心线与铣削平面空间平行而言的，例如卧式数控铣床铣削工件的平面与铣刀中心线空间平行；对铣刀中心线与铣削平面垂直的平面铣削，例如立式数控铣床铣削工件平面，则铣刀在铣削过程中逆铣与顺铣同时存在，如图 5-27 所示。

(3) 逆铣、顺铣的选择。

根据上面的分析，当工件表面有硬皮、机床的进给机构有间隙时，应选用逆铣。因为逆铣时，刀齿是从已加工表面切入的，不会崩刃，机床进给机构的间隙不会引起振动和爬行，因此粗铣时应尽量采用逆铣。当工件表面无硬皮、机床进给机构无间隙时，应选用顺铣。因为顺铣加工后，零件表面质量好，刀齿磨损小，因此精铣时，尤其是零件材料为铝镁合金、钛合金或耐热合金时，应尽量采用顺铣。一般精铣采用顺铣。

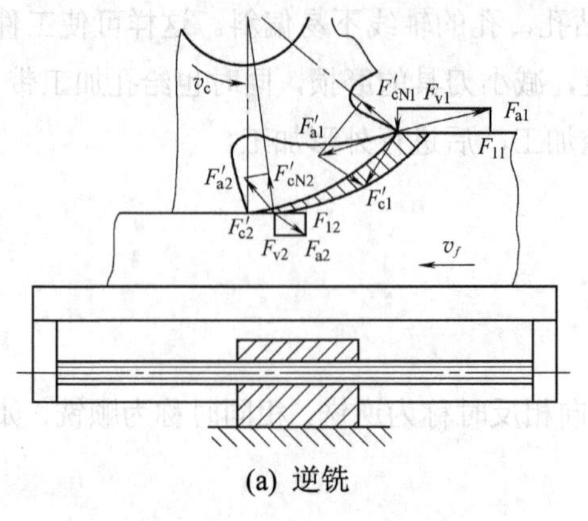

(a) 逆铣

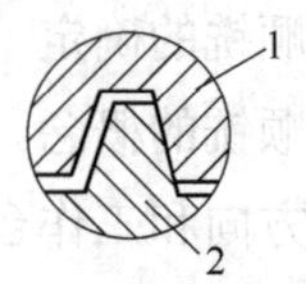

(b) 逆铣丝杆螺母间传动面始终紧贴

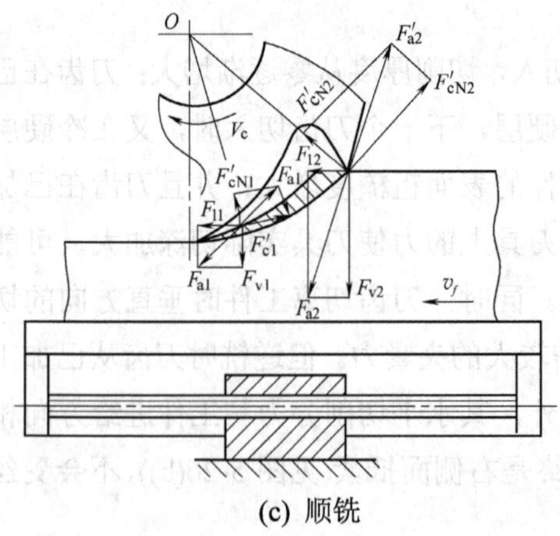

(c) 顺铣

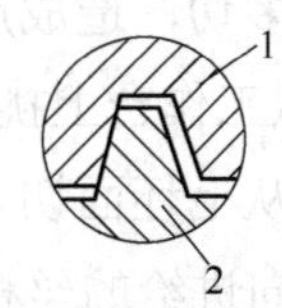

(d) 顺铣丝杆与螺母传动副右侧面瞬间出现间隙

图 5-26　逆铣与顺铣

1—螺母；2—丝杆

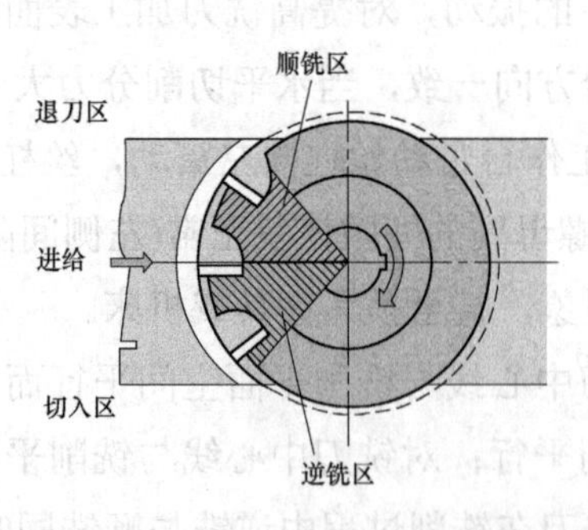

图 5-27　铣刀中心线与铣削平面垂直的平面铣削

由于数控铣床基本都采用滚珠丝杆螺母副传动，进给传动机构一般无间隙或间隙值极小，这时如果加工的毛坯硬度不高、尺寸大、形状复杂、成本高，即使粗加工，一般也应

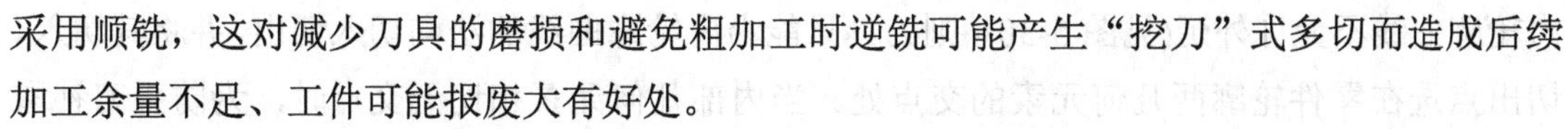

采用顺铣，这对减少刀具的磨损和避免粗加工时逆铣可能产生“挖刀”式多切而造成后续加工余量不足、工件可能报废大有好处。

在数控铣床主轴正向旋转、刀具为右旋铣刀时，顺铣正好符合左刀补(即 G41)，逆铣正好符合右刀补(即 G42)。所以，一般情况下，精铣用 G41 建立刀具半径补偿，粗铣用 G42 建立刀具半径补偿。

2)　加工工艺路线

加工路线是刀具在整个加工工序中相对于工件的运动轨迹，不但包括了工步的内容，而且也反映出工步的顺序。合理地选择加工路线不但可以提高切削效率，还可以提高零件的表面精度。在确定数控铣削加工路线时，应遵循如下原则：保证零件的加工精度和表面粗糙度；使走刀路线最短，减少刀具空行程时间，提高加工效率；使节点数值计算简单，程序段数量少，以减少编程工作量；最终轮廓一次走刀完成。

(1)　铣削平面类零件的加工路线。

铣削平面类零件外轮廓时，一般采用立铣刀侧刃进行切削。为减少接刀痕迹，保证零件表面质量，对刀具的切入和切出程序需要精心设计。

①　铣削外轮廓的加工路线。

当铣削平面零件外轮廓时，一般采用立铣刀侧刃切削。刀具切入工件时，应避免沿零件外轮廓的法向切入，而应沿切削起始点延长线的切向逐渐切入工件，以避免在切入处产生刀具的划痕而影响加工表面质量，保证零件曲线的平滑过渡。在切离工件时，也应避免在切削终点处直接抬刀，要沿着切削终点延长线的切向逐渐切离工件。如图 5-28 所示，铣刀的切入和切出点应沿零件轮廓曲线的延长线上切入和切出零件表面，而不应沿法向直接切入零件，以避免加工表面产生划痕，保证零件轮廓光滑。

当用圆弧插补方式铣削零件外轮廓或整圆加工时(见图 5-29)，要安排刀具从切向进入圆周铣削加工。当整圆加工完毕后，不要在切点处 2 直接退刀，而应让刀具沿切线方向多运动一段距离，以免取消刀补时刀具与工件表面相碰，造成工件报废。

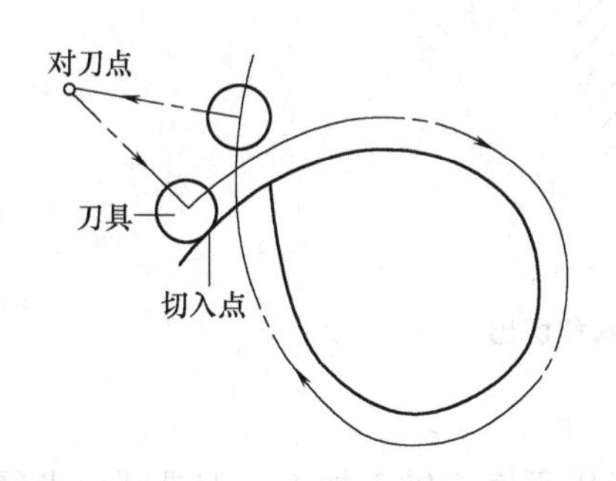

图 5-28　外轮廓加工刀具的切入和切出

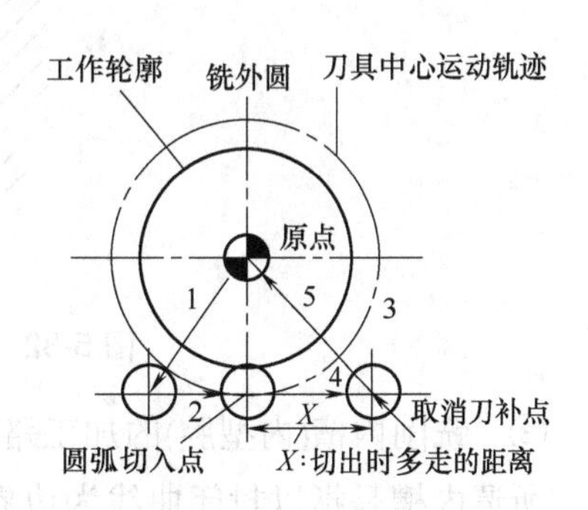

图 5-29　外轮廓加工刀具的切入和切出

②　铣削内轮廓的加工路线。

当铣削封闭的内轮廓表面时，若内轮廓曲线允许外延，则应沿切线方向切入切出。若

内轮廓曲线不允许外延(见图 5-30)，则刀具只能沿内轮廓曲线的法向切入切出，并将其切入、切出点选在零件轮廓两几何元素的交点处。当内部几何元素相切无交点时，为防止刀补取消时在轮廓拐角处留下凹口，刀具切入、切出点应远离拐角，如图 5-31 所示。

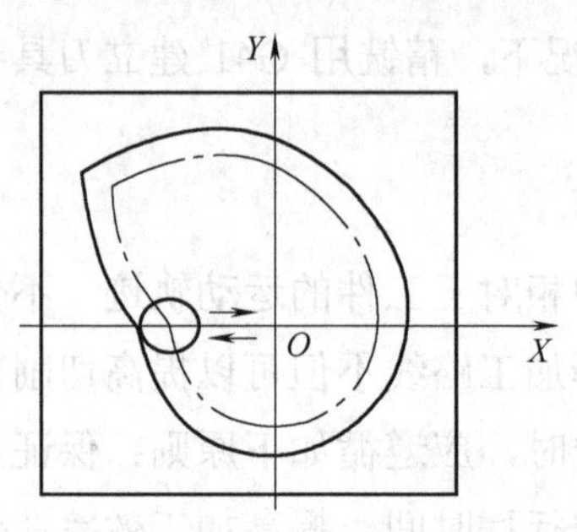

图 5-30 内轮廓加工刀具的切入和切出

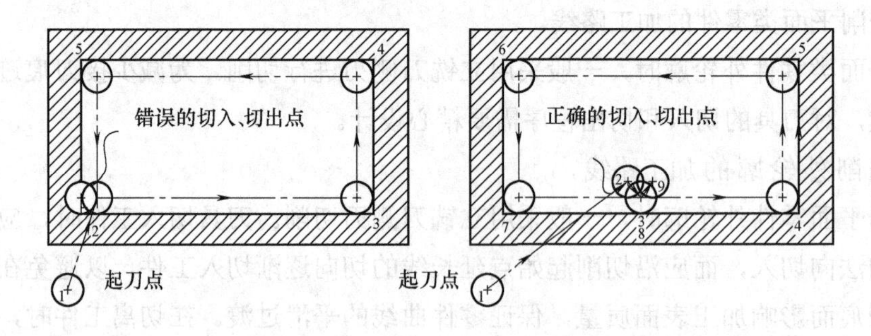

图 5-31 无交点内轮廓加工刀具的切入和切出

当用圆弧插补铣削内圆弧时，也要遵循从切向切入、切出的原则，最好安排从圆弧过渡到圆弧的加工路线，以提高内孔表面的加工精度和质量，如图 5-32 所示。

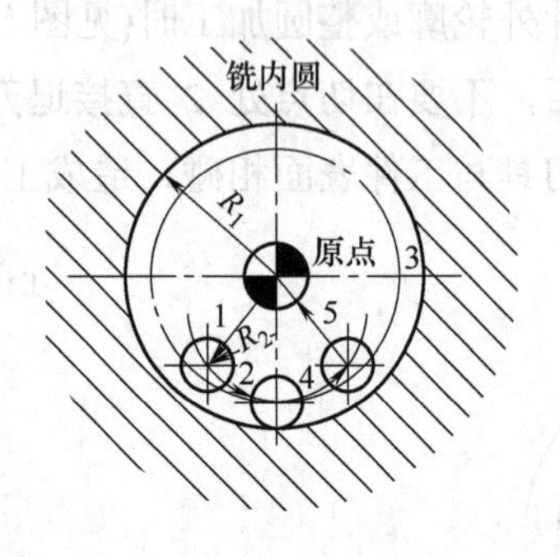

图 5-32 内轮廓加工刀具的切入和切出

③ 铣削内槽(内型腔)的加工路线。

所谓内槽是指以封闭曲线为边界的平底凹槽，一般用平底立铣刀加工，刀具圆角半径应符合内槽的图纸要求。图 5-33 所示为加工内槽的三种进给路线，图 5-33(a)和图 5-33(b)分别为用行切法和环切法加工内槽。两种进给路线的共同点是：都能切净内腔槽中的全部面积，不留死角，不伤轮廓，同时尽量减少重复进给的搭接量；不同点是：行切法的进给

路线比环切法短，但行切法将在每两次进给的起点与终点间留下残留面积，而达不到所要求的加工表面粗糙度。用环切法加工获得的零件表面粗糙度要好于行切法，但环切法需要逐次向外扩展轮廓线，刀位点计算稍微复杂一些。采用图 5-33(c)所示的进给路线，即先用行切法切去中间部分余量，最后用环切法环切一刀光整轮廓表面，既能使总的进给路线较短，又能获得较好的表面粗糙度。

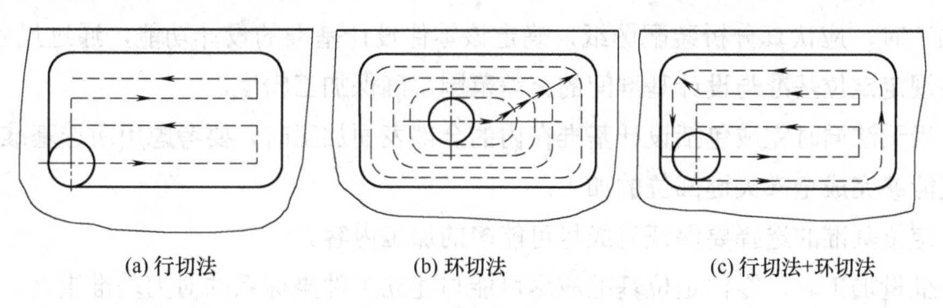

图 5-33　内槽的加工路线

(2) 铣削曲面类零件的加工路线。

铣削曲面类零件时，常用球头铣刀采用“行切法”进行加工。对于边界敞开的曲面加工，可采用两种加工路线，如图 5-34 所示的发动机大叶片。当采用图 5-34(a)所示的加工方案时，每次沿直线加工，刀位点计算简单，程序少，加工过程符合直纹曲面的形成，可以准确保证母线的直线度。当采用图 5-34(b)所示的加工方案时，符合这类零件数据给出情况，便于加工后检验，叶形的准确度较高，但程序较多。由于曲面零件的边界是敞开的，没有其他表面限制，所以曲面边界可以延伸，球头铣刀应由边界外开始加工。

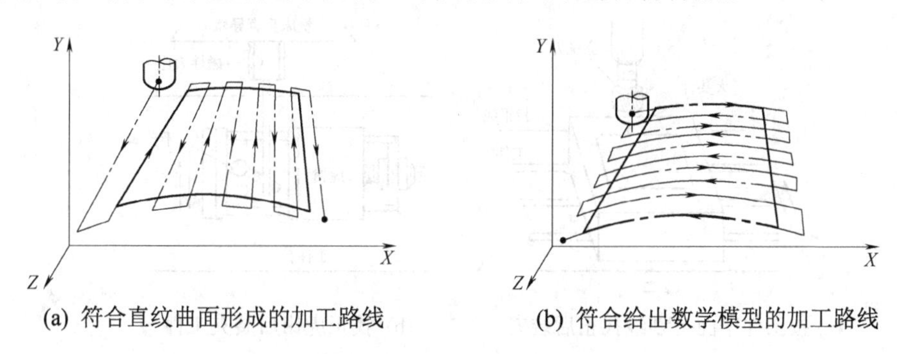

图 5-34　直纹曲面的加工路线

资料四　找正装夹方案及夹具选择

1. 找正装夹方案

1)　数控铣削零件的装夹定位基准选择

(1) 所选基准应能保证零件定位准确，力求设计基准、工艺基准与编程原点统一，以减少基准不重合误差。

(2) 所选基准与各加工部位间的各个尺寸计算简单，以减少数控编程中的计算工作量。

(3) 所选基准应能保证图纸各项加工精度要求。

2) 选择数控铣削零件定位基准应遵循的原则：

(1) 尽量选择零件上的设计基准作为定位基准。

(2) 当零件的定位基准与设计基准不能重合且加工面与其设计基准又不能在一次安装内同时加工时，应认真分析装配图纸，确定该零件设计基准的设计功能，通过尺寸链的计算，严格规定定位基准与设计基准间的公差范围，确保加工精度。

(3) 当无法同时完成包括设计基准在内的全部表面加工时，要考虑用所选基准定位后，一次装夹能够完成全部关键部位的加工。

(4) 定位基准的选择要保证完成尽可能多的加工内容。

(5) 批量加工时，零件定位基准应尽可能与建立工件坐标系的对刀基准重合。

(6) 必须多次安装时应遵从基准统一原则。

3) 数控铣削零件的找正装夹

当数控铣削零件较复杂、加工面较多时，需要经过多道工序的加工，其位置精度取决于工件的找正装夹方式和装夹精度。数控铣削零件常用的找正装夹方法如下。

(1) 直接找正装夹。

用划针、百分表或千分表等工具直接找正工件位置并加以夹紧的方法称直接找正装夹法。此法生产率低，精度取决于工人的技术水平和测量工具的精度，一般只用于单件或小批生产，如图 5-35 所示。

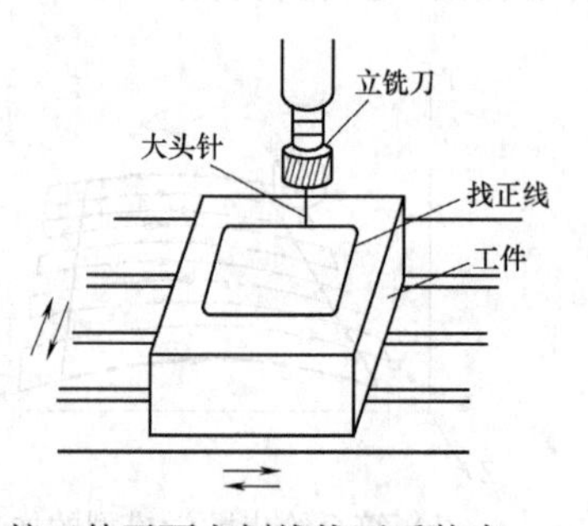

(a) 按工件平面上划线找正后装夹

(b) 找正虎钳后装夹工件

(c) 用百分表或千分表找正装夹

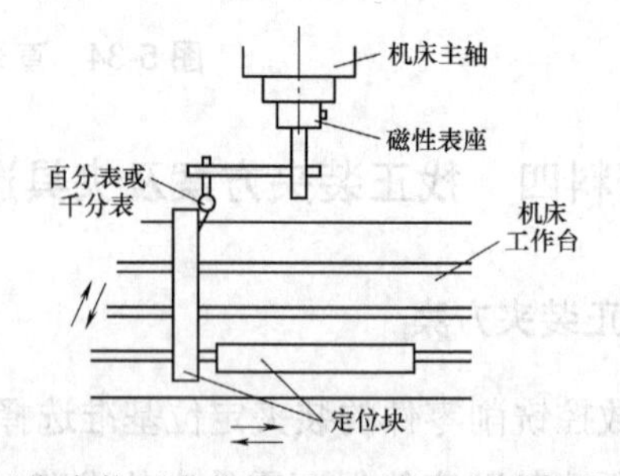

(d) 用靠表找正定位块后，工件靠紧定位块装夹

图 5-35 直接找正装夹

(2)　划线找正装夹。

先用划针画出要加工表面的位置，再按划线用划针找正工件在机床上的位置并加以夹紧。由于划线既费时，又需要技术高的划线工，所以一般用于批量不大，形状复杂而笨重的工件或低精度毛坯的加工，如图 5-36 所示。

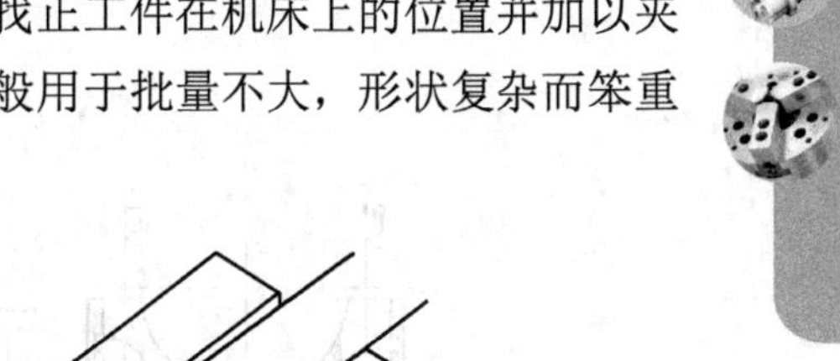

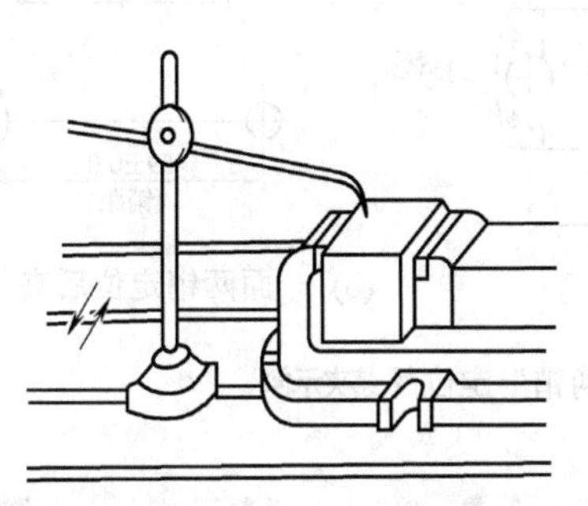

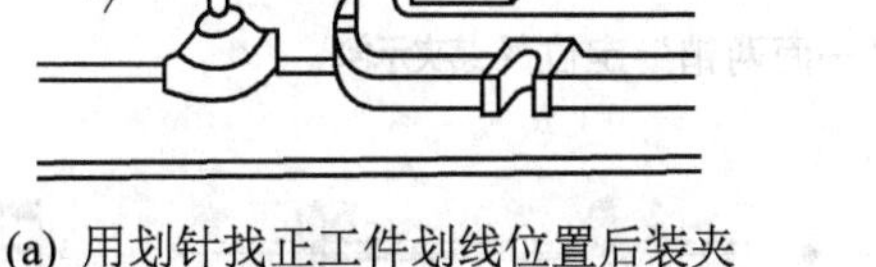

(a) 用划针找正工件划线位置后装夹

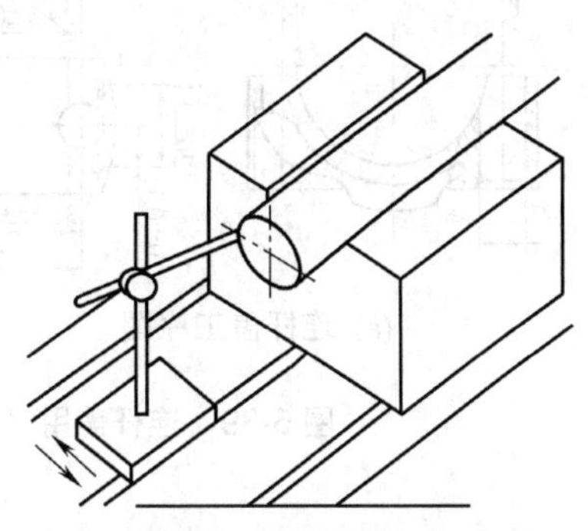

(b) 用划针找正工件划线位置后装夹

图 5-36　划线找正装夹

(3)　用夹具装夹。

将工件直接安装在夹具的定位元件上的方法称为夹具装夹法。这种方法安装迅速方便，定位精度较高而且稳定，生产率较高，广泛用于中批生产以上的生产类型。

用夹具装夹工件的方法具有如下优点。

①　工件在夹具中的正确定位是通过工件上的定位基准面与夹具上的定位元件相接触而实现的，因此，不再需要找正便可将工件夹紧。

②　由于夹具预先在机床上已调整好位置，因此，工件通过夹具相对于机床也就占有了正确的位置。

由此可见，在使用夹具的情况下，机床、夹具、刀具和工件所构成的工艺系统，环环相扣，相互之间保持正确的加工位置，从而保证零件的加工精度。

4)　常见数控铣削零件的定位、装夹示例(如图 5-37～图 5-40 所示)

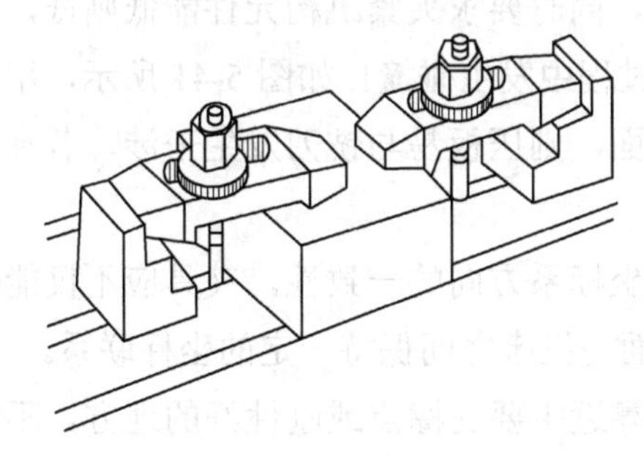

图 5-37　直接找正后用压板装夹工件示例

图 5-38　找正固定定位块后，工件靠紧定位块用压板装夹工件示例

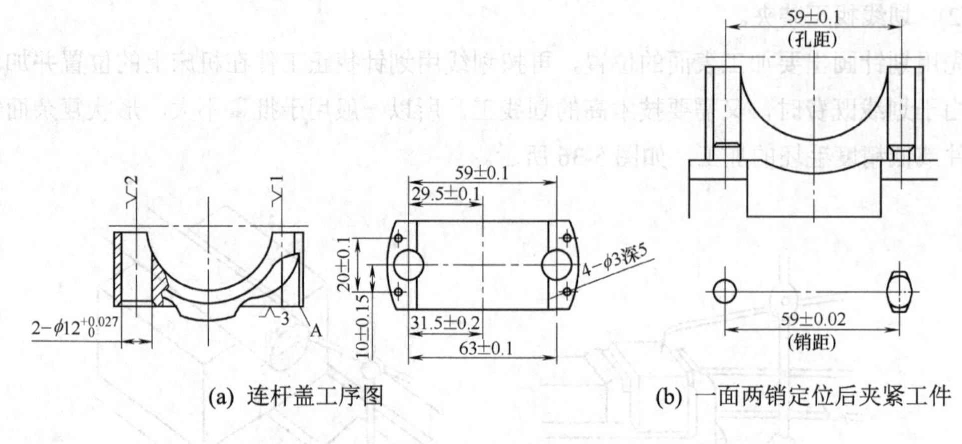

(a) 连杆盖工序图　　(b) 一面两销定位后夹紧工件

图 5-39　连杆盖用“一面两销”定位的装夹示例

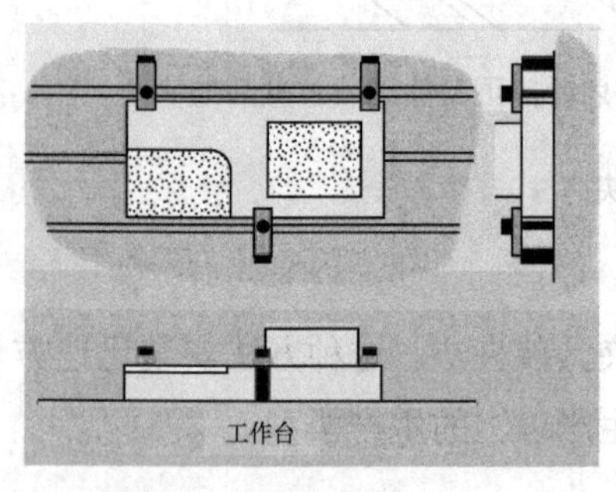

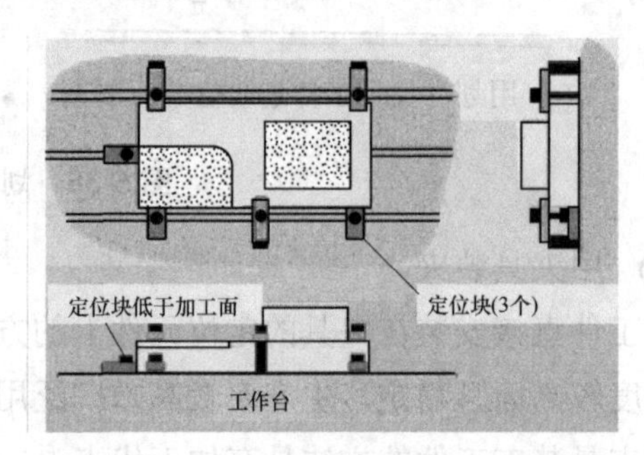

(a) 直接找正后用压板装夹工件示例　　(b) 找正 3 个定位块后，工件靠紧定位块用压板装夹工件示例

图 5-40　直接找正装夹工件示例与用找正后的定位块靠紧装夹工件示例

2. 夹具选择

1)　数控铣削对夹具的基本要求

(1)　为保持工件在本工序中所有需要完成的待加工面充分暴露在外，夹具要做得尽可能敞开，夹具上一些组成件(如定位块、压板、螺栓等)不能与刀具运动轨迹发生干涉。因此，夹紧机构元件与加工面之间应保持一定的安全距离，同时要求夹紧机构元件能低则低，以防止夹具与数控铣床主轴套筒或刀套、刃具在加工过程中发生碰撞。如图 5-41 所示，用立铣刀铣削零件的六边形，若用压板压住工件的凸台面，则压板易与铣刀发生干涉，若夹压工件上平面，就不影响进给。

(2)　为保持零件安装方位与机床坐标系及编程坐标系方向的一致性，夹具应不仅能保证在机床上实现定向安装，还要求能协调零件定位面与机床之间保持一定的坐标联系。

(3)　夹具的刚性与稳定性要好。夹紧力应力求靠近主要支撑点或刚性好的地方，不能引起零件夹压变形。尽量不采用在加工过程中更换夹紧点的设计，当非要在加工过程中更换夹紧点时，要特别注意不能因更换夹紧点而破坏夹具或工件定位精度。

(4)　夹具结构应力求简单，装卸方便，夹紧可靠，辅助时间尽量短。

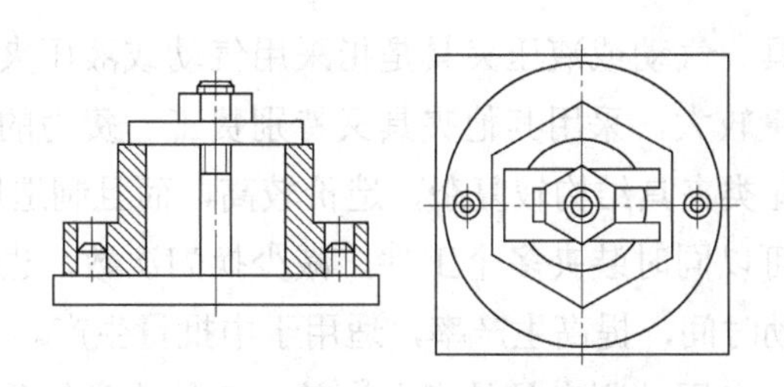

图 5-41　不影响进给的装夹示意

2)　数控铣削常用夹具

(1)　通用夹具。通用夹具是指已经标准化、无需调整或稍加调整就可以用来装夹不同工件的夹具，如虎钳、平口台虎钳、铣削用自定心三爪卡盘、铣削用四爪卡盘、分度盘、数控回转工作台和万能分度头等。这类夹具主要用于单件、小批生产，如图 5-42 所示。

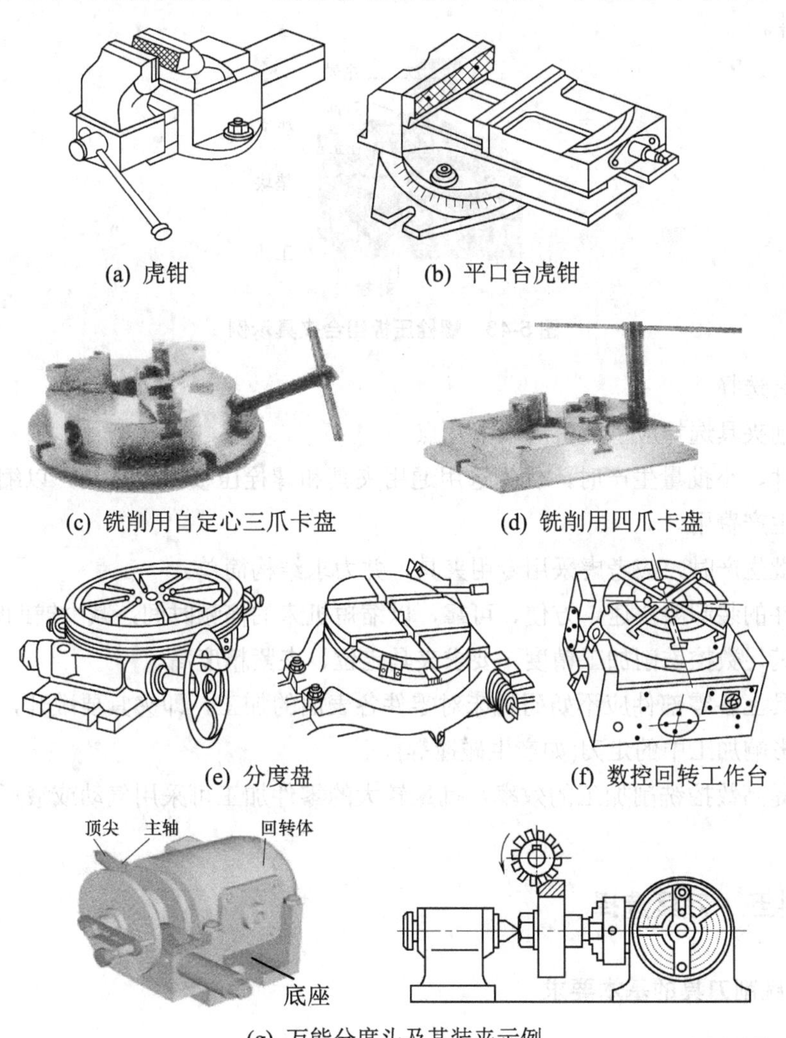

(a) 虎钳　(b) 平口台虎钳

(c) 铣削用自定心三爪卡盘　(d) 铣削用四爪卡盘

(e) 分度盘　(f) 数控回转工作台

(g) 万能分度头及其装夹示例

图 5-42　通用夹具

(2) 气动或液压夹具。气动或液压夹具是指采用气动或液压夹紧工件的夹具。气动或液压夹具适用于生产批量较大，采用其他夹具又特别费工、费力的工件，能减轻工人劳动强度和提高生产率，但此类夹具结构较复杂，造价较高，而且制造周期较长。

(3) 多工位夹具。可以同时装夹多个工件，减少换刀次数，也便于一边加工，一边装卸工件，有利于缩短辅助时间，提高生产率，适用于中批量生产。

(4) 专用铣削夹具。专用铣削夹具是指专为某一工件或类似几种工件而设计制造的专用夹具，其结构紧凑，操作方便，主要用于固定产品的大批量生产。

(5) 螺栓压板组合夹具。螺栓压板组合夹具是指以螺栓和压板为主，辅以垫块和支承板、弯板等压紧工件，一般以数控铣床工作台面或在工作台面垫上等高块作为主要定位面，可随意组合的夹具，如图 5-43 所示。螺栓压板组合夹具一般用于单件、小批生产或尺寸较大、形状特殊的零件装夹加工。用螺栓压板组合夹具装夹工件时，一般采用直接找正或划线找正装夹工件。

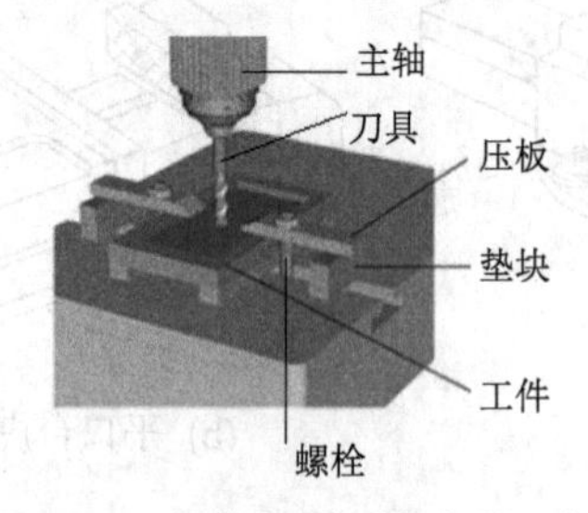

图 5-43　螺栓压板组合夹具示例

3) 夹具选择

数控铣削夹具选择应重点考虑以下几点。

(1) 单件、小批量生产时，优先选用通用夹具和螺栓压板组合夹具，以缩短生产准备时间和节省生产费用。

(2) 成批生产时，应考虑采用专用夹具，并力求结构简单。

(3) 零件的装卸要快速、方便、可靠，以缩短机床的停顿时间，减少辅助时间。

(4) 为满足数控铣削加工精度，要求夹具定位、夹紧精度高。

(5) 夹具上各零部件应不妨碍机床对零件各表面的加工，即夹具要敞开，其定位、夹紧元件不能影响加工中的走刀(如产生碰撞等)。

(6) 为提高数控铣削加工的效率，批量较大的零件加工可采用气动或液压夹具、多工位夹具。

资料五　刀具选择

1. 数控铣削刀具的基本要求

1) 铣刀刚性要好

铣刀刚性要好的目的：一是为提高生产效率而采用大切削用量的需要；二是为适应数

控铣床加工过程中难以调整切削用量的特点。例如，当工件各处的加工余量相差悬殊时，通用铣床遇到这种情况很容易采取分层铣削方法加以解决；而数控铣削就必须按程序规定的走刀路线前进，遇到余量大时无法像通用铣床那样“随机应变”，除非在编程时能够预先考虑到，否则铣刀必须返回原点，用改变切削面高度或加大刀具半径补偿值的方法从头开始加工，多走几刀。但是，这样势必造成余量少的地方经常走空刀，降低了生产效率，如果刀具刚性较好就不必这么办。在数控铣削中，因铣刀刚性较差而断刀并造成工件损伤的事例是常有的，所以解决数控铣刀的刚性问题是至关重要的。

2)　铣刀的耐用度要高

尤其是当一把铣刀加工的内容很多时，如果刀具不耐用而磨损较快，就会影响工件的表面质量与加工精度，而且会增加换刀引起的调刀与对刀次数，也会使加工表面留下因对刀误差而形成的接刀痕迹，降低了工件的表面质量。

除上述两点之外，铣刀切削刃的几何角度参数的选择及排屑性能等也非常重要，切屑粘刀形成积屑瘤在数控铣削中是十分忌讳的。总之，根据被加工工件材料的热处理状态、切削性能及加工余量，选择刚性好、耐用度高的铣刀，是充分发挥数控铣床的生产效率和获得满意的加工质量的前提。

2. 常用数控铣刀种类

数控铣削刀具要根据被加工零件的材料、几何形状、表面质量要求、热处理状态、切削性能及加工余量等，选择刚性好、耐用度高的刀具。常用数控铣削刀具主要有：面铣刀、立铣刀、模具铣刀、键槽铣刀、球头铣刀、鼓形铣刀、成形铣刀和锯片铣刀等。

1)　面铣刀

面铣刀如图 5-44 所示，面铣刀的圆周表面和端面上都有切削刃，端部切削刃为副切削刃。面铣刀多制成套式镶齿结构，刀齿为高速钢或硬质合金，刀体为 40Cr。

高速钢面铣刀按国家标准规定，直径 $d=\phi 80$ mm～$\phi 250$ mm，螺旋角 $\beta=10°$ ，刀齿数 Z=10～26。

硬质合金面铣刀与高速钢铣刀相比，铣削速度较高，加工表面质量也较好，并可加工带有硬皮和淬硬层的工件，应用较广泛。硬质合金面铣刀按刀片和刀齿的安装方式不同，可分为整体焊接式、机夹—焊接式和可转位式 3 种。由于整体焊接式和机夹—焊接式面铣刀难于保证焊接质量，刀具耐用度低，目前已被可转位式面铣刀所取代。

可转位式面铣刀是将可转位刀片通过夹紧元件固定在刀体上，当刀片的一个切削刃用钝后，直接在机床上将刀片转位或更换新刀片。因此，面铣刀在提高产品加工质量和加工效率、降低成本、操作使用方便等方面都具有明显的优势，所以得到广泛应用。

面铣刀主要用于面积较大的平面铣削和较平坦的立体轮廓多坐标加工，主偏角 K_r=90°的面铣刀还可以加工小台阶，如图 5-45 所示。粗齿铣刀用于粗加工，细齿铣刀用于平稳条件的铣削加工，密齿铣刀用于薄壁铸铁件的加工。图 5-46 所示是用三面刃铣刀加工沟槽的示例。

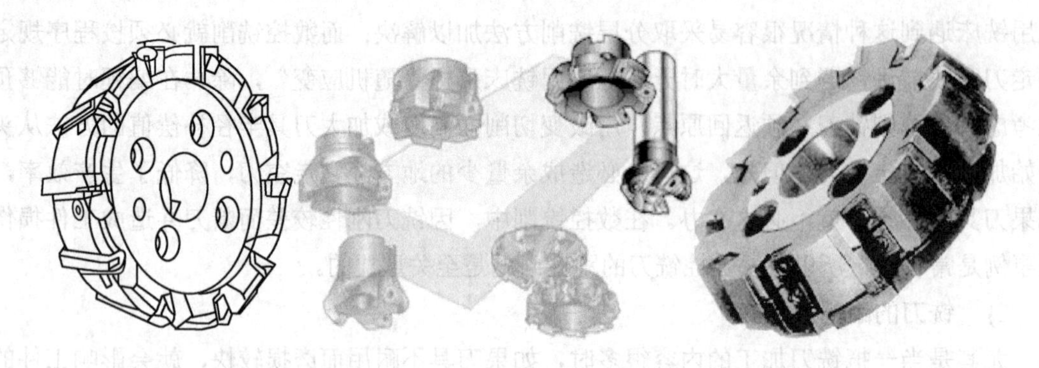

图 5-44 面铣刀

图 5-45 面(盘)铣刀加工示例

图 5-46 三面刃铣刀加工沟槽的示例

2) 立铣刀

立铣刀也称为圆柱铣刀，是数控铣加工中最常用的一种铣刀，如图 5-47 和图 5-48 所示，它广泛用于加工平面类零件。立铣刀的圆柱表面和端面上都有切削刃，它们可同时进行切削，也可单独进行切削。立铣刀圆柱表面的切削刃为主切削刃，端面上的切削刃为副切削刃。主切削刃一般为螺旋齿，如图 5-48(a)和图 5-48(b)所示，这样可以增加切削平稳性，提高加工精度。图 5-48(c)和图 5-48(d)切削刃是波形的，它是一种结构先进的立铣刀，其特点是排屑更流畅、切削厚度更大，利于刀具散热并提高刀具寿命，刀具不易产生振动。

立铣刀按端部切削刃的不同可分为过中心刃和不过中心刃两种，过中心刃立铣刀可直接轴向进刀，常称为端铣刀；不过中心刃立铣刀由于端面中心处无切削刃，所以它不能作轴向进刀，端面刃主要用来加工与侧面相垂直的底平面。

为了能加工较深的沟槽并保证有足够的备磨量，立铣刀的轴向长度一般较长。为了便于排屑，刀齿数较少，容屑槽圆弧半径则较大。

直径较小的立铣刀一般制成带柄的形式。ϕ2 mm～ϕ20 mm 的立铣刀制成直柄，如图 5-48(b)所示；ϕ6 mm～ϕ63 mm 的立铣刀为莫氏锥柄，如图 5-48(c)所示；ϕ25mm～ϕ80 mm 的立铣刀为 7∶24 锥柄，如图 5-48(a)所示；直径大于 ϕ40 mm～ϕ160 mm 的立铣刀可做成套式结构。

可转位立铣刀刀片为硬质合金刀片并可更换，K_r=90° 可加工台阶。可转位硬质合金立铣刀刀片镶嵌的形式如图 5-48(a)所示，被称为“玉米铣刀”。

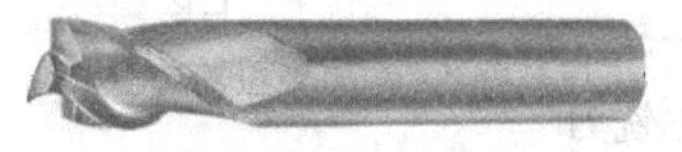

(a) 直柄高速钢立铣刀

(b) 锥柄硬质合金立铣刀

图 5-47　立铣刀

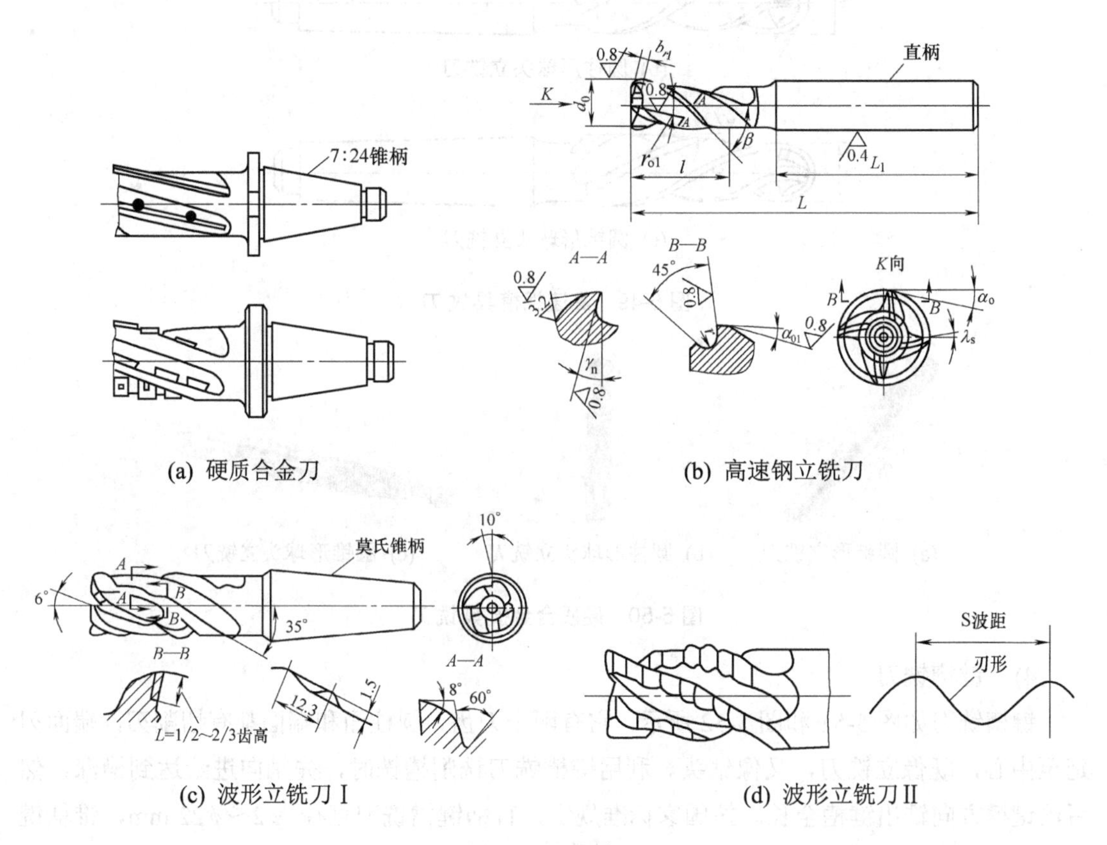

(a) 硬质合金刀　　(b) 高速钢立铣刀

(c) 波形立铣刀 I　　(d) 波形立铣刀 II

图 5-48　立铣刀

3)　模具铣刀

模具铣刀由立铣刀发展而成，它是加工金属模具型面的铣刀的通称。模具铣刀可分为圆锥形立铣刀(圆锥半角有 3°、5°、7°、10°)、圆柱形球头立铣刀和圆锥形球头立铣刀三种，如图 5-49 和图 5-50 所示，其柄部有直柄、削平型直柄和莫氏锥柄三种。它的结构特点是球头或端面上布满了切削刃，圆周刃与球头刃圆弧连接，可以作径向和轴向进给。铣刀工作部分用高速钢或硬质合金制造，国家标准规定直径 $d=\phi4\sim\phi63$ mm。小规格的硬质合金模具铣刀多制成整体结构，如图 5-50 所示，$\phi16$ mm 以上直径的模具铣刀制成焊接或机夹可转位刀片结构。

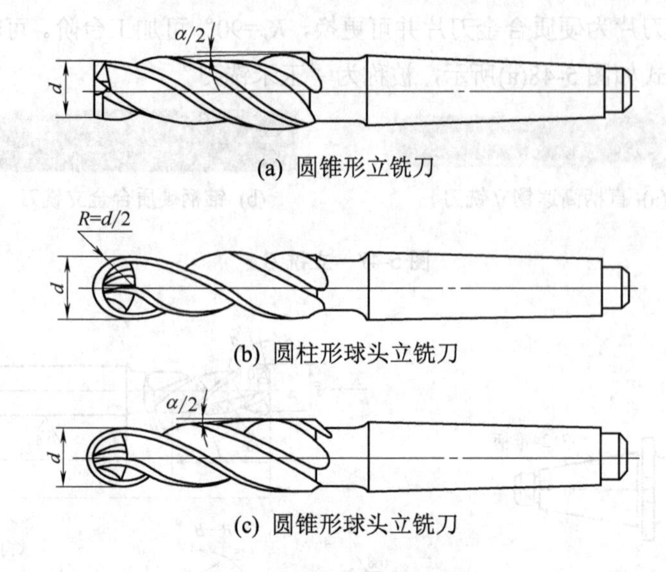

(a) 圆锥形立铣刀

(b) 圆柱形球头立铣刀

(c) 圆锥形球头立铣刀

图 5-49　高速钢模具铣刀

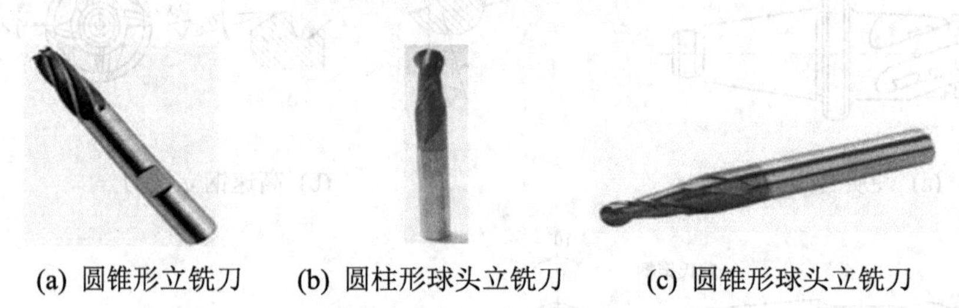

(a) 圆锥形立铣刀　(b) 圆柱形球头立铣刀　(c) 圆锥形球头立铣刀

图 5-50　硬质合金模具铣刀

4)　键槽铣刀

键槽铣刀如图 5-51 和图 5-52 所示，它有两个刀齿，圆柱面和端面都有切削刃，端面刃延至中心，既像立铣刀，又像钻头。利用键槽铣刀铣削槽铣时，先轴向进给达到槽深，然后沿键槽方向铣出键槽全长。按国家标准规定，直柄键槽铣刀直径 $\phi 2 \sim \phi 22$ mm，锥柄键槽铣刀直径 ϕ14mm～ϕ50mm。键槽铣刀直径的偏差有 e8 和 d8 两种。

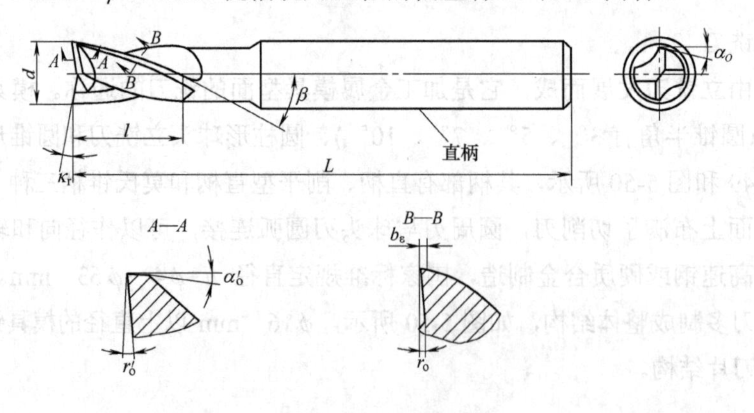

图 5-51　键槽铣刀

(a) 直柄键槽铣刀

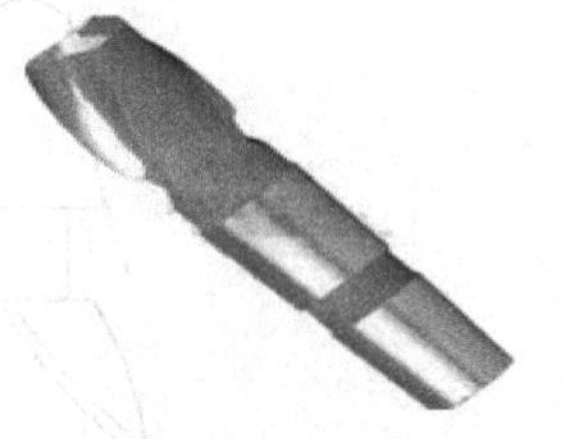

(b) 锥柄键槽铣刀

图 5-52　键槽铣刀(实图)

5)　球头铣刀

球头铣刀适用于加工空间曲面零件，有时也用于平面类零件较大的转接凹圆弧的补加工。球头铣刀如图 5-53 所示，图 5-54 所示为用硬质合金球头铣刀加工工件示例。

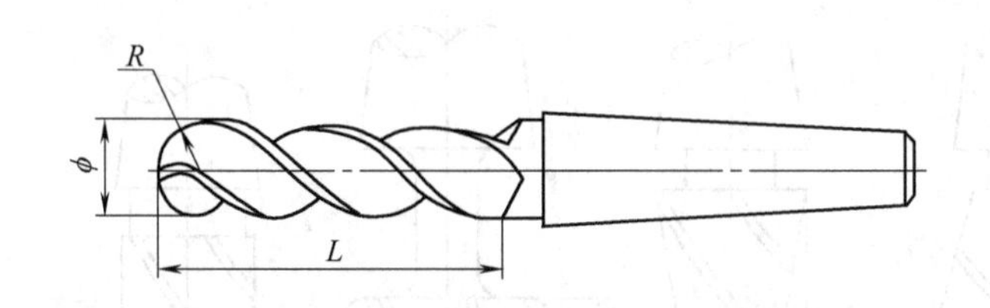

图 5-53　球头铣刀

图 5-54 硬质合金球头铣刀加工示例

图 5-55 为球头铣刀加工空间曲面零件常用的走刀方式。

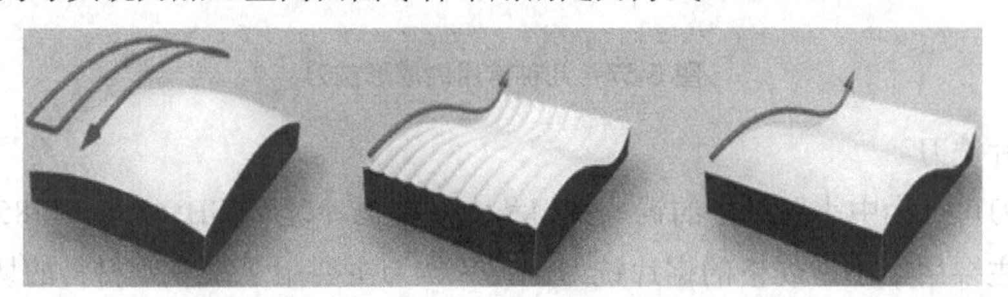

图 5-55　球头铣刀加工空间曲面零件常用的走刀方式

6)　鼓形铣刀

图 5-56 所示是一种典型的鼓形铣刀，它的切削刃分布在半径为 R 的圆弧面上，端面无切削刃。加工时控制刀具上下位置，相应改变刀刃的切削部位，可以在工件上切出从负到正的不同斜角。R 越小，鼓形铣刀所能加工的斜角范围越广，其所获得的表面质量也越差。这种刀具的缺点是：刃磨困难，切削条件差，而且不适于加工有底的轮廓表面。鼓形铣刀主要用于对变斜角类零件的变斜角面进行近似加工。

7)　成形铣刀

成形铣刀一般都是为特定的工件或加工内容专门设计制造的，适用于加工平面类零件的特定形状(如角度面、凹槽面等)，也适用于特形孔加工。图 5-57 所示的就是几种常用的成形铣刀。

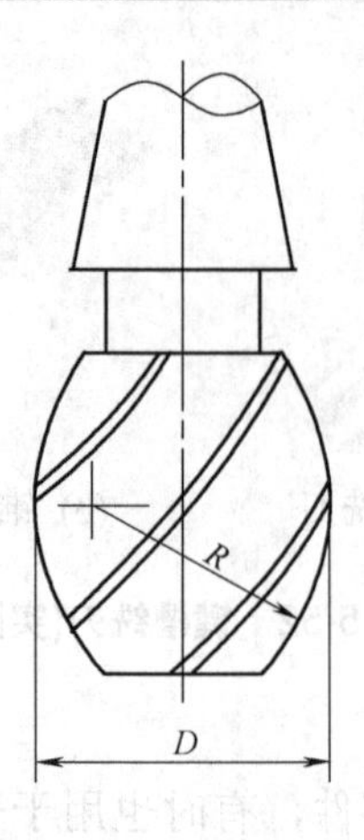

图 5-56　鼓形铣刀

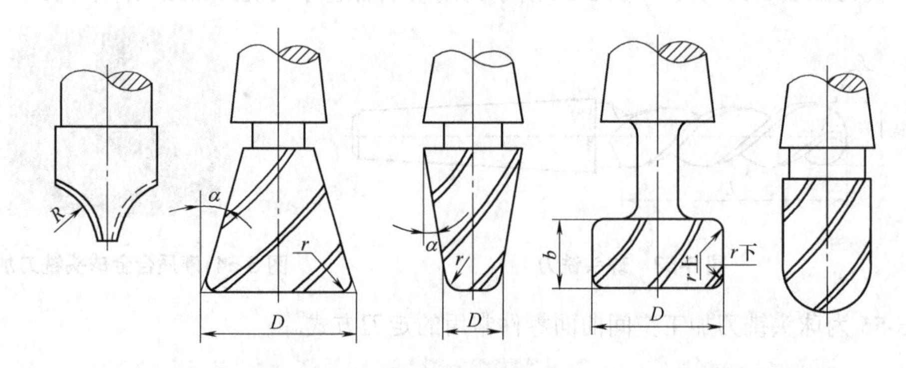

图 5-57　几种常用的成形铣刀

8)　锯片铣刀

锯片铣刀可分为中小型规格的锯片铣刀和大规格锯片铣刀(GB 6130—1985)，数控铣床和加工中心主要用中小型规格的锯片铣刀。锯片铣刀主要用于大多数材料的切槽、切断、内外槽铣削、组合铣削、缺口实验的槽加工、齿轮毛坯粗齿加工等。可转位锯片铣刀如图 5-58 所示。

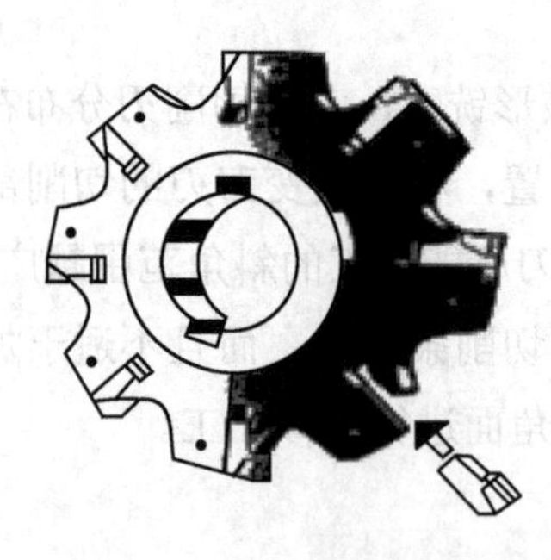

图 5-58　可转位锯片铣刀

3. 数控铣削刀具典型加工表面

数控铣削刀具典型加工表面如图 5-59 和图 5-60 所示。

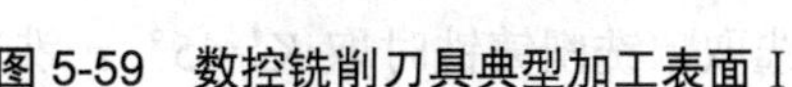

图 5-59　数控铣削刀具典型加工表面 I

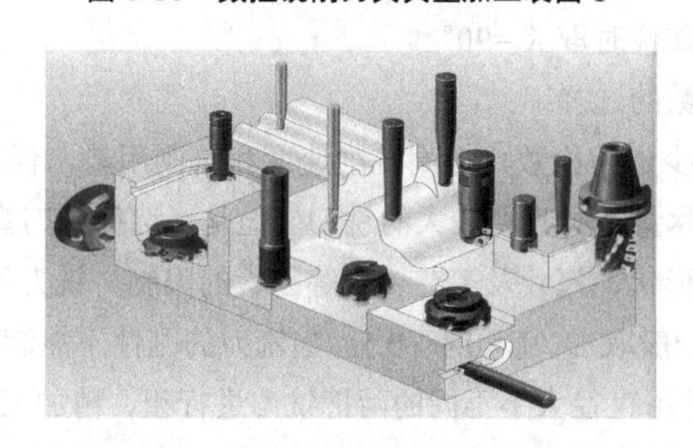

图 5-60　数控铣削刀具典型加工表面 II

4. 铣刀类型的选择

铣刀类型的选择原则如下。

(1) 选取刀具时，要使刀具的尺寸与被加工工件的表面尺寸和形状相适应。

(2) 加工较大的平面应选择面铣刀。

(3) 加工平面零件周边轮廓、凹槽、凸台和较小的台阶面应选择立铣刀。

(4) 加工空间曲面、模具型腔或凸模成形表面等多选用模具铣刀；加工封闭的键槽选用键槽铣刀。

(5) 加工变斜角零件的变斜角面应选用鼓形铣刀。

(6) 加工立体型面和变斜角轮廓外形常采用球头铣刀、鼓形铣刀。

(7) 加工各种直的或圆弧形的凹槽、斜角面、特形孔等应选用成形铣刀。

(8) 加工毛坯表面或粗加工孔可选用镶硬质合金的“玉米铣刀”。

5. 铣刀参数选择

铣刀参数的选择主要应考虑零件加工部位的几何尺寸和刀具的刚性等因素。数控铣床上使用最多的是可转位面铣刀和立铣刀，因此，下面将重点介绍面铣刀和立铣刀参数的选择。

1) 面铣刀主要参数的选择

应根据工件的材料、刀具材料及加工性质的不同来确定面铣刀的几何参数。粗铣时，铣刀直径要小些，因为粗铣切削力大，小直径铣刀可减小切削扭矩。精铣时，铣刀直径要

大些，尽量包容工件整个加工宽度，以提高加工精度和效率，减小相邻两次进给之间的接刀痕迹。

由于铣削时有冲击，所以面铣刀的前角一般比车刀略小，尤其是硬质合金面铣刀，前角小得更多，铣削强度和硬度都高的材料还可用负前角。铣刀的磨损主要发生在后刀面上，因此适当加大后角可减少铣刀磨损，故常取α_o=5°～12°，工件材料软的取大值，工件材料硬的取小值；粗齿铣刀取小值，细齿铣刀取大值。因铣削时冲击力较大，为了保护刀尖，硬质合金面铣刀的刃倾角常取λ_s=−15°～−5°。只有在铣削低强度材料时，才取λ_s=5°。主偏角K_r在45°～90°范围内选取，铣削铸铁时取K_r=45°，铣削一般钢材时取K_r=75°，铣削带凸肩的平面或薄壁零件时取K_r=90°。

2) 立铣刀主要参数的选择

一般情况下，为减少走刀次数，提高铣削速度和铣削用量，保证铣刀有足够的刚性以及良好的散热条件，应尽量选择直径较大的铣刀。但是，选择铣刀直径往往受到零件材料、刚性、加工部位的几何形状、尺寸及工艺要求等因素的限制。铣刀的刚性以铣刀直径D与刃长l的比值来表示，一般取D/l>0.4～0.5。当铣刀的刚性不能满足D/l>0.4～0.5的条件(即刚性较差)时，可采用直径大小不同的两把铣刀进行粗、精加工。先选用直径较大的铣刀进行粗加工，然后再选用D、l均符合图样要求的铣刀进行精加工。

资料六　切削用量选择

铣削的切削用量包括切削速度V_c、进给速度F、背吃刀量a_p和侧吃刀量a_e，如图5-61所示。背吃刀量a_p为平行于铣刀轴线测量的切削层尺寸，单位为mm。端铣时，a_p为切削层深度；而圆周铣时，a_p为被加工表面的宽度。侧吃刀量a_e为垂直于铣刀轴线测量的切削层尺寸，单位为mm。端铣时，a_e为被加工表面宽度；而圆周铣削时，a_e为切削层深度。

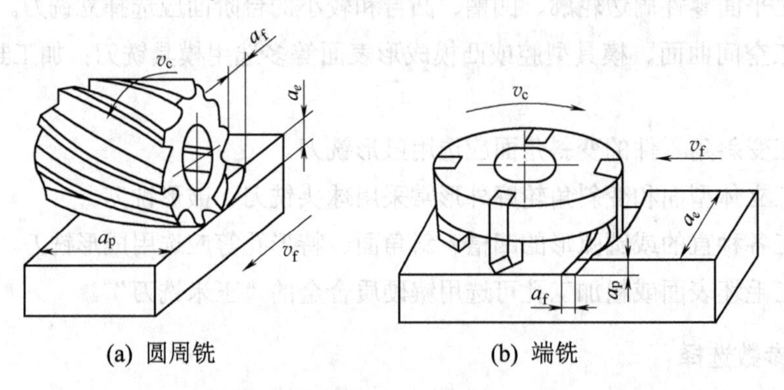

图 5-61　铣削切削用量

1. 选择背吃刀量(端铣)或侧吃刀量(圆周铣)

背吃刀量或侧吃刀量的选取主要由加工余量和对表面质量的要求决定。

从刀具耐用度出发，切削用量的选择方法是：先选取背吃刀量或侧吃刀量，其次确定

进给速度，最后确定切削速度。由于背吃刀量对刀具耐用度影响最小，背吃刀量 a_p 和侧吃刀量 a_e 的确定主要根据机床、夹具、刀具、工件的刚度和被加工零件的精度要求来决定。如果零件精度要求不高，在工艺系统刚度允许的情况下，最好一次切净加工余量，即 a_p 或 a_e 等于加工余量，以提高加工效率；如果零件精度要求高，为保证表面粗糙度和精度，只好采用多次走刀。

(1) 在工件表面粗糙度值要求为 R_a 12.5～25 μm 时，如果圆周铣削的加工余量小于 3 mm，端铣的加工余量小于 4 mm，粗铣一次进给就可以达到要求。但在余量较大、工艺系统刚性较差或机床动力不足时，可分两次进给完成。

(2) 在工件表面粗糙度值要求为 R_a 3.2～12.5 μm 时，可分粗铣和半精铣两步进行。粗铣时背吃刀量或侧吃刀量选取同前，粗铣后留 0.5～1.0 mm 余量，在半精铣时切除。

(3) 在工件表面粗糙度值要求为 R_a 0.8～3.2 μm 时，可分粗铣、半精铣和精铣三步进行。半精铣时背吃刀量或侧吃刀量取 1.5～2.0 mm；精铣时圆周铣侧吃刀量取 0.1～0.25 mm，面铣刀背吃刀量取 0.15～0.3 mm。

2. 选择切削进给速度 *F*

切削进给速度 F 是切削时单位时间内工件与铣刀沿进给方向的相对位移，单位为 mm/min。它与铣刀转速 n、铣刀齿数 Z 及每齿进给量 f_Z(单位为 mm/Z)的关系为：

$$F=f_Z Zn \tag{5-1}$$

每齿进给量 f_Z 的选取主要取决于工件材料的力学性能、刀具材料、工件表面粗糙度等因素。工件材料的强度和硬度越高，f_Z 越小；反之，则越大。硬质合金铣刀的每齿进给量高于同类高速钢铣刀。工件表面粗糙度值越小，f_Z 就越小。每齿进给量的确定可参考表 5-4 选取。工件刚性差或刀具强度低时，应取小值。转速 n 则与切削速度和机床的性能有关。所以，切削进给速度应根据所采用机床的性能、刀具材料和尺寸、被加工零件材料的切削加工性能和加工余量的大小来综合地确定。一般原则是：工件表面的加工余量大，切削进给速度低，反之相反。切削进给速度可由机床操作者根据被加工零件表面的具体情况进行手动调整进给倍率，以获得最佳切削状态。

表 5-4　铣刀每齿进给量参考值

<table>
<tr><th rowspan="3">工件材料</th><th colspan="4">f_Z(mm/Z)</th></tr>
<tr><th colspan="2">粗　铣</th><th colspan="2">精　铣</th></tr>
<tr><th>高速钢铣刀</th><th>硬质合金铣刀</th><th>高速钢铣刀</th><th>硬质合金铣刀</th></tr>
<tr><td>钢</td><td>0.08～0.12</td><td>0.10～0.20</td><td rowspan="2">0.03～0.05</td><td rowspan="2">0.05～0.12</td></tr>
<tr><td>铸铁</td><td>0.10～0.20</td><td>0.12～0.25</td></tr>
</table>

在确定切削进给速度时，要注意下述特殊情况。

(1) 在高速进给的轮廓加工中，由于工艺系统的惯性，在轮廓的拐角处易产生“欠切”

(即切外凸表面时在拐角处少切了一些余量)和“过切”(即切内凹表面时在拐角处多切了一些金属而损伤了零件的表面)现象，如图 5-62 所示。避免“欠切”和“过切”的办法是在接近拐角前适当地降低进给速度，过了拐角后再逐渐增速，即在拐角处前后采用变化的进给速度，从而减少误差。

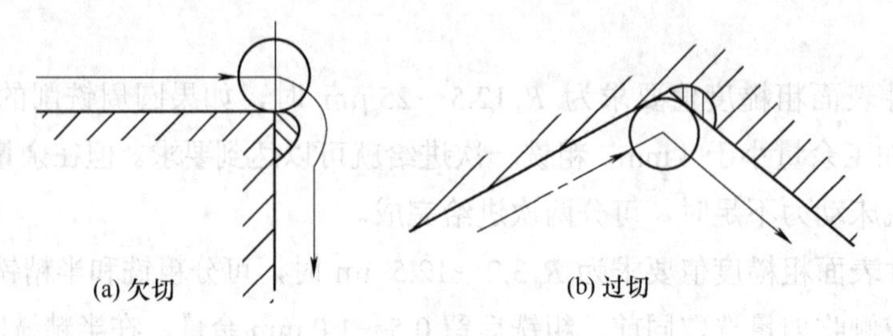

图 5-62　拐角处的“欠切”和“过切”

(2) 加工圆弧段时，由于圆弧半径的影响，切削点的实际进给速度 v_T 并不等于选定的刀具中心进给速度 v_f。由图 5-63 可知，加工外圆弧时，切削点的实际进给速度为：

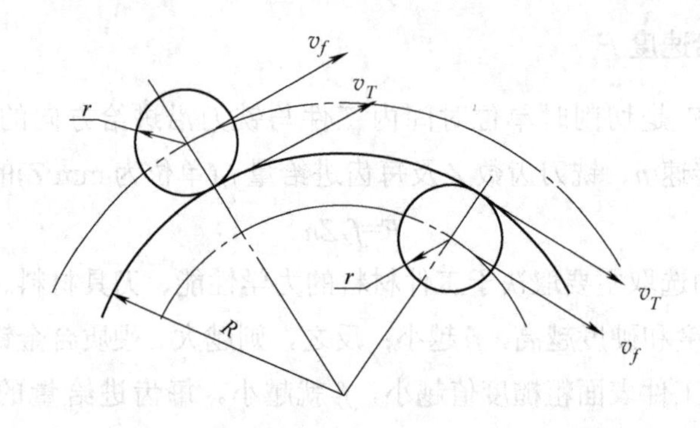

图 5-63　切削圆弧的进给速度

$$v_T = \frac{R}{R+r} v_f \tag{5-2}$$

即 $v_T < v_f$。而加工内圆弧时，由于：

$$v_T = \frac{R}{R-r} v_f \tag{5-3}$$

即 $v_T > v_f$，如果 $R \approx r$，则切削点的实际进给速度将变得非常大，有可能损伤刀具或工件。因此，这时要考虑到圆弧半径对工作进给速度的影响。

在加工过程中，由于毛坯尺寸不均匀而引起切削深度变化，或因刀具磨损引起切削刃切削条件变化，都会使实际加工状态与编程时的预定情况不一致，如果机床面板上设有“进给速率修调”旋钮时，则操作者可利用它实时修改程序上进给速度指令值来减少误差。

3. 选择切削速度 V_c

铣削的切削速度 V_c 与刀具的耐用度 T、每齿进给量 f_z、背吃刀量 a_p、侧吃刀量 a_e 以及

铣刀齿数 Z 成反比，而与铣刀直径成正比。其原因是当 f_z、a_p、a_e 和 Z 增大时，刀刃负荷增加，而且同时工作的齿数也增多，使切削热增加，刀具磨损加快，从而限制了切削速度的提高。为提高刀具耐用度，允许使用较低的切削速度。但是，加大铣刀直径则可改善散热条件，因而可以提高切削速度。

铣削加工的切削速度 V_c 可参考表 5-5 选取，也可参考有关切削用量手册中的经验公式通过计算选取。

表 5-5　铣削加工的切削速度参考值

工件材料	硬度(HBS)	V_c(m/min)	
		高速钢铣刀	硬质合金铣刀
钢	＜225	18～42	66～150
	225～325	12～36	54～120
	325～425	6～21	36～75
铸铁	＜190	21～36	66～150
	190～260	9～18	45～90
	260～320	4.5～10	21～30

4. 主轴转速 n

主轴转速 n 要根据允许的切削速度 V_c 来确定：

$$n=1000V_c/(3.14\times d) \tag{5-4}$$

其中：d——铣刀直径，单位为 mm；

V_c——切削速度，单位为 m/min。

主轴转速 n 要根据计算值在机床说明书规定的主轴转速范围中选取标准值。

从理论上来讲，V_c 的值越大越好，因为这不仅可以提高生产率，而且可以避开生成积屑瘤的临界速度，获得较低的表面粗糙度值。但是实际上，由于机床、刀具等的限制，使用国内机床、刀具时，采用带涂层硬质合金刀片，允许的切削速度常常只能在 90～150m/min 的范围内选取。然而对于材质较软的铝、镁合金等，V_c 可提高近一倍。

资料七　填写数控加工工序卡和刀具卡

编写数控加工工艺文件是数控加工工艺制定的内容之一，数控加工工艺文件既是数控加工、产品验收的依据，也是需要操作者遵守、执行的作业指导书。数控加工工艺文件是对数控加工的具体说明，目的是让操作者更加明确加工程序的内容、装夹方式、加工顺序、走刀路线、切削用量和各个加工部位所选用的刀具等。最主要的数控加工工艺技术文件有：数控加工工序卡和数控加工刀具卡。数控铣削加工工序卡和数控铣削加工刀具卡与数控车削加工工序卡和数控车削加工刀具卡基本一样，具体详见加工案例零件的数控加工工序卡和数控加工刀具卡。

单元能力训练

(1) 数控铣削加工工艺设计步骤包括哪几步？它们之间有什么联系？

(2) 识别各类数控铣床及其主要技术参数的内涵。

(3) 识别数控铣床的加工内容及其主要加工对象。

(4) 数控铣削零件图纸工艺分析包括哪些内容？如何进行零件的结构工艺性分析？

(5) 拟定数控铣削加工工艺路线主要内容包括哪些？说明各主要内容的内涵及其相互联系。

(6) 识别平面轮廓类、固定斜角平面类、变斜角类、曲面轮廓类零件的加工方法。

(7) 识别逆铣与顺铣及其特点，如何选择逆铣与顺铣？

(8) 识别平面类、曲面类零件的加工工艺路线及走刀方法。

(9) 举例说明数控铣削零件的定位基准选择原则。

(10) 数控铣削零件常用找正装夹方法有哪几种？各有何特点？

(11) 识别常用数控铣削夹具，各有何特点？如何选择数控铣削夹具？

(12) 试述对数控铣削刀具基本要求的内涵？

(13) 识别各种常用数控铣刀，各有何特点？如何选择数控铣刀？

(14) 识别背吃刀量和侧吃刀量，如何选择背吃刀量或侧吃刀量？如何确定切削进给速度、切削速度和主轴转速？

(15) 到数控实训中心识别数控铣床、刀具、夹具及工件。

(16) 在图书馆查阅数控加工工艺书，按数控铣削加工工艺设计步骤进行训练。

(17) 在计算机中通过关键词查找数控铣削加工工艺，按数控铣削加工工艺设计步骤进行训练。

(18) 识别几个具体的、简单的数控铣削零件和图纸，按数控铣削加工工艺设计步骤进行如下训练：机床选择训练、零件图纸工艺分析训练、加工方法选择训练、工序划分训练、数控铣削加工工艺路线拟定训练、定位基准选择及装夹方案确定训练、刀具选择训练、切削用量选择训练和数控加工工艺文件编写训练。

单元能力巩固提高

(1) 到自己感兴趣的地方以“数控铣削加工工艺设计”为关键词检索“数控铣削加工工艺设计步骤”相关内容，并对结果进行概括总结。

(2) 分析数控铣削加工工艺设计步骤，总结出它们之间的联系(关系)。

(3) 分析拟定数控铣削加工工艺路线的主要内容，总结出它们之间的联系(关系)及如何正确拟定数控铣削加工工艺路线。

(4) 分析平面轮廓类、固定斜角平面类、变斜角类、曲面轮廓类零件的加工方法，总

结出它们之间的联系(关系)。

(5) 分析平面类、曲面类零件的加工工艺路线及走刀方法，并对结果进行概括总结。

(6) 分析数控铣削零件的定位及常用找正装夹方式，总结出它们之间的联系(关系)及如何根据生产批量确定其定位装夹方式。

(7) 为加工图 5-1 所示的零件选择刀具、确定机床、装夹方案和夹具。

单元能力评价

能力评价方式如表 5-6 所示。

表 5-6　能力评价表

等级	评 价 标 准
优秀	(1) 能高质量、高效率地应用计算机完成资料的检索任务并总结； (2) 能分析数控铣削加工工艺设计步骤，总结出它们之间的联系(关系)； (3) 能分析拟定数控铣削加工工艺路线的主要内容，并总结出它们之间的联系(关系)以及如何正确拟定数控铣削加工工艺路线； (4) 能分析平面轮廓类、固定斜角平面类、变斜角类、曲面轮廓类零件的加工方法，总结出它们之间的联系(关系)； (5) 能分析平面类、曲面类零件的加工工艺路线及走刀方法，并对结果进行概括总结； (6) 能分析数控铣削零件的定位及常用找正装夹方式，总结出它们之间的联系(关系)及如何根据生产批量确定其定位装夹方式； (7) 能为加工图 5-1 所示的零件选择刀具、确定机床、装夹方案和夹具
良好	(1) 能在无教师的指导下应用计算机完成资料的检索任务并总结； (2) 能在无教师的指导下分析数控铣削加工工艺设计步骤并总结； (3) 能在无教师的指导下分析拟定数控铣削加工工艺路线的主要内容并总结； (4) 能在无教师的指导下分析平面轮廓类、固定斜角平面类、变斜角类、曲面轮廓类零件的加工方法并总结； (5) 能在无教师的指导下分析平面类、曲面类零件的加工工艺路线及走刀方法并总结； (6) 能在无教师的指导下分析数控铣削零件的定位及常用找正装夹方式并总结； (7) 基本能为加工图 5-1 所示的零件选择刀具、确定机床、装夹方案和夹具
中等	(1) 能在教师的偶尔指导下应用计算机完成资料的检索任务并总结； (2) 能在教师的偶尔指导下分析数控铣削加工工艺设计步骤并总结； (3) 能在教师的偶尔指导下分析拟定数控铣削加工工艺路线的主要内容并总结； (4) 能在教师的偶尔指导下分析平面轮廓类、固定斜角平面类、变斜角类、曲面轮廓类零件的加工方法并总结； (5) 能在教师的偶尔指导下分析平面类、曲面类零件的加工工艺路线及走刀方法并总结； (6) 能在教师的偶尔指导下分析数控铣削零件的定位及常用找正装夹方式并总结

续表

等级	评 价 标 准
合格	(1) 能在教师的指导下应用计算机完成资料的检索任务并总结； (2) 能在教师的指导下分析数控铣削加工工艺设计步骤并总结； (3) 能在教师的指导下分析拟定数控铣削加工工艺路线的主要内容并总结； (4) 能在教师的指导下分析平面轮廓类、固定斜角平面类、变斜角类、曲面轮廓类零件的加工方法并总结； (5) 能在教师的指导下分析平面类、曲面类零件的加工工艺路线及走刀方法并总结； (6) 能在教师的指导下分析数控铣削零件的定位及常用找正装夹方式并总结

单元二　编制数控铣削平面加工工艺

单元能力目标

(1) 会制定数控铣削平面的加工工艺。

(2) 会编写数控铣削平面的加工工艺文件。

单元工作任务

在单元一中，我们查阅了设计数控铣削加工工艺相关工艺技术资料，现要完成单元一中图 5-1 所示的垫块零件上平面的数控铣削加工工艺设计。

(1) 制定图 5-1 所示的垫块零件上平面的数控铣削加工工艺。

(2) 编制图 5-1 所示的垫块零件上平面的数控铣削加工工序卡和刀具卡等工艺文件。

加工案例工艺分析与编制

完成工作任务步骤如下。

1. 零件图纸工艺分析

零件图纸工艺分析主要引导学生审查图纸、分析零件的结构工艺性、尺寸精度、形位精度和表面粗糙度等零件图纸技术要求。

(1) 审查图纸。该案例零件图纸尺寸标注完整、正确，符合数控加工要求，加工部位清楚明确。

(2) 零件的结构工艺性分析。该零件材料 45 钢，为结构对称的实心材料，部分工序已加工好，只要求在数控铣床上铣削上平面，工艺性好。

(3) 零件图纸技术要求分析。该零件要求加工部位的上平面表面粗糙度 R_a 为 1.6 μm，要求较高；上下平面平行度为 0.02 mm，要求稍高；上下平面高度尺寸精度为(60±0.01) mm，要求较高。

2. 加工工艺路线设计

加工工艺路线设计主要引导学生选择加工方法、划分加工阶段、划分工序、加工顺序安排和确定进给加工路线。

(1) 选择加工方法。根据表 5-3 所示的经济精度平面加工方法和上道工序所留加工余量，为确保该案例加工部位上平面的表面粗糙度 R_a 为 1.6 μm，选择半精铣—精铣的加工方法。

(2) 划分加工阶段。根据上述加工方法，该案例零件上平面加工划分为半精加工和精加工两个阶段。

(3) 划分工序。根据上述加工方法，该案例零件上平面加工工序划分按粗、精加工分序法划分；另外，由于加工余量较小，只有 1.2 mm 的待加工余量，铣刀加工产生的振动及磨损小，又可按刀具集中分序法划分。综合上述工序划分方法，该案例零件上平面加工工序可划分为一道工序两道工步，即半精铣和精铣两道工步。

(4) 加工顺序安排。根据上述工序划分方法，该案例零件上平面加工顺序按先粗后精原则确定。

(5) 确定进给加工路线。根据上述加工顺序安排，为减少接刀痕迹，保证零件上平面加工质量，该案例零件上平面进给加工路线如图 5-64 所示。

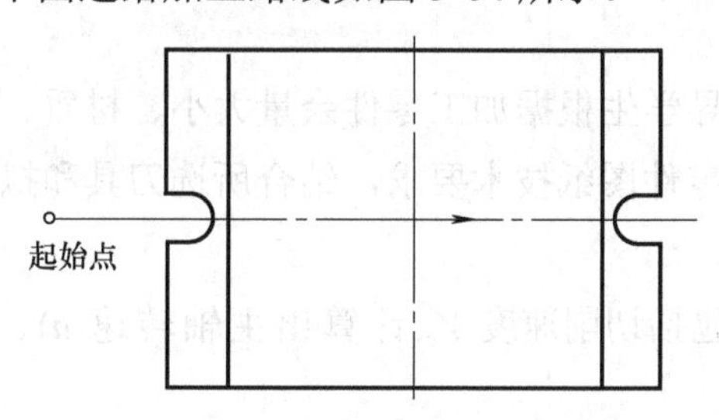

图 5-64　垫块零件上平面加工路线

3. 机床选择

机床选择主要引导学生如何根据加工零件规格大小、加工精度和加工表面质量等技术要求，正确合理地选择机床型号及规格。

该案例零件只要求铣削平面，没有型腔和孔系加工，不存在机床自动换刀提高加工效率的问题，且该案例零件规格不大，所以选用规格不大的 DX3220 数控铣床即能加工。

4. 装夹方案及夹具选择

装夹方案及夹具选择主要引导学生根据加工零件规格大小、结构特点、加工部位、尺寸精度、形位精度和表面粗糙度等零件图纸技术要求，确定零件的定位、装夹方案及夹具。

该案例零件前后左右结构对称，高度方向尺寸以下平面作为尺寸基准，同时也是设计基准，所以该案例零件加工时以下平面及相互垂直的两侧面作为定位基准定位。再根据数控铣削零件常用的找正装夹方法，该案例零件为小批量生产，且工件的宽度尺寸只有120 mm，在平口台虎钳的夹持范围内，所以可采用平口台虎钳按图 5-35(b)所示找正虎钳后装夹工件。

5. 刀具选择

刀具选择主要引导学生根据加工零件余量大小、结构特点、材质、热处理硬度、加工部位、尺寸精度、形位精度和表面粗糙度等零件图纸技术要求，结合刀具材料，正确合理地选择刀具。

该案例零件数控铣削只加工上平面，根据常用数控铣削刀具的主要加工对象，面铣刀、立铣刀主要用于加工平面，再结合该案例零件要求加工部位的上平面表面粗糙度R_a1.6 μm(要求较高)，上下平面平行度为0.02 mm(要求稍高)，上下平面高度尺寸精度为(60±0.01) mm(要求较高)来选择刀具。若采用立铣刀来铣削该加工平面，则必须接刀，零件图纸技术要求的上平面表面粗糙度为R_a1.6 μm 较难以保证；另外，平行度、高度尺寸精度也较难以保证。因该零件宽度尺寸只有 120 mm，所以选用直径ϕ150 mm 的硬质合金面铣刀，齿数 Z=15，经半精铣、精铣即可，不会存在铣削平面接刀痕迹问题，零件图纸要求的尺寸精度、形位精度和表面粗糙度也容易保证。

6. 切削用量选择

切削用量选择主要引导学生根据加工零件余量大小、材质、热处理硬度、尺寸精度、形位精度和表面粗糙度等零件图纸技术要求，结合所选刀具和拟定的加工工艺路线，正确合理地选择切削用量。

数控铣削的切削用量包括切削速度 V_c(计算出主轴转速 n)、进给速度 F、背吃刀量 a_p 或侧吃刀量 a_e。

根据上述加工工艺路线设计，该案例零件上平面只有1.2 mm的加工余量，分为半精铣和精铣两道工步。为保证加工表面粗糙度 R_a为 1.6 μm、上下平面平行度为 0.02 mm、上下平面高度尺寸精度为(60±0.01) mm，该案例零件上平面半精铣时背吃刀量 a_p 取 1.1 mm，精铣时背吃刀量 a_p 取 0.1 mm。再根据表 5-5 和表 5-4 所提供的参考值，半精铣时切削速度 V_c 选 70 m/min，每齿进给量 f_z 选 0.12 mm/z；精铣时切削速度 V_c 选 85 m/min，每齿进给量 f_z 选 0.06 mm/z。主轴转速 n 和进给速度 F 按有关公式计算得出，具体数值详见垫块上平面数控加工工序卡。

7. 填写数控加工工序卡和刀具卡

填写数控加工工序卡和刀具卡主要引导学生根据选择的机床、刀具、夹具、切削用量和拟定的加工工艺路线，正确填写数控加工工序卡和刀具卡。

1)　垫块上平面加工案例数控加工工序卡

垫块上平面加工案例数控加工工序卡如表 5-7 所示(注：刀片为不带涂层硬质合金刀片)。

表 5-7　垫块上平面加工案例数控加工工序卡

单位名称	×××	产品名称或代号	零件名称	零件图号		
		×××	垫块	×××		
工序号	程序编号	夹具名称	加工设备	车间		
×××	×××	平口台虎钳	DX3220	数控中心		
工步号	**工步内容**	**刀具号**	**刀具规格/mm**	**主轴转速/(r/min)**	**进给速度/(mm/min)**	**检测工具**	**备注**
1	半精铣上平面留 0.1 mm 余量	T01	ϕ150	150	270	外径千分尺	
2	精铣上平面至尺寸(60±0.01) mm	T01	ϕ150	180	162	外径千分尺	
编制	××× 审核 ×××	批准	×××	年　月　日		共　页	第　页

2)　垫块上平面加工案例数控加工刀具卡

垫块上平面加工案例数控加工刀具卡如表 5-8 所示。

表 5-8　垫块上平面加工案例数控加工刀具卡

产品名称或代号		×××	零件名称	垫块	零件图号	×××
序号	**刀具号**	**刀具**			**加工表面**	**备注**
		规格名称	**数量**	**刀长/mm**		
1	T01	ϕ150 mm 硬质合金面铣刀	1	实测	上平面	
编制	×××	审核 ×××	批准	×××	年 月 日　共 页	第 页

单元能力训练

(1)　数控铣削零件平面加工图纸工艺分析训练。

(2)　数控铣削零件平面加工方法选择和工序划分训练。

(3)　数控铣削零件平面装夹方案选择训练。

(4)　数控铣削零件平面刀具、夹具、机床选择训练。

(5)　数控铣削零件平面切削用量选择训练。

(6)　数控铣削零件平面加工工艺拟定训练。

(7)　数控铣削零件平面工艺文件编制训练。

单元能力巩固提高

将图 5-1 所示的零件上平面表面粗糙度改为 R_a3.2 μm，上下平面平行度改为 0.03 mm，上下平面高度尺寸精度为(60±0.025) mm，上平面尚未粗加工，余量为 4 mm，其他不变。试设计其数控加工工艺，并确定装夹方案。

单元能力评价

能力评价方式如表 5-9 所示。

表 5-9　能力评价表

等级	评 价 标 准
优秀	能高质量、高效率地完成图 5-1 所示的垫块加工案例零件上平面数控加工工艺设计，并完整、优化地设计单元能力巩固提高的垫块零件上平面数控加工工艺设计，确定装夹方案
良好	能在无教师的指导下正确完成图 5-1 所示的垫块加工案例零件上平面数控加工工艺设计
中等	能在教师的偶尔指导下正确完成图 5-1 所示的垫块加工案例零件上平面数控加工工艺设计
合格	能在教师的指导下完成图 5-1 所示的垫块加工案例零件上平面数控加工工艺设计

单元三　编制数控铣削零件外轮廓加工工艺

单元能力目标

(1) 会数控铣削零件图形的数学处理及编程尺寸设定值的确定。
(2) 会制定数控铣削零件外轮廓的数控加工工艺。
(3) 会编制数控铣削零件外轮廓的数控加工工艺文件。

单元工作任务

本单元要完成如图 5-65 所示的凸模加工案例的数控铣削加工，具体设计该凸模的数控加工工艺。

(1) 分析数控铣削零件外轮廓的加工方法及走刀路线，计算零件的基点坐标。
(2) 制定图 5-65 所示的凸模加工案例的数控铣削加工工艺。
(3) 编制图 5-65 所示的凸模加工案例的数控加工工序卡和刀具卡等工艺文件。

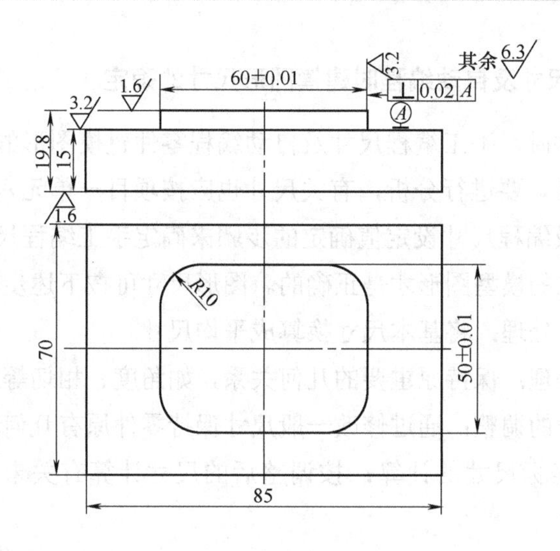

图 5-65　凸模加工案例

凸模加工案例零件说明：该凸模加工案例零件为半成品，小批生产。该零件上下平面及四周均已按零件图纸技术要求加工好，要求数控铣削凸台，保证凸台与台阶面垂直度为0.02 mm，凸台长宽分别为60±0.01 mm和50±0.01 mm，凸台高度尺寸为4.8 mm；凸台圆角尺寸为R10 mm，凸台铣削表面粗糙度R_a3.2 μm。

现有该凸模加工案例数控加工工艺规程如表5-10所示(注：铣刀2刃)。

表 5-10　凸模加工案例数控加工工艺规程

工序号	工序内容	刀具号	刀具名称	主轴转速/(r/min)	进给速度/(mm/min)	背吃刀量/mm	机床	夹具
1	粗铣凸台，凸台四周及台阶面留2.3 mm	T01	ϕ8 高速钢立铣刀	700	100	2.5	加工中心	专用夹具
2	半精铣凸台，凸台四周及台阶面留 0.8 mm	T02	ϕ8 高速钢立铣刀	600	150	1.5	加工中心	专用夹具
3	精铣凸台至尺寸	T03	ϕ8 高速钢立铣刀	550	200	0.8	加工中心	专用夹具

完成工作任务需再查阅的背景知识

资料　零件图形的数学处理及编程尺寸设定值的确定

数控铣削加工是一种基于数字的加工，分析数控加工工艺过程不可避免地要进行数字分析和计算。对零件图形的数学处理是数控加工这一特点的突出体现。数控编程工艺员在拿到零件图后，必须要对它作数学处理以便最终确定编程尺寸设定值。

1. 零件手工编程尺寸及自动编程时建模图形尺寸的确定

数控铣削加工零件时，手工编程尺寸及自动编程零件建模图形的尺寸不能简单地直接取零件图上的基本尺寸，要进行分析，有关尺寸也应按项目一单元六背景知识介绍的零件图形的数学处理办法及编程尺寸设定值确定的步骤来确定手工编程尺寸及自动编程建模图形的尺寸，这样所建立的模型图形才是正确的。图形尺寸可按下述步骤调整。

(1) 精度高的尺寸处理：将基本尺寸换算成平均尺寸。

(2) 几何关系的处理：保持原重要的几何关系，如角度、相切等不变。

(3) 精度低的尺寸的调整：通过修改一般尺寸保持零件原有几何关系，使之协调。

(4) 基点或节点坐标尺寸的计算：按调整后的尺寸计算有关未知基点或节点的坐标尺寸。

(5) 编程尺寸的修正：按调整后的尺寸编程并加工一组工件，测量关键尺寸的实际误差分散中心并求出常值系统性误差，再按此误差对编程尺寸进行调整并修改程序。

2. 应用实例

如图 5-66 所示是一板类零件，其轮廓各处尺寸公差大小、偏差位置不同，对编程尺寸产生影响。如果用同一把铣刀、同一个刀具半径补偿值编程加工，很难保证各处尺寸在公差范围之内。

对这一问题有两种处理方法：一是在编程计算时，改变轮廓尺寸并移动公差带，用上述方法将编程尺寸取为平均尺寸，采用同一把铣刀和同一个刀具半径补偿值加工，如图 5-66 中括号内的尺寸，其偏差均作了相应改变，计算与编程时用括号内尺寸来进行；二是仍以图样中的名义尺寸计算和编程，用同一把刀加工，在不同加工部位编入不同的刀具号，加工时赋予不同的刀具半径补偿值，但这样做操作者会感到很麻烦，而且在圆弧与直线、圆弧与圆弧相切处不容易办到，一般不采用此法。

轮廓尺寸改为平均尺寸后，两个圆弧的中心和切点的坐标尺寸应按修改后的尺寸计算。

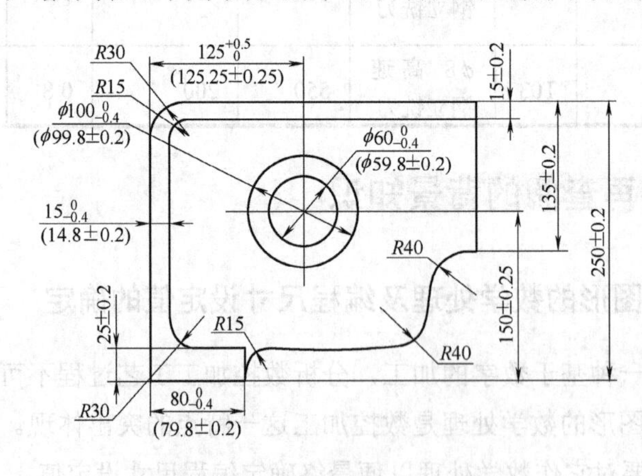

图 5-66 零件尺寸公差对编程的影响

加工案例工艺分析与编制

1. 加工案例工艺分析

(1) 对图 5-65 所示的凸模加工案例进行详尽分析，找出该凸模加工工艺有什么不妥之处？

① 加工方法选择是否得当？
② 夹具选择是否得当？
③ 刀具选择是否得当？
④ 加工工艺路线是否得当？
⑤ 切削用量是否合适？
⑥ 工序安排是否合适？
⑦ 机床选择是否得当？
⑧ 装夹方案是否得当？

(2) 对上述问题进行分析后，如果有不当的地方改正过来，并提出正确的工艺措施。

(3) 制定正确工艺并优化工艺。

(4) 填写该凸模加工案例的数控加工工序卡和刀具卡，确定装夹方案和精加工走刀路线，并计算基点坐标。

2. 加工案例加工工艺、装夹方案、加工走刀路线与基点坐标

1) 凸模加工案例数控加工工序卡

凸模加工案例数控加工工序卡如表 5-11 所示(注：铣刀 4 刃)。

表 5-11　凸模加工案例数控加工工序卡

单位名称		×××	产品名称或代号		零件名称		零件图号	
			×××		凸模		×××	
工序号		程序编号	夹具名称		加工设备		车间	
×××		×××	平口台虎钳		DX3220(数控铣床)		数控中心	
工步号	工步内容		刀具号	刀具规格/mm	主轴转速/(r/min)	进给速度/(mm/min)	检测工具	备注
1	粗铣凸台，凸台四周及台阶面留 1.5 mm 余量		T01	ϕ20	287	114	游标卡尺	
2	半精铣凸台，凸台四周及台阶面留 0.1 mm 余量		T01	ϕ20	318	100	游标卡尺	
3	精铣凸台至尺寸		T02	ϕ20	350	60	外径千分尺	
编制	×××	审核 ×××	批准	×××	年　月　日		共　页	第　页

2) 凸模加工案例数控加工刀具卡

凸模加工案例数控加工刀具卡如表 5-12 所示。

表 5-12 凸模加工案例数控加工刀具卡

产品名称或代号		×××	零件名称	凸模		零件图号		×××	
序号	刀具号	刀具				加工表面		备注	
		规格名称		数量	刀长/mm				
1	T01	ϕ20 mm 高速钢立铣刀		1	实测	凸台四周及台阶面			
2	T02	ϕ20 mm 高速钢立铣刀		1	实测	凸台四周及台阶面			
编制	×××	审核	×××	批准	×××	年 月 日	共 页	第 页	

3) 凸模加工案例装夹方案

该凸模加工案例零件前后左右结构对称，高度方向尺寸以下平面作为尺寸基准，同时也是设计基准，所以该案例零件加工时以下平面及相互垂直的两侧面作为定位基准定位。因为该凸模加工案例零件为半成品，小批生产，工件上下平面及四周均已按图纸技术要求加工好，并且工件的宽度尺寸只有 70 mm，在平口台虎钳的夹持范围内，所以可采用平口台虎钳按图 5-35(b)所示找正虎钳后装夹工件。

4) 凸模加工案例精加工走刀路线

凸模加工案例精加工走刀路线如图 5-67 所示。

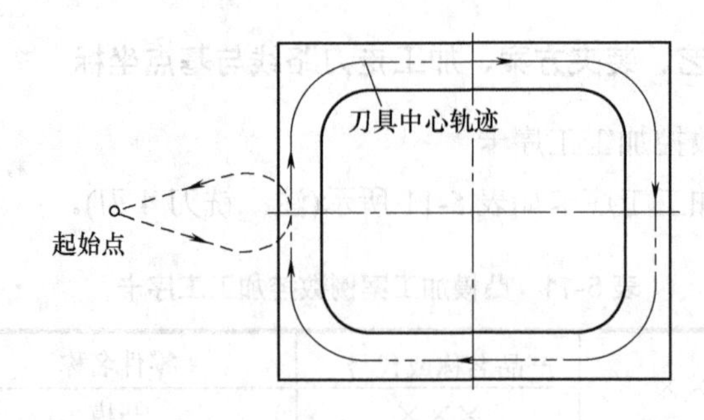

图 5-67 凸模加工案例精加工走刀路线

5) 计算基点坐标

该凸模案例零件基点坐标计算直观简单，这里不再赘述。

单元能力训练

(1) 为什么要进行零件图形的数学处理？如何确定编程尺寸设定值？

(2) 计算零件编程基点、节点坐标(含对零件图纸进行工艺处理)训练。

(3) 数控铣削零件外轮廓的加工图纸工艺分析训练。

(4) 数控铣削零件外轮廓的加工工艺路线设计训练。

(5) 数控铣削零件外轮廓的装夹方案选择训练。

(6) 数控铣削零件外轮廓的刀具、夹具、机床和切削用量选择训练。

(7) 数控铣削零件外轮廓的加工工艺文件编制训练。

单元能力巩固提高

如图 5-68 所示的样板零件，厚度 5 mm 的 *ABCDEF* 外轮廓已粗加工过，周边留 3mm 余量，其他面及两面均已加工好。要求数控加工如图 5-68 所示的 *ABCDEF* 外轮廓，ϕ20 孔后续再安排普通机床加工，工件材料为铝板。试设计该样板零件 *ABCDEF* 外轮廓的数控加工工艺，并确定装夹方案。

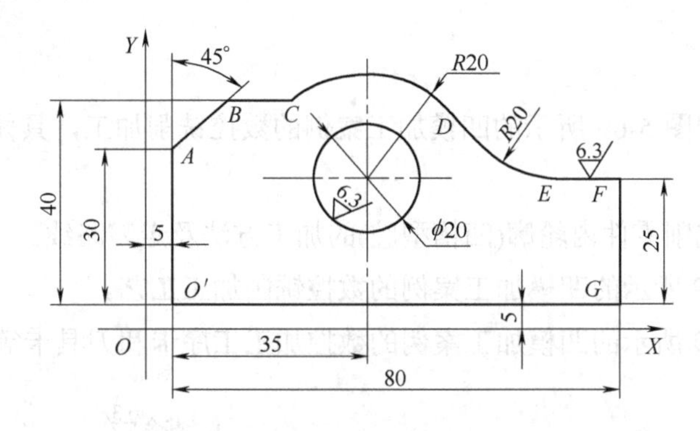

图 5-68　样板

单元能力评价

能力评价方式如表 5-13 所示。

表 5-13　能力评价表

等级	评　价　标　准
优秀	能高质量、高效率地找出图 5-65 所示的凸模加工案例中工艺设计不合理之处，提出正确的解决方案，并完整、优化地设计图 5-68 所示的样板零件 *ABCDEF* 外轮廓的数控加工工艺，确定装夹方案
良好	能在教师的偶尔指导下找出图 5-65 所示的凸模加工案例中工艺设计不合理之处，并提出正确的解决方案
中等	能在教师的偶尔指导下找出图 5-65 所示的凸模加工案例中工艺设计不合理之处，并提出基本正确的解决方案
合格	能在教师的指导下找出图 5-65 所示的凸模加工案例中工艺设计不合理之处

单元四　编制数控铣削零件内轮廓(凹槽型腔)加工工艺

单元能力目标

(1) 会选择内槽(型腔)起始切削的加工方法。

(2) 会制定数控铣削零件内轮廓(凹槽型腔)的数控加工工艺。

(3) 会编制数控铣削零件内轮廓(凹槽型腔)的数控加工工艺文件。

单元工作任务

本单元要完成如图 5-69 所示的凹模加工案例的数控铣削加工，具体设计该凹模的数控加工工艺。

(1) 分析数控铣削零件内轮廓(凹槽型腔)的加工方法及走刀路线。

(2) 制定图 5-69 所示的凹模加工案例的数控铣削加工工艺。

(3) 编制图 5-69 所示的凹模加工案例的数控加工工序卡和刀具卡等工艺文件。

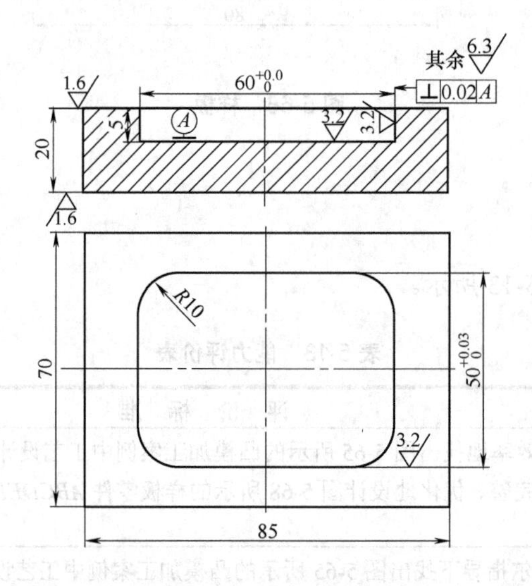

图 5-69　凹模加工案例

凹模加工案例零件说明：该凹模加工案例零件为半成品，小批生产，该零件上下平面及四周均已按图纸技术要求加工好。要求数控铣削凹槽，保证凹槽底平面与凹槽侧壁垂直度为 0.02 mm，凹槽长宽分别为 $60_{0}^{+0.03}$ mm 和 $50_{0}^{+0.03}$ mm，凹槽深度尺寸为 5 mm；要求内轮廓圆弧尺寸为 $R10$ mm，凹槽型腔表面粗糙度为 $R_a3.2$ μm。

现有该凹模加工案例数控加工工艺规程如表 5-14 所示(注：铣刀 2 刃)。

表 5-14　凹模加工案例数控加工工艺规程

工序号	工序内容	刀具号	刀具名称	主轴转速/(r/min)	进给速度/(mm/min)	背吃刀量/mm	机床	夹具
1	采用行切法，粗铣凹槽留 2 mm 余量	T01	ϕ10 高速钢立铣刀	600	70	3	加工中心	可调夹具
2	采用行切法，半精铣凹槽留 0.5 mm 余量	T02	ϕ10 高速钢立铣刀	500	100	1.5	加工中心	可调夹具
3	精铣凹槽至尺寸	T03	ϕ10 高速钢立铣刀	700	130	0.5	加工中心	可调夹具

完成工作任务需再查阅的背景知识

资料　内槽(型腔)起始切削的加工方法

1. 预钻削起始孔法

预钻削起始孔法就是在实体材料上先钻出比铣刀直径大的起始孔，铣刀先沿着起始孔下刀后，再按行切法、环切法或行切+环切法侧向铣削出内槽(型腔)的加工方法。一般不采用这种加工方法，因为采用这种加工方法，钻头的钻尖凹坑会残留在内槽(型腔)内，需采用另外的铣削方法铣去该钻尖凹坑，且增加一把钻头；另外，铣刀通过预钻削孔时因切削力突然变化产生振动，常常会导致铣刀损坏。

2. 插铣法

插铣法又称为 Z 轴铣削法或轴向铣削法，就是利用铣刀端面刃进行垂直下刀铣削的加工方法。采用这种方法开始铣削内槽(型腔)时，铣刀端部切削刃必须有一刃经过铣刀中心(端面刃主要用来加工与侧面相垂直的底平面)，并且开始切削时，切削进给速度要慢一些，待铣刀切削进工件表面后，再逐渐提高切削进给速度，否则开始切削内槽(型腔)时容易损坏铣刀。适合采用插铣法的情况是当加工任务要求刀具轴向长度较大时(如铣削大凹腔或深槽)，由于采用插铣法可有效减小径向切削力，因此与侧铣法相比具有更高的加工稳定性，能够有效解决大悬深问题。

3. 坡走铣法

坡走铣法是开始铣削内槽(型腔)的最佳方法之一，它是采用 X、Y、Z 三轴联动线性坡走下刀切削加工，以达到全部轴向深度的铣削方法，如图 5-70 所示。

4. 螺旋插补铣

螺旋插补铣是开始铣削内槽(型腔)的最佳方法，它是采用 X、Y、Z 三轴联动以螺旋插补形式下刀进行铣削内槽(型腔)的加工方法，如图 5-71 所示。螺旋插补铣是一种非常好的开始铣削内槽(型腔)的加工方法，铣削的内槽(型腔)表面粗糙度 R_a 值较小，表面光滑，切削力较小，刀具耐用度较高，并且只要求很小的开始铣削空间。

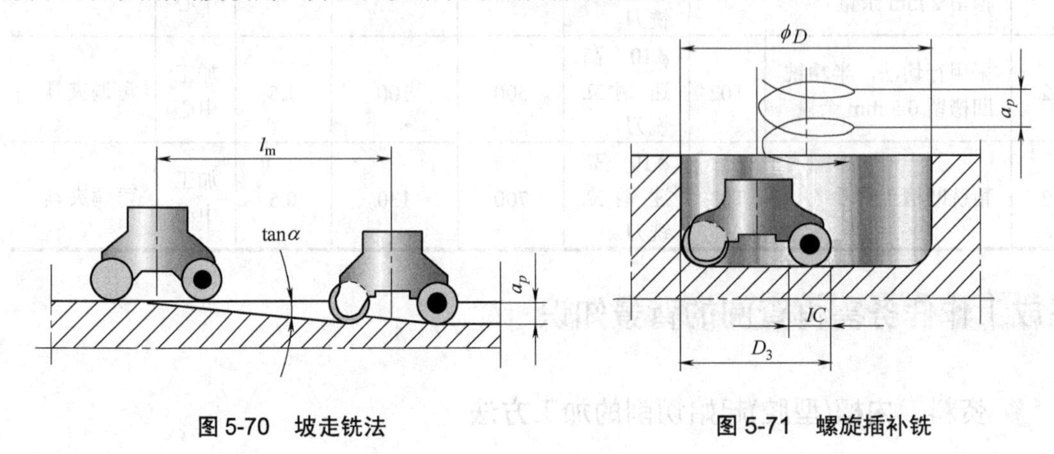

图 5-70　坡走铣法　　　图 5-71　螺旋插补铣

加工案例工艺分析与编制

1. 加工案例工艺分析

(1) 对图 5-69 所示的凹模加工案例进行详尽分析，找出该凹模加工工艺有什么不妥之处？

① 加工方法选择是否得当？

② 夹具选择是否得当？

③ 刀具选择是否得当？

④ 加工工艺路线是否得当？

⑤ 切削用量是否合适？

⑥ 工序安排是否合适？

⑦ 机床选择是否得当？

⑧ 装夹方案是否得当？

(2) 对上述问题进行分析后，如果有不当的地方改正过来，并提出正确的工艺措施。

(3) 制定正确工艺并优化工艺。

(4) 填写该凹模加工案例的数控加工工序卡和刀具卡，确定装夹方案和加工走刀路线。

2. 加工案例加工工艺、装夹方案与加工走刀路线

1) 凹模加工案例数控加工工序卡

凹模加工案例数控加工工序卡如表 5-15 所示(注：铣刀 4 刃)。

表 5-15　凹模加工案例数控加工工序卡

单位名称		×××		产品名称或代号	零件名称		零件图号	
				×××	凹模		×××	
工序号		程序编号		夹具名称	加工设备		车间	
×××		×××		平口台虎钳	DX3220(数控铣床)		数控中心	
工步号	工步内容		刀具号	刀具规格/mm	主轴转速/(r/min)	进给速度/(mm/min)	检测工具	备注
1	采用环切法粗铣凹槽，单边留 1.5 mm 余量		T01	ϕ20	287	114	游标卡尺	
2	采用环切法半精铣凹槽，单边留 0.1 mm 余量		T01	ϕ20	318	100	游标卡尺	
3	采用环切法精铣凹槽至尺寸		T02	ϕ20	350	60	内径百分表	
编制	×××	审核	×××	批准	×××	年　月　日	共　页	第　页

2)　凹模加工案例数控加工刀具卡

凹模加工案例数控加工刀具卡如表 5-16 所示。

表 5-16　凹模加工案例数控加工刀具卡

产品名称或代号		×××	零件名称	凹模	零件图号	×××
序号	刀具号	刀具			加工表面	备注
		规格名称	数量	刀长/mm		
1	T01	ϕ20 mm 高速钢端面刃立铣刀	1	实测	凹槽型腔	
2	T02	ϕ20 mm 高速钢端面刃立铣刀	1	实测	凹槽型腔	
编制 ×××	审核 ×××	批准	×××	年　月　日	共　页	第　页

3)　凹模加工案例装夹方案

该凹模加工案例零件前后左右结构对称，凹槽深度尺寸以上平面作为尺寸基准，上下平面已按图纸技术要求加工好，保证平行，所以该案例零件加工时可以下平面及相互垂直的两侧面作为定位基准定位。因为该凹模加工案例零件为半成品，小批生产，工件四周已按图纸技术要求加工好，并且工件的宽度尺寸只有 70 mm，在平口台虎钳的夹持范围内，所以可采用平口台虎钳按图 5-35(b)所示找正虎钳后装夹工件。

4)　凹模加工案例加工走刀路线

凹模加工案例粗铣采用螺旋插补铣形式下刀，下刀后采用环切法进行粗铣和半精铣，具体粗铣和半精铣走刀路线如图 5-72 所示。粗铣和半精铣后，精铣采用图 5-32 所示的无交点内轮廓加工刀具正确的切入和切出方式加工走刀。

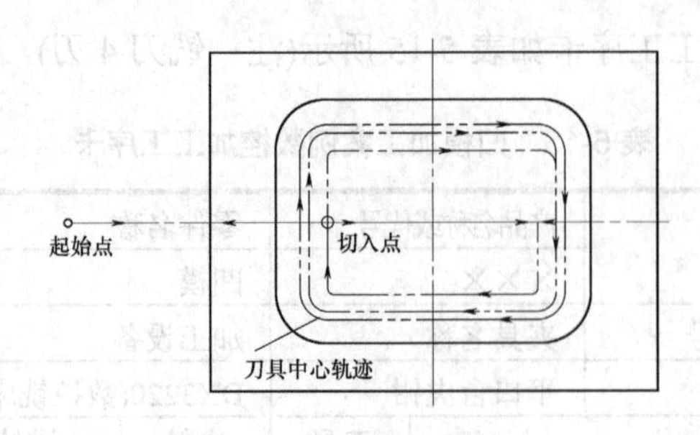

图 5-72　凹模加工案例粗铣和半精铣加工走刀路线

单元能力训练

(1) 内槽(型腔)起始切削的加工方法有哪些？各有何特点？

(2) 数控铣削实心零件内轮廓(凹槽型腔)的起始切削加工方法选择训练。

(3) 数控铣削零件内轮廓(凹槽型腔)的加工图纸工艺分析训练。

(4) 数控铣削零件内轮廓(凹槽型腔)的加工工艺路线设计训练。

(5) 数控铣削零件内轮廓(凹槽型腔)的装夹方案选择训练。

(6) 数控铣削零件内轮廓(凹槽型腔)的刀具、夹具、机床和切削用量选择训练。

(7) 数控铣削零件内轮廓(凹槽型腔)的加工工艺文件编制训练。

单元能力巩固提高

如图 5-73 所示的上模零件，该零件为半成品，小批生产，除凹槽型腔外，其他加工部位均已加工好，零件材料为 45 钢。试设计该上模零件凹槽型腔的数控加工工艺，并确定装夹方案。

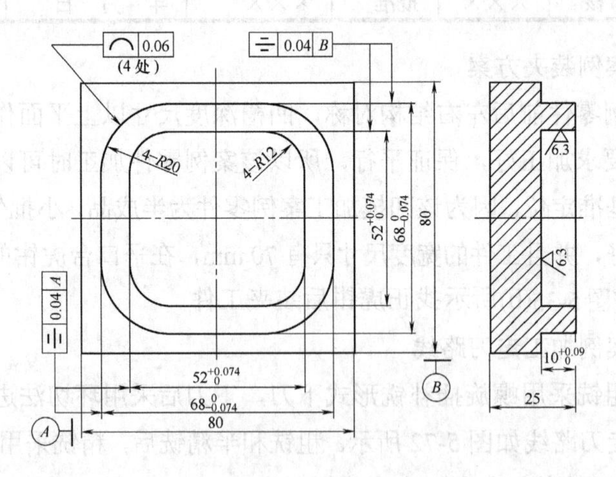

图 5-73　上模

单元能力评价

能力评价方式如表 5-17 所示。

表 5-17 能力评价表

等级	评 价 标 准
优秀	能高质量、高效率地找出图 5-69 所示的凹模加工案例中工艺设计不合理之处，提出正确的解决方案，并完整、优化地设计图 5-73 所示的上模零件凹槽型腔的数控加工工艺，并确定装夹方案
良好	能在教师的偶尔指导下找出图 5-69 所示的凹模加工案例中工艺设计不合理之处，并提出正确的解决方案
中等	能在教师的偶尔指导下找出图 5-69 所示的凹模加工案例中工艺设计不合理之处，并提出基本正确的解决方案
合格	能在教师的指导下找出图 5-69 所示的凹模加工案例中工艺设计不合理之处

项目六　数控铣削零件综合加工工艺分析编制

项目总体能力目标

(1) 会对中等以上复杂程度零件图进行数控铣削加工工艺性分析，包括：分析零件图纸技术要求，检查零件图的完整性和正确性，分析零件的结构工艺性。

(2) 会拟定中等以上复杂程度零件的数控铣削加工工艺路线，包括：选择加工方法，划分加工阶段，划分加工工序，确定加工路线，确定加工顺序。

(3) 会选择中等以上复杂程度零件的数控铣削加工刀具。

(4) 会选择中等以上复杂程度零件的数控铣削加工夹具，并确定装夹方案。

(5) 会按中等以上复杂程度零件的数控铣削加工工艺选择合适的切削用量与机床。

(6) 会编制中等以上复杂程度数控铣削零件的数控铣削加工工艺文件。

项目总体工作任务

(1) 分析中等以上复杂程度零件图的数控铣削加工工艺性。

(2) 拟定中等以上复杂程度零件的数控铣削加工工艺路线。

(3) 选择中等以上复杂程度零件的数控铣削加工刀具。

(4) 选择中等以上复杂程度零件的数控铣削加工夹具，并确定装夹方案。

(5) 按中等以上复杂程度零件的数控铣削加工工艺选择合适的切削用量与机床。

(6) 编制中等以上复杂程度零件的数控铣削加工工艺文件。

单元一　分析编制平面轮廓类零件数控铣削综合加工工艺

单元能力目标

(1) 会对数控铣削中等以上复杂程度零件图形的数学处理及编程尺寸设定值进行确定。

(2) 会制定中等以上复杂程度零件的数控铣削综合加工工艺。

(3) 会编制中等以上复杂程度零件的数控铣削加工工艺文件。

单元工作任务

本单元完成如图 6-1 所示的平面槽形凸轮加工案例零件的数控铣削加工，具体设计该平面槽形凸轮的数控加工工艺。

(1) 分析图 6-1 所示的平面槽形凸轮加工案例零件的图纸，并进行相应的工艺处理。

(2) 制定图 6-1 所示的平面槽形凸轮加工案例零件的数控铣削加工工艺。

(3) 编制图 6-1 所示的平面槽形凸轮加工案例零件的数控铣削加工工序卡和刀具卡等工艺文件。

平面槽形凸轮加工案例零件说明：该平面槽形凸轮加工案例零件为半成品，零件材料为 HT200 铸铁，小批量生产。该零件除凸轮槽之外其他工序均已按零件图纸技术要求加工好，要求数控铣削凸轮槽。

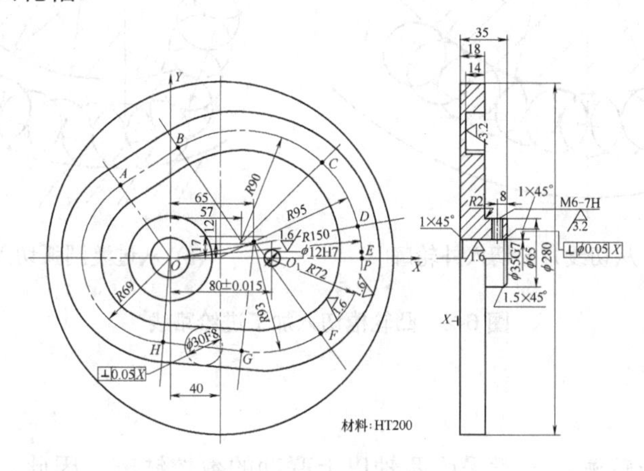

图 6-1 平面槽形凸轮加工案例

加工案例工艺分析与编制

完成工作任务步骤如下。

1. 零件图纸工艺分析

该案例零件凸轮轮廓由 *HA*、*BC*、*DE*、*FG* 和直线 *AB*、*HG* 以及过渡圆弧 *CD*、*EF* 组成，组成轮廓的各几何要素关系清楚，条件充分，所需要的基点坐标容易计算。凸轮内外轮廓面对底面 *X* 有垂直度要求，零件材料为 HT200 铸铁，铣削工艺性较好。

通过上述分析，采取的工艺措施为：因凸轮内外轮廓面对底面 *X* 有垂直度要求，只要提高装夹精度，使底面 *X* 与铣刀轴线垂直即可保证。

2. 加工工艺路线设计

该平面槽形凸轮加工案例零件的加工顺序按照基面先行、先粗后精的原则确定。因此，应先加工用作定位基准的 ϕ35 mm 及 ϕ12 mm 两个定位孔和底面 X，然后再加工凸轮槽内外轮廓表面。由于该零件的 ϕ35 mm 及 ϕ12 mm 两个定位孔和底面 X 已在前面工序中加工完成，这里只需分析加工凸轮槽的加工走刀路线，加工走刀路线包括平面内进给走刀和深度进给走刀两部分路线。平面内的进给走刀，对外轮廓是从切线方向切入，对内轮廓是从过渡圆弧切入，如图 6-2 所示。为使凸轮槽表面具有较好的加工表面质量，采用顺铣方式铣削，即对外轮廓按顺时针方向铣削，对内轮廓按逆时针方向铣削。深度进给按坡走铣法逐渐进刀，直到既定深度。

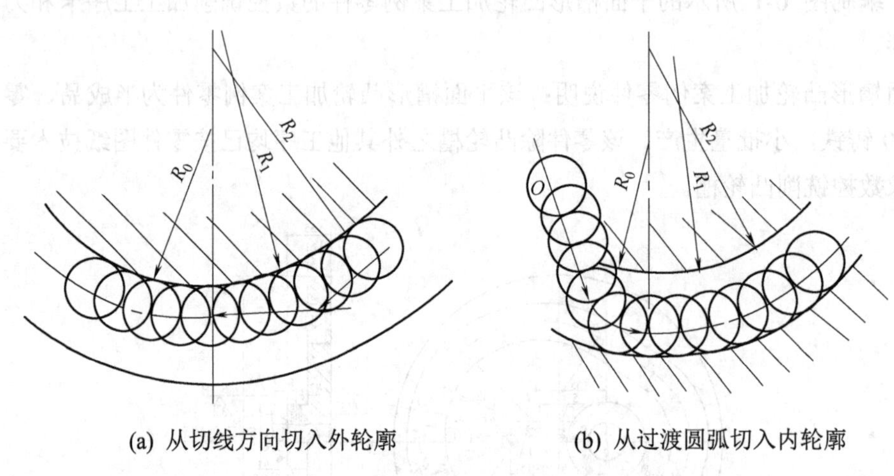

(a) 从切线方向切入外轮廓　　(b) 从过渡圆弧切入内轮廓

图 6-2　凸轮槽切入加工进给路线

3. 机床选择

数控铣削平面凸轮槽，一般采用两轴以上联动的数控铣床。因此，首先要考虑的是零件的外形尺寸和重量，使它在机床的允许加工范围之内；其次考虑数控铣床的加工精度是否能满足凸轮槽的设计要求；最后考虑凸轮槽的最大圆弧半径是否在数控系统允许的范围之内。根据上述要求，选择数控铣床 XK5025 即可满足。

4. 装夹方案及夹具选择

由于该零件的 ϕ35 mm 及 ϕ12 mm 两个定位孔和底面 X 已在前面工序中加工完成。因此，该案例零件的定位可采用“一面两销(两孔)”定位，即用底面 X 以及 ϕ35 mm 和 ϕ12 mm 两个基准孔作为定位基准。

根据案例零件特点，采用一块 320 mm×320 mm×40 mm 的垫块，在垫块上分别加工出 ϕ35 mm 及 ϕ12 mm 的两个定位孔(注：配定位销)，孔距为 80±0.015 mm，垫块平面度在 0.03 mm 以内。该案例零件在加工前，先找正固定夹具，使两定位销孔的中心线与机床 X 轴平行，夹具平面要保证与机床工作台面平行，利用百分表进行检查。平面槽形凸轮加工案例零件在夹具上的装夹示意如图 6-3 所示。

5. 刀具选择

根据案例零件结构特点，铣削凸轮槽内、外轮廓(即凸轮槽两侧面)时，铣刀直径受槽宽限制，同时考虑 HT200 铸铁属于一般材料，加工性能较好，因此选用 ϕ18 mm 硬质合金立铣刀即可。

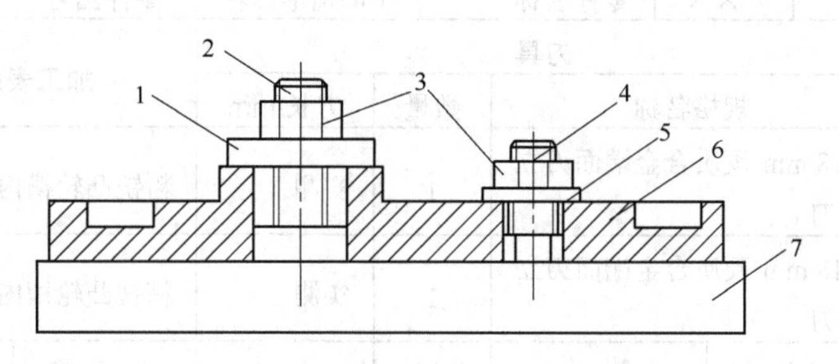

1—开口垫圈；2—带螺纹圆柱销；3—压紧螺母；4—带螺纹削边销；5—垫圈；6—工件；7—垫块

图 6-3　平面槽形凸轮加工装夹示意图

6. 切削用量选择

凸轮槽内、外轮廓精加工时留 0.12 mm 精铣余量，确定主轴转速与进给速度时，查表 5-5 和表 5-4 所提供的参考值，确定切削速度与每齿进给量，然后根据有关公式计算出主轴转速与进给速度。具体切削用量详见平面槽形凸轮加工案例数控加工工序卡。

7. 填写数控加工工序卡和刀具卡

1)　平面槽形凸轮加工案例数控加工工序卡

平面槽形凸轮加工案例数控加工工序卡如表 6-1 所示。

表 6-1　平面槽形凸轮加工案例数控加工工序卡

单位名称	×××	产品名称或代号	零件名称	零件图号
		×××	平面槽形凸轮	×××
工序号	程序编号	夹具名称	加工设备	车间
×××	×××	螺栓压板组合夹具	XK5025(数控铣床)	数控中心

工步号	工步内容	刀具号	刀具规格(mm)	主轴转速(r/min)	进给速度(mm/min)	检测工具	备注
1	分三次来回铣削，铣深至 12 mm，凸轮槽宽 25 mm	T01	ϕ18	850	320	游标卡尺	分两层铣削
2	粗铣凸轮槽内轮廓，留余量 0.12 mm	T01	ϕ18	1000	300	游标卡尺	
3	粗铣凸轮槽外轮廓，留余量 0.12 mm	T01	ϕ18	1000	300	游标卡尺	
4	精铣凸轮槽内轮廓至尺寸	T02	ϕ18	1200	240	专用检具	
5	精铣凸轮槽外轮廓至尺寸	T02	ϕ18	1200	240	专用检具	
编制	××× 审核 ×××	批准	×××	年　月　日		共　页	第　页

2) 平面槽形凸轮加工案例数控加工刀具卡

平面槽形凸轮加工案例数控加工刀具卡如表 6-2 所示。

表 6-2 平面槽形凸轮加工案例数控加工刀具卡

<table>
<tr><td colspan="2">产品名称或代号</td><td>×××</td><td colspan="2">零件名称</td><td>平面槽形凸轮</td><td>零件图号</td><td colspan="2">×××</td></tr>
<tr><td rowspan="2">序号</td><td rowspan="2">刀具号</td><td colspan="4">刀具</td><td rowspan="2" colspan="2">加工表面</td><td rowspan="2">备注</td></tr>
<tr><td colspan="2">规格名称</td><td>数量</td><td>刀长/mm</td></tr>
<tr><td>1</td><td>T01</td><td colspan="2">ϕ18 mm 硬质合金端面刃立铣刀</td><td>1</td><td>实测</td><td colspan="2">粗铣凸轮槽内外轮廓</td><td></td></tr>
<tr><td>2</td><td>T02</td><td colspan="2">ϕ18 mm 硬质合金端面刃立铣刀</td><td>1</td><td>实测</td><td colspan="2">精铣凸轮槽内外轮廓</td><td></td></tr>
<tr><td>编制</td><td>×××</td><td>审核</td><td>×××</td><td>批准</td><td>×××</td><td>年 月 日</td><td>共 页</td><td>第 页</td></tr>
</table>

单元能力训练

(1) 中等以上复杂程度零件的数控铣削加工图纸工艺分析训练。

(2) 中等以上复杂程度零件的数控铣削加工工艺路线设计训练。

(3) 中等以上复杂程度零件的数控铣削装夹方案选择训练。

(4) 加工中等以上复杂程度零件的数控铣削刀具、夹具、机床和切削用量选择训练。

(5) 中等以上复杂程度零件的数控铣削加工工艺文件编制训练。

单元能力巩固提高

如图 6-4 所示的平面槽形凸轮零件为半成品，零件材料为 HT200 铸铁，批量 20 件。该零件除凸轮槽之外其他工序均已按图纸技术要求加工好，要求数控铣削凸轮槽。试设计该平面槽形凸轮的数控加工工艺，并确定装夹方案。

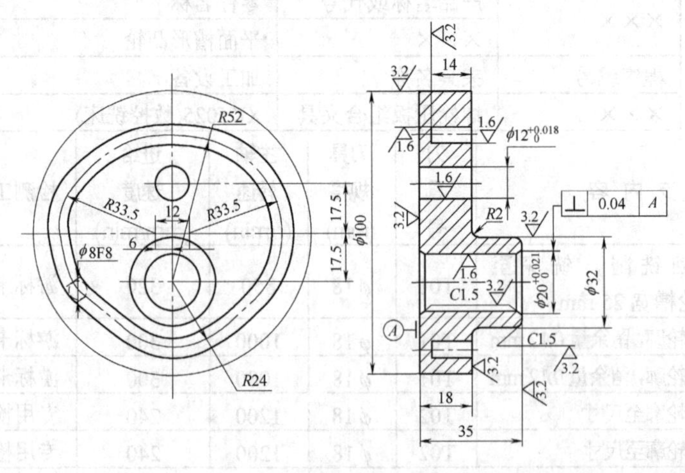

图 6-4 平面槽形凸轮

单元能力评价

能力评价方式如表 6-3 所示。

表 6-3　能力评价表

等级	评　价　标　准
优秀	能高质量、高效率地完成图 6-1 所示的平面槽形凸轮加工案例零件数控加工工艺设计，并正确完成图 6-4 所示的平面槽形凸轮数控加工工艺设计，并确定装夹方案
良好	能在无教师的指导下完成图 6-1 所示的平面槽形凸轮加工案例零件数控加工工艺设计
中等	能在教师的偶尔指导下完成图 6-1 所示的平面槽形凸轮加工案例零件数控加工工艺设计
合格	能在教师的指导下完成图 6-1 所示的平面槽形凸轮加工案例零件数控加工工艺设计

单元二　分析编制型腔类模具数控铣削综合加工工艺

单元能力目标

(1)　会分析数控铣削模具的加工工艺特点。

(2)　会制定型腔类模具零件的数控铣削综合加工工艺。

(3)　会编制型腔类模具零件的数控铣削加工工艺文件。

单元工作任务

本单元完成图 6-5 所示的盒形模具凹模加工案例的数控铣削加工，具体设计该盒形模具凹模的数控加工工艺。

(1)　分析图 6-5 所示的盒形模具凹模加工案例，制定正确的数控铣削加工工艺。

(2)　编制图 6-5 所示的盒形模具凹模加工案例的数控加工工序卡和刀具卡等工艺文件。

盒形模具凹模加工案例零件说明：该盒形模具凹模为单件生产，工件材料为 T8A，外形为六面体，内腔型面复杂。主要结构是由多个曲面组成的凹形型腔，型腔四周的斜平面之间采用 $R7.6$ mm 的圆弧面过渡，斜平面与底平面之间采用 R 5mm 的圆弧面过渡，在模具的底平面上有一个四周也是斜平面的锥台，模具的外部结构是一个标准的长方体。该案例零件除凹形型腔外其他部位均已加工好，要求数控铣削凹形型腔。

现有该盒形模具凹模加工案例数控加工工艺规程如表 6-4 所示(注：ϕ20 铣刀 4 刃，ϕ8 铣刀 2 刃)。

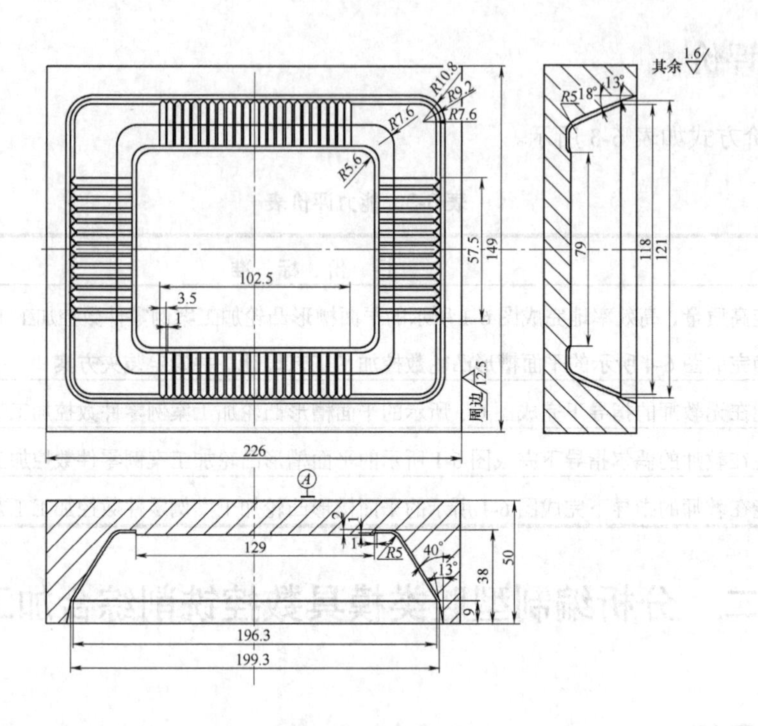

图 6-5　盒形模具凹模加工案例

表 6-4　盒形模具凹模加工案例数控加工工艺规程

工序号	工序内容	刀具号	刀具名称	主轴转速(r/min)	进给速度/(mm/min)	背吃刀量/mm	机床	夹具
1	粗铣整个型腔	T01	ϕ20 mm 平底高速钢立铣刀	800	100		加工中心	专用夹具
2	用行切法半精铣整个型腔	T02	ϕ8 mm 平底高速钢立铣刀	1600	120		加工中心	专用夹具
3	用行切法精铣整个型腔	T03	ϕ8 mm 高速钢球头铣刀	1800	100		加工中心	专用夹具

完成工作任务需再查阅的背景知识

资料　数控铣削模具的加工工艺特点

1. 模具加工的基本特点

(1) 加工精度要求高。每副模具一般都是由凹模、凸模和模架组成的，有些还可能是多件拼合模块。因此，上、下模的组合，镶块与型腔的组合，模块之间的拼合均要求有很

高的加工精度，精密模具的尺寸精度甚至达微米级。

(2) 表面复杂。有些产品如汽车覆盖件、飞机零件、玩具和家用电器，其表面都是由多种曲面组合而成的。因此，模具型腔面很复杂，有些曲面必须用数学计算方法进行处理。

(3) 批量小。模具的生产不是大批量成批生产的，很多情况下往往只生产一副。

(4) 工序多。模具加工中总要用到铣、镗、钻、铰和攻螺纹等多种工序。

(5) 重复性投产。模具的使用寿命是有限的，当一副模具的使用超过其寿命时，就要更换新的模具，因此，模具的生产往往有重复性。

(6) 仿形加工。模具生产中有时既没有图样，也没有数据，要根据实物进行仿形加工。

(7) 模具材料优异，硬度高。模具的主要材料多采用优质合金钢制造，特别是寿命长的模具，常采用 Cr12、CrWMn 等莱氏体钢制造。这类钢材从毛坯锻造、加工到热处理均有严格要求，因此，加工工艺的编制就更不容忽视，热处理技术参数更需要严格制定。

根据上述诸多特点，在选用加工机床时要尽可能满足加工要求。例如，数控系统的功能要强、要求机床精度高、刚性好、热稳定性好、且具有仿形加工功能等。

2. 模具加工一般应采取的技术措施

根据上述模具加工的特点，一般在加工工艺上采取一些措施，以便发挥机床高精度、高效率的特点，保证模具加工质量。

(1) 精选材料，毛坯材质均匀。目前，有些材料可以做到在粗加工后变形量较小。铸锻件应经过高温时效处理，消除内应力，使材料经过多道工序加工之后变形小。

(2) 合理安排工序，精化工件毛坯。在模具的生产过程中，一般不可能仅仅依靠一两台数控铣床即可完成工件的全部加工工序，而且还需要与普通铣床、车床等通用设备配合使用。在保证高精度、高效率以及发挥数控加工和通用设备加工各自特长的前提下，数控加工前的毛坯应尽量精化，例如，除去铸锻、热处理产生的氧化硬层，只留少量加工余量，加工出基准面和基准孔等。

(3) 数控机床的刚性好、热稳定性好、功率大，在加工中尽可能选择较大的切削用量，这样既可满足加工精度要求，又提高了效率。

(4) 考虑到有些工件由于易产生切削内应力、热变形，再考虑到装夹位置的合理性、夹具夹紧变形等因素，必须多次装夹才能完成所有工序。

(5) 一般加工顺序的安排如下：

① 重切削、粗加工、去除零件毛坯上大部分余量，例如，粗铣大平面、粗铣曲面、粗镗孔等。

② 加工发热量小、精度要求不高的工序，例如半精铣平面、半精镗孔等。

③ 在模具加工中精铣曲面。

④ 打中心孔、钻小孔、攻螺纹。

⑤ 精镗孔、精铣平面、铰孔。

注意：在重切削、精加工时要有充分的冷却液，粗加工后至精加工之前要有充分的冷却时间；在加工中应尽量减少换刀次数，减少空行程移动量。

3. 刀具的选择

数控机床在加工模具时所采用的刀具多数与通用刀具相同，经常也使用机夹不重磨可转位硬质合金刀片的铣刀。由于模具中有许多是由曲面构成的型腔，所以经常需要采用球头铣刀和环形刀(即立铣刀刀尖呈圆弧倒角状)。

4. 铣削曲面时应注意的问题

(1) 粗铣。粗铣时应根据被加工曲面给出的余量，用立铣刀按等高面一层一层地铣削，这种粗铣效率高。粗铣后的曲面类似于山坡上的“梯田”，台阶的高度视粗铣精度而定。

(2) 半精铣。半精铣的目的是铣掉“梯田”的台阶，使被加工表面更接近于理论曲面。采用球头铣刀一般为精加工工序留出 0.5 mm 左右的加工余量。半精加工的行距和步距可比精加工的大。

(3) 精铣。精铣最终加工出理论曲面。用球头铣刀精加工曲面时，一般用行切法。对于敞开性比较好的工件，行切的折返点应选在曲面的外面，即在编程时，应把曲面向外延伸一些。对敞开性不好的工件表面，由于折返时切削速度的变化，很容易在已加工表面上留下由停顿和振动产生的刀痕。因此，在加工和编程时，一是要在折返时降低进给速度；二是在编程时，被加工曲面折返点应稍离开阻挡面。对曲面与阻挡面相贯线应单作一个清根程序另外加工，这样就会使被加工曲面与阻挡面光滑连接，而不致产生很大的刀痕。

(4) 球头铣刀在铣削曲面时，其刀尖处的切削速度很低，如果用球刀垂直于被加工面铣削比较平缓的曲面，那么球刀刀尖切出的表面质量较差，所以应适当地提高机床主轴转速；另外，还应避免用刀尖切削。

(5) 避免垂直下刀。平底圆柱铣刀有两种：一种是端面有顶尖孔，其端刃不过中心；另一种是端面无顶尖孔，端刃相连且过中心。在铣削曲面时，有顶尖孔的端铣刀绝对不能像钻头一样向下垂直进刀，除非预先钻有工艺孔，否则会把铣刀顶断。如果使用无顶尖孔的端铣刀时，可以垂直向下进刀，最好的办法是采用坡走铣或螺旋插补铣进刀到一定深度后，再用侧刃横向进给切削。在铣削凹槽面时，可以预先钻出工艺孔以便下刀。用球头铣刀垂直进刀的效果虽然比平底的端铣刀好，但也会因为轴向力过大，影响切削效果，最好不使用这种下刀方式。

(6) 铣削曲面零件时，如果发现零件材料热处理不好、有裂纹、组织不均匀等现象，应及时停止加工。

(7) 在铣削模具型腔比较复杂的曲面时，一般需要较长的周期。因此，在每次开机铣削前，应对机床、夹具和刀具进行适当的检查，以免中途发生故障，影响加工精度，甚至造成废品。

(8) 在模具型腔铣削时，应根据工件的表面粗糙度掌握修挫余量。对于铣削比较困难

的部位，如果工件表面粗糙度高，应适当多留些修挫余量；而对于平面、垂直沟槽等容易加工的部位，应尽量降低工件表面粗糙度值，减少修挫工作量，避免因大面积修挫而影响型腔曲面的精度。

加工案例工艺分析与编制

1. 加工案例工艺分析

(1) 对图 6-5 所示的盒形模具凹模加工案例进行详尽分析，找出该盒形模具凹模加工工艺有什么不妥之处？

① 加工方法选择是否得当？

② 夹具选择是否得当？

③ 刀具选择是否得当？

④ 加工工艺路线是否得当？

⑤ 切削用量是否合适？

⑥ 工序安排是否合适？

⑦ 机床选择是否得当？

⑧ 装夹方案是否得当？

(2) 对上述问题进行分析后，如果有不当的地方应及时改正过来，并提出正确的工艺措施。

(3) 制定正确工艺并优化工艺。

(4) 填写该盒形模具凹模加工案例的数控加工工序卡和刀具卡，确定装夹方案。

2. 加工案例加工工艺与装夹方案

1) 盒形模具凹模加工案例数控加工工序卡

盒形模具凹模加工案例数控加工工序卡如表 6-5 所示(注：铣刀 4 刃)。

表 6-5　盒形模具凹模加工案例数控加工工序卡

单位名称	×××	产品名称或代号			零件名称		零件图号	
		×××			盒形模具凹模		×××	
工序号	程序编号	夹具名称			加工设备		车间	
×××	×××	螺栓压板组合夹具			DX3220(数控铣床)		数控中心	
工步号	工 步 内 容	刀具号	刀具规格(mm)	主轴转速(r/min)	进给速度(mm/min)	检测工具		备注
1	粗铣整个型腔	T01	ϕ20	600	250	游标卡尺		
2	用环切法半精铣上型腔	T02	ϕ12	500	120	游标卡尺		
3	用环切法精铣上型腔	T03	ϕ6	1000	60	三坐标测量机		

续表

工步号	工步内容	刀具号	刀具规格(mm)	主轴转速(r/min)	进给速度(mm/min)	检测工具	备注
4	用环切法半精铣下型腔	T02	ϕ12	500	120	专用检具	
5	用环切法精铣下型腔	T03	ϕ6	1000	60	三坐标测量机	
6	精铣底平面上锥台四周表面	T03	ϕ6	1000	60	三坐标测量机	
编制 ×××	审核 ×××	批准 ×××		年 月 日		共 页	第 页

2) 盒形模具凹模加工案例数控加工刀具卡

盒形模具凹模加工案例数控加工刀具卡如表 6-6 所示。

表 6-6 盒形模具凹模加工案例数控加工刀具卡

产品名称或代号	×××	零件名称		盒形模具凹模	零件图号	×××
序号	刀具号	刀具			加工表面	备注
		规格名称	数量	刀长/mm		
1	T01	ϕ20 mm 硬质合金端面刃立铣刀	1	实测	粗铣整个型腔	
2	T02	ϕ12 mm 高速钢成形铣刀	1	实测	半精铣上、下型腔	
3	T03	ϕ6 高速钢球头铣刀	1	实测	精铣上型腔、精铣底平面上锥台四周表面、精铣下型腔	
编制 ×××	审核 ×××	批准 ×××		年 月 日	共 页	第 页

3) 盒形模具凹模加工案例装夹方案

该盒形模具凹模加工案例零件前后左右结构对称，凹形型腔深度尺寸以上平面作为尺寸基准，上下平面已按图纸技术要求加工好，保证平行，所以该案例零件加工时可以下平面及相互垂直的两侧面作为定位基准定位。因为该盒形模具凹模加工案例零件为半成品，单件生产，工件四周已按图纸技术要求加工好，外形尺寸不大，所以可采用按项目五图 5-43 所示找正后装夹工件。

单元能力训练

(1) 模具加工特点有哪些？一般采取哪些技术措施？

(2) 加工曲面型腔模具(包含与之配合的曲面凸模)，一般应采用什么刀具？

(3) 铣削曲面时应注意什么问题？

(4) 型腔曲面加工刀具选择训练。

(5) 数控铣削型腔类模具零件的加工图纸工艺分析训练。

(6) 数控铣削型腔类模具零件的加工工艺路线设计训练。

(7) 数控铣削型腔类模具零件的装夹方案选择训练。

(8) 数控铣削型腔类模具零件的刀具、夹具、机床和切削用量选择训练。

(9) 数控铣削型腔类模具零件的加工工艺文件编制训练。

单元能力巩固提高

如图 6-6 所示的凹模零件，该零件为半成品，除 3 个凹槽型腔和凹球面外，其他加工部位均已加工好，工件材料为 45 钢调质。试设计该凹模零件凹槽型腔(含凹球面)的数控加工工艺，并确定装夹方案。

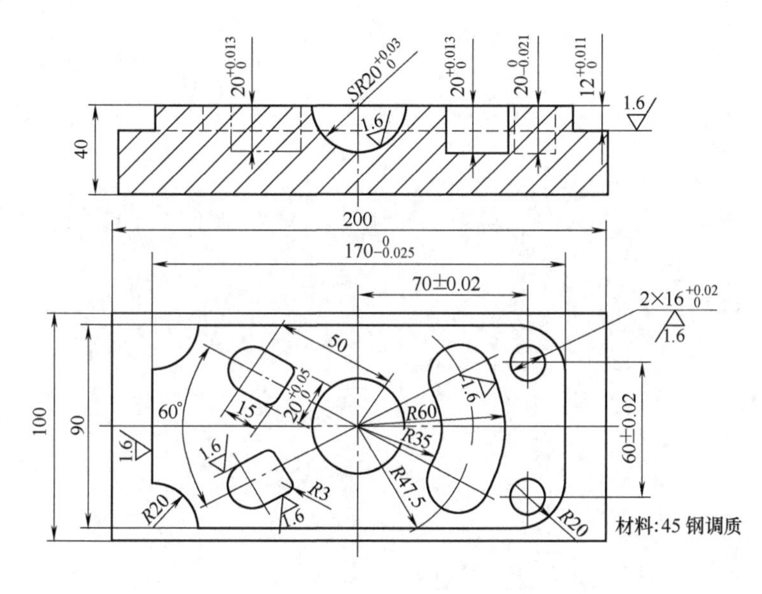

图 6-6　凹模

单元能力评价

能力评价方式如表 6-7 所示。

表 6-7　能力评价表

等级	评　价　标　准
优秀	能高质量、高效率地找出图 6-5 所示的盒形模具凹模加工案例中工艺设计不合理之处，提出正确的解决方案，并完整、优化地设计图 6-6 所示的凹模零件的数控加工工艺，确定装夹方案
良好	能在教师的偶尔指导下找出图 6-5 所示的盒形模具凹模加工案例中工艺设计不合理之处，并提出正确的解决方案

续表

等级	评 价 标 准
中等	能在教师的偶尔指导下找出图 6-5 所示的盒形模具凹模加工案例中工艺设计不合理之处，并提出基本正确的解决方案
合格	能在教师的指导下找出图 6-5 所示的盒形模具凹模加工案例中工艺设计不合理之处

项目七　简易数控镗铣孔加工零件(含螺纹孔)加工工艺编制

项目总体能力目标

(1) 会根据零件结构及技术要求选择合适的加工中心。

(2) 会对简易数控镗铣孔加工零件图进行数控加工工艺性分析，包括：分析零件图纸技术要求，检查零件图的完整性和正确性，分析零件的结构工艺性。

(3) 会拟定数控镗铣孔加工工艺路线，包括：选择加工中心孔系加工方法，划分加工阶段，划分加工工序及工步，确定加工顺序，确定进给加工路线。

(4) 会根据拟定的孔系加工工艺熟练地选用加工中心孔系加工刀具(含机用丝锥)。

(5) 会根据加工中心常用夹具的用途来正确选择夹具和装夹方案。

(6) 会选择合适的切削用量。

(7) 会编制加工中心加工工艺文件。

项目总体工作任务

(1) 分析简单板类孔系零件图的加工中心加工工艺性。

(2) 拟定简单板类孔系零件的加工中心加工工艺路线。

(3) 选择简单板类孔系零件的加工中心加工刀具。

(4) 选择简单板类孔系零件的加工中心加工夹具，确定装夹方案。

(5) 按简单板类孔系零件的加工中心加工工艺选择合适的切削用量与机床。

(6) 编制简单板类孔系零件的加工中心加工工艺文件。

单元一　数控镗铣孔加工零件(含螺纹孔)加工工艺设计入门

单元能力目标

(1) 会检索数控镗铣孔加工工艺资料和工艺手册，从中获取完成当前工作任务所需要的工艺知识及数据。

(2) 会识别数控镗铣孔加工工艺领域内的常用术语。

单元工作任务

本单元查阅如图 7-1 所示盖板加工案例零件的孔系加工背景知识，获取设计该盖板零件的孔系加工工艺知识及数据。

(1) 查阅数控加工工艺书和工艺手册，获取设计如图 7-1 所示的盖板零件的孔系加工工艺知识及数据。

(2) 识别数控镗铣孔加工工艺术语。

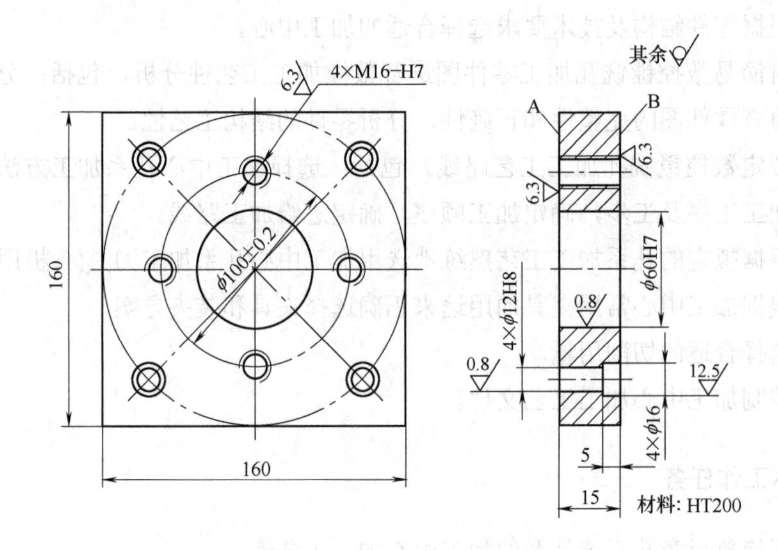

图 7-1 盖板加工案例

盖板加工案例零件说明：该盖板加工案例零件材料为 HT200，除孔系外，A、B 两侧面均已按图纸技术要求加工好，ϕ60H7mm 孔已铸出 ϕ50mm 的预制孔，小批量生产，如何设计该盖板的数控镗铣孔加工工艺？

完成工作任务需查阅的背景知识

数控镗铣孔加工工艺设计步骤包括：机床选择、零件图纸工艺分析、加工工艺路线设计、装夹方案及夹具选择、刀具选择、切削用量选择以及填写数控加工工序卡和刀具卡等。

资料一　数控镗铣孔加工机床选择

数控镗铣孔加工机床是指主要采用铣削、镗削、钻孔、扩孔、铰孔和攻螺纹等方式加工工件的数控机床，典型数控镗铣孔加工机床为加工中心。加工中心是在数控铣床的基础上发展起来的，它和数控铣床有很多相似之处，主要区别在于加工中心增加刀库和自动换刀装置，是一种备有刀库并能自动选择和更换刀具对工件进行多工序集中加工的数控机床，主要用于自动换刀对箱体类等复杂零件进行多工序镗铣及孔系综合加工，所以数控镗铣孔

加工机床一般指加工中心。加工中心除铣削功能外，通过在刀库上安装不同用途的刀具，可在一次装夹中实现工件的铣、钻、扩、铰、镗和攻螺纹等多工序加工，是集数控铣床、数控镗床、数控钻床的功能于一身的高效、高自动化程度的机床。

1. 加工中心的分类

加工中心的分类很多，常用的分类方法是按其主轴的布置形式和换刀形式进行分类。

1)　按照加工中心的主轴布置形式分类

按加工中心主轴布置形式可分为立式加工中心、卧式加工中心、龙门式加工中心和五轴加工中心。

(1)　立式加工中心。立式加工中心为主轴轴心线垂直状态设置的加工中心，如图 7-2 所示。其结构形式多为固定立柱，工作台为长方形，无分度回转功能，适合加工盘、套、板类零件。它一般具有 3 个直线运动坐标轴，并可在工作台上安装一个沿水平轴线旋转的数控转盘，即第四轴，用于加工螺旋线类零件等。立式加工中心装夹方便，便于操作，易于观察加工情况，调试程序容易，应用广泛。但是，受立柱高度及换刀装置的限制，不能加工太高的零件，在加工型腔或下凹的型面时，切屑不易排出，严重时会损坏刀具，破坏已加工表面，影响加工的顺利进行。

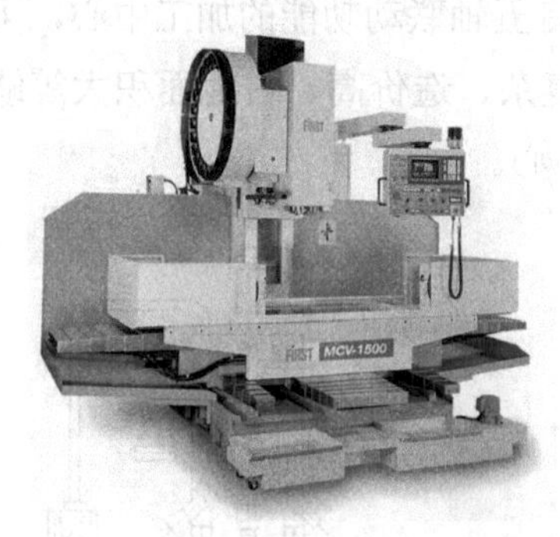

(a) 带刀库和机械手的加工中心

(b) 无机械手的加工中心

图 7-2　立式加工中心

(2)　卧式加工中心。卧式加工中心为主轴轴心线水平状态设置的加工中心，通常都带有自动分度的回转工作台，如图 7-3 所示。卧式加工中心一般具有 3～5 个运动坐标，常见的是 3 个直线运动坐标(沿 X、Y、Z 轴方向)加一个回转运动坐标(回转工作台)，工件在一次装夹后，可完成除安装面和顶面以外的其余 4 个表面的加工，它最适合加工箱体类零件。卧式加工中心有多种形式，如固定立柱式或固定工作台式，与立式加工中心相比，卧式加工中心一般具有刀库容量大、整体结构复杂、体积和占地面积大、加工时排屑容易、对加工有利等优点，缺点是价格较高。

(3)　龙门式加工中心。龙门式加工中心的形状与数控龙门铣床相似，如图 7-4 所示。龙门式加工中心主轴多为垂直设置，除自动换刀装置以外，还带有可更换的主轴头附件，数控装置的软件功能也较齐全，能够一机多用，尤其适合用于加工大型或形状复杂的零件，如航空工业及大型汽轮机上的某些零件加工。

图 7-3　卧式加工中心

图 7-4　龙门式加工中心

(4)　五轴加工中心。五轴加工中心具有立式加工中心和卧式加工中心相同的功能。对五轴加工中心，工件一次安装后能完成除安装面以外的其余 5 个面的加工，降低了工件二次安装引起的形位误差，并大大提高了加工精度和生产效率。常见的五轴加工中心有两种形式：一种是主轴可以旋转 90°，对工件进行立式和卧式加工，如图 7-5 所示(主轴头旋转 90°可立卧转换加工)，又称为立卧 5 面加工中心；另一种是主轴不改变方向，而由工作台带着工件旋转 90°，完成对工件五个表面的加工。具有五轴联动功能的加工中心，可以加工非常复杂形状的零件。由于五轴加工中心存在结构复杂、造价高、占地面积大等缺点，所以它的使用和生产在数量上远不如其他类型的加工中心。

图 7-5　立卧五面加工中心加工工件示例

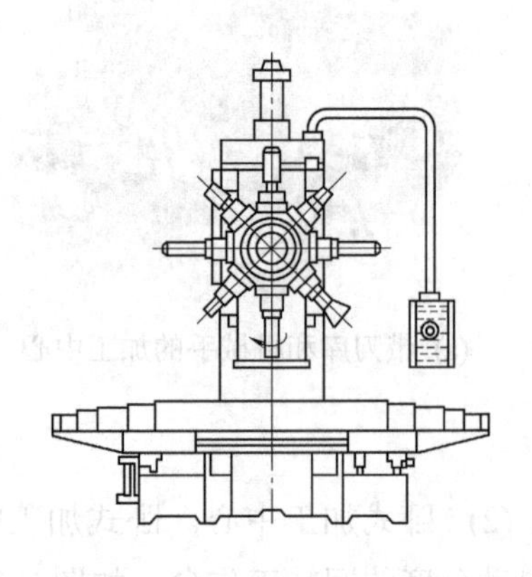

图 7-6　转塔刀库式加工中心

2)　按照换刀形式分类

按加工中心换刀形式可分为带刀库、机械手的加工中心、无机械手的加工中心和转塔刀库式加工中心。

(1)　带刀库、机械手的加工中心。加工中心的自动换刀装置(Automatic Tool Changers，ATC)是由刀库和机械手组成的，换刀机械手完成换刀工作，如图 7-2(a)所示，这是加工中心最普遍采用的形式。

(2)　无机械手的加工中心。这种加工中心的换刀通过刀库和主轴箱的配合动作来完成，

如图 7-2(b)所示。一般是采用把刀库放在主轴可以运动到的位置，或整个刀库或某一刀位能移动到主轴箱可以到达的位置。刀库中刀的存放位置方向与主轴装刀方向一致。换刀时，主轴运动到刀位上的换刀位置，由主轴直接取走或放回刀具。多用于采用 40 号以下刀柄的中小型加工中心。

(3) 转塔刀库式加工中心。一般在小型立式加工中心上采用转塔刀库形式，主要以孔加工为主，如图 7-6 所示。

2. 加工中心的主要技术参数

加工中心的主要技术参数反映了加工中心的加工能力、加工范围、主轴转速范围、装夹最大刀具重量和直径、刀库容量、换刀时间、装夹刀柄标准和精度等指标，识别加工中心的主要技术参数是选择加工中心的重要一环。为便于读者识别加工中心的主要技术参数，下面摘选北京机电院高技术股份有限公司生产的 VMC750E 加工中心的主要技术参数中与选择加工中心较有关的主要技术参数，如表 7-1 所示。

表 7-1 VMC750E 加工中心的主要技术参数(摘选)

项　目		技术参数
工作台(宽×长)		580 mm×1000 mm
工作台负载		500 kg
工作台最大行程	*X*	762 mm
	Y	510 mm
	Z	560 mm
X、*Y*、*Z* 轴快移速度(max)		24000 mm/min
X、*Y*、*Z* 轴进给速度		3～15000 mm/min
定位精度	垂直方向(*Z*)	±0.0055 mm
	纵横方向(*X*/*Y*)	±0.005 mm
重复定位精度	垂直方向(*Z*)	±0.0015 mm
	纵横方向(*X*/*Y*)	±0.0013 mm
X、*Y* 轴电机功率		1.0 kW
Z 轴电机功率		2.1 kW
主轴锥度		BT40
主轴电机功率		5.5 kW/7.5 kW 或 7.5 kW/9 kW
主轴转速范围		60～6000 r/min(无级)
最大刀具重量		6.8 kg
最大刀具直径		相邻 ϕ80 mm，空邻 ϕ160 mm
换刀时间(刀对刀)		5.5 s
刀库容量		21/24 把
主轴鼻端至工作台面距离		150～710 mm

3. 加工中心的主要加工对象及主要加工内容

由于加工中心是在数控铣床的基础上增加刀库及自动换刀装置，工件在一次装夹后，可依次完成多工序的加工。所以，加工中心与数控铣床相比，除了能加工数控铣床的主要加工对象外，还能加工如下对象。

1) 加工中心的主要加工对象

(1) 箱体类零件。箱体类零件一般是指具有孔系和平面，内部有一定型腔，在长、宽、高方向有一定比例的零件。例如，汽车的发动机缸体、变速箱体，机床的床头箱、主轴箱，齿轮壳泵体等。图 7-7(a)所示为汽车发动机缸体零件。箱体类零件一般都需要进行多工位孔系及平面加工，精度要求较高，特别是形状精度和位置精度要求严格，通常要经过铣、钻、扩、镗、铰、锪、攻螺纹等工序(或工步)加工，需要刀具较多。此类零件在普通机床上加工难度大，工装套数多，费用高，加工周期长，需多次装夹、找正，手工测量次数多，换刀次数多，加工精度难以保证；而在加工中心上加工，一次装夹可完成普通机床 60%～95%的工序内容，零件各项精度一致性好，加工质量稳定，同时节省费用，生产周期短。

(2) 带复杂曲面的零件。零件上的复杂曲面用加工中心加工时，与数控铣床加工基本是一样的，所不同的是加工中心刀具可以自动更换，工艺范围更宽，如图 7-7(b)所示的整体叶轮。

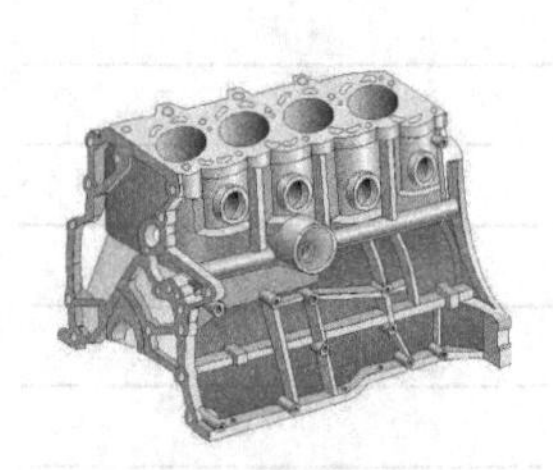

(a) 发动机缸体

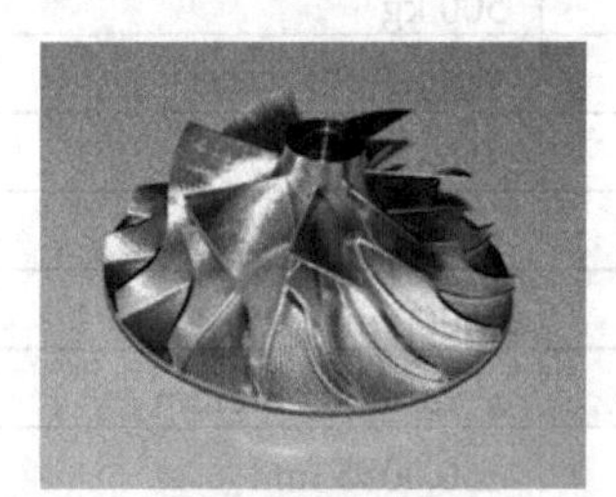

(b) 整体叶轮

图 7-7 发动机缸体与整体叶轮

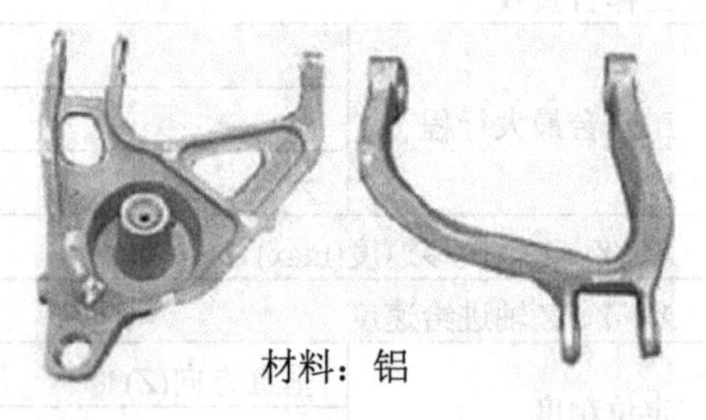

材料：铝

图 7-8 异形件

(3) 异形类零件。异形类零件是指外形不规则的零件，大都需要点、线、面多工位混合加工，如图 7-8 所示的异形件，还有各种样板、靠模等均属此类。由于外形不规则，在普通机床上只能采取工序分散的原则加工，需要工装较多，周期长。异形类零件的刚性一般较差，夹压变形难以控制，加工精度也难以保证，甚至某些零件有的加工部位用普通机床无法加工。用加工中心加工时，利用加工中心多工位点、线、面混合加工的特点，通过采取合理的工艺措施，一次或二次装夹，即能完成多道工序或全部工序的加工内容。

(4) 盘、套、轴、板、壳体类零件。带有键槽、径向孔或端面有分布的孔系，曲面的轴、盘或套类零件(如带法兰的轴套，带键槽或方头的轴类零件等)，以及具有较多孔加工的板类零件和各种壳体类零件等，适合在加工中心上加工。如图 7-9 所示的壳体类零件和图 7-10 所示的盘、套类零件。

加工部位集中在单一端面上的盘、套、轴、板、壳体类零件宜选择立式加工中心，加工部位不在同一方向表面上的零件可选择卧式加工中心。

2) 加工中心的主要加工内容

(1) 尺寸精度要求较高的表面加工。

(2) 用数学模型描述的复杂曲线或曲面加工。

图 7-9　壳体类零件

图 7-10　盘、套类零件

(3) 难测量、难控制进给、难控制尺寸的不敞开内腔表面加工。

(4) 零件上不同类型表面之间有较高的位置精度要求，更换机床加工时很难保证位置精度要求，必须在一次装夹中合并完成铣、钻、扩、镗、铰、锪或攻螺纹等多道工序的表面加工。

(5) 镜像对称的表面加工等。

对于上述表面，可以先不要过多地去考虑生产率与经济上是否合理，而首先应考虑能不能把它们加工出来，要着重考虑可能性问题。只要有可能，都应把对它进行加工中心加工作为优选方案。

由于加工中心的台时费用高，在考虑工序负荷时，不仅要考虑机床加工的可能性，还要考虑加工的经济性。例如，用加工中心可以进行复杂的曲面加工，但如果厂里有多坐标联动的数控铣床，则在加工复杂的成形表面时，应优先选择数控铣床。因为有些成形表面加工时间很长，刀具单一，在加工中心上加工并不是最佳选择，这要根据厂里拥有的数控机床类型、功能及加工能力进行具体分析决定。

4. 加工中心的选择

一般来说，规格相近的加工中心，卧式加工中心的价格要比立式加工中心高出一倍以上，因此从经济性角度考虑，完成同样的工艺内容，宜选用立式加工中心，当立式加工中心不能满足加工要求时才选用卧式加工中心。选择加工中心时主要从以下几个方面进行综合考虑。

1) 加工中心类型的选择

(1) 立式加工中心适用于只需单工位加工的零件，如加工各种平面凸轮、端盖、箱盖等板类零件和跨距较小的箱体等。

(2) 卧式加工中心适用于加工两工位以上的工件或者四周呈径向辐射状排列的孔系、面等。

(3) 当工件的位置精度要求较高时(如箱体、阀体和泵体等)，宜采用卧式加工中心，若采用卧式加工中心在一次装夹中不能完成多工位加工以保证位置精度要求时，则可选择立卧五面加工中心。

(4) 当工件尺寸较大，一般立式加工中心的工作范围不足时，应选用龙门式加工中心，例如，加工机床的床身、立柱等。

上述选择只是一般原则，并不是绝对的。如果厂里不具备各种类型的加工中心，则应从如何保证工件的加工质量出发，灵活地选用设备类型。

2) 加工中心规格的选择

选择加工中心的规格主要考虑工作台大小、坐标行程、坐标数量和主电机功率等。

(1) 工作台规格的选择。

所选工作台台面应比零件稍大一些，以便安装夹具。例如，零件外形尺寸是450 mm×450 mm×450 mm 的箱体，选用工作台面尺寸为 500 mm×500 mm 的加工中心即可。选用工作台面比工件稍大一些是出于安装夹具考虑，如果小工件选大工作台且只进行单件多工序加工，会造成刀具过长而影响加工质量，甚至无法加工；而大工作台加工小件可以考虑多件加工，以提高生产效率。

(2) 加工范围的选择。

加工范围的选择应考虑加工中心各坐标行程。以卧式加工中心为例，主轴鼻端到工作台中心距离的最大值为 Z_{max}、最小值为 Z_{min}；主轴中心到工作台台面距离的最大值为 Y_{max}、最小值为 Y_{min}。在加工中心上加工的零件，其各加工部位必须在机床各向行程的最大值与最小值之间，即零件通过夹具安装在工作台上后，在各加工部位，刀具的轴向中心线距工作台面的距离不得小于 Y_{min}，也不得大于 Y_{max}，否则将引起 Y 向超程。其他方向也一样。

加工中心工作台台面尺寸与 X、Y、Z 三坐标行程有一定的比例，如工作台台面为 500 mm×500 mm，则 X、Y、Z 坐标行程分别为 700～800 mm、550～700 mm、500～600 mm。若工件尺寸大于坐标行程，则加工区域必须在坐标行程以内。另外，工件和夹具的总重量不能大于工作台的额定负载，工件移动轨迹不能与机床防护罩等附件发生干涉，以及工件不能与机床交换刀具的空间干涉等系列注意事项。

(3) 机床主轴电机功率及转矩的选择。

主轴电机功率反映了机床的切削效率和切削刚性。加工中心一般配置功率较大的交流或直流伺服电机，调速范围比较宽，可以满足高速切削的要求。但在用大直径盘铣刀铣削平面或粗镗大孔时，转速比较低，输出功率比较小，转矩受限制。因此，必须对低速转矩进行校核。

3) 加工中心精度的选择

根据零件关键部位的加工精度选择加工中心的精度等级。国产加工中心按精度分为普

通型和精密型两种。表 7-2 列出了加工中心的几项关键精度。

表 7-2 加工中心精度等级

精度项目	普通型	精密型
单轴定位精度/mm	±0.01/300	0.005/全长
单轴重复定位精度/mm	±0.006	<0.003
铣圆精度(圆度)	0.03～0.04/ϕ200 圆	0.015/ϕ200 圆

一般来说，单轴方向精镗加工两个孔的孔距误差是加工中心定位精度的 2 倍左右。在普通型加工中心上加工，孔距精度可达 IT8 级；在精密型加工中心上加工，孔距精度可达 IT6～IT7 级；而精铣两平面间距离误差一般为加工中心定位精度的 4～5 倍。

4) 加工中心功能的选择

(1) 数控系统功能的选择。数控系统功能应根据实际需要进行选择，以免造成不必要的浪费。

(2) 坐标轴控制功能的选择。坐标轴控制功能主要从零件本身的加工要求来选择。例如，平面凸轮需两轴联动，复杂曲面的叶轮、模具等需要三轴或四轴以上联动。

(3) 工作台自动分度功能的选择。普通型的卧式加工中心多采用鼠牙盘定位的工作台自动分度。这种工作台的分度定位间距有一定的限制，而且工作台只起分度与定位作用，在回转过程中不能参与切削。当配备能实现任意分度和定位的数控转盘，实现同其他轴联动控制，这种工作台在回转过程中能参与切削。因此，需根据具体工件的加工要求选择相应的工作台分度定位功能。

5) 刀库容量选择

通常根据零件的工艺分析，算出工件一次安装所需刀具数来确定刀库容量。刀库容量需留有余地，但不宜太大，因为大容量刀库成本和故障率高、结构和刀具管理复杂。一般来说，在立式加工中心上选用 20 把左右刀具容量的刀库，在卧式加工中心上选用 40 把左右刀具容量的刀库即可满足使用要求。

6) 刀柄选择

有关刀柄选择详见刀具选择部分。

资料二 零件图纸工艺分析

零件图纸工艺分析是制定加工中心加工工艺的首要工作。零件图纸工艺分析包括分析零件图纸技术要求，检查零件图的完整性和正确性，分析零件的结构工艺性。

1. 分析零件图纸技术要求

分析加工中心加工零件图纸的技术要求时，主要考虑如下方面：

(1) 各加工表面的尺寸精度要求。

(2) 各加工表面的几何形状精度要求。

(3) 各加工表面之间的相互位置精度要求。

(4) 各加工表面粗糙度要求以及表面质量方面的其他要求。

(5) 热处理要求及其他要求。

根据上述零件图纸技术要求，首先，要根据零件在产品中的功能，研究分析零件与部件或产品的关系，从而认识零件的加工质量对整个产品质量的影响，并确定零件的关键加工部位和精度要求较高的加工表面等，认真分析上述各精度和技术要求是否合理。其次，要考虑在加工中心上加工能否保证零件的各项精度和技术要求，进而具体考虑在哪一种加工中心上加工最为合理。

2. 检查零件图的完整性和正确性

一方面要检查零件图是否正确，尺寸、公差和技术要求是否标注齐全；另一方面要特别注意准备在加工中心上加工的零件，其各个方向上的尺寸是否有一个统一的设计基准，从而简化编程，保证零件图的设计精度要求。当工件已确定在加工中心上加工后，如果发现零件图中没有一个统一的设计基准，则应向设计部门提出，要求修改图样或考虑选择统一的工艺基准，计算转化各尺寸，并标注在工艺附图上。

3. 零件的结构工艺性分析

在加工中心上加工的零件，其结构工艺性应具备以下几点要求：

(1) 零件的切削加工余量要小，以便减少加工中心的切削加工时间，降低零件的加工成本。

(2) 零件上光孔和螺纹的尺寸规格尽可能少，减少加工时钻头、铰刀及丝锥等刀具的数量，减少换刀时间，同时防止刀库容量不够。

(3) 零件加工尺寸规格尽量标准化，以便采用标准刀具。

(4) 零件加工表面应具有加工的可能性和方便性。

(5) 零件结构应具有足够的刚性，以减少夹紧变形和切削变形。

表 7-3 中列出了部分零件的孔加工工艺性对比实例。

表 7-3 零件的孔加工工艺性对比实例

序号	A 工艺性差的结构	B 工艺性好的结构	说明
1	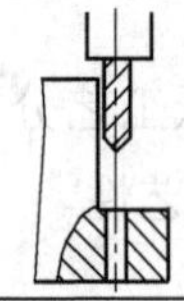	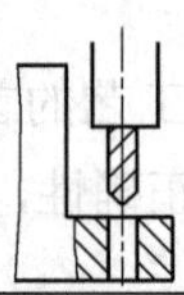	A 结构不便引进刀具，难以实现孔的加工
2	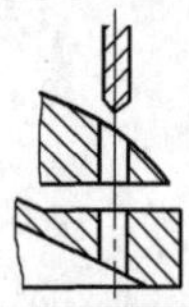		B 结构可避免钻头钻入和钻出时因工件表面倾斜而造成引偏或折断

续表

序号	A工艺性差的结构	B工艺性好的结构	说明
3			B结构节省材料，减少了质量，还避免了深孔加工
4	M17	M16	A结构不能采用标准丝锥攻螺纹
5	0.8	0.8 12.5 0.8	B结构减少配合孔的接触面积
6			B结构孔径从一个方向递减或从两个方向递减，便于加工
7			B结构可减少深孔的螺纹加工
8			B结构刚度好

资料三　拟定数控镗铣孔加工工艺路线

拟定数控镗铣孔加工工艺路线的主要内容包括：选择各加工表面的加工方法、划分加工阶段、划分加工工序、确定加工顺序(安排工序顺序)和进给加工路线的确定等。由于生产批量的差异，即使同一零件的数控镗铣孔加工工艺方案也有所不同。拟定数控镗铣孔加工工艺时，应根据具体生产批量、现场生产条件和生产周期等情况，拟定经济、合理的数控镗铣孔加工工艺。由于典型的数控镗铣孔加工机床为加工中心，加工中心是集数控铣床、数控镗床、数控钻床的功能于一身的高效、高自动化程度的机床，所以拟定数控镗铣孔加工工艺路线在这里主要就是论述如何拟定加工中心的加工工艺路线。

1. 加工方法的选择

加工中心加工零件的典型表面为：平面、平面轮廓、曲面、孔系和螺纹等，所选加工方法要与零件的表面特征、所要求达到的精度及表面粗糙度相适应。

1)　平面、平面轮廓及曲面的加工方法

平面、平面轮廓及曲面在镗铣类加工中心上唯一的加工方法是铣削，其加工方法与项目五一样，不再逐一赘述，这里主要介绍加工中心上孔系和螺纹的加工方法。

2)　孔的加工方法

孔的加工方法比较多，有钻、扩、铰、镗和攻丝等。大直径孔还可采用圆弧插补方式进行铣削加工。孔的加工方式及所能达到的精度如表 7-4 所示。

表 7-4　H13～H7 孔加工方案(孔长度≤直径 5 倍)

孔的精度	孔的毛坯性质	
	在实体材料上加工孔	预先铸出或热冲出的孔
H13 H12	一次钻孔	用扩孔钻钻孔或镗刀镗孔
H11	孔径≤10 mm：一次钻孔 孔径>10～30 mm：钻孔及扩孔 孔径>30～80 mm：钻孔、扩孔或钻孔、扩孔、镗孔	孔径≤80 mm：粗扩、精扩；或用镗刀粗镗、精镗；或根据余量一次镗孔或扩孔
H10 H9	孔径≤10 mm：钻孔及铰孔 孔径>10～30 mm：钻孔、扩孔及铰孔 孔径>30～80 mm：钻孔、扩孔、铰孔或钻孔、扩孔、镗孔(或铣孔)	孔径≤80 mm：用镗刀粗镗(一次或两次，根据余量而定)及铰孔(或精镗孔)
H8 H7	孔径≤10 mm：钻孔、扩孔及铰孔 孔径>10～30 mm：钻孔、扩孔及一次或两次铰孔 孔径>30～80 mm：钻孔、扩孔(或用镗刀分几次粗镗)、一次或两次铰孔(或精镗孔)	孔径≤80 mm：用镗刀粗镗(一次或两次，根据余量而定)及半精镗、精镗(或精铰)

孔的具体加工方案可按下述方法制定：

(1)　所有孔系一般先完成全部粗加工后，再进行精加工。

(2)　对于直径大于 ϕ30 mm 的已铸出或锻出毛坯孔的孔加工，一般先在普通机床上进行毛坯荒加工，直径上留 4～6 mm 的余量，然后再由加工中心按“粗镗—半精镗—孔口倒角—精镗”四个工步的加工方案完成；有空刀槽时可用锯片铣刀在半精镗之后、精镗之前用圆弧插补方式铣削完成，也可用单刃镗刀镗削加工，但加工效率较低；孔径较大时可用立铣刀用圆弧插补方式通过粗铣—精铣加工方案完成。

(3)　对于直径小于 ϕ30 mm 的孔，毛坯上一般不铸出或锻出预制孔，这就需要在加工中心上完成其全部加工。为提高孔的位置精度，在钻孔前必须锪(或铣)平孔口端面，并钻出中心孔作导向孔，即通常采用锪(或铣)平端面—钻中心孔—钻—扩—孔口倒角—铰的加工方案；有同轴度要求的小孔，须采用锪(或铣)平端面—钻中心孔—钻—半精镗—孔口倒角—精镗(或铰)的加工方案。孔口倒角安排在半精加工后、精加工之前进行，以防孔内产生毛刺。

(4)　在孔系加工中，先加工大孔，再加工小孔，特别是在大小孔相距很近的情况下更要采取这一措施。

(5)　对于同轴孔系，若相距较近，用穿镗法加工；若跨距较大，应尽量采用调头镗的方法加工，以缩短刀具的悬伸，减小其长径比，增加刀具刚性，提高加工质量。

(6) 对于螺纹孔，要根据其孔径的大小选择不同的加工方式。直径在M6～M20之间的螺纹孔，一般在加工中心上用攻螺纹的方法加工；直径在M6以下的螺纹，则只在加工中心上加工出底孔，然后通过其他手段攻螺纹，因为加工中心自动换刀按数控程序自动加工，在攻小螺纹时不能随机控制加工状态，小丝锥容易扭断，从而产生废品；直径在M20以上的螺纹，只在加工中心上钻中心孔或钻出螺纹底孔，般采用镗刀镗削而成或采用铣螺纹。铣螺纹加工示例如图7-11所示。

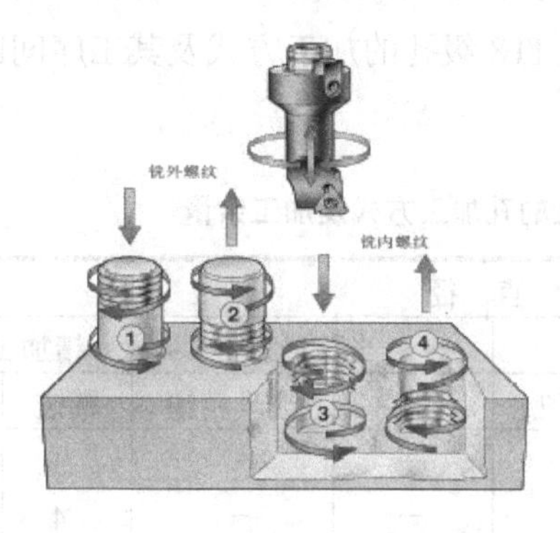

图 7-11　铣螺纹加工示例

螺纹铣削具有如下优点。

① 螺纹铣削免去了采用大量不同类型丝锥的必要性。

② 可加工具有相同螺距的任意直径螺纹。

③ 加工始终产生的都是短切屑，因此不存在切屑处置方面的问题。

④ 刀具破损的部分可以很容易地从零件中去除。

⑤ 不受加工材料限制，那些无法用传统方法加工的材料可以用螺纹铣刀进行加工。

⑥ 采用螺纹铣刀，可以按所需公差要求进行加工，螺纹尺寸是由加工循环控制的。

⑦ 与传统HSS(高速钢)攻丝相比，采用硬质合金螺纹铣削可以提高生产率。

在确定加工方法时，要注意孔系加工余量的大小。加工余量的大小，对零件的加工质量和生产效率及经济性均有较大的影响，正确规定加工余量的数值，是制定加工中心加工工艺的重要工作之一。加工余量过小，会由于上道工序与加工中心工序的安装找正误差，不能保证切去金属表面的缺陷层而产生废品，有时还会使刀具处于恶劣的工作条件，例如切削很硬的夹砂表层会导致刀具迅速磨损等。如果加工余量过大，则浪费工时，增加工具损耗，浪费金属材料。

确定加工余量的基本原则是在保证加工质量的前提下，尽量减少加工余量。最小加工余量的数值，应保证能将具有各种缺陷和误差的金属层切去，从而提高加工表面的精度和表面质量。

在具体确定工序间的加工余量时，应根据下列条件选择其大小。

(1) 对最后的工序，加工余量应能保证得到图纸上所规定的表面粗糙度和精度要求。

(2) 考虑加工方法、设备的刚性以及零件可能发生的变形。

(3) 考虑零件热处理时引起的变形。

(4) 考虑被加工零件的大小，零件越大，由于切削力、内应力引起的变形也会增加，因此要求加工余量也相应的大一些。

确定工序间加工余量的原则、数据等很多出版物中有刊出，使用时可查阅。但须指出的是：国内外一切推荐数据都要结合本单位工艺条件先试用，然后得出结论，因为这些数据常常是在机床刚性、刃具、工件材质等理想状况下确定的。

为便于查阅，表 7-5 和表 7-6 列出了 IT7、IT8 级孔的加工方式及其工序间的加工余量，供读者参考。

表 7-5　在实体材料上的孔加工方式及加工余量　　单位：mm

加工孔的直径	直　径							
	钻		粗加工		半精加工		精加工(H7、H8)	
	第一次	第二次	粗镗	或扩孔	粗铰	或半精镗	精铰	或精镗
3	2.9	—	—	—	—	—	3	—
4	3.9	—	—	—	—	—	4	—
5	4.8	—	—	—	—	—	5	—
6	5.0	—	—	5.85	—	—	6	—
8	7.0	—	—	7.85	—	—	8	—
10	9.0	—	—	9.85	—	—	10	—
12	11.0	—	—	11.85	11.95	—	12	—
13	12.0	—	—	12.85	12.95	—	13	—
14	13.0	—	—	13.85	13.95	—	14	—
15	14.0	—	—	14.85	14.95	—	15	—
16	15.0	—	—	15.85	15.95	—	16	—
18	17.0	—	—	17.85	17.95	—	18	—
20	18.0	—	19.8	19.8	19.95	19.90	20	20
22	20.0	—	21.8	21.8	21.95	21.90	22	22
24	22.0	—	23.8	23.8	23.95	23.90	24	24
25	23.0	—	24.8	24.8	24.95	24.90	25	25
26	24.0	—	25.8	25.8	25.95	25.90	26	26
28	26.0	—	27.8	27.8	27.95	27.90	28	28
30	15.0	28.0	29.8	29.8	29.95	29.90	30	30
32	15.0	30.0	31.7	31.75	31.93	31.90	32	32
35	20.0	33.0	34.7	34.75	34.93	34.90	35	35
38	20.0	36.0	37.7	37.75	37.93	37.90	38	38
40	25.0	38.0	39.7	39.75	39.93	39.90	40	40
42	25.0	40.0	41.7	41.75	41.93	41.90	42	42
45	30.0	43.0	44.7	44.75	44.93	44.90	45	45
48	36.0	46.0	47.7	47.75	47.93	47.90	48	48
50	36.0	48.0	49.7	49.75	49.93	49.90	50	50

表 7-6　已预先铸出或热冲出孔的工序间加工余量　　单位：mm

加工孔的直径	直径					加工孔的直径	直径				
	粗镗		半精镗	粗铰或二次半精镗	精铰或精镗成H7、H8		粗镗		半精镗	粗铰或二次半精镗	精铰或精镗成H7、H8
	第一次	第二次					第一次	第二次			
30	—	28.0	29.8	29.93	30	100	95	98.0	99.3	99.85	100
32	—	30.0	31.7	31.93	32	105	100	103.0	104.3	104.8	105
35	—	33.0	34.7	34.93	35	110	105	108.0	109.3	109.8	110
38	—	36.0	37.7	37.93	38	115	110	113.0	114.3	114.8	115
40	—	38.0	39.7	39.93	40	120	115	118.0	119.3	119.8	120
42	—	40.0	41.7	41.93	42	125	120	123.0	124.3	124.8	125
45	—	43.0	44.7	44.93	45	130	125	128.0	129.3	129.8	130
48	—	46.0	47.7	47.93	48	135	130	133.0	134.3	134.8	135
50	45	48.0	49.7	49.93	50	140	135	138.0	139.3	139.8	140
52	47	50.0	51.5	51.93	52	145	140	143.0	144.3	144.8	145
55	51	53.0	54.5	54.92	55	150	140	148.0	149.3	149.8	150
58	54	56.0	57.5	57.92	58	155	150	153.0	154.3	154.8	155
60	56	58.0	59.5	59.92	60	160	155	158.0	159.3	159.8	160
62	58	60.0	61.5	61.92	62	165	160	163.0	164.3	164.8	165
65	61	63.0	64.5	64.92	65	170	165	168.0	169.3	169.8	170
68	64	66.0	67.5	67.90	68	175	170	173.0	174.3	174.8	175
70	66	68.0	69.5	69.90	70	180	175	178.0	179.3	179.8	180
72	68	70.0	71.5	71.90	72	185	180	183.0	184.3	184.8	185
75	71	73.0	74.5	74.90	75	190	185	188.0	189.3	189.8	190
78	74	76.0	77.5	77.90	78	195	190	193.0	194.3	194.8	195
80	75	78.0	79.5	79.90	80	200	194	197.0	199.3	199.8	200
82	77	80.0	81.3	81.85	82	210	204	207.0	209.3	209.8	210
85	80	83.0	84.3	84.85	85	220	214	217.0	219.3	219.8	220
88	83	86.0	87.3	87.85	88	250	244	247.0	249.3	249.8	250
90	85	88.0	89.3	89.85	90	280	274	277.0	279.3	279.8	280
92	87	90.0	91.3	91.85	92	300	294	297.0	299.3	299.8	300
95	90	93.0	94.3	94.85	95	320	314	317.0	319.3	319.8	320
98	93	96.0	97.3	97.85	98	350	342	347.0	349.3	349.8	350

2. 划分加工阶段

(1) 加工质量要求较高的零件，采用加工中心加工时，应尽量将粗、精加工分两个阶段进行。粗、精加工分开，可及时发现零件主要加工表面上毛坯存在的缺陷，如裂纹、气孔、砂眼、疏松、缩孔、夹渣或加工余量不够等，得以及时采取措施，避免浪费更多的工时和费用。

(2) 若零件已经过粗加工，加工中心只完成最后的精加工，则不必划分加工阶段。

(3) 当零件的加工精度要求较高，在加工中心加工之前又没有进行过粗加工时，则应将粗、精加工分开进行，粗加工通常在普通机床上进行，在加工中心上只进行精加工，有利于长期保持加工中心的精度，避免精机粗用。这样不仅可以充分发挥机床的各种功能，降低加工成本，提高经济效益，而且还可以让零件在粗加工后有一段自然时效过程，以消除粗加工产生的残余应力，恢复因切削力、夹紧力引起的弹性变形以及由切削热引起的热变形，必要时还可以安排人工时效，最后再通过精加工消除各种变形，以确保零件的加工精度。

(4) 对零件的加工精度要求不高，而毛坯质量较高、加工余量不大、生产批量又很小的零件，则可在加工中心上利用加工中心的良好冷却系统，把粗、精加工合并进行，完成加工工序的全部内容，但粗、精加工应划分成两道工序分别完成。在加工过程中，对于刚性较差的零件，可采取相应的工艺措施，如粗加工后安排暂停指令，由操作者将压板等夹紧元件(装置)稍稍放松一些，以恢复零件的弹性变形，然后再用较小的夹紧力将零件夹紧，最后再进行精加工。

3. 划分加工工序

划分加工工序方法与项目五基本一样。但是，因为加工中心多工序加工时可自动换刀，所以根据加工中心此特点，加工中心加工工序划分后还要细分加工工步。设计加工中心工步时，主要从精度和效率两方面考虑。下面是加工中心加工工步设计的主要原则。

(1) 加工表面按粗加工、半精加工、精加工次序完成，或全部加工表面按先粗，后半精、精加工分开进行。加工尺寸公差要求较高时，考虑零件尺寸、精度、零件刚性和变形等因素，可采用前者；加工位置公差要求较高时，宜采用后者。

(2) 对于既有铣面又有镗孔的零件，应先铣后镗。按照这种方法划分工步，可以提高孔的加工精度，因为铣削时，切削力较大，工件易发生变形。先铣面后镗孔，使其有一段时间恢复，减少由变形引起的对孔的精度的影响。反之，如果先镗孔后铣面，则铣削时，必然在孔口产生飞边、毛刺，从而破坏孔的精度。

(3) 当一个设计基准和孔加工的位置精度与机床定位精度、重复定位精度相接近时，采用相同设计基准集中加工的原则，这样可以解决同一工位设计尺寸的基准多于一个时的加工精度问题。

(4) 相同工位集中加工时，应尽量按就近位置加工，以缩短刀具移动距离，减少空运行时间。

(5) 按所用刀具划分工步。如某些机床工作台回转时间比换刀时间短，在不影响加工精度的前提下，为了减少换刀次数，减少空移时间，减少不必要的定位误差，可以采取刀

具集中工序加工，也就是用同一把刀将零件上相同的部位都加工完后再换第二把刀。

(6) 考虑到加工中存在着重复定位误差，对于同轴度要求很高的孔系，就不能采取原则(5)。应该在一次定位后，通过顺序连续换刀，顺序连续加工完该同轴孔系的全部孔后，再加工其他坐标位置孔，以提高孔系同轴度。

(7) 在一次定位装夹中，尽可能完成所有能够加工的表面。

4. 安排加工顺序

(1) 在安排加工顺序时同样要遵循"基面先行"、"先面后孔"、"先主后次"及"先粗后精"的一般工艺原则。

(2) 在加工中心上加工零件，一般都有多个工步，使用多把刀具，因此加工顺序安排得是否合理将直接影响加工精度、加工效率、刀具数量和经济效益。安排加工顺序时，要根据工件的毛坯种类以及现有加工中心的种类、构成和应用习惯，来确定零件是否要进行加工中心加工前的预加工。

(3) 定位基准的选择是决定加工顺序的又一重要因素。半精加工和精加工的基准表面，应提前加工好，因此任何一个高精度表面加工前，作为其定位基准的表面，应在前面工序中加工完毕。而这些作为精基准的表面加工，又有其加工所需的定位基准，这些定位基准又要在更前面的工序中加以安排。因此，各工序的基准选择问题解决后，就可以从最终精加工工序向前倒推出整个工序顺序的大致轮廓。

(4) 在加工中心加工的工序前，安排有预加工工序的零件，加工中心工序的定位基准面即预加工工序要完成的表面，可由普通机床完成。不安排预加工工序的，采用毛坯面作为加工中心工序的定位基准，这时要根据毛坯基准的精度，考虑加工中心工序的划分，即是否仅一道加工中心工序就能完成全部加工的内容。必要时，要把加工中心的加工内容分几道或多道工序完成。

(5) 无论在加工中心上加工之前有无预加工，零件毛坯加工余量一定要充分而且稳定，因为加工中心的自动化与定位加工，在加工过程中不能采用串位或借料等常规方法，一旦确定了零件的定位基准，加工中心加工时对余量不足问题很难照顾到。因此，在加工基准面或选择基准对毛坯进行预加工时，要照顾各个方向的尺寸，留给加工中心的余量要充分而且均匀。

(6) 在加工中心上加工零件，最难保证的尺寸有两个：一是加工面与非加工面之间的尺寸，二是加工中心工序加工的面与预加工工序中普通机床(或加工中心)加工面之间的尺寸，针对不同的情况采取不同的措施，具体如下。

① 对前一种情况，即使是图样已注明的非加工面，也需在毛坯设计或型材选用时，在其确定的非加工面上增加适当的余量，以便在加工中心上按图样尺寸进行加工时，保证非加工面与加工面之间的尺寸符合图样要求。

② 对后一种情况，安排加工顺序时，要统筹考虑，最好在加工中心上一次定位装夹

中完成预加工面在内的所有内容。如果非要分两台机床完成，则最好留一定的精加工余量；或者使该预加工面与加工中心工序的定位基准有一定的尺寸精度要求。由于这是间接保证，所以该尺寸的公差要比加工中心加工面与预加工面之间的尺寸精度严格。

5. 进给加工路线的确定

加工中心的进给加工路线分为孔加工进给加工路线和铣削进给加工路线，铣削进给加工路线加工平面、平面轮廓及曲面与项目五一样，这里不再赘述。下面主要叙述加工中心的孔加工进给加工路线。

加工中心加工孔时，一般首先将刀具在 *XY* 平面内迅速、准确地运动到孔中心线位置，然后再沿 *Z* 向(轴向)运动进行加工。因此，孔加工进给路线的确定包括以下内容。

1) 在 *XY* 平面内的进给加工路线

加工孔时，刀具在 *XY* 平面内的运动属点位运动，因此确定进给加工路线时主要考虑以下两点。

(1) 定位要迅速。

定位要迅速，也就是在刀具不与工件、夹具和机床干涉的前提下空行程尽可能短。例如，加工如图 7-12(a)所示的零件，按图 7-12(b)所示的进给加工路线比按图 7-12(c)所示的进给加工路线节省定位时间近一半。这是因为加工中心(含数控铣床)在点位运动情况下，刀具由一点运动到另一点时，通常是沿 *X*、*Y* 坐标轴方向同时快速移动，当 *X*、*Y* 轴各自移动距离不同时，短移动距离方向的运动先停，待长移动距离方向的运动停止后刀具才到达目标位置。图 7-12(b)所示的进给加工路线沿 *X*、*Y* 轴方向的移动距离接近，所以定位迅速。

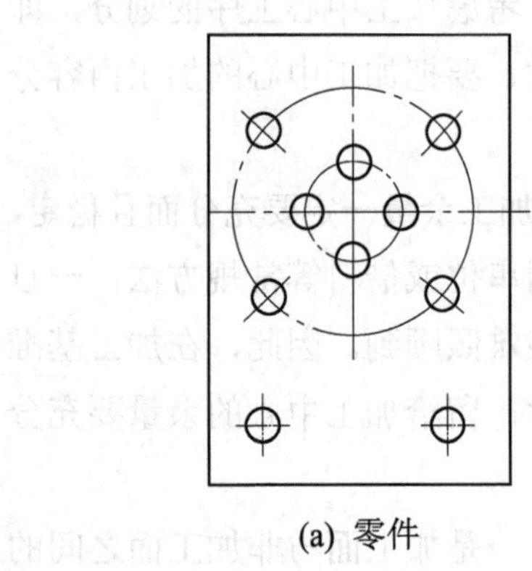

(a) 零件

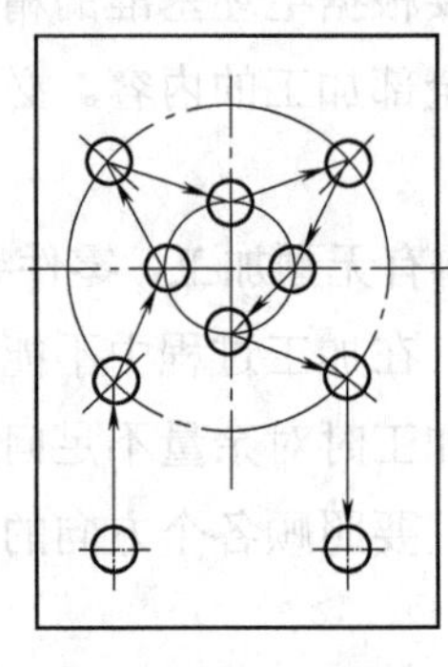

(b) 进给加工路线 I

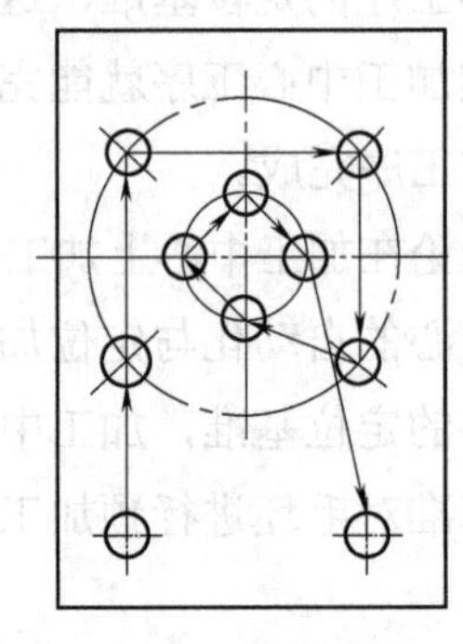

(c) 进给加工路线 II

图 7-12 最短进给加工路线设计示例

(2) 定位要准确。

安排进给加工路线时，要避免机械进给传动系统反向间隙对孔位精度的影响。例如，镗削如图 7-13(a)所示零件上的 4 个孔。按图 7-13(b)所示的进给加工路线，由于孔 4 与孔 1、孔 2 和孔 3 孔定位方向相反，*Y* 向反向间隙会使定位误差增加，从而影响孔 4 与其他孔的位置精度。按图 7-13(c)所示的进给加工路线，加工完孔 3 后往上多移动一段距离至点 *P*，然

后再折回来在孔 4 处进行定位加工，这样方向一致，就可避免反向间隙的引入，提高了孔 4 的定位精度。

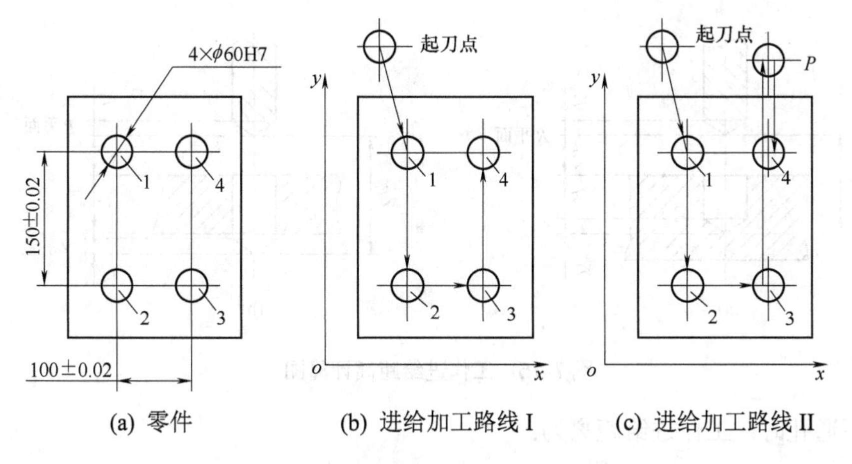

图 7-13　准确定位进给加工路线设计示例

定位迅速和定位准确有时难以同时满足，如图 7-12(b)所示是按最短路线进给的，满足了定位迅速，但因不是从同一方向趋近目标的，引入了机床进给传动系统的反向间隙，故难以做到定位准确；图 7-13(c)是从同一方向趋近目标位置的，消除了机床进给传动系统反向间隙的误差，满足了定位准确，但非最短进给路线，没有满足定位迅速的要求。因此，在具体加工中应抓住主要矛盾，若按最短路线进给能保证位置精度，则取最短路线；反之，应取能保证定位准确的加工路线。

2)　*Z* 向(轴向)的进给加工路线

为缩短刀具的空行程时间，刀具在 *Z* 向的进给加工路线分为快进(即快速接近工件)和工进(即工作进给)。 刀具在开始加工前，要快速运动到距待加工表面一定距离的 *R* 平面(距工件加工表面一切入距离的平面)上，然后才能以工作进给速度进行切削加工。图 7-14(a)所示为加工单个孔时刀具的进给加工路线(进给距离)。加工多孔时，为减少刀具空行程进给时间，加工完前一个孔后，刀具不必退回到初始平面，只需退到 *R* 平面即可沿 *X*、*Y* 坐标轴方向快速移动到下一孔位，其进给加工路线如图 7-14(b)所示。

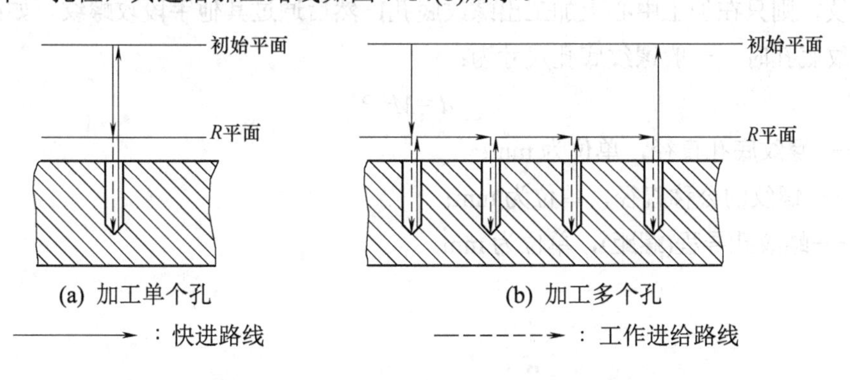

图 7-14　刀具 *Z* 向进给加工路线设计示例

在工作进给加工路线中，工作进给距离 Z_F 包括被加工孔的深度 H、刀具的切入距离 Z_a 和切出距离 Z_0(加工通孔)，如图 7-15 所示。

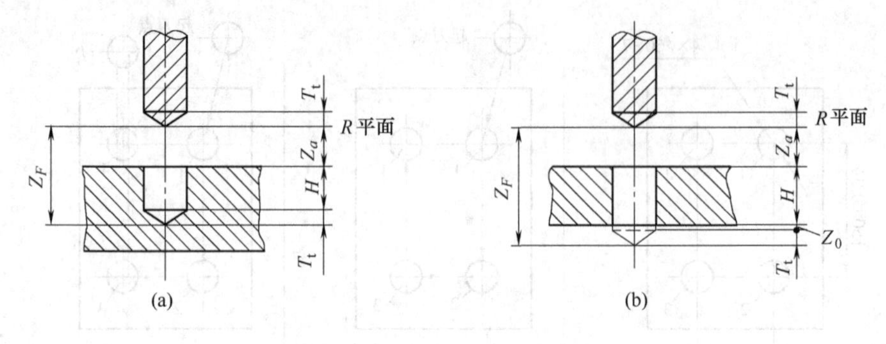

图 7-15　工作进给距离计算图

加工不通孔时，工作进给距离为：

$$Z_F=Z_a+H+T_t \tag{7-1}$$

加工通孔时，工作进给距离为：

$$Z_F=Z_a+H+Z_0+T_t \tag{7-2}$$

式中：刀具切入、切出距离的经验数据如表 7-7 所示。

表 7-7　刀具切入、切出距离参考值

加工方式	表面状态		加工方式	表面状态	
	已加工表面	毛坯表面		已加工表面	毛坯表面
钻孔	2～3	5～8	铰孔	3～5	5～8
扩孔	3～5	5～8	铣削	3～5	5～10
镗孔	3～5	5～8	攻螺纹	5～10	5～10

3)　钻螺纹底孔尺寸及钻孔深度的确定

(1)　钻螺纹底孔尺寸的确定。

直径在 M6～M20 之间的螺纹孔，一般在加工中心上用攻螺纹的方法加工；直径在 M6 以下的螺纹，则只在加工中心上加工出螺纹底孔，然后通过其他手段攻螺纹。如图 7-16 所示，钻螺纹底孔时，一般螺纹底孔尺寸为：

$$d=M-P \tag{7-3}$$

式中：d——螺纹底孔直径，单位为 mm；

M——螺纹的公称直径，单位为 mm；

P——螺纹孔导程(螺距)，单位为 mm。

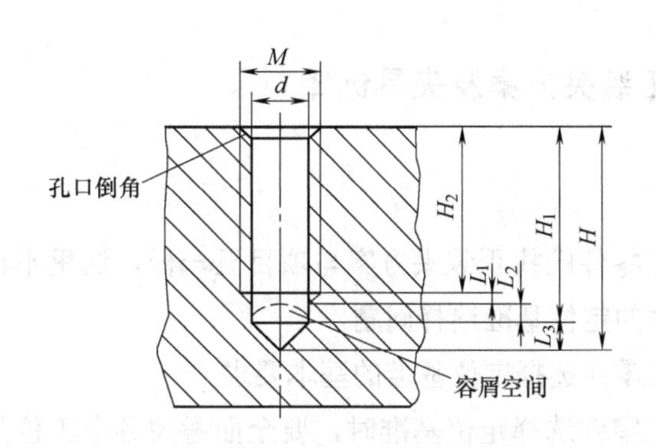

图 7-16　钻螺纹孔加工尺寸

(2) 钻孔深度的确定。

① 螺纹为通孔时，螺纹底孔则钻通，不存在计算确定钻孔深度的问题。

② 螺纹为盲孔时，钻孔深度按式(7-4)和式(7-5)计算：

$$H=H_2+L_1+L_2+L_3 \tag{7-4}$$

$$H_1=H_2+L_1+L_2 \tag{7-5}$$

式中：H——螺纹底孔编程的实际钻孔深度(含钻头 118° 钻尖高度)，单位为 mm；

H_2——丝锥攻螺纹的有效深度，单位为 mm；

L_1——丝锥的倒锥长度，丝锥倒锥一般有 3 个导程(螺距)长度，故 $L_1=3\times P$，单位为 mm；

L_2——确保足够的容屑空间而增加钻孔深度的裕量，一般为 2～3 mm。该值根据计算公式计算的盲孔实际钻孔深度是否会钻破(穿)及按公式计算的实际钻孔深度是否会影响工件的强度、刚度或使用功能确定，盲孔会钻破(穿)及影响工件的强度、刚度或使用功能的 L_2 取小值，或再小一点；反之 L_2 则取大值，或再大一点；

L_3——钻头的钻尖高度，一般钻头的钻尖角度为 118°，为便于计算，钻头的钻尖角度常近似按 120° 计算，根据三角函数即可算出钻尖的高度；

H_1——钻孔的有效深度，单位为 mm。

在图 7-16 中，容屑空间高度=L_2+L_3。这个容屑空间存在的原因是：钻孔时，铁屑主要以带状切削形式从钻头的螺旋槽排出，小部分铁屑以崩碎切削和粒状切削形式掉到孔底。因为加工中心加工时，一般不人为干预停机从孔底将细碎铁屑清除出来(主轴另配气管将孔底细碎铁屑吹出或钻头采用内冷将细碎铁屑清除出来除外)。另攻螺纹时，产生的细碎铁屑相当一部分也掉到孔底，与钻削时掉到孔底的细碎铁屑累积起来，沉积在容屑空间内。攻螺纹时，丝锥接近攻到孔底时，若碰到沉积在容屑空间内的细碎铁屑，首先挤压细碎铁屑，若无法将细碎铁屑挤压下去而顶住了(因机床主轴转动一周，丝锥要往下工作进给一个导程(螺距))此时丝锥已无法往下工作进给，最终丝锥剪断(扭断)。若丝锥剪断(扭断)处在螺纹孔口，则剪断(扭断)丝锥容易取出；若丝锥剪断(扭断)处在螺纹孔内，则剪断(扭断)的丝锥很难取出，必须采取特殊措施(如电火花等)，否则可能造成工件报废。

资料四　找正装夹方案及夹具选择

1. 找正装夹方案

在加工中心上加工零件的找正装夹方案与项目五一样，这里不再赘述。下面主要介绍在加工中心上装夹零件的定位基准选择问题。

1)　加工中心加工零件选择定位基准的基本要求

在加工中心上加工零件选择定位基准时，要全面考虑各个工位的加工情况，需满足以下三个要求。

(1)　所选基准应能保证工件定位准确，装卸方便、迅速，装夹可靠，夹具结构简单。

(2)　所选基准与各加工部位间的各个尺寸计算简单。

(3)　保证各项加工精度要求。

2)　选择定位基准应遵循的原则

(1)　尽量选择零件上的设计基准作为定位基准，若零件加工面与其设计基准不在一次装夹中同时加工出来时，则设计基准与定位基准不重合，会存在基准不重合误差。选择设计基准作为定位基准定位，不仅可以避免因基准不重合而引起的定位误差，保证加工精度，而且可简化程序编制。在制定零件的加工方案时，首先要按基准重合原则选择最佳的精基准来安排零件的加工路线。这就要求在最初加工时，就要考虑以哪些面为精基准，把作为精基准的各面先加工出来，即在加工中心加工时使用工件上的各个定位基准面应先在前面普通机床或其他数控加工工序中加工完成，这样容易保证各个工序加工表面相互之间的精度要求。

(2)　当零件的定位基准与设计基准不能重合且加工面与其设计基准又不能在一次装夹中同时加工时，应认真分析装配图样，确定该零件设计基准的设计功能，通过尺寸链的计算，严格规定定位基准与设计基准间的公差范围，确保加工精度。

(3)　当在加工中心上无法同时完成包括设计基准在内的全部表面加工时，要考虑使用所选基准定位后，一次装夹能够完成全部关键精度部位的加工。

(4)　定位基准的选择要保证完成尽可能多的加工内容。为此，需考虑便于各个表面都能被加工的定位方式。对箱体类零件加工，最好采用“一面两销(孔)”的定位方案，以便刀具对其他表面进行加工。若工件上没有合适的孔，可增加工艺孔进行定位。

(5)　批量加工时，零件定位基准应尽可能与建立工件坐标系的对刀基准(对刀后，工件坐标系原点与定位基准间的尺寸为定值)重合。批量加工时，工件采用夹具定位安装，刀具一次对刀建立工件坐标系后加工一批工件，建立工件坐标系的对刀基准与零件定位基准重合可直接按定位基准对刀，以减少对刀误差。但是，在单件加工时(每加工一件对一次刀)，工件坐标系原点和对刀基准的选择应主要考虑便于编程和测量，可不与定位基准重合。如图 7-17 所示的零件，在加工中心上单件加工 4×ϕ　25H7 孔。4×ϕ　25H7 孔都以 ϕ　80H7

孔为设计基准，编程原点应选在 ϕ 80H7 孔中心上，加工时以 ϕ 80H7 孔中心为对刀基准建立工件坐标系，而定位基准为 *A*、*B* 两面，定位基准与对刀基准和编程原点不重合，这样的加工方案同样能保证各项精度。如果将编程原点选在 *A*、*B* 两面的交点上，则编程时计算很繁琐，并且还存在不必要的尺寸链计算误差。但批量加工时，工件采用 *A*、*B* 面为定位基准，即使将编程原点选在 ϕ 80H7 孔中心上并按 ϕ 80H7 孔中心对刀，仍会产生基准不重合误差。因为再安装工件的 ϕ 80H7 孔中心的位置是变动的。

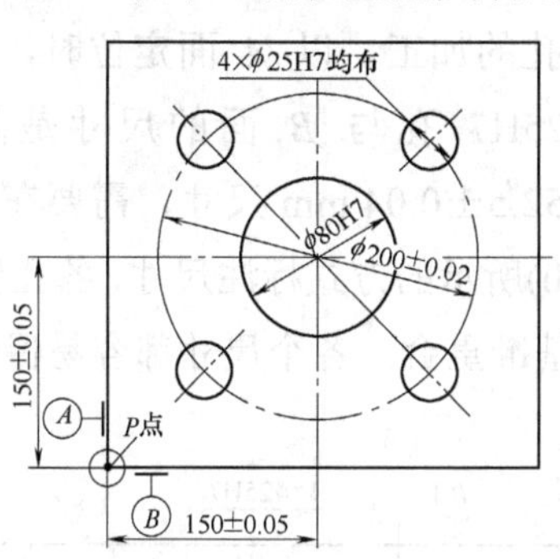

图 7-17　编程原点选择

(6)　必须多次安装时应遵从基准统一原则。如图 7-18 所示的铣头体，其中 ϕ 80H7 孔、ϕ 80K6、ϕ 90K6、ϕ 95H7、ϕ 140H7 孔及 *D-E* 孔两端面要在卧式加工中心上加工，且需要经两次装夹才能完成上述孔和面的加工。第一次装夹加工 ϕ 80K6 孔、ϕ 90K6 孔、ϕ 80H7 孔及 *D-E* 孔两端面；第二次装夹加工 ϕ 95H7 孔及 ϕ 140H7 孔。为保证孔与孔之间、孔与面之间的相互位置精度，应选用同一定位基准。根据该零件的具体结构及技术要求，显然应选 *A* 面和 *A* 面上的两孔作为定位基准。因此，前面工序中加工出 *A* 面及两个定位用的工艺孔 2×ϕ 16H6，两次装夹都以 *A* 面和 2×ϕ 16H6 孔定位，可减少因定位基准转换而引起的定位误差。

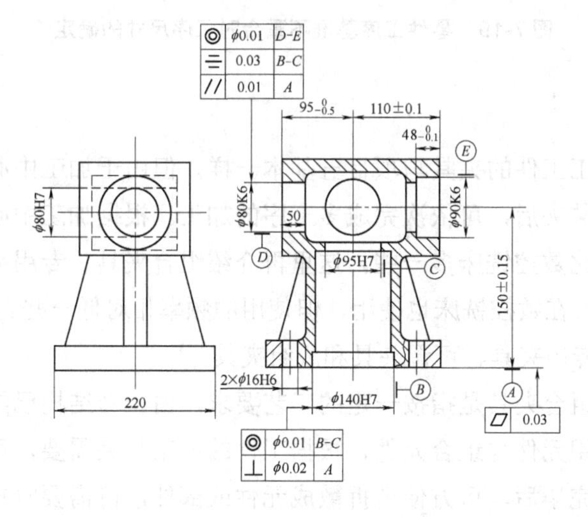

图 7-18　铣头体简图

3) 基准不重合时工序尺寸与公差的确定

加工中心加工时也存在定位基准与设计基准不重合的情况，这时就必须通过更改设计(或更改尺寸标注，因为加工中心加工精度较高，一般更改尺寸标注为集中标注或坐标式尺寸标注，不会产生较大累积误差而造成工件报废或影响零件的装配及使用特性)或通过计算确定工序尺寸与公差。

如图 7-19(a)所示的零件，105±0.1 mm 尺寸的 R_a0.8 μm 两面均已在前面工序中加工完毕，在加工中心上只进行所有孔的加工。以 *A* 面定位时，由于高度方向没有统一基准，ϕ 48H7 孔和上面两个 ϕ 25H7 孔与 *B* 面的尺寸是间接保证的，要保证 32.5±0.1 mm(ϕ 25H7 孔与 *B* 面)和 52.5±0.04 mm 尺寸，需要在上工序中对 105±0.1 mm 尺寸公差进行压缩。若改为图 7-19(b)所示的方式标注尺寸，各孔位置尺寸都以定位面 *A* 为基准，基准统一，且定位基准与设计基准重合，各个尺寸都容易保证(具体计算过程省略)。

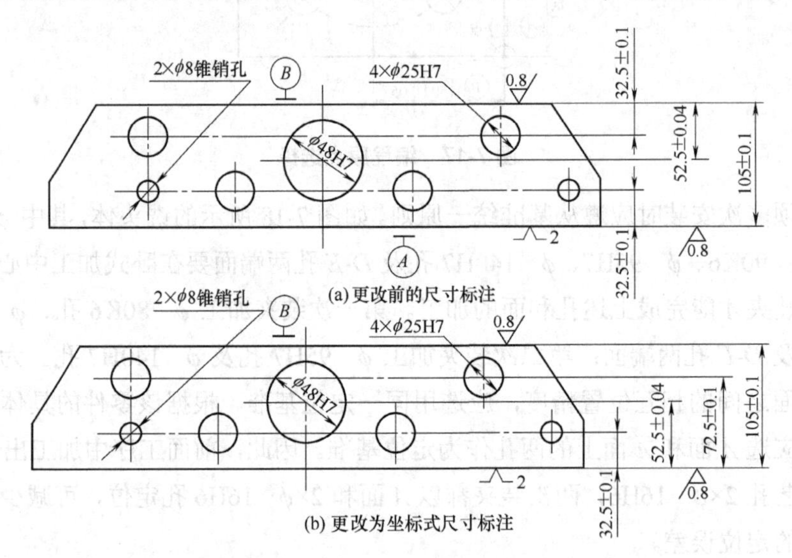

图 7-19 零件工序基准不重合时工序尺寸的确定

2. 夹具选择

在加工中心上加工工件的夹具与项目五基本一样，但由于加工中心增加刀库及自动换刀装置，工件在一次装夹后，可依次完成多工序的加工。根据加工中心的特点，在加工中心上加工工件的夹具比数控铣床多一些，这里再介绍组合夹具、专用夹具、可调夹具和成组夹具。上述这些夹具在数控铣床也使用，但使用的频率相对低一些。

1) 组合夹具、专用夹具、可调夹具和成组夹具

(1) 组合夹具。组合夹具是指按一定的工艺要求，由一套结构已经标准化、尺寸已经规格化和系列化的通用元件与组合元件，根据工件的加工装夹需要，可组装成各种功用的夹具。组合夹具使用完毕后，可方便地拆散成元件或部件，待需要时重新组合成其他加工零件的夹具，适用于数控加工、新产品的试制和中、小批量的生产。由于组合夹具是由各

种通用标准元件和部件组合而成，各元件间相互配合的环节较多，夹具精度、刚性比不上专用夹具，尤其是元件连接的接合面刚度，对加工精度影响较大；通常，采用组合夹具时其加工尺寸精度只能达到IT8～IT9级；此外，组合夹具总体显得笨重，还有排屑不便等不足。组合夹具有孔系组合夹具和槽系组合夹具两种，图7-20所示为孔系组合夹具，而图7-21所示为槽系组合夹具。

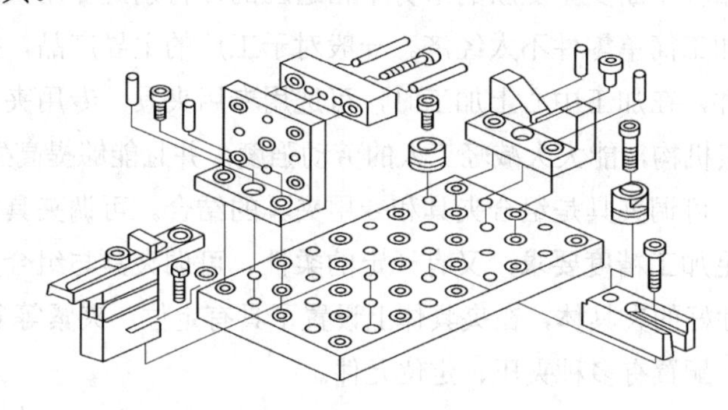

图7-20　孔系组合夹具组装示意图

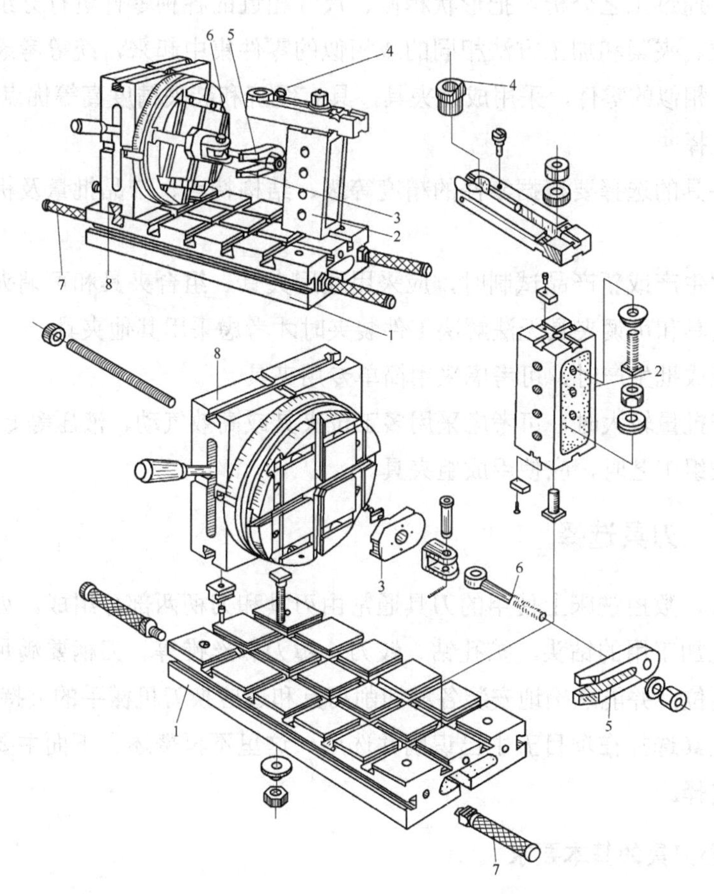

1—基础件；2—支承件；3—定位件；4—导向件；5—夹紧件；6—紧固件；7—其他件；8—合件

图7-21　槽系组合夹具组装示意图

(2) 专用夹具。专用夹具是指专为某一工件或类似几种工件加工而专门设计制造的夹具，具有结构合理、刚性强、装夹稳定可靠、操作方便、装夹精度高及装夹速度快等优点，主要用于固定产品的中、大批量生产。采用这种夹具，批量加工的工件尺寸比较稳定，互换性较好，生产效率高。但是，专用夹具具有只能为一种或类似几种工件加工专用的局限性，是和当今产品品种不断变型更新的形势不相适应的，特别是专用夹具的设计和制造周期长、成本较高，加工简单零件不太经济。一般对于工厂的主导产品，批量较大、精度要求较高的关键性零件，在加工中心上加工时，可选用专用夹具。专用夹具的夹紧机构一般采用气动或液压夹紧机构，能大大减轻工人的劳动强度，并且能够提高生产率。

(3) 可调夹具。可调夹具是组合夹具和专用夹具的结合。可调夹具能克服以上两种夹具的不足，既能满足加工精度要求，又有一定的柔性。可调夹具与组合夹具主要不同之处是：它具有整体刚性好的夹具体，在夹具体上设置了具有定位、夹紧等多功能的 T 型槽及台阶式光孔、螺孔，配置有多种夹压、定位元件。

(4) 成组夹具。成组夹具是随成组加工工艺的发展而出现的。使用成组夹具的基础是对零件的分类。通过工艺分析，把形状相似、尺寸相近的各种零件进行分组，编制成组工艺，然后把定位、夹紧和加工方法相同的或相似的零件集中起来，统筹考虑夹具的设计方案。对结构外形相似的零件，采用成组夹具，具有经济和装夹精度高等优点。

2) 夹具选择

加工中心夹具的选择要根据零件的精度等级、结构特点、产品批量及机床精度等情况综合考虑。

(1) 在单件生产或新产品试制时，应采用通用夹具、组合夹具和可调夹具，只有在通用夹具、组合夹具和可调夹具无法解决工件装夹时才考虑采用其他夹具。

(2) 小批或成批生产时，可考虑采用简单专用夹具。

(3) 在生产批量较大时，可考虑采用多工位夹具或高效气动、液压等专用夹具。

(4) 采用成组工艺时，应使用成组夹具。

资料五　刀具选择

在加工中心、数控铣床上使用的刀具通常由刃具和刀柄两部分组成。刃具有面加工用的各种铣刀和孔加工用的钻头、扩孔钻、铰刀、镗刀和丝锥等。刀柄要满足机床主轴的自动松开和夹紧定位，并能准确地安装各种切削刃具和适应换刀机械手的夹持等要求。

各种铣刀及其选择在项目五中已识别并选用，这里不再赘述。下面主要介绍刀柄和孔加工刀具及其选择。

1. 加工中心刀具的基本要求

加工中心增加了刀库及自动换刀装置，工件在一次装夹后，可依次完成多工序的加工。根据加工中心的此结构及特点，加工中心刀具的基本要求如下：

(1)　刀具应有较高的刚性。因为在加工中心上加工工件时无辅助装置支承刀具，刀具的长度在满足使用要求的前提下应尽可能短。

(2)　重复定位精度高。同一把刀具多次装入加工中心的主轴锥孔时，切削刃的位置应当重复不变。

(3)　切削刃相对于主轴的一个固定点的轴向和径向位置应能准确调整。即刀具必须能够以快速简单的方法准确地预调到一个固定的几何尺寸上。

2. 刀柄及其选择

1)　刀柄

刀柄是机床主轴与刀具之间的连接工具，因此刀柄要能满足机床主轴自动松开和拉紧定位、准确安装各种切削刃具、适应机械手的夹持和搬运、储存和识别刀库中各种刀具的要求。加工中心上一般都采用 7∶24 圆锥刀柄，如图 7-22 所示。这类刀柄不能自锁，换刀比较方便，与直柄相比有较高的定心精度与刚度。加工中心刀柄已系列化和标准化，其锥柄部分和机械手抓拿部分都有相应的国际标准和国家标准。固定在刀柄尾部且与主轴内拉紧机构相适应的拉钉也已标准化，柄部及拉钉的有关尺寸可查阅相应标准(GB/ T10944.2——2006)。图 7-23 和图 7-24 所示分别是标准中规定的 A 型和 B 型拉钉。图 7-25 是常用的 MAS403 BT 标准拉钉。

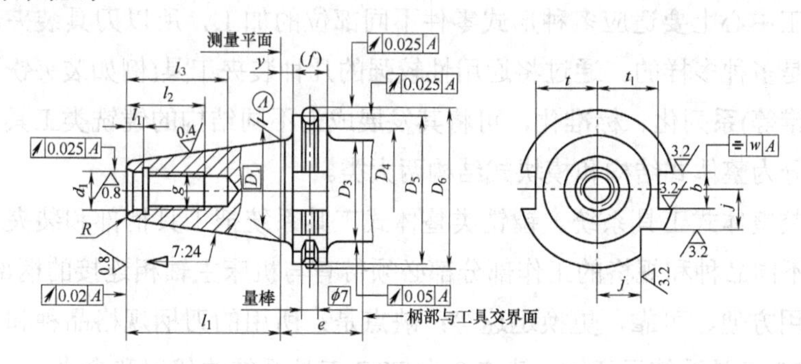

图 7-22　加工中心/数控铣床 7∶24 圆锥工具柄部简图

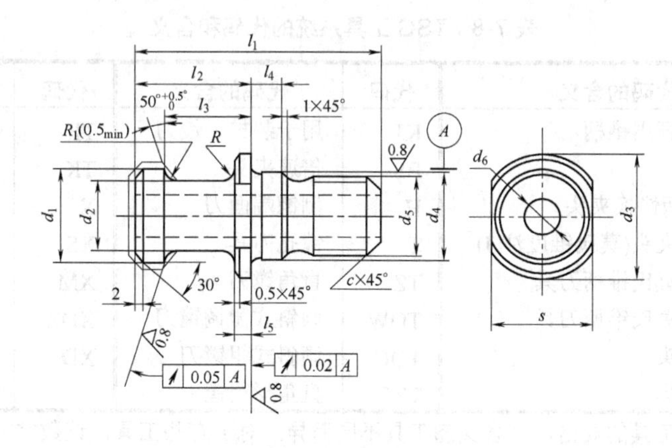

图 7-23　A 型拉钉

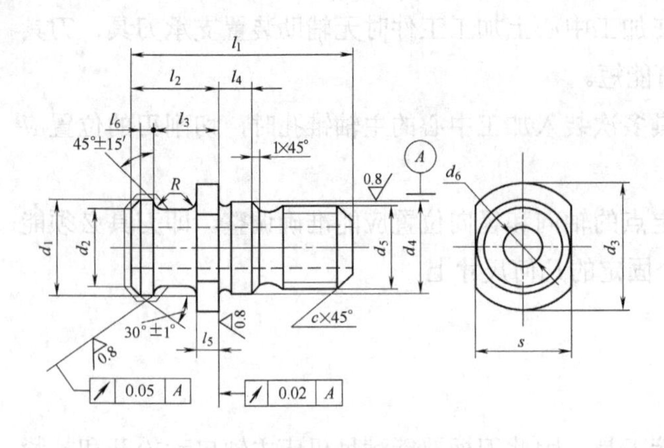

图 7-24　B 型拉钉

图 7-25　MAS403 BT 标准拉钉

加工中心/数控铣床的刀柄(工具柄部)和拉钉标准很多：有 BT、DIN、CAT、JT 和 ISO 等近 10 种。在选择刀柄时，应弄清楚选用的机床应配用符合哪个标准的工具柄部，且要求工具的柄部应与机床主轴锥孔的哪个规格(40 号、45 号还是 50 号)相匹配；工具柄部抓拿部位要能适应机械手的形状位置要求；拉钉也要与刀柄一样采用相同标准，拉钉的形状、尺寸要与主轴里的拉紧机构相匹配，如果拉钉选择不当，装在刀柄上使用可能会造成事故。

2)　镗铣类工具系统

由于在加工中心上要适应多种形式零件不同部位的加工，所以刀具装夹部分的结构、形式、尺寸也是多种多样的。通过将通用性较强的几种装夹工具(例如装夹铣刀、镗刀、铰刀、钻头和丝锥等)系列化、标准化，可将其发展成为不同结构的镗铣类工具系统。镗铣类工具系统一般分为整体式结构和模块式结构两大类。

(1)　镗铣类整体式工具系统。镗铣类整体式工具系统把工具柄部和装夹刀具的工作部分做成一体。不同品种和规格的工作部分都必须带有与机床主轴相连接的柄部。其优点是：结构简单，使用方便、可靠，更换迅速等；缺点是：所用的刀柄规格品种和数量较多。图 7-26 所示为 TSG 工具系统示意图，表 7-8 为 TSG 工具系统的代码和含义。

表 7-8　TSG 工具系统的代码和含义

代码	代码的含义	代码	代码的含义	代码	代码的含义
J	装接长刀杆用锥柄	KJ	用于装扩、铰刀	TF	浮动镗刀
Q	弹簧夹头	BS	倍速夹头	TK	可调镗刀
KH	7∶24 锥柄快换夹头	H	倒锪端面刀	X	用于装铣削刀具
Z(J)	用于装钻夹头(莫氏锥度注 J)	T	镗孔刀具	XS	装三面刃铣刀
MW	装无扁尾莫氏锥柄刀具	TZ	直角镗刀	XM	装面铣刀
M	装有扁尾莫氏锥柄刀具	TQW	倾斜式微调镗刀	XDZ	装直角端铣刀
G	攻螺纹夹头	TQC	倾斜式粗镗刀	XD	装端铣刀
C	切内槽刀具	TZC	直角形粗镗刀		

注：用数字表示工具的规格，其含义随工具不同而异：对于有些工具，该数字为轮廓尺寸(D-L)；对另一些工具，该数字表示应用范围；还有表示其他参数值的，如锥度号等。

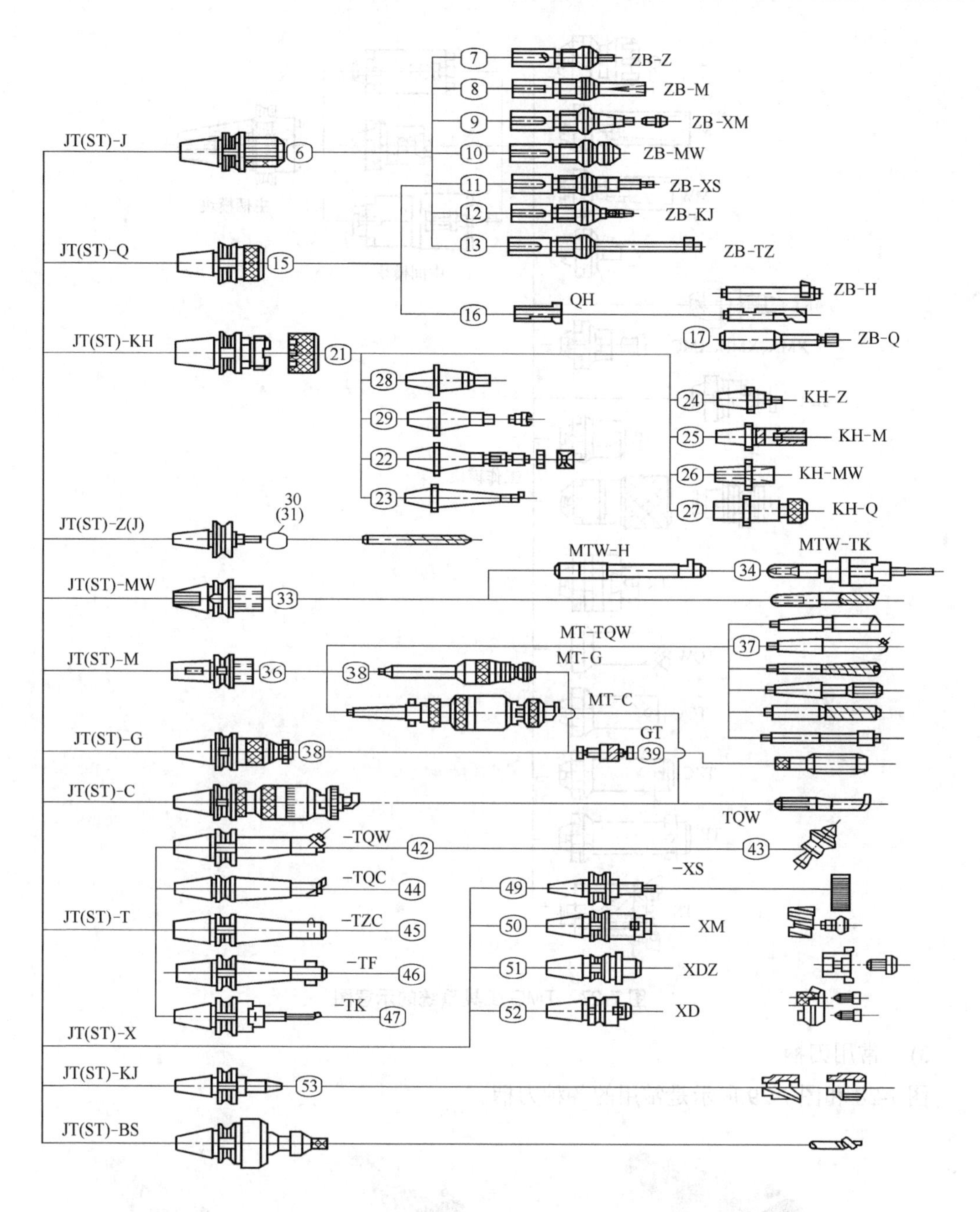

图 7-26　TSG 工具系统示意图

(2)　镗铣类模块式工具系统。把工具的柄部和工作部分分开，制成系统化的主柄模块、中间模块和工作模块，每类模块中又分为若干小类和规格，然后用不同规格的中间模块，组装成不同用途、不同规格的模块式工具。这样既方便了制造，也方便了使用和保管，大大减少了用户的工具储备。目前，模块式工具系统已成为数控加工刀具发展的方向。图 7-27 所示为 TMG 工具系统的示意图。

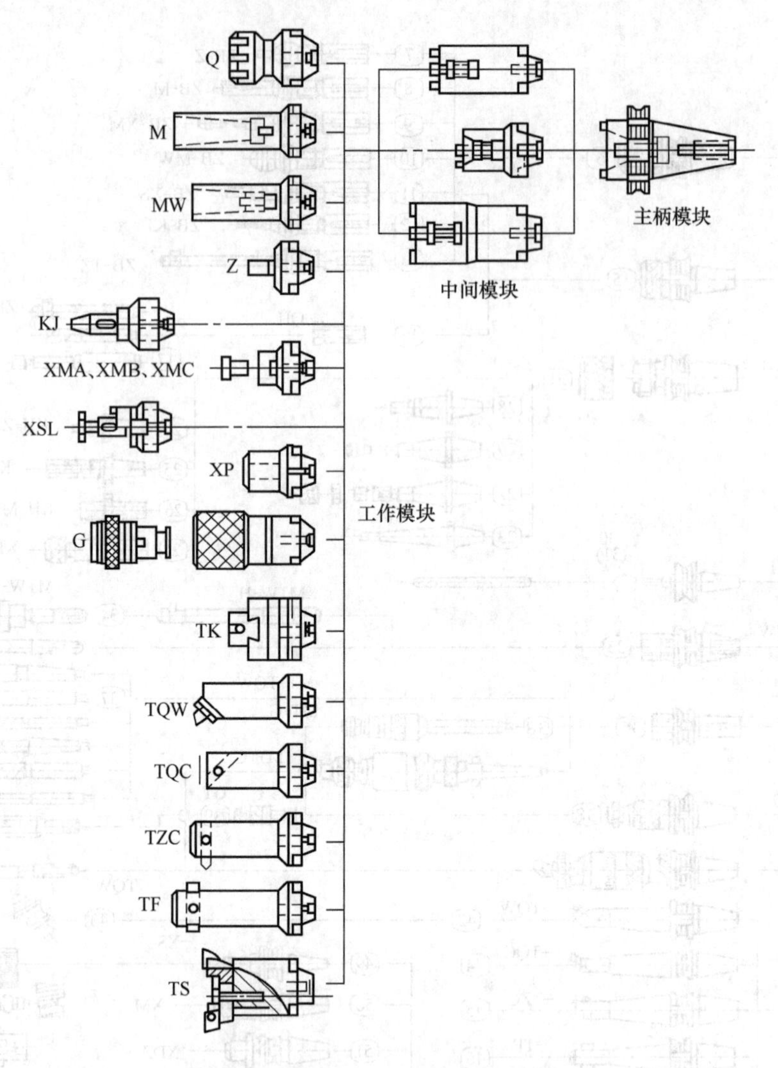

图 7-27　TMG 工具系统的示意图

3)　常用刀柄

图 7-28 和图 7-29 所示是常用的各种刀柄。

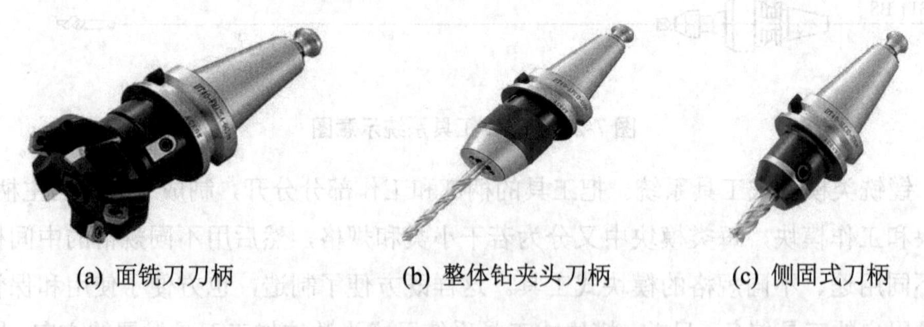

(a) 面铣刀刀柄　　(b) 整体钻夹头刀柄　　(c) 侧固式刀柄

图 7-28　常用刀柄

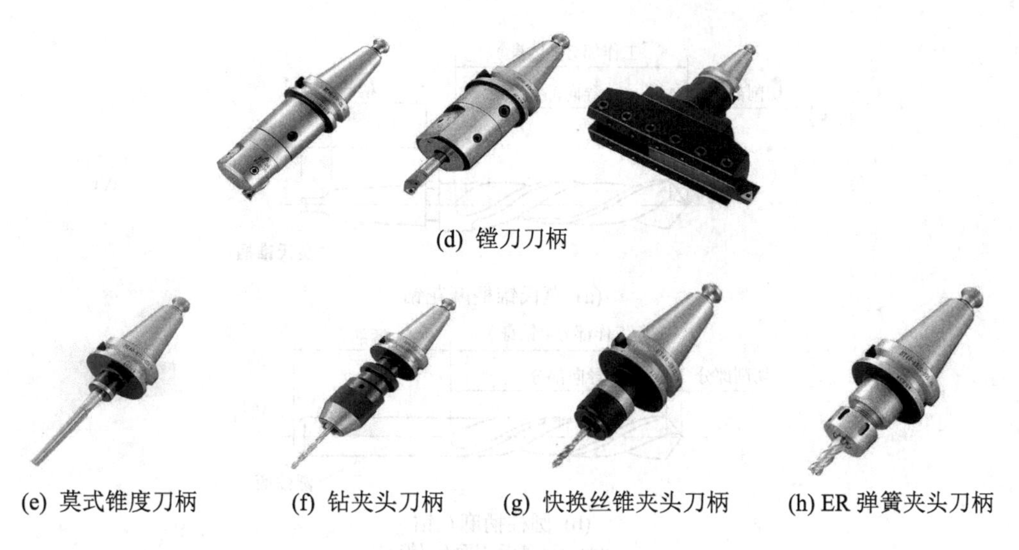

(d) 镗刀刀柄

(e) 莫式锥度刀柄　(f) 钻夹头刀柄　(g) 快换丝锥夹头刀柄　(h) ER 弹簧夹头刀柄

图 7-28 (续)

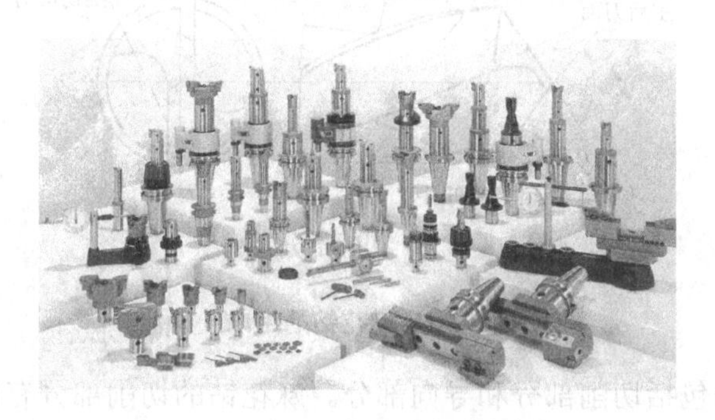

图 7-29　常用刀柄

3. 孔加工刀具及其选择

1) 钻孔刀具及其选择

钻孔刀具较多，有中心钻、普通麻花钻、可转位浅孔钻及扁钻等，应根据工件材料、加工尺寸及加工质量要求等合理选用。在加工中心上钻孔，大多是采用普通麻花钻，在麻花钻上涂覆 TiN 涂层，钻头成金黄色，常被称为黄金钻头，如图 7-30 所示。麻花钻有高速钢和硬质合金两种，它主要由工作部分和柄部组成，如图 7-31 所示。

图 7-30　涂覆 TiN 涂层的黄金钻头

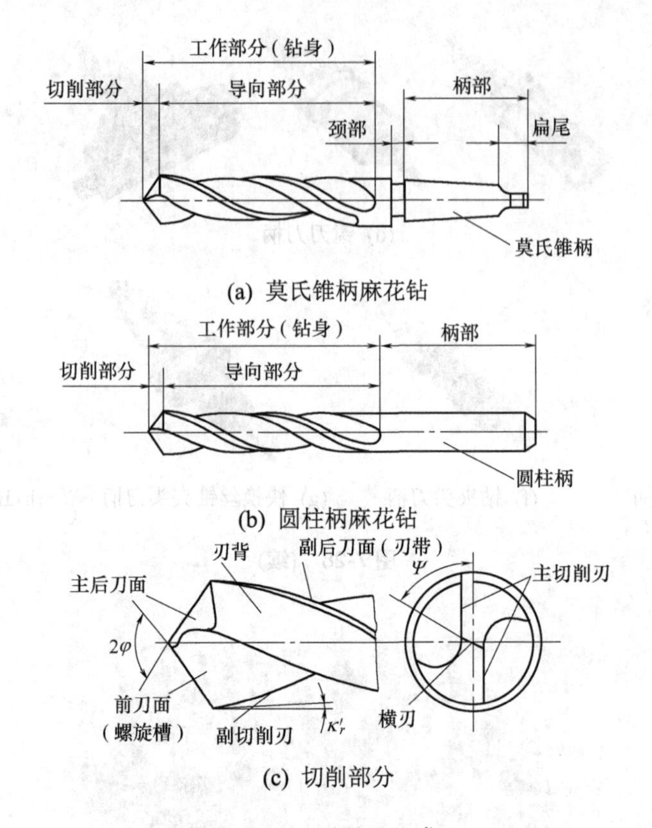

(a) 莫氏锥柄麻花钻

(b) 圆柱柄麻花钻

(c) 切削部分

图 7-31　麻花钻的组成

麻花钻工作部分包括切削部分和导向部分。麻花钻的切削部分有两个主切削刃、两个副切削刃和一个横刃。两个螺旋槽是切屑流经的表面，为前刀面；与工件过渡表面(即孔底)相对的端部两曲面为主后刀面；与工件已加工表面(即孔壁)相对的两条刃带为副后刀面。前刀面与主后刀面的交线为主切削刃，前刀面与副后刀面的交线为副切削刃，两个主后刀面的交线为横刃。主切削刃上各点的前角、后角是变化的，钻心处的前角接近 0°，甚至是负值；两条主切削刃在与其平行的平面内的投影之间的夹角称为顶角，标准麻花钻的顶角 2ψ=118°。麻花钻导向部分起导向、修光、排屑和输送切削液作用，也是切削部分的后备。

根据柄部不同，麻花钻有莫氏锥柄和圆柱柄两种。直径为 ϕ8～ϕ80 mm 的麻花钻多为莫氏锥柄，可直接装在带有莫氏锥孔的刀柄内，刀具长度不能调节。直径为 ϕ0.1～ϕ20 mm 的麻花钻多为圆柱柄，可装在钻夹头刀柄上。ϕ8～ϕ20 mm 麻花钻两种形式均可选用。

麻花钻有标准型和加长型两种，为了提高钻头刚性，应尽量选用较短的钻头，但麻花钻的工作部分应大于孔深，以便排屑和输送切削液。

在加工中心上钻孔，因为无夹具钻模导向，受两切削刃上切削力不对称的影响，容易引起钻头偏斜，所以要求钻头的两切削刃必须有较高的刃磨精度(两刃长度一致，顶角 2ψ 对称于钻头中心线)。

钻削直径在 ϕ20～ϕ60 mm、孔的深径比小于等于 5 的中等浅孔时，可选用可转位浅孔

钻，如图 7-32 所示。可转位浅孔钻结构是在带排屑槽及内冷却通道钻体的头部装有一组刀片(多为凸多边形、菱形和四边形)，多采用硬质合金刀片。靠近钻心的刀片用韧性较好的材料，靠近钻头外径的刀片选用较为耐磨的材料，这种钻头具有切削效率高、加工质量好的特点，最适用于箱体类零件的钻孔加工。为了提高刀具的使用寿命，在刀片上涂覆 TiC 涂层。使用这种钻头钻箱体孔，比普通麻花钻提高效率 4～6 倍。

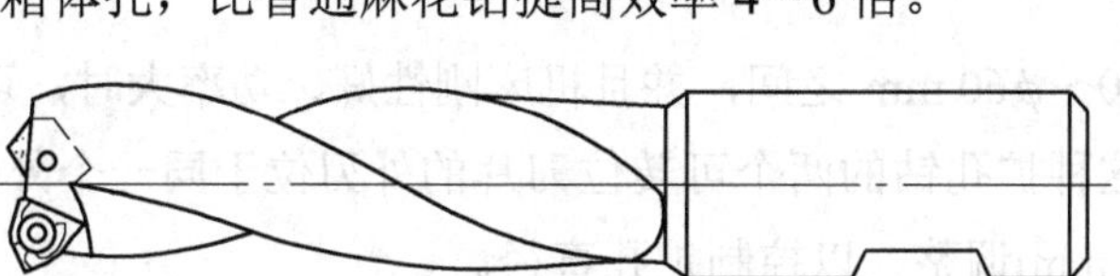

图 7-32　可转位浅孔钻

对深径比大于 5 而小于 100 的深孔，因为其加工中散热差，排屑困难，钻杆刚性差，易使刀具损坏和引起孔的轴线偏斜，影响加工精度和生产率，所以应选用深孔刀具加工，如喷吸钻。

钻削大直径孔时，可采用刚性较好的硬质合金扁钻。

中心钻主要用于钻中心孔，在项目一中已识别并选用，这里不再赘述。

2)　扩孔刀具及其选择

扩孔多采用扩孔钻，也有采用镗刀或麻花钻扩孔的。

标准扩孔钻一般有 3～4 条主切削刃，切削部分的材料为高速钢或硬质合金，结构形式有直柄式、锥柄式和套式等。图 7-33(a)、(b)和(c)分别为锥柄式高速钢扩孔钻、套式高速钢扩孔钻和套式硬质合金扩孔钻。在小批生产时，常用麻花钻代替。

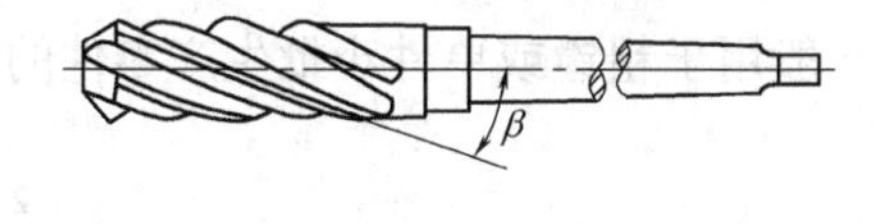

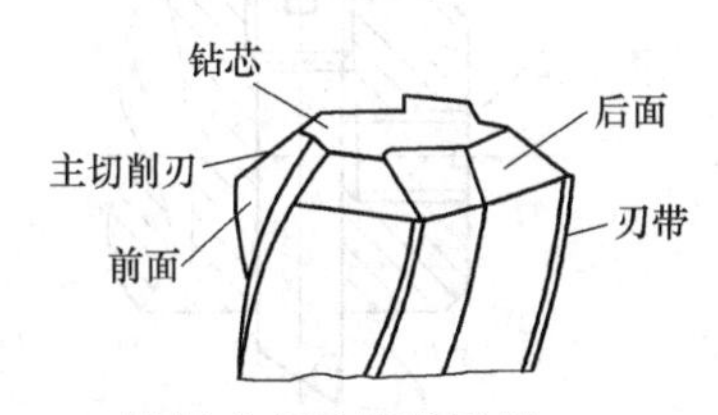

(a) 锥柄式高速钢扩孔钻

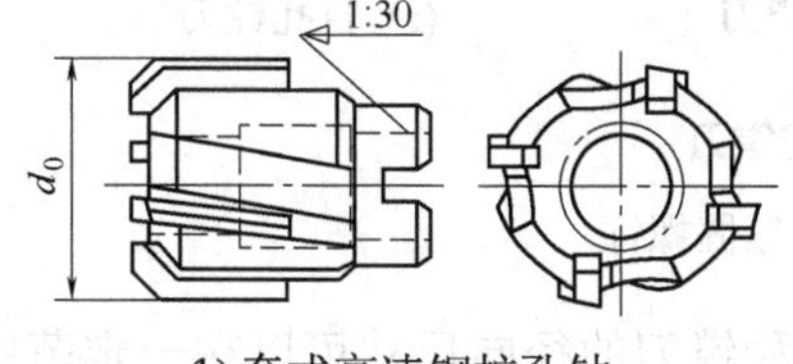

(b) 套式高速钢扩孔钻

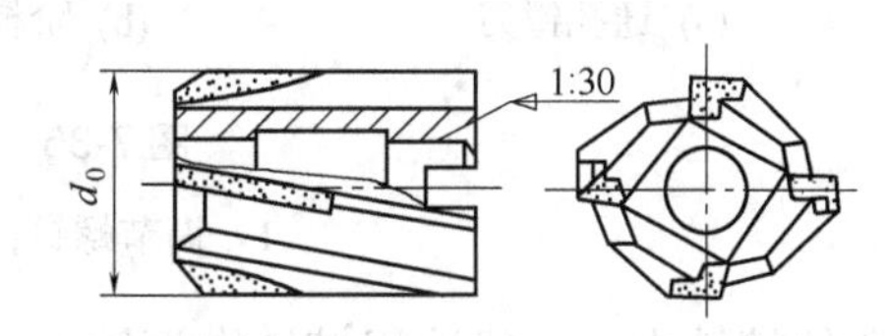

(c) 套式硬质合金扩孔钻

图 7-33　扩孔钻

扩孔直径较小时，可选用直柄式扩孔钻；扩孔直径中等时，可选用锥柄式扩孔钻；扩孔直径较大时，可选用套式扩孔钻。

扩孔钻的加工余量较小，主切削刃较短，因为容屑槽浅，所以刀体的强度和刚度较好。它无麻花钻的横刃，加之刀齿多，所以导向性好、切削平稳，加工质量和生产率都比麻花钻高。

扩孔直径在 $\phi 20 \sim \phi 60$ mm 之间，并且机床刚性好、功率大时，可选用如图 7-34 所示的可转位扩孔钻。这种扩孔钻的两个可转位刀片的外刃位于同一个外圆直径上，并且刀片径向可作微量(±0.1 mm)调整，以控制扩孔直径。

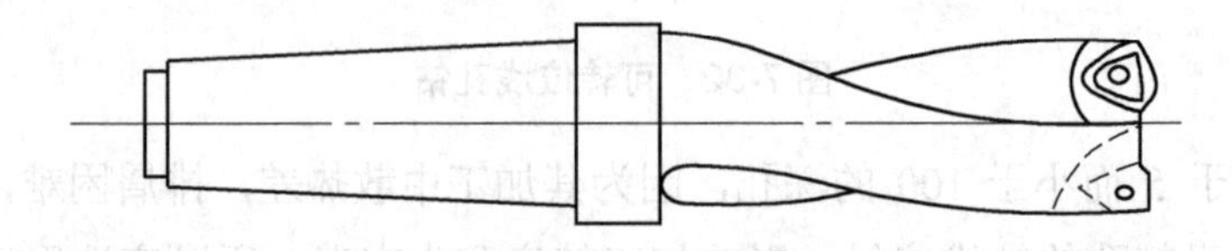

图 7-34 可转位扩孔钻

3) 镗孔刀具及其选择

镗孔所用刀具为镗刀。镗刀种类很多，按切削刃数量可分为单刃镗刀和双刃镗刀。

镗削通孔、阶梯孔和盲孔可分别选用图 7-35(a)、(b)、(c)所示的单刃镗刀。单刃镗刀头结构类似车刀，用螺钉装夹在镗杆上，结构简单。在图 7-35 所示的单刃镗刀中，螺钉 1 用于调整尺寸，螺钉 2 起锁紧作用。单刃镗刀刚性差，切削时容易引起振动，所以镗刀的主偏角选得较大，以减小径向力。镗铸铁孔或精镗时，一般取主偏角 K_r=90°；粗镗钢件孔时，取主偏角 K_r=60°～75°，以提高刀具的耐用度。所镗孔径的大小要靠调整刀具的悬伸长度来保证，调整麻烦，效率低，一般用于粗镗或单件小批生产零件的粗、精镗。

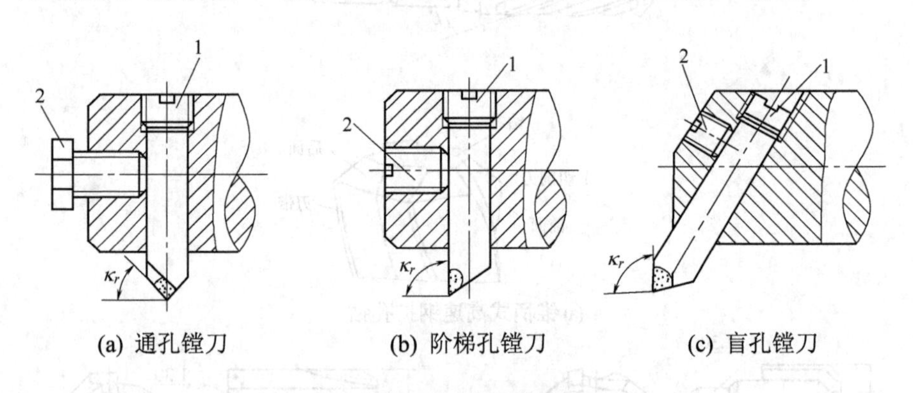

图 7-35 单刃镗刀

1—调节螺钉；2—紧固螺钉

在孔的精镗中，一般选用精镗微调镗刀。这种镗刀的径向尺寸可以在一定范围内进行微调，调节方便，且精度高，其结构如图 7-36 所示。调整尺寸时，先松开拉紧螺钉 4，然后转动带刻度盘的调整螺母 5，待调至所需尺寸时，再拧紧螺钉 4。使用时应保证锥面的接触

面积，而且与直孔部分同心。导向块与键槽配合间隙不能太大，否则微调时就不能达到较高的精度。

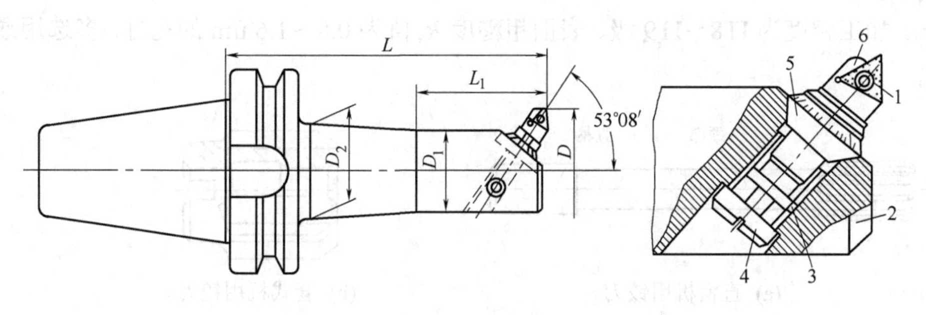

图 7-36　微调镗刀

1—刀片；2—镗刀杆；3—导向块；4—螺钉；5—调整螺母；6—刀块

镗削大直径的孔时可选用如图 7-37 所示的双刃镗刀。这种镗刀头部可以在较大范围内进行调整，且调整方便。双刃镗刀的两端有一对对称的切削刃同时参与切削，与单刃镗刀相比，镗刀每转进给量可提高一倍左右，生产效率高，同时可消除切削力对镗杆的影响。

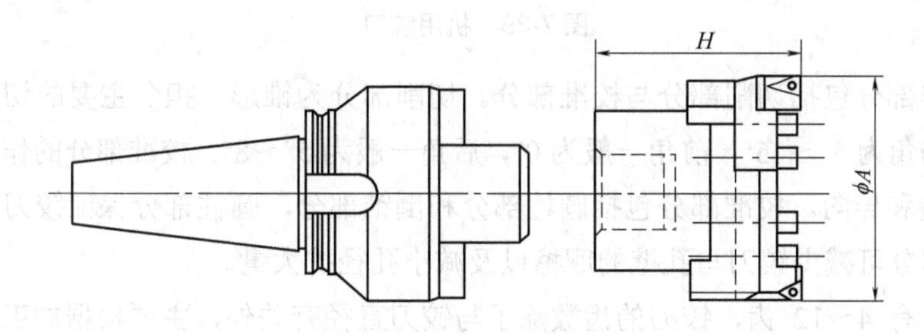

图 7-37　双刃镗刀

4)　铰孔刀具及其选择

加工中心上使用的铰刀多是通用标准铰刀。此外，还有机夹硬质合金刀片单刃铰刀和浮动铰刀等。通用标准铰刀各部分名称如图 7-38 所示。

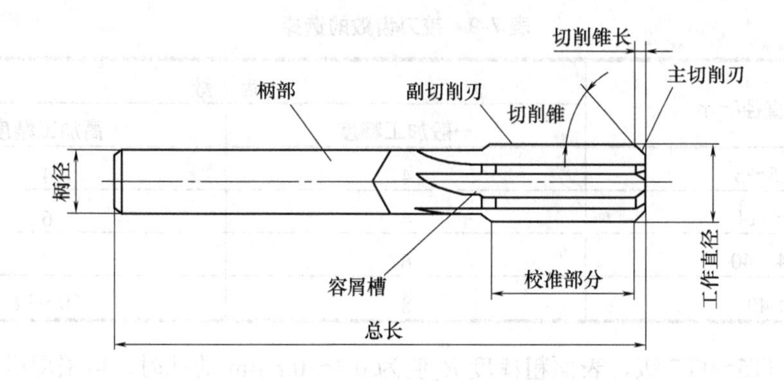

图 7-38　铰刀的组成

通用标准铰刀有直柄、锥柄和套式三种，如图 7-39 所示。锥柄铰刀直径为 ϕ10～ϕ32mm，直柄铰刀直径为 ϕ6～ϕ20 mm，小孔直柄铰刀直径为 ϕ1～ϕ6 mm，套式铰刀直径为 ϕ25～ϕ80 mm。加工精度为 IT8～IT9 级、表面粗糙度 R_a 值为 0.8～1.6 μm 的孔时，多选用通用标准铰刀。

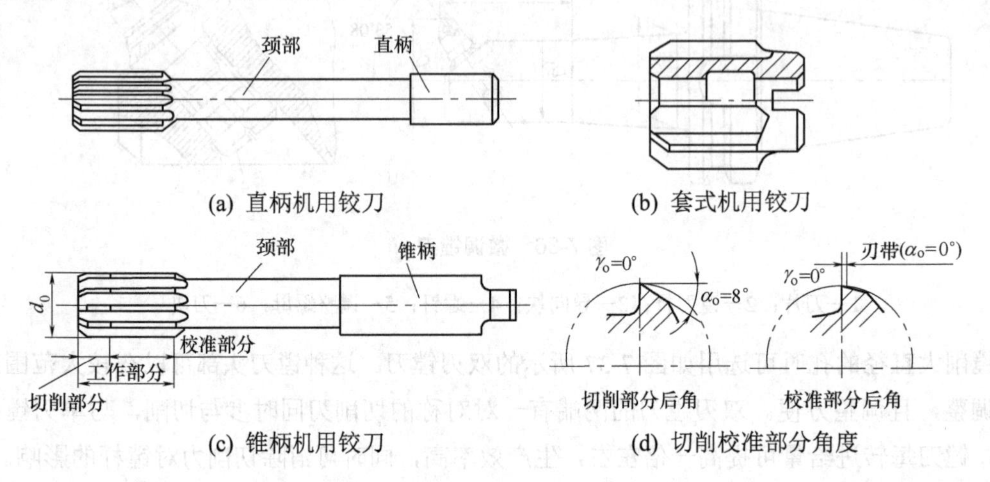

(a) 直柄机用铰刀　(b) 套式机用铰刀　(c) 锥柄机用铰刀　(d) 切削校准部分角度

图 7-39　机用铰刀

铰刀工作部分包括切削部分与校准部分。切削部分为锥形，担负主要的切削工作。切削部分的主偏角为 5°～15°，前角一般为 0°，后角一般为 5°～8°。校准部分的作用是校正孔径、修光孔壁和导向。校准部分包括圆柱部分和倒锥部分，圆柱部分保证铰刀直径和便于测量，倒锥部分可减少铰刀与孔壁的摩擦以及减小孔径扩大量。

标准铰刀有 4～12 齿，铰刀的齿数除了与铰刀直径有关外，主要根据加工精度的要求选择。齿数对加工表面粗糙度的影响并不大，齿数过多，刀具的制造重磨都比较麻烦，而且会因为齿间容屑槽减小而造成切屑堵塞和划伤孔壁，以致使铰刀折断的后果；齿数过少，则铰削时的稳定性差，刀齿的切削负荷增大，并且容易产生几何形状误差。铰刀齿数可参照表 7-9 选择。

表 7-9　铰刀齿数的选择

铰刀直径/mm	齿　数	
	一般加工精度	高加工精度
1.5～3	4	4
3～14	4	6
14～40	6	8
>40	8	10～12

铰削精度 IT5～IT7 级、表面粗糙度 R_a 值为 0.4～0.8 μm 的孔时，可采用机夹硬质合金刀片的单刃铰刀铰孔。

铰削精度为 IT6～IT7 级，表面粗糙度 R_a 值为 0.8～1.6 μm 的大直径通孔时，可选用专

为加工中心设计的浮动铰刀。浮动铰刀既能保证在换刀和铰削过程中刀片不会从刀杆中滑出，又能较准确地定心。浮动铰刀有两个对称刃，能自动平衡切削力，在铰削过程中又能自动补偿因刀具安装误差或由刀杆的径向跳动而引起的加工误差，因而加工精度稳定。

5)　小孔径螺纹加工刀具及其选择

加工直径在 M6～M20 之间的螺纹孔，一般在加工中心上用攻螺纹的方法加工。丝锥的选择要点如下：

(1)　工件材料的可加工性是攻螺纹难易的关键，对于高强度的工件材料，丝锥的前角和下凹量(前面的下凹程度)通常较小，以增加切削刃强度。下凹量较大的丝锥则用在切削扭矩较大的情况，长屑材料需较大的前角和下凹量，以便卷屑和断屑。

(2)　加工较硬的工件材料需要较大的后角，以减小摩擦和便于冷却液到达切削刃，加工软材料时，太大的后角会导致螺孔扩大。

(3)　直槽丝锥主要用于通孔的螺纹加工。螺旋槽丝锥主要用于盲孔的螺纹加工，螺旋槽丝锥攻螺纹时，排屑效果较好。加工硬度、强度较高的工件材料，所用的螺旋槽丝锥螺旋角较小，可改善其结构强度。

丝锥的各部分名称如图 7-40 所示。图 7-41 所示为丝锥示例。

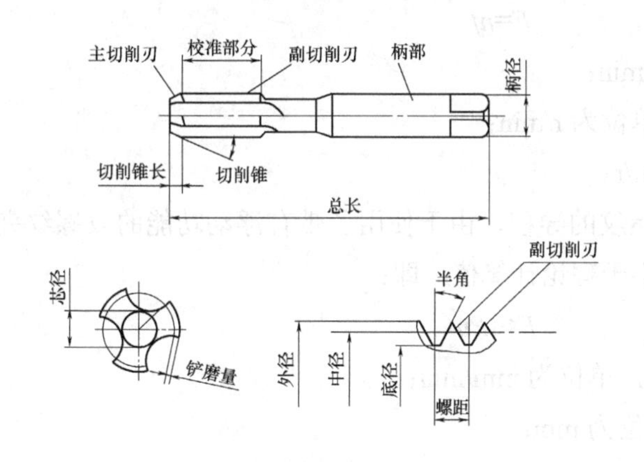

图 7-40　丝锥的组成

图 7-41　丝锥示例

注意：加工中心/数控铣床攻螺纹时必须采用具有浮动功能的攻螺纹夹头，切记。

6)　锪孔刀具及其选择

锪孔是用锪钻或锪刀在工件孔口刮平端面或切出锥形、圆柱形沉孔的加工方法。在工件孔口刮平端面称为锪平面，切出锥形、圆柱形沉孔称为锪沉孔。锪孔的深度一般较浅，如锪平铸件或锻件工件孔口平面，锪出沉孔螺栓的沉孔等。锪钻或锪刀一般是根据要锪的孔口平面或沉孔形状特殊磨制或订制的，但在生产实际中，对于孔口较小的平面或沉孔，一般采用立铣刀或端面刃立铣刀锪平面，锪沉孔一般采用立铣刀、端面刃立铣刀或除钻尖外端面基本为平面的钻头(麻花钻手工刃磨或工具磨刃磨而成)。

资料六　切削用量选择

切削用量的选择应充分考虑零件的加工精度、表面粗糙度以及刀具的强度、刚度和加工效率等因素，在机床允许的范围之内，查阅相关手册并结合经验确定。表 7-10～表 7-14 列出了部分孔加工的切削用量，供选择时参考。

1. 主轴转速(刀具转速)的确定

主轴转速(刀具转速)n 应根据选定的切削速度 V_c 和刀具的加工直径 d 来计算：

$$n=\frac{1000V_c}{\pi d} \tag{7-6}$$

式中：d——刀具的加工直径，单位为 mm；

V_c——选定的刀具切削速度，单位为 m/min；

n——主轴转速(刀具转速)，单位为 r/min。

2. 进给速度 F 的计算

进给速度 F 包括纵向进给速度和横向进给速度，其计算公式为：

$$F=nf \tag{7-7}$$

式中：F——进给速度，单位为 mm/min；

n——主轴转速(刀具转速)，单位为 r/min；

f——每转进给量，单位为 mm/r。

攻螺纹时进给量的选择取决于螺纹的导程，由于使用了带有浮动功能的攻螺纹夹头，因而攻螺纹时工作进给速度 F 可略小于理论计算值，即：

$$F\leqslant Pn \tag{7-8}$$

式中：F——丝锥攻螺纹的进给速度，单位为 mm/min；

P——加工螺纹孔的导程，单位为 mm；

n——攻螺纹时主轴转速(刀具转速)，单位为 r/min。

表 7-10　高速钢钻头加工铸铁的切削用量

钻头直径/mm	材料硬度					
	160～200 HBS		200～300 HBS		300～400 HBS	
	V_c/(m/min)	f/(mm/r)	V_c/(m/min)	f/(mm/r)	V_c/(m/min)	f/(mm/r)
1～6	16～24	0.07～0.12	10～18	0.05～0.1	5～12	0.03～0.08
6～12	16～24	0.12～0.2	10～18	0.1～0.18	5～12	0.08～0.15
12～22	16～24	0.2～0.4	10～18	0.18～0.25	5～12	0.15～0.2
22～50	16～24	0.4～0.8	10～18	0.25～0.4	5～12	0.2～0.3

注：采用硬质合金钻头加工铸铁时取 V_c=20～30 m/min。

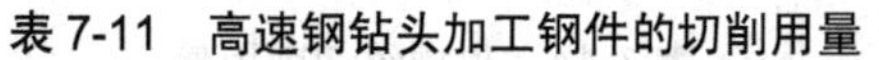

表 7-11　高速钢钻头加工钢件的切削用量

钻头直径/mm	材料强度					
	σb=520～700 MPa (35、45 钢)		σb=700～900 MPa (15Cr、20Cr 钢)		σb=1000～1100 MPa (合金钢)	
	V_c/(m/min)	f/(mm/r)	V_c/(m/min)	f/(mm/r)	V_c/(m/min)	f/(mm/r)
1～6	8～25	0.05～0.1	12～30	0.05～0.1	8～15	0.03～0.08
6～12	8～25	0.1～0.2	12～30	0.1～0.2	8～15	0.08～0.15
12～22	8～25	0.2～0.3	12～30	0.2～0.3	8～15	0.15～0.25
22～50	8～25	0.3～0.45	12～30	0.3～0.45	8～15	0.25～0.35

表 7-12　高速钢铰刀铰孔的切削用量

钻头直径/mm	工件材料					
	铸铁		钢及合金钢		铝铜及其合金	
	V_c/(m/min)	f/(mm/r)	V_c/(m/min)	f/(mm/r)	V_c/(m/min)	f/(mm/r)
6～10	2～6	0.3～0.5	1.2～5	0.3～0.4	8～12	0.3～0.5
10～15	2～6	0.5～1	1.2～5	0.4～0.5	8～12	0.5～1
15～25	2～6	0.8～1.5	1.2～5	0.5～0.6	8～12	0.8～1.5
25～40	2～6	0.8～1.5	1.2～5	0.4～0.6	8～12	0.8～1.5
40～60	2～6	1.2～1.8	1.2～5	0.5～0.6	8～12	1.5～2

注：采用硬质合金铰刀加工铸铁时取 V_c=8～10 m/min，铰铝时 V_c=12～15 m/min。

表 7-13　镗孔切削用量

工序	刀具材料	工件材料					
		铸铁		钢及合金钢		铝铜及其合金	
		V_c/(m/min)	f/(mm/r)	V_c/(m/min)	f/(mm/r)	V_c/(m/min)	f/(mm/r)
粗镗	高速钢	20～25	0.4～1.5	15～30	0.35～0.7	100～150	0.5～1.5
	硬质合金	35～50		50～70		100～250	
半精镗	高速钢	20～35	0.15～0.45	15～50	0.15～0.45	100～200	0.2～0.5
	硬质合金	50～70		95～135			
精镗	高速钢	70～90	<0.8	100～135	0.12～0.15	150～400	0.06～0.1
	硬质合金		0.12～0.15				

注：当采用高精度镗头镗孔时，由于余量较小，直径余量不大于 0.2 mm，切削速度可提高一些，加工铸铁时为 100～150 m/min，钢件为 150～200 m/min，铝合金为 200～400 m/min。进给量可在 0.03～0.1 mm/r 范围内。

表 7-14　攻螺纹切削用量

加工材料	铸铁	钢及合金钢	铝铜及其合金
V_c(m/min)	2.5～5	1.5～5	5～15

资料七　填写数控加工工序卡和数控加工刀具卡

编写数控加工工艺文件是数控加工工艺制定的内容之一，数控加工工艺文件既是数控加工、产品验收的依据，也是需要操作者遵守、执行的作业指导书。数控加工工艺文件是对数控加工的具体说明，目的是让操作者更加明确加工程序的内容、装夹方式、加工顺序、走刀路线、切削用量和各个加工部位所选用的刀具等。最主要的数控加工工艺技术文件有：数控加工刀具卡和数控加工工序卡。数控镗铣孔加工工序卡和数控镗铣孔加工刀具卡与项目五一样，具体详见加工案例零件的数控加工工序卡和数控加工刀具卡。

单元能力训练

(1) 数控镗铣孔加工工艺设计步骤包括哪几步？它们之间有什么联系？

(2) 识别各类加工中心及其主要技术参数的内涵。

(3) 识别加工中心的加工内容及其主要加工对象，与数控铣床加工内容及加工对象有何区别与联系。

(4) 选择加工中心时应主要考虑哪些方面的因素？

(5) 数控镗铣孔加工零件的图纸工艺分析包括哪些内容？如何进行零件的结构工艺性分析？

(6) 拟定数控镗铣孔加工工艺路线的主要内容包括哪些？说明各主要内容的内涵及其相互联系。

(7) 识别加工中心上孔系的加工方法及加工余量的确定。

(8) 如何设计加工中心的加工工步？

(9) 在安排加工顺序时，应如何做好与普通机床的工序衔接？

(10) 如何确定加工中心的孔加工进给加工路线？

(11) 如何确定钻螺纹底孔尺寸及钻孔深度？

(12) 如何选择加工中心加工零件的定位基准？试举例说明。

(13) 识别加工中心的常用夹具，各有何特点？应如何选择夹具？

(14) 识别各种常用刀柄，应如何选择刀柄(含拉钉)？

(15) 镗铣类整体式工具系统与模块式工具系统有何区别与联系？

(16) 识别各种钻孔刀具、扩孔刀具、镗孔刀具、铰孔刀具、小孔径螺纹加工刀具和锪孔刀具，结合图 7-1 所示的盖板加工案例选择各种孔加工刀具。

(17) 结合图 7-1 所示的盖板加工案例，选择并确定其钻、铰、镗、攻螺纹和锪沉孔的切削用量。

(18) 到数控实训中心识别加工中心、孔加工刀具、工装夹具及箱体类零件。

(19) 在图书馆查阅数控加工工艺方面的书，按数控镗铣孔加工工艺设计步骤进行训练。

(20) 在计算机中通过关键词查找数控镗铣孔加工工艺，按数控镗铣孔加工工艺设计步骤训练。

(21) 识别几个具体的简单箱体类、盖板类零件和图纸，按数控镗铣孔加工工艺设计步骤进行如下训练：机床选择训练、零件图纸工艺分析训练、加工方法选择训练、工序划分训练、数控镗铣孔加工工艺路线拟定训练、定位基准选择及装夹方案确定训练、刀具选择训练、切削用量选择训练和数控加工工艺文件编写训练。

单元能力巩固提高

(1) 到自己感兴趣的地方以“数控镗铣孔加工工艺设计”为关键词检索“数控镗铣孔加工工艺设计步骤”相关内容，并对结果进行概括总结。

(2) 分析数控镗铣孔加工工艺设计步骤，总结出它们之间的联系(关系)。

(3) 分析拟定数控镗铣孔加工工艺路线的主要内容，总结出它们之间的联系(关系)以及如何正确拟定数控镗铣孔加工工艺路线。

(4) 分析钻、扩、镗、铰、攻、锪的加工特点、加工刀具和加工余量，总结出它们之间的联系(关系)。

(5) 分析孔加工进给加工路线及走刀方法，并对结果进行概括总结。

(6) 分析箱体类零件的定位基准选择，如何根据生产批量确定它的定位装夹方式及其加工方案？

(7) 为加工图 7-1 所示的零件选择刀具、确定机床、装夹方案和夹具。

单元能力评价

能力评价方式如表 7-15 所示。

表 7-15　能力评价表

等级	评　价　标　准
优秀	(1) 能高质量、高效率地应用计算机完成资料的检索任务并总结； (2) 能分析数控镗铣孔加工工艺设计步骤，总结出它们之间的联系(关系)； (3) 能分析拟定数控镗铣孔加工工艺路线的主要内容，总结出它们之间的联系(关系)以及如何正确拟定数控镗铣孔加工工艺路线； (4) 能分析钻、扩、镗、铰、攻、锪的加工特点、加工刀具和加工余量，并总结出它们之间的联系(关系)； (5) 能分析孔加工进给加工路线及走刀方法，并对结果进行概括总结； (6) 能分析、选择、确定箱体类零件的定位基准，并能根据生产批量确定其定位装夹方式及加工方案； (7) 能为加工图 7-1 所示的零件选择刀具、确定机床、装夹方案和夹具

续表

等级	评价标准
良好	(1) 能在无教师的指导下应用计算机完成资料的检索任务并总结； (2) 能在无教师的指导下分析数控镗铣孔加工工艺设计步骤并总结； (3) 能在无教师的指导下分析拟定数控镗铣孔加工工艺路线的主要内容并总结； (4) 能在无教师的指导下分析钻、扩、镗、铰、攻、锪的加工特点、加工刀具和加工余量并总结； (5) 能在无教师的指导下分析孔加工进给加工路线及走刀方法并总结； (6) 能在无教师的指导下分析、选择、确定箱体类零件的定位基准并总结； (7) 基本能为加工图 7-1 所示的零件选择刀具、确定机床、装夹方案和夹具
中等	(1) 能在教师的偶尔指导下应用计算机完成资料的检索任务并总结； (2) 能在教师的偶尔指导下分析数控镗铣孔加工工艺设计步骤并总结； (3) 能在教师的偶尔指导下分析拟定数控镗铣孔加工工艺路线的主要内容并总结； (4) 能在教师的偶尔指导下分析钻、扩、镗、铰、攻、锪的加工特点、加工刀具和加工余量并总结； (5) 能在教师的偶尔指导下分析孔加工进给加工路线及走刀方法并总结； (6) 能在教师的偶尔指导下分析、选择、确定箱体类零件的定位基准并总结
合格	(1) 能在教师的指导下应用计算机完成资料的检索任务并总结； (2) 能在教师的指导下分析数控镗铣孔加工工艺设计步骤并总结； (3) 能在教师的指导下分析拟定数控镗铣孔加工工艺路线的主要内容并总结； (4) 能在教师的指导下分析钻、扩、镗、铰、攻、锪的加工特点、加工刀具和加工余量并总结； (5) 能在教师的指导下分析孔加工进给加工路线及走刀方法并总结； (6) 能在教师的指导下分析、选择、确定箱体类零件的定位基准并总结

单元二　编制数控镗铣孔加工零件(含螺纹孔)加工工艺

单元能力目标

(1) 会制定数控镗铣孔加工(含螺纹孔)零件的加工工艺。

(2) 会编写数控镗铣孔加工(含螺纹孔)零件的加工工艺文件。

单元工作任务

在单元一中，我们查阅了与设计数控镗铣孔 (含螺纹孔)加工工艺相关的工艺技术资料，本单元完成单元一图 7-1 所示的盖板零件的孔系数控加工工艺编制。

(1) 制定如图 7-1 所示的盖板零件的孔系数控加工工艺。

(2) 编制如图 7-1 所示的盖板零件的孔系数控加工工序卡和刀具卡等工艺文件。

加工案例工艺分析与编制

完成工作任务步骤如下。

1. 零件图纸工艺分析

零件图纸工艺分析主要引导学生审查图纸；分析零件的结构工艺性、尺寸精度、形位精度和表面粗糙度等零件图纸技术要求。

该盖板零件图纸尺寸标注完整，很适合数控加工，并且零件结构简单，主要加工的孔系包括 4 个 M16 螺纹孔、4 个阶梯孔及 1 个 ϕ60H7 mm 孔。尺寸精度要求一般，最高为 IT7 级。4×ϕ12H8 mm、ϕ60H7 mm 孔的表面粗糙度要求较高，达到 R_a0.8 μm，其余加工表面的表面粗糙度要求一般。

2. 加工工艺路线设计

加工工艺路线设计主要引导学生选择加工方法、划分加工阶段、划分工序、安排加工顺序和确定进给加工路线。

该盖板零件 ϕ60H7 mm 孔为已铸出毛坯孔，因而选择粗镗—半精镗—精镗方案；4×ϕ12H8 mm 孔宜采用钻孔—铰孔方案，以满足表面粗糙度的要求。

按照先面后孔、先粗后精的原则确定加工顺序。总体顺序为粗镗、半精镗、精镗 ϕ60H7 mm 孔—钻各孔中心孔—钻、锪、铰 4×ϕ12H8 mm 和 4×ϕ16 mm 孔—钻 4×M16 螺纹底孔—攻螺纹。

由图 7-1 可知，孔的位置精度要求不高，因此所有孔加工的进给路线均按最短路线确定。图 7-42～图 7-46 所示为孔加工各工步的进给加工路线。

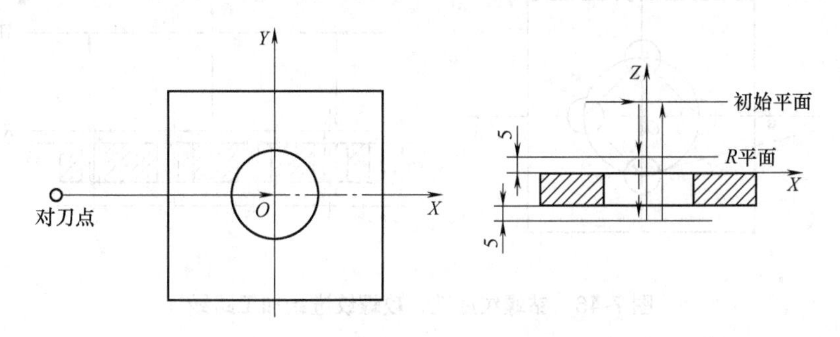

图 7-42　镗 ϕ60H7 mm 孔进给加工路线

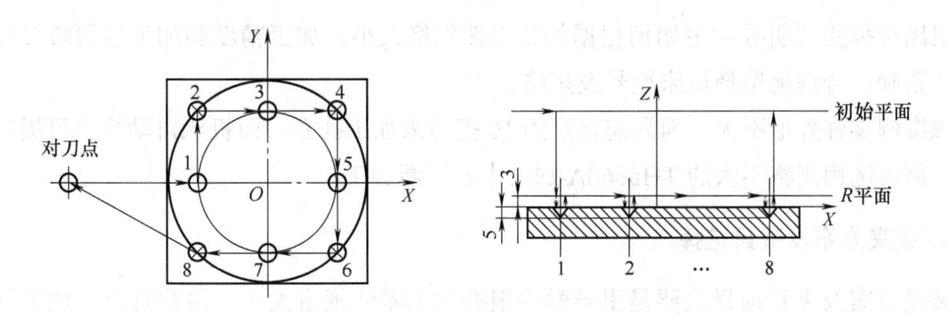

图 7-43　钻中心孔进给加工路线

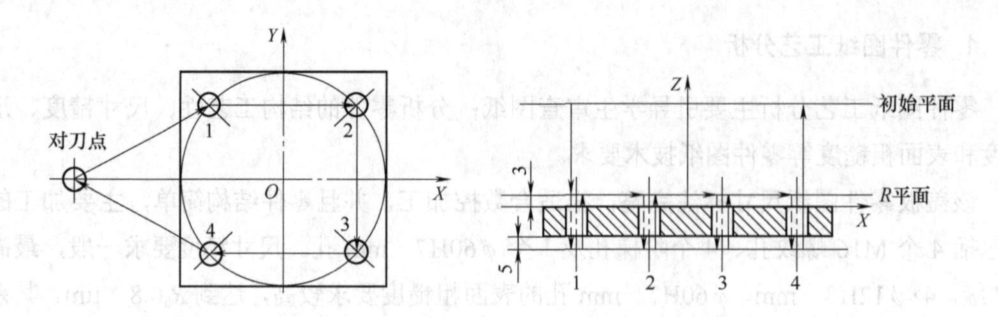

图 7-44　钻、铰 4×ϕ12H8 mm 孔进给加工路线

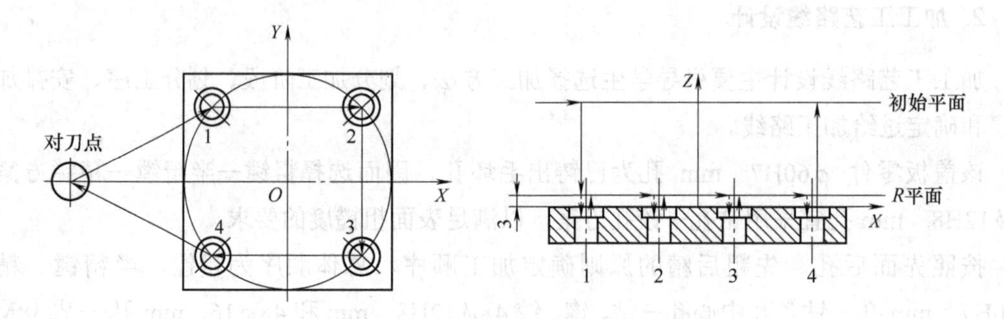

图 7-45　锪 4×ϕ16 mm 孔进给加工路线

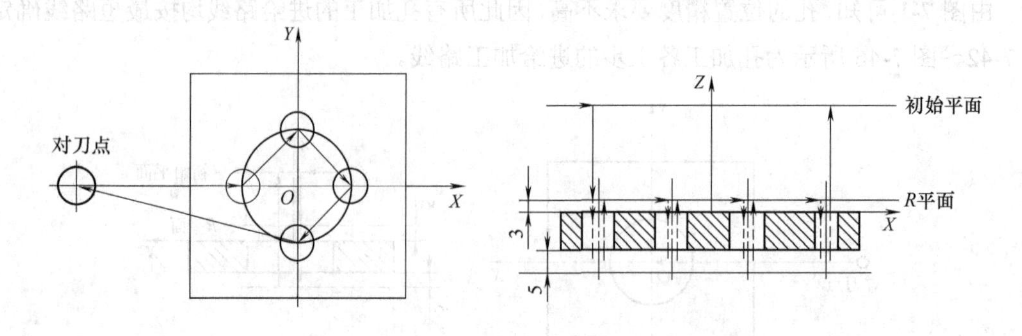

图 7-46　钻螺纹底孔、攻螺纹进给加工路线

3. 机床选择

机床选择主要引导学生如何根据加工零件规格大小、加工精度和加工表面质量等技术要求，正确、合理地选择机床型号及规格。

该案例零件外形不大，因为需要换约 10 把刀来加工孔系，而机床自动换刀可提高加工效率，所以选用规格不大的 TH5660A 加工中心即能加工。

4. 装夹方案及夹具选择

装夹方案及夹具选择主要是引导学生根据加工零件规格大小、结构特点、加工部位、尺寸精度、形位精度和表面粗糙度等零件图纸技术要求，确定零件的定位、装夹方案及

夹具。

该案例零件形状比较规则、简单，加工孔系的位置精度要求不高，可采用台虎钳夹紧。台虎钳在加工中心上按项目五图5-35(b)所示的找正虎钳后装夹工件的方法找正，以A面(主要定位基准面)和两个侧面定位，用台虎钳从侧面夹紧。

5. 刀具选择

刀具选择主要是引导学生根据加工零件余量大小、结构特点、材质、热处理硬度、加工部位、尺寸精度、形位精度和表面粗糙度等零件图纸技术要求，结合刀具材料，正确合理地选择刀具。

该案例零件 ϕ60H7 mm 孔根据上述加工工艺路线设计得知，采用粗镗—半精镗—精镗方案，所以选择镗刀；4×ϕ12H8 mm 孔采用钻孔—铰孔方案，所以选择中心钻、麻花钻与铰刀；4×ϕ16 mm 孔采用锪孔方案，所以选择阶梯铣刀；4×M16 螺纹孔采用钻螺纹底孔—攻螺纹方案，所以选择麻花钻与机用丝锥。具体刀具规格和种类详见盖板零件数控加工刀具卡。

6. 切削用量选择

切削用量选择主要是引导学生根据加工零件余量大小、材质、热处理硬度、尺寸精度、形位精度和表面粗糙度等零件图纸技术要求，结合所选刀具和拟定的加工工艺路线，正确、合理地选择切削用量。

该案例零件各刀具切削用量详见盖板零件数控加工工序卡。

7. 填写数控加工工序卡和刀具卡

填写数控加工工序卡和刀具卡主要引导学生根据选择的机床、刀具、夹具、切削用量和拟定的加工工艺路线，正确地填写数控加工工序卡和刀具卡。

1)　盖板加工案例的数控加工工序卡

盖板加工案例的数控加工工序卡如表7-16所示。

表7-16　盖板加工案例的数控加工工序卡

单位名称	×××	产品名称或代号		零件名称		零件图号	
		×××		盖板		×××	
工序号	程序编号	夹具名称		加工设备		车间	
×××	×××	台虎钳		TH5660A(加工中心)		数控中心	
工步号	工 步 内 容	刀具号	刀具规格/mm	主轴转速/(r/min)	进给速度/(mm/min)	检测工具	备注
1	钻各光孔和螺纹孔的中心孔	T01	ϕ3	1000	40	游标卡尺	自动换刀
2	粗镗ϕ60H7 mm孔至58 mm	T02	ϕ58	400	60	游标卡尺	自动换刀
3	半精镗 ϕ60H7 mm 孔至ϕ59.85 mm	T03	ϕ59.85	460	50	内径百分表	自动换刀

续表

工步号	工 步 内 容	刀具号	刀具规格/mm	主轴转速/(r/min)	进给速度/(mm/min)	检测工具	备注
4	精镗 ϕ60H7 mm 孔	T04	ϕ60H7	520	30	内径百分表	自动换刀
5	钻 4×ϕ12H8 mm 底孔至 ϕ11.9 mm	T05	ϕ11.9	500	60	游标卡尺	自动换刀
6	锪 4×ϕ16 mm 阶梯孔	T06	ϕ16	200	30	游标卡尺	自动换刀
7	铰 4×ϕ12H8 mm 孔	T07	ϕ12H8	100	30	专用检具	自动换刀
8	钻 4×M16 螺纹底孔至 ϕ14 mm	T08	ϕ14	350	50	游标卡尺	自动换刀
9	4×M16 螺纹孔口倒角	T09	ϕ18	300	40	游标卡尺	自动换刀
10	攻 4×M16 螺纹孔	T10	M16	100	200	螺纹通止规	自动换刀
编制 ×××	审核 ×××	批准 ×××		年 月 日		共 页	第 页

2) 盖板加工案例的数控加工刀具卡

盖板加工案例的数控加工刀具卡如表 7-17 所示。

表 7-17 盖板加工案例的数控加工刀具卡

产品名称或代号	×××	零件名称	盖板		零件图号	×××
序号	刀具号	刀具			加工表面	备注
		规格名称	数量	刀长/mm		
1	T01	ϕ3 mm 中心钻	1	实测	钻中心孔	
2	T02	ϕ58 mm 镗刀	1	实测	粗镗 ϕ60H7 mm 孔	
3	T03	ϕ59.85 mm 镗刀	1	实测	半精镗 ϕ60H7 mm 孔	
4	T04	ϕ60H7 mm 镗刀	1	实测	精镗 ϕ60H7 mm 孔	
5	T05	ϕ11.9 mm 麻花钻	1	实测	钻 4×ϕ12H8 mm 底孔	
6	T06	ϕ16 mm 阶梯铣刀	1	实测	锪 4×ϕ16 mm 阶梯孔	
7	T07	ϕ12H8 mm 铰刀	1	实测	铰 4×ϕ12H8 mm 孔	
8	T08	ϕ14 mm 麻花钻	1	实测	钻 4×M16 螺纹底孔	
9	T09	90° ϕ18 mm 麻花钻	1	实测	4×M16 螺纹孔口倒角	
10	T10	机用丝锥 M16	1	实测	攻 4×M16 螺纹孔	
编制 ×××	审核 ×××	批准 ×××			年 月 日 共 页	第 页

单元能力训练

(1) 板类零件的孔系加工图纸工艺分析训练。

(2) 板类零件的孔系数控镗铣加工方法选择和工序划分训练。

(3) 板类零件的孔系数控镗铣加工装夹方案选择训练。

(4) 板类零件的孔系数控镗铣加工刀具、夹具和机床选择训练。

(5) 板类零件的孔系数控镗铣加工切削用量选择训练。

(6) 板类零件的孔系数控镗铣加工工艺的拟定训练。

(7) 板类零件的孔系数控镗铣加工工艺文件编制训练。

单元能力巩固提高

将图 7-1 所示的盖板零件 ϕ60H7　mm 孔改为盲孔无预铸孔，其他不变，试设计其数控加工工艺，并确定装夹方案。

单元能力评价

能力评价方式如表 7-18 所示。

表 7-18　能力评价表

等级	评 价 标 准
优秀	能高质量、高效率地完成图 7-1 所示的盖板加工案例零件的孔系数控加工工艺设计，并正确完成单元能力巩固提高的盖板零件数控加工工艺设计，确定装夹方案
良好	能在无教师的指导下正确地完成图 7-1 所示的盖板加工案例零件的孔系数控加工工艺设计
中等	能在教师的偶尔指导下正确地完成图 7-1 所示的盖板加工案例零件的孔系数控加工工艺设计
合格	能在教师的指导下完成图 7-1 所示的盖板加工案例零件的孔系数控加工工艺设计

项目八　箱体类零件加工中心综合加工工艺分析编制

项目总体能力目标

(1) 会对中等以上复杂程度箱体类零件图进行加工中心加工工艺性分析，包括：分析零件图纸技术要求，检查零件图的完整性和正确性，分析零件的结构工艺性。

(2) 会拟定中等以上复杂程度箱体类零件的加工中心加工工艺路线，包括：选择加工中心孔系、平面加工方法，划分加工阶段，划分加工工序及工步，确定加工顺序，确定加工路线。

(3) 会选择中等以上复杂程度箱体类零件的加工中心孔系、平面加工刀具。

(4) 会选择中等以上复杂程度箱体类零件的加工中心加工夹具，并确定装夹方案。

(5) 会按中等以上复杂程度箱体类零件的加工中心加工工艺选择合适的切削用量与机床。

(6) 会编制中等以上复杂程度箱体类零件的加工中心加工工艺文件。

项目总体工作任务

(1) 分析中等以上复杂程度箱体类零件的加工中心加工工艺性。

(2) 拟定中等以上复杂程度箱体类零件的加工中心加工工艺路线。

(3) 选择中等以上复杂程度箱体类零件的加工中心加工刀具。

(4) 选择中等以上复杂程度箱体类零件的加工中心加工夹具，确定装夹方案。

(5) 按中等以上复杂程度箱体类零件的加工中心加工工艺选择合适的切削用量与机床。

(6) 编制中等以上复杂程度箱体类零件的加工中心加工工艺文件。

单元一　分析编制柴油机机体加工中心综合加工工艺

单元能力目标

(1) 会制定中等以上复杂程度箱体类零件—柴油机机体的加工中心综合加工工艺。

(2) 会编制中等以上复杂程度箱体类零件—柴油机机体的加工中心加工工艺文件。

单元工作任务

本单元完成如图 8-1 所示 SL2100 柴油机机体加工案例零件的数控加工，具体设计该 SL2100 柴油机机体的数控加工工艺。

(1) 分析图 8-1 所示的 SL2100 柴油机机体加工案例零件图纸，进行相应的工艺处理。

(2) 制定图 8-1 所示的 SL2100 柴油机机体加工案例零件的加工中心加工工艺。

(3) 编制图 8-1 所示的 SL2100 柴油机机体加工案例零件的加工中心加工工序卡和刀具卡等工艺文件。

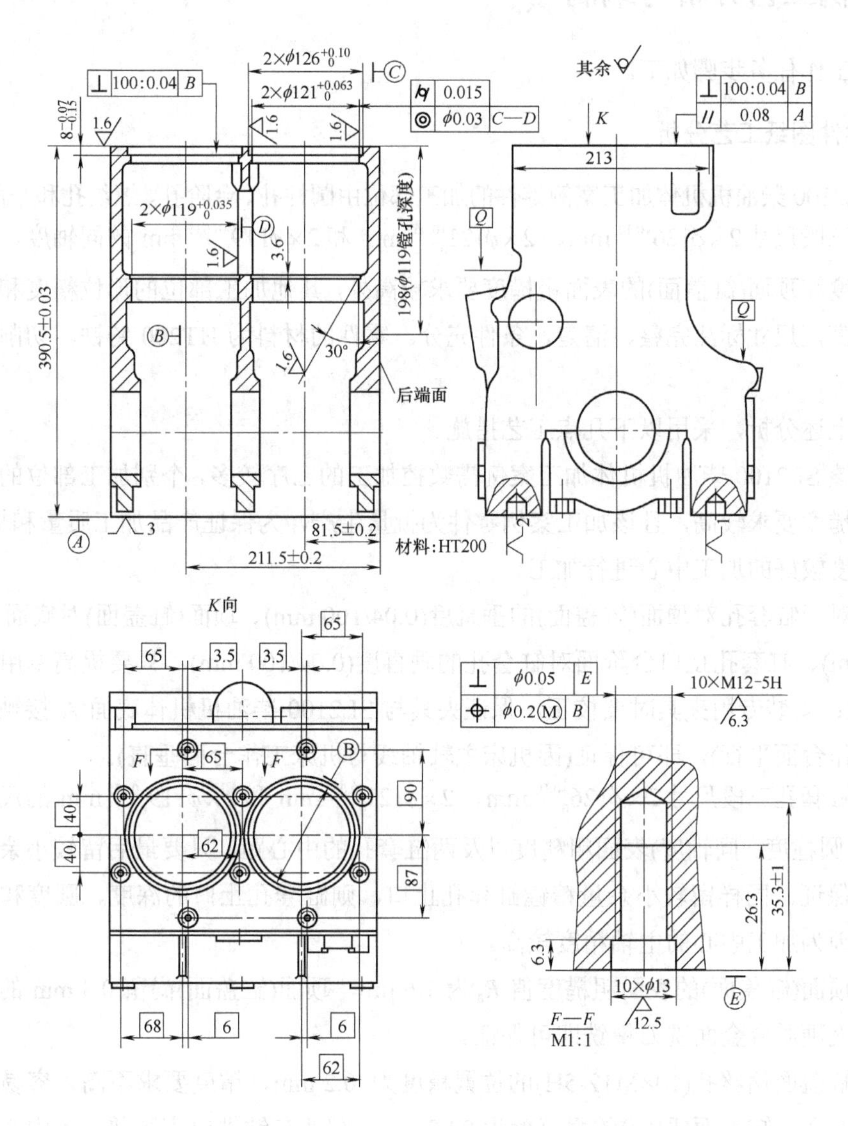

图 8-1　SL2100 柴油机机体加工案例

SL2100 柴油机机体加工案例零件说明：该 SL2100 柴油机机体加工案例零件为半成品，零件材料为 HT200 铸铁，批量生产。该零件除缸套孔、缸盖面摘丝孔(即 10×M12-5H 螺孔)

和顶面留余量待加工之外，其他工序均已按图纸技术要求加工好。缸套孔经镗孔专机粗镗后，缸套孔三段尺寸直径余量为 5 mm，止口深度粗镗至深度 6 mm，缸盖面摘丝孔尚未加工，缸盖面留 0.3 mm 余量。因为缸套孔的尺寸精度($2\times\phi126_{0}^{+0.10}$ mm、$2\times\phi121_{0}^{+0.063}$ mm 和 $2\times\phi119_{0}^{+0.035}$ mm)、形位精度和缸套孔的止口深度 $8_{-0.15}^{-0.07}$ mm，采用镗孔专机加工尺寸精度不稳定；缸盖面摘丝孔(10×M12-5H)采用钻攻专机加工垂直度达不到图纸技术要求，要求采用数控加工。

加工案例工艺分析与编制

完成工作任务步骤如下。

1. 零件图纸工艺分析

该 SL2100 柴油机机体加工案例零件的加工部位由圆柱孔、台阶孔、螺纹孔和平面等组成。除缸套孔三段尺寸 $2\times\phi126_{0}^{+0.10}$ mm、$2\times\phi121_{0}^{+0.063}$ mm 和 $2\times\phi119_{0}^{+0.035}$ mm 的同轴度、圆柱度、表面粗糙度和顶面(缸盖面)的表面粗糙度要求较高外，其他加工部位的形位精度和尺寸精度均要求不高，尺寸标注完整、清楚，条件充分。零件的材料为 HT200 铸铁，切削加工性能较好。

通过上述分析，采用以下几点工艺措施。

(1) 该 SL2100 柴油机机体加工案例需数控加工的工序较多，个别加工部位的加工精度和表面粗糙度要求较高，且该加工案例零件为批量生产，为保证产品加工质量和加工效率，应采用精度较好的加工中心进行加工。

(2) 对于缸套孔对顶面(缸盖面)的垂直度(0.04/100 mm)、顶面(缸盖面)对底面 A 的平行度(0.08 mm)、缸套孔止口台阶面对缸套孔的垂直度(0.04/100 mm)，只要提高专用夹具的装夹精度(注：安装专用夹具时要校正，保证夹具与 SL2100 柴油机机体底面 A 接触的上平面与机床工作台面平行)，即可保证(因机床主轴轴线与机床工作台面垂直)。

(3) 缸套孔三段尺寸 $2\times\phi126_{0}^{+0.10}$ mm、$2\times\phi121_{0}^{+0.063}$ mm 和 $2\times\phi119_{0}^{+0.035}$ mm 的尺寸精度、形位精度(圆柱度、同轴度)表面粗糙度以及两缸套孔的中心距，只要最后留较小余量进行精镗，即可保证。同样留较小余量精镗缸套孔止口，则缸套孔止口的深度、圆度和圆柱度均可保证，因为加工中心的主轴精度较高。

(4) 顶面(缸盖面)的表面粗糙度值 R_a 为 1.6 μm，顶面(缸盖面)尚留 0.3 mm 的余量，只要采用机夹硬质合金面铣刀精铣即可保证。

(5) 缸盖面摘丝孔(10×M12-5H)的位置精度为 0.2 mm，精度要求不高，容易保证。但要保证摘丝孔与缸盖面(顶面)的垂直度为 0.05 mm，需要在钻螺纹底孔前先用中心钻钻中心孔，后续钻螺纹底孔时进给速度稍慢一点即可。

(6) 该SL2100柴油机机体加工案例零件为批量生产，为确保产品加工质量和加工效率，需采用专用夹具进行装夹。

2. 加工工艺路线设计

该 SL2100 柴油机机体加工案例零件的加工顺序按照基面先行、先面后孔、先粗后精的原则确定。因该案例零件装夹后，缸套孔与缸盖面摘丝孔加工顺序没有相互影响，顶面(缸盖面)精铣后，可先加工缸套孔，也可先钻缸盖面摘丝孔，由于两个缸套孔在同一轴线上，先加工哪个都可以；另缸盖面摘丝孔位置精度为 0.2 mm，要求不高，容易保证，但垂直度要求较高为 0.05 mm，只要先用中心钻钻中心孔后再钻孔，按照最短路径加工即可，以提高加工效率。为保证缸套孔和缸套孔止口的尺寸精度和形位精度要求，根据该案例零件的缸套孔已经完成粗镗，缸套孔三段尺寸直径余量为 5 mm，止口深度也已粗镗至深度 6 mm，须采用半精镗和精镗才能保证精度要求。此外，由于 10 个 M12-5H 缸盖面摘丝孔攻丝时切削扭矩较大，为防止夹紧力不够攻丝时引起工件轻微移位，影响零件的加工精度，所以 10 个 M12-5H 缸盖面摘丝孔攻丝工序放在最后进行。

3. 机床选择

该 SL2100 柴油机机体加工案例零件规格不大、重量不重、批量生产、需数控加工的工序较多且个别加工部位的加工精度和表面粗糙度要求较高，为保证产品加工质量和加工效率，应采用精度较好的加工中心进行加工。因为零件高度尺寸较高，加上专用夹具的夹具体高度，零件安装固定在夹具上之后，顶面(缸盖面)距机床工作台面的距离达 500 mm 以上，所以应选择机床主轴鼻端至工作台面距离 850 mm 左右，才能保证加工中心换刀时，机械手不会与工件干涉。因此，机床应选择立柱加高的 V-140 加工中心。

4. 装夹方案及夹具选择

由于该SL2100柴油机机体加工案例零件的底面A及底面两个工艺孔已在前面工序中加工完成。因此，该案例零件的定位可采用“一面两销(两孔)”定位，即用底面 A 和两个工艺孔(图 8-1 中的$\wedge_1$、$\wedge_2$两工艺孔和$\wedge_3$底面)作为定位基准(注：$\wedge$为工厂实际加工工序图中的装夹定位符号)，以$\wedge_1$、$\wedge_2$工艺孔和$\wedge_3$机体底面进行定位。因为该 SL2100 柴油机机体加工案例零件为批量生产，为保证产品加工质量和加工效率，需采用专用夹具进行装夹。由于该案例零件左右两面是加工面，无法夹压，前后两面外形不规则(注：夹压面必须为平面)，所以只能选择在图 8-1 中机油泵孔上方的小平面(图 8-1 中标气动夹压符号 Q 处)和机体前面的圆弧形下方的小平面，采用气动专用夹具夹紧。

5. 刀具选择

(1) 精铣顶面(缸盖面)时，因为顶面宽度较宽(213 mm)，为减少来回铣削减少接刀痕迹，可采用标准的 ϕ150 mm 硬质合金面铣刀。

(2) 缸套孔三段尺寸采用镗刀，其中，半精镗采用倾斜型镗刀，精镗采用微调镗刀。

(3) 缸盖面摘丝孔先采用 ϕ3 mm 中心钻钻中心孔，然后用 ϕ10.2 mm 高速钢麻花钻

钻螺纹底孔，再用 $\phi 13$ mm 高速钢平底钻头锪沉孔，最后用 M12-5H 机用丝锥攻螺纹。

具体选择的刀具详见 SL2100 柴油机机体加工案例的数控加工刀具卡。

6. 切削用量选择

根据加工零件的材料、加工表面质量要求和所选刀具，参考切削用量手册或刀具生产厂家推荐的切削用量，选取切削线速度与每转进给量，然后根据有关公式计算出主轴转速与进给速度，最后将计算结果填入数控加工工序卡中。具体切削用量详见 SL2100 柴油机机体加工案例的数控加工工序卡。

7. 填写数控加工工序卡和刀具卡

1) SL2100 柴油机机体加工案例的数控加工工序卡

SL2100 柴油机机体加工案例的数控加工工序卡如表 8-1 所示。

表 8-1 柴油机机体加工案例的数控加工工序卡

单位名称	×××	产品名称或代号		零件名称		零件图号	
		×××		SL2100 柴油机机体		×××	
工序号	程序编号	夹具名称		加工设备		车间	
×××	×××	SL2100 机体专用夹具		V-140(加工中心)		数控中心	
工步号	工步内容	刀具号	刀具规格/mm	主轴转速/(r/min)	进给速度/(mm/min)	检测工具	备注
1	精铣缸盖面，保证机体高度为 390.5 ± 0.03	T01	$\phi 150$	140	210	数显高度尺	自动换刀
2	钻 10×M12-5H 中心孔	T02	$\phi 3$	650	80	游标卡尺	自动换刀
3	钻 10×M12-5H 螺纹底孔 $\phi 10.2$ mm，深 35.3 ± 1 mm	T03	$\phi 10.2$	460	65	游标卡尺	自动换刀
4	锪 10×$\phi 13$，深 6.3 mm	T04	$\phi 13$	350	53	游标卡尺	自动换刀
5	半精镗 $2\times\phi 126_{0}^{+0.10}$ mm 至 $\phi 125.6$ mm，深度 7.8 mm	T05	$\phi 125.6$	150	50	内径百分表	自动换刀
6	半精镗 $2\times\phi 121_{0}^{+0.063}$ mm 至 $\phi 120.6$ mm	T06	$\phi 120.6$	160	55	内径百分表	自动换刀
7	半精镗 $2\times\phi 119_{0}^{+0.035}$ 至 $\phi 118.6$ mm	T07	$\phi 118.6$	165	58	内径百分表	自动换刀
8	精镗 $2\times\phi 126_{0}^{+0.10}$ mm 至尺寸，深度 $8_{-0.15}^{-0.07}$ mm	T08	$\phi 126_{0}^{+0.10}$	195	25	内径百分表和专用检具	自动换刀
9	精镗 $2\times\phi 121_{0}^{+0.063}$ mm 至尺寸	T09	$\phi 121_{0}^{+0.063}$	205	27	内径百分表	自动换刀
10	精镗 $2\times\phi 119_{0}^{+0.035}$ mm 至尺寸	T10	$\phi 119_{0}^{+0.035}$	215	30	内径百分表	自动换刀
11	攻 10×M12-5H 螺纹，深 26.3 mm	T11	M12	80	140	螺纹通止规	自动换刀
编制 ×××	审核 ×××	批准	×××	年 月 日		共 页	第 页

2)　SL2100 柴油机机体加工案例的数控加工刀具卡

SL2100 柴油机机体加工案例的数控加工刀具卡如表 8-2 所示。

表 8-2　SL2100 柴油机机体加工案例的数控加工刀具卡

产品名称或代号		×××	零件名称	SL2100 柴油机机体	零件图号	×××
序号	刀具号	刀具			加工表面	备注
		规格名称	数量	刀长/mm		
1	T01	ϕ150 mm 硬质合金面铣刀	1	实测	顶面	
2	T02	ϕ3 mm 中心钻	1	实测	摘丝孔	
3	T03	ϕ10.2 mm 高速钢麻花钻	1	实测	摘丝孔	
4	T04	ϕ13 mm 高速钢平底钻头(钻头刃磨成平底)	1	实测	摘丝孔孔口	
5	T05	ϕ125.6 mm 倾斜型镗刀(刀片硬质合金)	1	实测	缸套孔	
6	T06	ϕ120.6 mm 倾斜型镗刀(刀片硬质合金)	1	实测	缸套孔	
7	T07	ϕ118.6 mm 倾斜型镗刀(刀片硬质合金)	1	实测	缸套孔	
8	T08	$\phi126_{0}^{+0.10}$ mm 微调镗刀(刀片硬质合金)	1	实测	缸套孔	
9	T09	$\phi121_{0}^{+0.063}$ mm 微调镗刀(刀片硬质合金)	1	实测	缸套孔	
10	T10	$\phi119_{0}^{+0.035}$ mm 微调镗刀(刀片硬质合金)	1	实测	缸套孔	
11	T11	M12-5H 机用丝锥	1	实测	摘丝孔	
编制	×××	审核 ×××	批准 ×××		年 月 日	共 页　第 页

单元能力训练

(1)　中等以上复杂程度箱体类零件的加工图纸工艺分析训练。

(2)　中等以上复杂程度箱体类零件的加工中心加工工艺路线设计训练。

(3)　中等以上复杂程度箱体类零件的加工中心装夹方案选择训练。

(4)　加工中等以上复杂程度箱体类零件的加工中心刀具、夹具、机床和切削用量选择训练。

(5)　中等以上复杂程度箱体类零件的加工中心的加工工艺文件编制训练。

单元能力巩固提高

将图 8-1 所示的 SL2100 柴油机机体的缸套孔三段尺寸直径均增加 5.2 mm，止口深度不变，把 SL2100 柴油机机体改为 SL2105 柴油机机体。机体缸套孔只有预铸孔，止口未铸出，所以缸套孔三段直径尺寸铸孔只有两段尺寸，分别为 ϕ110 mm 和 ϕ106 mm，缸盖面只有粗加工，机体高度尺寸余量尚有 3 mm，其他不变。试设计该半成品状态 SL2105 柴油机机体的数控加工工艺，并确定装夹方案。

单元能力评价

能力评价方式如表 8-3 所示。

表 8-3　能力评价表

等级	评 价 标 准
优秀	能高质量、高效率地完成图 8-1 所示的 SL2100 柴油机机体加工案例零件的数控加工工艺设计，并正确完成单元能力巩固提高的 SL2105 柴油机机体的数控加工工艺设计，确定装夹方案
良好	能在无教师的指导下正确地完成图 8-1 所示的 SL2100 柴油机机体加工案例零件的数控加工工艺设计
中等	能在教师的偶尔指导下正确地完成图 8-1 所示的 SL2100 柴油机机体加工案例零件的数控加工工艺设计
合格	能在教师的指导下完成图 8-1 所示的 SL2100 柴油机机体加工案例零件的数控加工工艺设计

单元二　分析编制柴油机缸盖加工中心综合加工工艺

单元能力目标

(1) 会制定中等以上复杂程度箱体类零件—柴油机缸盖加工中心的综合加工工艺。

(2) 会编制中等以上复杂程度箱体类零件—柴油机缸盖加工中心的加工工艺文件。

单元工作任务

本单元完成如图 8-2 所示 SL2100 柴油机缸盖加工案例零件的数控加工，具体设计该 SL2100 柴油机缸盖的数控加工工艺。

(1) 分析图 8-2 所示的 SL2100 柴油机缸盖加工案例零件图纸，进行相应的工艺处理。

(2) 制定图 8-2 所示的 SL2100 柴油机缸盖加工案例零件的加工中心加工工艺。

(3) 编制图 8-2 所示的 SL2100 柴油机缸盖加工案例零件的加工中心加工工序卡和刀具

卡等工艺文件。

SL2100 柴油机缸盖加工案例零件说明：该 SL2100 柴油机缸盖加工案例零件为半成品，零件材料为 HT200 铸铁，批量生产。该零件除 1 和 4 进气门座孔与导管孔；3 和 6 排气门座孔与导管孔；2 和 5 涡流室孔留余量待加工之外，顶面(图示为底面)、底平面及其他工序均已按图纸技术要求完成加工。1 和 4 进气门座孔与导管孔经专机加工到尺寸 ϕ45.5 mm 和 ϕ15.75　mm，另外 1 和 4 进气门座孔经专机加工到深度 9 mm；3 和 6 排气门座孔和导管孔经专机加工到尺寸 ϕ38.5 mm 和 ϕ15.75　mm，另外 3 和 6 排气门座孔经专机加工到深度 9 mm；2 和 5 涡流室孔经专机加工到尺寸 ϕ38 mm，深度 10 mm。因为 1 和 4 进气门座孔与导管孔、3 和 6 排气门座孔与导管孔、2 和 5 涡流室孔的尺寸精度、形位精度和表面粗糙度要求较高，普通镗床或专机无法加工，或加工的尺寸精度、形位精度达不到图纸技术要求，所以要求采用数控加工。

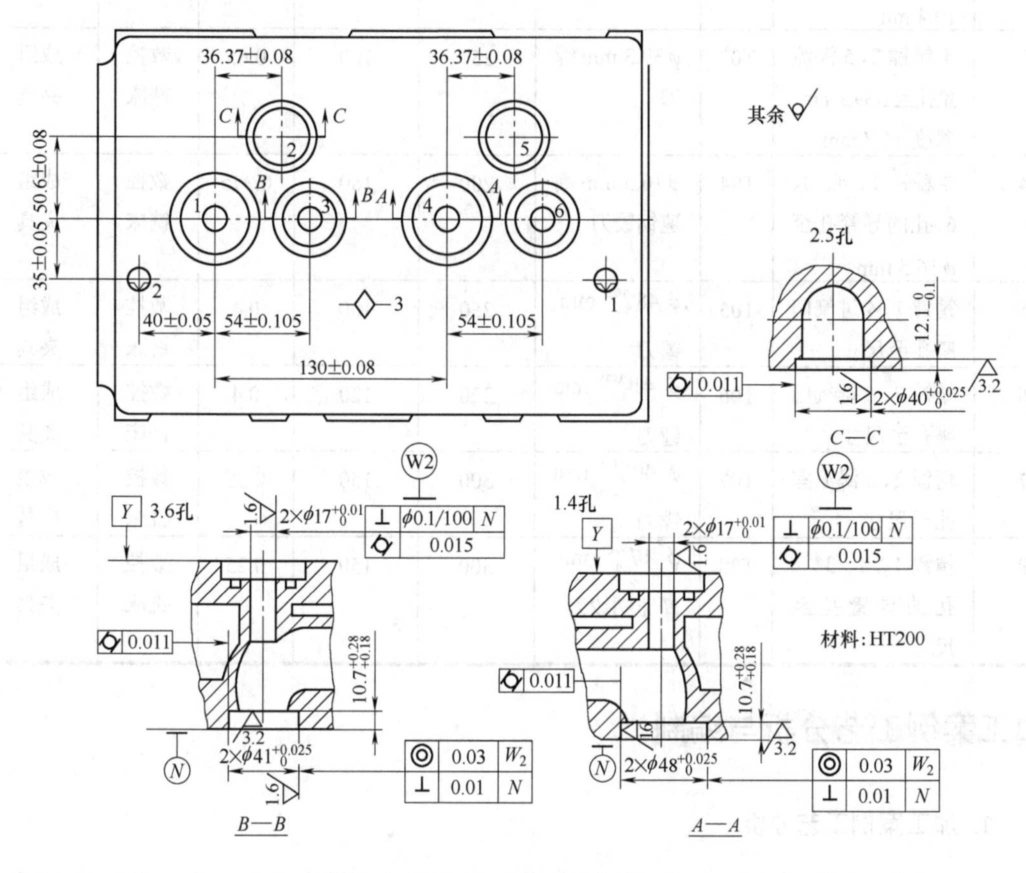

图 8-2　SL2100 柴油机缸盖加工案例

现有该 SL2100 柴油机缸盖加工案例的数控加工工艺规程如表 8-4 所示(注：铰刀 4 刃)。

表 8-4　SL2100 柴油机缸盖加工案例的数控加工工艺规程

工序号	工序内容	刀具号	刀具名称	主轴转速/(r/min)	进给速度/(mm/min)	背吃刀量/mm	机床	夹具
1	半精镗 1、4 进气门座孔至 ϕ47.2 mm，深度 10.4 mm	T01	ϕ47.2 mm 镗刀	800	150	0.85	数控铣床	成组夹具
2	半精镗 3、6 排气门座孔至 ϕ40.2 mm，深度 10.4 mm	T02	ϕ40.2 mm 镗刀	500	120	0.85	数控铣床	成组夹具
3	半精镗 2、5 涡流室孔至 ϕ39.3 mm，深度 11.7 mm	T03	ϕ39.3 mm 镗刀	250	100	0.65	数控铣床	成组夹具
4	半精铰 1、4、3、6 孔的导管孔至 ϕ16.5 mm	T04	ϕ16.5 mm 高速钢铰刀	200	180	0.375	数控铣床	成组夹具
5	精镗 1、4 进气门座孔至尺寸	T05	$\phi\ 48^{+0.025}_{0}$ mm 镗刀	250	100	0.4	数控铣床	成组夹具
6	精镗 3、6 排气门座孔至尺寸	T06	$\phi\ 41^{+0.025}_{0}$ mm 镗刀	220	120	0.4	数控铣床	成组夹具
7	精镗 2、5 涡流室孔至尺寸	T07	$\phi\ 40^{+0.025}_{0}$ mm 镗刀	300	150	0.35	数控铣床	成组夹具
8	精铰 1、4、3、6 孔的导管孔至尺寸	T08	$\phi\ 17^{+0.01}_{0}$ mm 高速钢铰刀	300	150	0.25	数控铣床	成组夹具

加工案例工艺分析与编制

1. 加工案例工艺分析

(1) 对图 8-2 所示的 SL2100 柴油机缸盖加工案例进行详尽分析，找出该 SL2100 柴油机缸盖加工工艺有什么不妥之处？

① 加工方法选择是否得当？

② 夹具选择是否得当？

③ 刀具选择是否得当？

④　加工工艺路线是否得当？

⑤　切削用量是否合适？

⑥　工序安排是否合适？

⑦　机床选择是否得当？

⑧　装夹方案是否得当？

(2)　对上述问题进行分析后，如果有不当的地方改正过来，并提出正确的工艺措施。

(3)　制定正确工艺并优化工艺。

(4)　填写该 SL2100 柴油机缸盖加工案例的数控加工工序卡和刀具卡，确定装夹方案。

2. 加工案例的加工工艺与装夹方案

1)　SL2100 柴油机缸盖加工案例的数控加工工序卡

SL2100 柴油机缸盖加工案例的数控加工工序卡如表 8-5 所示(注：铰刀 6 刃)。

表 8-5　SL2100 柴油机缸盖加工案例的数控加工工序卡

单位名称	×××	产品名称或代号	零件名称	零件图号
		×××	SL2100 柴油机缸盖	×××
工序号	程序编号	夹具名称	加工设备	车间
×××	×××	SL2100 缸盖专用夹具	V-80(加工中心)	数控中心

工步号	工步内容	刀具号	刀具规格/mm	主轴转速/(r/min)	进给速度/(mm/min)	检测工具	备注
1	扩 1、4、3、6 孔的导管孔至 ϕ16.4 mm	T01	ϕ16.4	480	50	内径百分表	自动换刀
2	半精镗 1、4 进气门座孔至 ϕ47.75 mm，深度 10.5 mm	T02	ϕ47.75	380	55	内径百分表	自动换刀
3	半精镗 3、6 排气门座孔至 ϕ40.75 mm，深度 10.5 mm	T03	ϕ40.75	420	60	内径百分表	自动换刀
4	半精镗 2、5 涡流室孔至 ϕ39.75 mm，深度 11.9 mm	T04	ϕ39.75	420	60	内径百分表	自动换刀
5	半精铰 1、4、3、6 孔的导管孔至 ϕ16.8 mm	T05	ϕ16.75	80	50	内径百分表	自动换刀
6	精镗至 1、4 进气门座孔至尺寸	T06	$\phi 48_{0}^{+0.025}$	500	50	内径千分表	自动换刀
7	精镗 3、6 排气门座孔至尺寸	T07	$\phi 41_{0}^{+0.025}$	550	55	内径千分表	自动换刀
8	精镗 2、5 涡流室孔至尺寸	T08	$\phi 40_{0}^{+0.025}$	550	55	内径千分表	自动换刀
9	精铰 1、4、3、6 孔的导管孔至尺寸	T09	$\phi 17_{0}^{+0.01}$	70	35	内径千分表	自动换刀

编制	×××	审核	×××	批准	×××	年　月　日	共　页	第　页

2)　SL2100 柴油机缸盖加工案例的数控加工刀具卡

SL2100 柴油机缸盖加工案例的数控加工刀具卡如表 8-6 所示。

表 8-6　SL2100 柴油机缸盖加工案例的数控加工刀具卡

产品名称或代号	×××	零件名称	SL2100 柴油机缸盖	零件图号	×××	
序号	刀具号	刀具			加工表面	备注
		规格名称	数量	刀长/mm		
1	T01	ϕ16.3 mm 硬质合金扩孔钻	1	实测	1、4、3、6 孔的导管孔	
2	T02	ϕ47.75 mm 倾斜型镗刀(刀片硬质合金)	1	实测	1、4 进气门座孔	
3	T03	ϕ40.75 mm 倾斜型镗刀(刀片硬质合金)	1	实测	3、6 排气门座孔	
4	T04	ϕ39.75 mm 倾斜型镗刀(刀片硬质合金)		实测	2、5 涡流室孔	
5	T05	ϕ16.8 mm 硬质合金铰刀	1	实测	1、4、3、6 孔的导管孔	
6	T06	$\phi\ 48^{+0.025}_{0}$ mm 微调镗刀(刀片硬质合金)	1	实测	1、4 进气门座孔	
7	T07	$\phi\ 41^{+0.025}_{0}$ mm 微调镗刀(刀片硬质合金)	1	实测	3、6 排气门座孔	
8	T08	$\phi\ 40^{+0.025}_{0}$ mm 微调镗刀(刀片硬质合金)	1	实测	2、5 涡流室孔	
9	T09	$\phi\ 17^{+0.01}_{0}$ mm 硬质合金铰刀	1	实测	1、4、3、6 孔的导管孔	
编制 ×××	审核 ×××	批准 ×××		年 月 日	共 页	第 页

3)　SL2100 柴油机缸盖加工案例的装夹方案

根据 SL2100 柴油机缸盖加工案例零件说明，该加工案例零件除进、排气门座孔以及导管孔和涡流室孔外，零件顶面、底面(注：图示为底面)及图示标$\wedge_1$和$\wedge_2$符号的两工艺孔已加工好。该案例零件为批量生产，为保证产品加工质量和加工效率，可采用“一面两销”的专用夹具定位，以图示标$\wedge_1$和$\wedge_2$符号的两工艺孔和标◇^{3}符号的零件底面定位(注：$\wedge$和◇为工厂实际加工工序图中的装夹定位符号)。因为该零件顶、底两面是加工面，前后左右四面外形未加工不平，又因为夹压面必须为平面，所以只能选择在图 8-2 所示的顶面(注标液压夹紧符号 *Y* 处)。

单元能力训练

(1)　中等以上复杂程度箱体类零件加工图纸的工艺分析训练。

(2)　中等以上复杂程度箱体类零件的加工中心加工工艺路线设计训练。

(3) 中等以上复杂程度箱体类零件的加工中心装夹方案选择训练。

(4) 加工中等以上复杂程度箱体类零件的加工中心刀具、夹具、机床和切削用量选择训练。

(5) 中等以上复杂程度箱体类零件的加工中心加工工艺文件编制训练。

单元能力巩固提高

将图 8-2 所示的 SL2100 柴油机缸盖进、排气门座孔和涡流室孔直径尺寸均增加 1 mm，深度尺寸不变，进、排气导管孔直径增加 0.3 mm，把 SL2100 柴油机缸盖改为 SL2105 柴油机缸盖。缸盖进、排气门座孔和涡流室孔普通机床分别只加工至 ϕ42 mm、ϕ35.5 mm 和 ϕ34.5 mm，其他不变。试设计该半成品状态 SL2105 柴油机缸盖的数控加工工艺，并确定装夹方案。

单元能力评价

能力评价方式如表 8-7 所示。

表 8-7　能力评价表

等级	评　价　标　准
优秀	能高质量、高效率地找出图 8-2 所示的 SL2100 柴油机缸盖加工案例中工艺设计不合理之处，提出正确的解决方案，并完整、优化地设计单元能力巩固提高的 SL2105 柴油机缸盖数控加工工艺，确定装夹方案
良好	能在教师的偶尔指导下找出图 8-2 所示的 SL2100 柴油机缸盖加工案例中工艺设计不合理之处，并提出正确的解决方案
中等	能在教师的偶尔指导下找出图 8-2 所示的 SL2100 柴油机缸盖加工案例中工艺设计不合理之处，并提出基本正确的解决方案
合格	能在教师的指导下找出图 8-2 所示的 SL2100 柴油机缸盖加工案例中工艺设计不合理之处

单元三　分析编制箱盖类零件加工中心综合加工工艺

单元能力目标

(1) 会制定中等以上复杂程度箱盖类零件加工中心的综合加工工艺。

(2) 会编制中等以上复杂程度箱盖类零件加工中心的加工工艺文件。

单元工作任务

本单元完成如图 8-3 所示的泵盖加工案例零件的数控加工，具体设计该泵盖的数控加工工艺。

(1) 分析如图 8-3 所示的泵盖加工案例零件图纸，进行相应的工艺处理。

(2) 制定如图 8-3 所示的泵盖加工案例零件的加工中心加工工艺。

(3) 编制如图 8-3 所示的泵盖加工案例零件的加工中心加工工序卡和刀具卡等工艺文件。

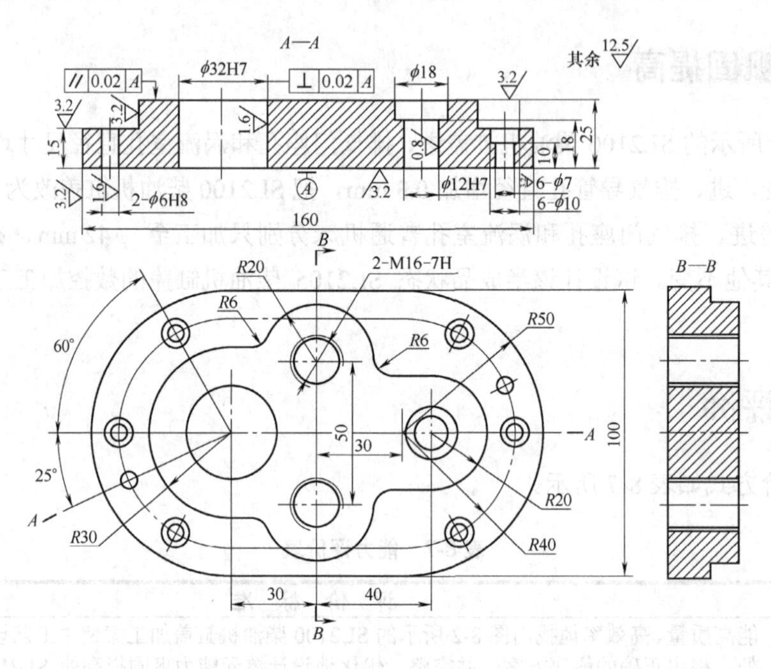

图 8-3 泵盖零件加工案例

泵盖零件加工案例零件说明：该泵盖零件为小批量试制，零件材料为 HT200 铸铁，毛坯尺寸(长×宽×高)为 170 mm×110 mm×30 mm。因该泵盖零件加工工序多，为加快该泵盖零件的新产品试制，要求采用数控加工。

现有该泵盖零件加工案例的数控加工工艺规程如表 8-8 所示(注：ϕ63 mm 铣刀 6 刃，ϕ20 mm 铣刀 4 刃)。

表 8-8 泵盖零件加工案例的数控加工工艺规程

工序号	工序内容	刀具号	刀具名称	主轴转速/(r/min)	进给速度/(mm/min)	背吃刀量/mm	机床	夹具
1	粗铣定位基准面 A	T01	ϕ63 mm 硬质合金面铣刀	300	80	0.2	数控铣床	专用夹具
2	粗铣上表面	T01	ϕ63 mm 硬质合金面铣刀	300	80	0.2	数控铣床	专用夹具
3	精铣上表面	T01	ϕ63 mm 硬质合金面铣刀	360	200	0.4	数控铣床	专用夹具

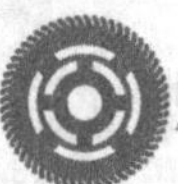

续表

工序号	工序内容	刀具号	刀具名称	主轴转速/(r/min)	进给速度/(mm/min)	背吃刀量/mm	机床	夹具
4	精铣定位基准面A	T01	ϕ63 mm 硬质合金面铣刀	360	200	0.4	数控铣床	专用夹具
5	钻ϕ32H7 mm底孔至ϕ31 mm	T02	ϕ31 mm 钻头	300	150	0.2	数控铣床	专用夹具
6	精镗ϕ32H7	T03	ϕ32 mm 镗刀	300	100	0.5	数控铣床	专用夹具
7	钻ϕ12H7 mm底孔至ϕ11.9 mm	T04	ϕ11.9 mm 钻头	800	160	0.25	数控铣床	专用夹具
8	锪ϕ18 mm孔	T05	ϕ18 mm 钻头	700	200	0.1	数控铣床	专用夹具
9	铰ϕ12H7 mm孔	T06	ϕ12H7 mm 铰刀	400	200	0.15	数控铣床	专用夹具
10	钻2-M16底孔至ϕ14 mm	T07	ϕ14 mm 钻头	500	150	0.2	数控铣床	专用夹具
11	攻2-M16螺纹孔	T08	M16 丝锥	300	400		数控铣床	专用夹具
12	钻 6-ϕ7 mm 底孔至ϕ6.5 mm	T09	ϕ6.5 mm 钻头	500	180	0.15	数控铣床	专用夹具
13	锪6-ϕ10 mm孔	T10	ϕ10 mm 钻头	400	40	0.05	数控铣床	专用夹具
14	铰6-ϕ7 mm孔	T11	ϕ7 mm 铰刀	300	300	0.2	数控铣床	专用夹具
15	钻 2-ϕ6H8 mm底孔至ϕ5.8mm	T12	ϕ5.8 mm 钻头	900	30	0.2	数控铣床	专用夹具
16	铰2-ϕ6H8 mm孔	T13	ϕ6H8 mm铰刀	350	180	0.1	数控铣床	专用夹具
17	粗铣台阶面及其轮廓	T14	ϕ20 mm 铣刀	260	180	0.1	数控铣床	专用夹具
18	精铣台阶面及其轮廓	T14	ϕ20 mm 铣刀	300	200	0.3	数控铣床	专用夹具
19	粗铣外轮廓	T14	ϕ20 mm 铣刀	260	180	0.1	数控铣床	专用夹具
20	精铣外轮廓	T14	ϕ20 mm 铣刀	300	200	0.3	数控铣床	专用夹具

加工案例工艺分析与编制

1. 加工案例工艺分析

(1) 对如图 8-3 所示的泵盖零件加工案例进行详尽分析，找出该泵盖加工工艺有什么不妥之处？

① 加工方法选择是否得当？

② 夹具选择是否得当？

③ 刀具选择是否得当？

④ 加工工艺路线是否得当？

⑤ 切削用量是否合适？

⑥ 工序安排是否合适？

⑦ 机床选择是否得当？

⑧ 装夹方案是否得当？

(2) 对上述问题进行分析后，如果有不当的地方及时改正过来，并提出正确的工艺措施。

(3) 制定正确工艺并优化工艺。

(4) 填写该泵盖零件加工案例的数控加工工序卡和刀具卡，并确定装夹方案。

2. 加工案例的加工工艺与装夹方案

1) 泵盖加工案例零件的数控加工工序卡

泵盖加工案例零件的数控加工工序卡如表 8-9 所示(注：面铣刀 10 刃、ϕ12 mm 立铣刀 3 刃、ϕ20 mm 立铣刀 4 刃)。

表 8-9 泵盖加工案例零件的数控加工工序卡

单位名称	×××	产品名称或代号	零件名称	零件图号
		×××	泵盖	×××
工序号	程序编号	夹具名称	加工设备	车间
×××	×××	平口钳和"一面两销"自制夹具	J1VMC40MB(加工中心)	数控中心

工步号	工 步 内 容	刀具号	刀具规格/mm	主轴转速/(r/min)	进给速度/(mm/min)	检测工具	备注
1	粗铣定位基准面 A	T01	ϕ125	150	180	游标卡尺	自动换刀
2	精铣定位基准面 A	T01	ϕ125	180	145	游标卡尺	自动换刀
3	粗铣上表面	T01	ϕ125	150	180	游标卡尺	自动换刀
4	精铣上表面	T01	ϕ125	180	145	游标卡尺	自动换刀
5	粗铣台阶面及其轮廓	T02	ϕ12	1000	250	游标卡尺	自动换刀

续表

工步号	工步内容	刀具号	刀具规格/mm	主轴转速/(r/min)	进给速度/(mm/min)	检测工具	备注
6	精铣台阶面及其轮廓	T02	ϕ12	1100	190	游标卡尺	自动换刀
7	钻所有孔的中心孔	T03	ϕ3	1200	100	游标卡尺	自动换刀
8	钻 ϕ32H7 mm 底孔至 ϕ28 mm	T04	ϕ28	200	60	游标卡尺	自动换刀
9	粗镗 ϕ32H7 mm 孔至 ϕ31.7 mm	T05	ϕ31.7	550	80	游标卡尺	自动换刀
10	精镗 ϕ32H7 mm	T06	ϕ32	700	55	内径百分表	自动换刀
11	钻 ϕ12H7 mm 底孔至 ϕ11.7 mm	T07	ϕ11.7	380	70	游标卡尺	自动换刀
12	锪 ϕ18 mm 孔	T08	ϕ18	450	80	游标卡尺	自动换刀
13	粗铰 ϕ12H7 孔至 ϕ11.9 mm	T09	ϕ11.9	100	30	游标卡尺	自动换刀
14	精铰 ϕ12H7 mm 孔	T10	ϕ12H7	120	35	专用检具	自动换刀
15	钻 2-M16 底孔至 ϕ14 mm	T11	ϕ14	450	80	带表游标卡尺	自动换刀
16	2-M16 孔口倒角	T12	ϕ18	400	80	游标卡尺	自动换刀
17	攻 2-M16 螺纹孔	T13	M16	75	150	螺纹通止规	自动换刀
18	钻6-ϕ7 mm底孔至ϕ6.8 mm	T14	ϕ6.8	700	90	游标卡尺	自动换刀
19	锪 6-ϕ10 mm 孔	T15	ϕ10	700	100	游标卡尺	自动换刀
20	铰 6-ϕ7 mm 孔	T16	ϕ7	150	30	专用检具	自动换刀
21	钻 2-ϕ6H8 mm 底孔至 ϕ5.8 mm	T17	ϕ5.8	800	105	游标卡尺	自动换刀
22	铰 2-ϕ6H8 mm 孔	T18	ϕ6H8	150	25	专用检具	自动换刀
23	粗铣外轮廓(一面两销定位)	T19	ϕ20	650	250	游标卡尺	自动换刀
24	精铣外轮廓	T19	ϕ20	700	200	专用样板	自动换刀
编制	××× 审核 ×××	批准	×××	年 月 日		共 页	第 页

2) 泵盖加工案例零件的数控加工刀具卡

泵盖加工案例零件的数控加工刀具卡如表 8-10 所示。

表 8-10 泵盖零件加工案例的数控加工刀具卡

产品名称或代号		×××	零件名称	泵盖	零件图号	×××
序号	刀具号	刀具			加工表面	备注
		规格名称	数量	刀长/mm		
1	T01	ϕ125 mm 硬质合金面铣刀	1	实测	铣削上下表面	
2	T02	ϕ12 mm 硬质合金立铣刀	1	实测	铣削台阶面及其轮廓	
3	T03	ϕ3 mm 中心钻	1	实测	钻中心孔	

续表

序号	刀具号	刀具			加工表面	备注
		规格名称	数量	刀长/mm		
4	T04	φ28 mm 钻头		实测	钻 φ32H7 mm 底孔	
5	T05	φ31.7 mm 镗刀	1	实测	粗镗 φ32H7 mm 孔	
6	T06	φ32 mm 镗刀	1	实测	精镗 φ32H7 mm 孔	
7	T07	φ11.7 mm 钻头	1	实测	钻 φ12H7 mm 底孔	
8	T08	φ18 mm 锪钻	1	实测	锪 φ18 mm 孔	
9	T09	φ11.9 mm 铰刀	1	实测	粗铰 φ12H7 mm 孔	
10	T10	φ12H7 mm 铰刀	1	实测	精铰 φ12H7 mm 孔	
11	T11	φ14 mm 钻头	1	实测	钻 2-M16 螺纹底孔	
12	T12	φ18 mm 钻头	1	实测	2-M16 孔口倒角	
13	T13	M16 机用丝锥	1	实测	攻 2-M16 螺纹孔	
14	T14	φ6.8 mm 钻头	1	实测	钻6-φ7 mm底孔φ6.8 mm	
15	T15	φ10 mm 锪钻	1	实测	锪 6-φ10 mm 孔	
16	T16	φ7 mm 铰刀	1	实测	铰 6-φ7 mm 孔	
17	T17	φ5.8 mm 钻头	1	实测	钻 2-φ6H8 mm 底孔	
18	T18	铰 φ6H8 mm 铰刀	1	实测	铰 2-φ6H8 mm 孔	
19	T19	φ20 mm 硬质合金立铣刀	1	实测	外轮廓	

编制	×××	审核	×××	批准	×××	年 月 日	共 页	第 页

3) 泵盖加工案例零件的装夹方案

该案例零件毛坯的外形比较规则，为小批量试制，因此在加工上下表面、台阶面及孔系时，选用平口虎钳装夹。在铣削外轮廓时，采用“一面两销(两孔)”的定位方式，即以底面 A、φ32H7 mm 孔和 φ12H7 mm 孔定位。

单元能力训练

(1) 中等以上复杂程度箱盖类零件的加工图纸工艺分析训练。

(2) 中等以上复杂程度箱盖类零件的加工中心加工工艺路线设计训练。

(3) 中等以上复杂程度箱盖类零件的加工中心装夹方案选择训练。

(4) 加工中等以上复杂程度箱盖类零件的加工中心刀具、夹具、机床和切削用量选择训练。

(5) 中等以上复杂程度箱盖类零件的加工中心加工工艺文件编制训练。

单元能力巩固提高

如图 8-4 所示的法兰盖零件，该零件数控加工前尺寸为 100 mm×80 mm×27 mm 的方形坯料，材料为 45 钢，小批量生产，底面和四个轮廓面均已加工好，要求数控加工顶面、孔及沟槽。试设计该法兰盖零件的数控加工工艺，并确定装夹方案。

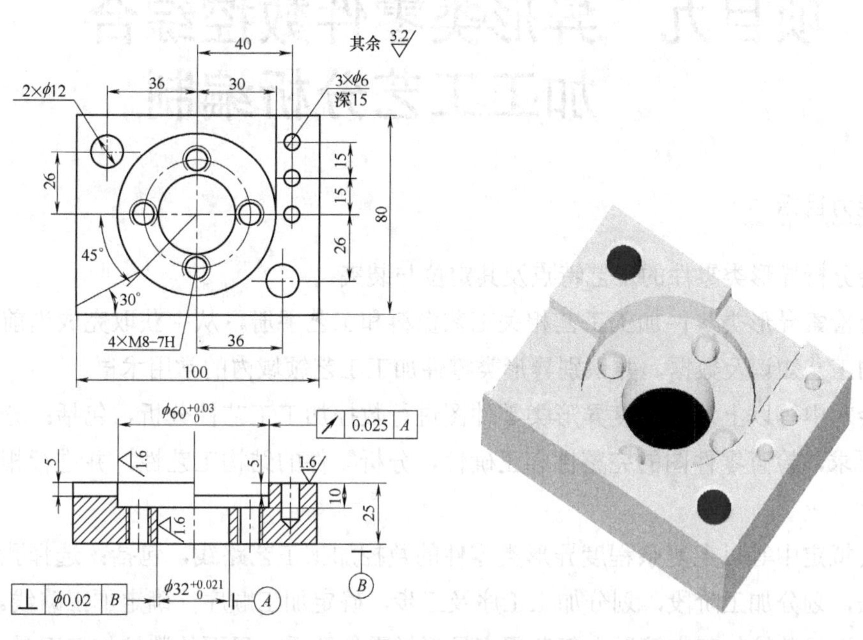

图 8-4　法兰盖

单元能力评价

能力评价方式如表 8-11 所示。

表 8-11　能力评价表

等级	评　价　标　准
优秀	能高质量、高效率地找出图 8-3 所示的泵盖加工案例中工艺设计不合理之处，提出正确的解决方案，并完整正确地设计图 8-4 所示的法兰盖零件的数控加工工艺，确定装夹方案
良好	能在教师的偶尔指导下找出图 8-3 所示的泵盖加工案例中工艺设计不合理之处，并提出正确的解决方案
中等	能在教师的偶尔指导下找出图 8-3 所示的泵盖加工案例中工艺设计不合理之处，并提出基本正确的解决方案
合格	能在教师的指导下找出图 8-3 所示的泵盖加工案例中工艺设计不合理之处

项目九　异形类零件数控综合加工工艺分析编制

项目能力目标

(1) 会分析异形类零件的工艺特点及其定位与装夹。

(2) 会检索异形类零件加工工艺相关工艺资料和工艺手册，从中获取完成当前工作任务所需要的工艺知识及数据，并识别异形类零件加工工艺领域内的常用术语。

(3) 会对中等以上复杂程度异形类零件图进行数控加工工艺性分析，包括：分析零件图纸技术要求，检查零件图的完整性和正确性，分析零件的结构工艺性，并进行相应的工艺处理。

(4) 会拟定中等以上复杂程度异形类零件的数控加工工艺路线，包括：选择孔系、平面加工方法，划分加工阶段，划分加工工序及工步，确定加工顺序，确定加工路线。

(5) 会选择数控加工中等以上复杂程度异形类零件孔系、平面的数控加工刀具。

(6) 会选择数控加工中等以上复杂程度异形类零件的夹具，并确定装夹方案。

(7) 会按中等以上复杂程度异形类零件的数控加工工艺选择合适的切削用量与机床。

(8) 会编制中等以上复杂程度异形类零件的数控加工工艺文件。

项目工作任务

本项目完成如图 9-1 所示的支承套加工案例零件的数控加工，具体设计该支承套零件的数控加工工艺。

(1) 查阅数控加工工艺书和工艺手册，获取设计图 9-1 所示支承套零件的数控加工工艺知识及数据。

(2) 分析如图 9-1 所示的支承套加工案例零件图纸，并进行相应的工艺处理。

(3) 制定如图 9-1 所示的支承套加工案例零件的数控加工工艺。

(4) 编制如图 9-1 所示的支承套加工案例零件的数控加工工序卡和刀具卡等工艺文件。

支承套加工案例零件说明：该支承套加工案例零件为卧式升降台铣床的支承套，零件材料为 45 钢，小批量生产。零件毛坯为棒料 ϕ110 mm×90 mm，长度为 $80_{0}^{+0.5}$ mm、外径 ϕ100f9 mm 及尺寸 $78_{-0.5}^{0}$ mm 在前面工序中均已按图纸技术要求完成加工。因为加工工序较多，若采用普通机床加工需多次装夹，加工精度难于保证，所以要求采用数控加工。

完成工作任务需再查阅的背景知识

异形类零件的数控加工工艺设计步骤包括：机床选择、零件图纸工艺分析、加工工艺路线设计、装夹方案及夹具选择、刀具选择、切削用量选择和填写数控加工工序卡及刀具卡等。

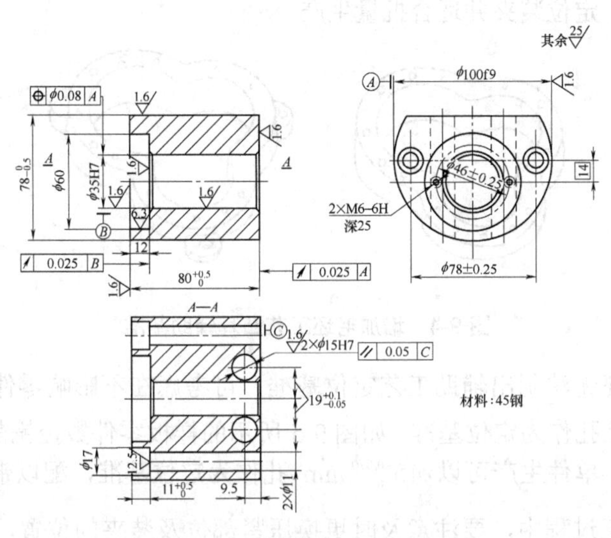

图 9-1　支承套加工案例

异形类零件的数控镗、铣加工工艺与项目七和项目五一样，这里不再赘述。下面主要介绍异形类零件的工艺特点及其定位与装夹。

资料一　异形类零件的工艺特点

异形类零件即外形特异的零件，如图 9-2 所示的异形支架和图 9-3 所示的支架都是外形不规则的零件，这类零件大都需要采用点、线、面多工位混合加工。异形类零件的总体刚性一般较差，装夹过程中易变形，在普通机床上只能采取工序分散的原则加工，需用工装较多，周期较长，而且难以保证加工精度。而数控机床，特别是加工中心最适合多位工位的点、线、面混合加工，能够完成大部分甚至全部工序加工内容。实践证明，异形件的形状越复杂、加工精度要求越高，使用加工中心加工便越能显示其优越性。

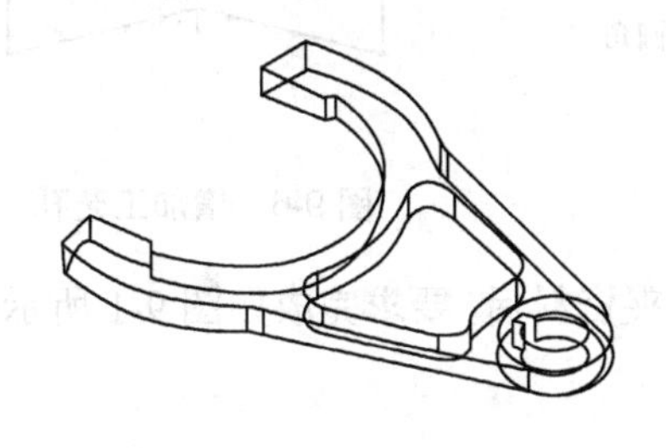

图 9-2　异形支架

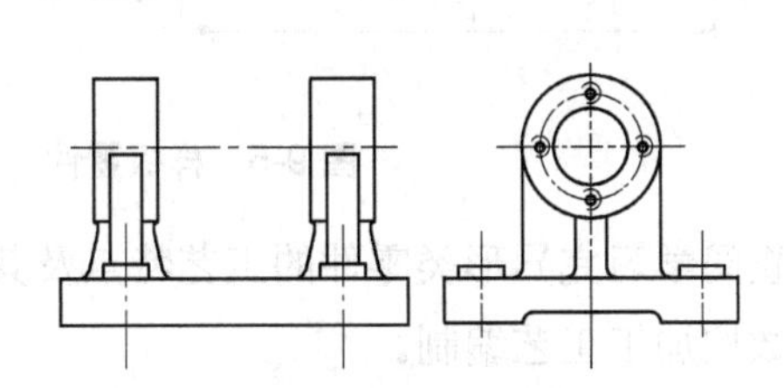

图 9-3　支架

资料二　异形类零件的定位与装夹

(1) 对于不便装夹的异形类零件，在进行零件图纸结构工艺性审查时，可考虑在毛坯上另外增加装夹余量或工艺凸台、工艺凸耳等辅助基准。如图 9-4 所示，该异形类零件缺少合适的定位基准，在毛坯上铸出三个工艺凸耳，再在工艺凸耳上加工出定位基准孔，这样该异形类零件就便于定位装夹并适合批量生产。

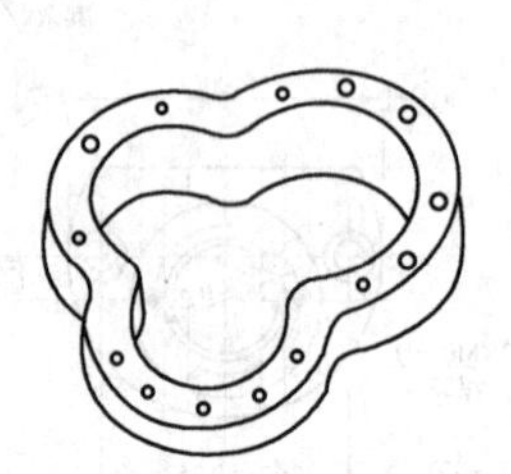
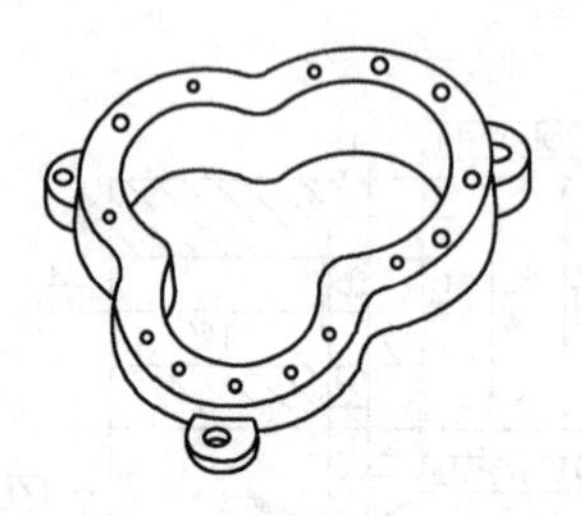

图 9-4　增加毛坯工艺凸耳辅助基准

(2) 若零件毛坯无法制出辅助工艺定位基准，可考虑在不影响零件强度、刚度、使用功能的部位特制工艺孔作为定位基准。如图 9-5 所示的样板零件数控铣削外轮廓，因为该零件轮廓外形不规则，单件生产可以 $\phi15_{0}^{+0.070}$ mm 孔作为定位基准，配以带螺纹的定位销进行定位和压紧，在加工过程中，要注意及时更换压紧部位及装夹的位置，以保证加工过程顺利进行。若为批量生产，可以采用专用夹具，即仍以 $\phi15_{0}^{+0.070}$ mm 孔定位兼压紧，在零件下方选择不影响样板强度、刚度、使用功能的适当位置钻一个工艺孔(如图 9-6 所示的虚线孔)，并将该工艺孔作为第二个定位基准孔，以满足“一面两销”准确而可靠的定位。

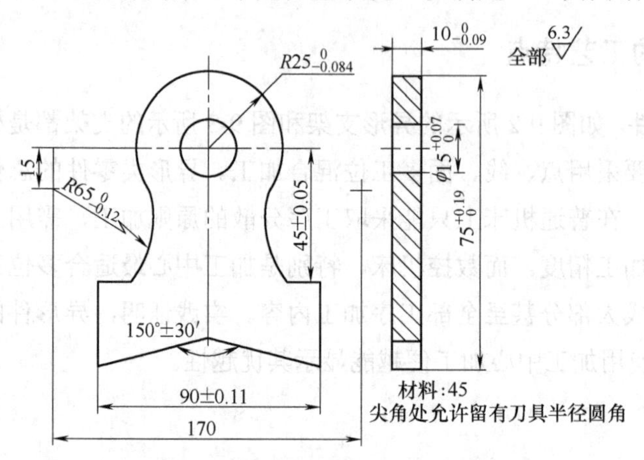

图 9-5　样板零件

O
工艺孔

图 9-6　增加工艺孔

查阅学习完异形类零件的工艺特点及其定位与装夹资料后，要求完成如图 9-1 所示支承套的数控加工工艺编制。

加工案例工艺分析与编制

完成工作任务步骤如下。

1. 零件图纸工艺分析

该支承套加工案例零件 ϕ35H7 mm 孔对 ϕ100f9 mm 外圆有位置精度要求；ϕ60 mm 孔底平面对 ϕ35H7 mm 孔有端面跳动要求；2×ϕ15H7 mm 孔对端面 C 有平行度要求；端面 C 对 ϕ100f9 mm 外圆有跳动要求。该案例零件有互相垂直的两个方向上的孔系，且 ϕ35H7 mm 孔对外圆有 14 mm 的偏心距要求，若在普通机床上加工，由于各加工部位在不同方向上，需多次装夹才能完成，这些位置精度要求不能保证且加工效率低；若采用立式加工中心加工两个互相垂直的部位，需要两次装夹才能完成；若采用带回转工作台的卧式加工中心加工，只需一次装夹即可完成全部工序加工。

2. 加工工艺路线设计

1)　选择加工方法

该支承套加工案例零件毛坯为棒料，因此所有孔都是在实体上加工的。为防止钻头钻偏，需先用中心钻钻导向孔(中心孔)，然后再钻孔。为保证 ϕ35H7 mm 及 2×ϕ15H7 mm 孔的精度，根据其尺寸，选择铰孔为其最终加工方法，所以需钻中心孔—钻孔—粗镗、半精镗(或扩孔)—铰(或精镗)孔。对 ϕ60 mm 的孔，根据孔径精度、孔深尺寸和孔底平面要求，用粗铣—精铣的方法同时完成孔壁和孔底平面的加工。其余各孔因无精度要求，采用钻中心孔→钻孔—锪孔即可达到图纸技术要求。各加工部位选择的加工方案如下。

ϕ35H7 mm 孔：钻中心孔—钻孔—粗镗—半精镗—铰孔。

ϕ15H7 mm 孔：钻中心孔—钻孔—扩孔—铰孔。

ϕ60 mm 孔：粗铣—精铣。

ϕ11 mm 孔：钻中心孔—钻孔。

ϕ17 mm 孔：锪孔(在 ϕ11 mm 底孔上)。

M6-6H 螺孔：钻中心孔—钻底孔—孔口倒角—攻螺纹。

2)　确定加工顺序

该支承套加工案例零件的加工按先主后次、先粗后精的原则确定。为减少变换加工工位的辅助时间和工作台分度误差的影响，各个加工工位上的加工部位在工作台一次分度下按先主后次、先粗后精的原则加工完毕。具体的加工顺序如下：

- 第一工位(B0°)

钻 ϕ35H7 mm、2×ϕ11 mm 中心孔—钻 ϕ35H7 mm 孔—钻 2×ϕ11 mm 孔—锪 2×ϕ17 mm 孔—粗镗 ϕ35H7 mm 孔—粗铣、精铣 ϕ60 mm×12 孔—半精镗 ϕ35H7 mm 孔—钻 2×M6-6H 螺纹中心孔—钻 2×M6-6H 螺纹底孔—2×M6-6H 螺纹孔口倒角—攻 2×M6-6H 螺纹→铰

ϕ35H7 mm 孔。

- 第二工位(B90°)

钻 2×ϕ15H7 mm 中心孔—钻 2×ϕ15H7 mm 孔—扩 2×ϕ15H7 mm 孔—铰 2×ϕ15H7 mm 孔。

3. 机床选择

该案例零件有互相垂直的两个方向上的孔系需要加工，采用立式加工中心加工两个互相垂直的孔系，需要两次装夹才能完成；采用带回转工作台的卧式加工中心加工，只需一次装夹即可完成全部工序加工。加工内容有钻孔、扩孔、镗孔、锪孔、铰孔及攻螺纹等，所需刀具不超过 20 把，国产 XH754 型卧式加工中心工作台尺寸为 400 mm×400 mm，X 轴行程为 500 mm，Z 轴行程为 400 mm，Y 轴行程为 400 mm，主轴中心线至工作台距离为 100～500 mm，主轴端面至工作台中心线距离为 150 mm～550 mm，刀库容量 30 把，定位精度和重复定位精度分别为 0.02 mm 和 0.01 mm，工作台分度精度和重复分度精度分别为 7″和 4″。因此，选用国产 XH754 型卧式加工中心即可满足上述要求。

4. 装夹方案及夹具选择

首先按照基准重合原则考虑选择定位基准。由于 ϕ35H7 mm 孔、ϕ60 mm 孔、2×ϕ11 mm 孔及 2×ϕ17 mm 孔的设计基准均为 ϕ100f9 mm 外圆中心线，所以选择 ϕ100f9 mm 外圆中心线为主要定位基准。因为 ϕ100f9 mm 外圆不是整圆，所以用 V 形块作定位元件，限制 4 个自由度，支承套长度方向的定位基准，若选右端面定位，对 ϕ17 mm 孔深尺寸 $11_{0}^{+0.5}$ mm 存在基准不重合误差，加工精度不能保证(因工序尺寸 $80_{0}^{+0.5}$ mm 的公差为 0.5 mm)，所以选左端面定位，限制支承套轴向移动的自由度。工件的装夹简图如图 9-7 所示。在装夹时应使工件上平面在夹具中保持垂直，以消除转动自由度。

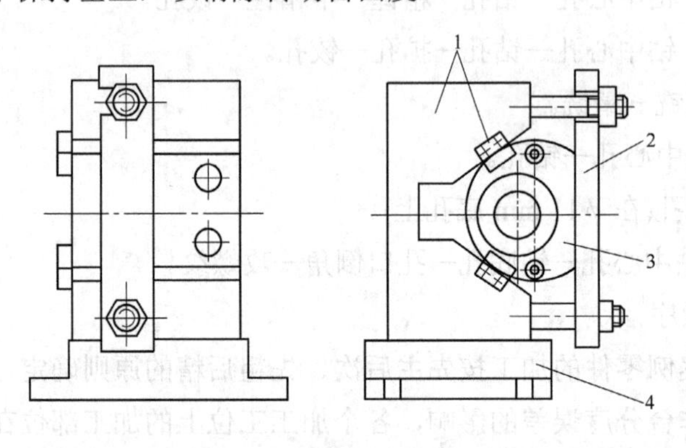

1—定位元件；2—夹紧机构；3—工件；4—夹具体

图 9-7 支承套装夹示意图

5. 刀具选择

具体刀具规格和种类详见支承套加工案例的数控加工刀具卡。

6. 切削用量选择

根据加工零件的材料、加工表面质量要求和所选刀具，参考切削用量手册或刀具生产厂家推荐的切削用量，选取切削线速度与每转进给量，然后根据有关公式计算出主轴转速与进给速度，最后将计算结果填入数控加工工序卡中。具体切削用量详见支承套加工案例的数控加工工序卡。

7. 填写数控加工工序卡和刀具卡

1)　支承套加工案例的数控加工工序卡

支承套加工案例的数控加工工序卡如表 9-1 所示。

表 9-1　支承套加工案例的数控加工工序卡

单位名称	xxx	产品名称或代号	零件名称	零件图号
		xxx	支承套	xxx
工序号	程序编号	夹具名称	加工设备	车间
xxx	xxx	专用夹具	XH754(卧式加工中心)	数控中心

工步号	工步内容	刀具号	刀具规格/mm	主轴转速/(r/min)	进给速度/(mm/min)	检测工具	备注
	B0°						工作台0°
1	钻 ϕ35H7 mm 孔、2×ϕ17×11 mm 孔中心孔	T01	ϕ3	1200	40	游标卡尺	自动换刀
2	钻 ϕ35H7 mm 孔至 ϕ31 mm	T02	ϕ31	150	30	游标卡尺	自动换刀
3	钻 ϕ11 mm 孔	T03	ϕ11	500	70	游标卡尺	自动换刀
4	锪 2×ϕ17 mm 沉孔	T04	ϕ17	150	15	游标卡尺	自动换刀
5	粗镗 ϕ35H7 mm 孔至 ϕ34 mm	T05	ϕ34	400	30	游标卡尺	自动换刀
6	粗铣 ϕ60×12 mm 至 ϕ59×11.5 mm	T06	ϕ20	320	50	游标卡尺	自动换刀
7	精铣 ϕ60×12 mm 至尺寸	T06	ϕ20	400	40	游标卡尺(带深度尺)	自动换刀
8	半精镗 ϕ35H7 mm 孔至 ϕ34.85 mm	T07	ϕ34.85	450	35	内径百分表	自动换刀
9	钻 2×M6-6H 螺纹中心孔	T01	ϕ3	1200	40	游标卡尺	自动换刀
10	钻2×M6-6H螺纹底孔至 ϕ5 mm	T08	ϕ5	650	35	游标卡尺	自动换刀
11	2×M6-6H 螺纹孔口倒角	T03	ϕ11	500	20	游标卡尺	自动换刀
12	攻 2×M6-6H 螺纹	T09	M6	100	100	螺纹通止规	自动换刀

续表

工步号	工步内容	刀具号	刀具规格/mm	主轴转速/(r/min)	进给速度/(mm/min)	检测工具	备注
13	铰 ϕ35H7 mm 孔至尺寸	T10	ϕ35H7	100	50	内径百分表	自动换刀
	B90°						工作台转90°
14	钻 2×ϕ15H7 mm 孔中心孔	T01	ϕ3	1200	40	游标卡尺	自动换刀
15	钻 2×ϕ15H7 mm 孔至 ϕ14 mm	T11	ϕ14	450	60	游标卡尺	自动换刀
16	扩 2×ϕ15H7 mm 孔至 ϕ14.85 mm	T12	ϕ14.85	200	40	游标卡尺	自动换刀
17	铰 2×ϕ15H7 mm 孔至尺寸	T13	ϕ15H7	100	60	专用检具	自动换刀
编制	××× 审核 ×××	批准	×××	年 月 日		共 页	第 页

2) 支承套加工案例的数控加工刀具卡

支承套加工案例数控的加工刀具卡如表 9-2 所示。

表 9-2 支承套加工案例的数控加工刀具卡

产品名称或代号		×××	零件名称	支承套	零件图号	×××
序号	刀具号	刀具 规格名称	数量	刀长/mm	加工表面	备注
1	T01	ϕ3 mm 中心钻	1	实测	ϕ35H7 mm ϕ17 mm ϕ15H7 mm 孔和 M6 螺纹孔	
2	T02	ϕ31 mm 锥柄麻花钻	1	实测	ϕ35H7 mm 孔	
3	T03	ϕ11 mm 锥柄麻花钻	1	实测	ϕ11 mm 孔 M6 螺纹孔(口径)角	
4	T04	ϕ17×11 mm 锥柄埋头钻	1	实测	ϕ17 mm 孔	
5	T05	ϕ34 mm 粗镗刀	1	实测	ϕ35H7 mm 孔	
6	T06	ϕ20 mm 立铣刀	1	实测	ϕ60 mm 孔	
7	T07	ϕ34.85 mm 镗刀	1	实测	ϕ35H7 mm 孔	
8	T08	ϕ5 mm 直柄麻花钻	1	实测	M6 螺纹孔	
9	T09	M6 机用丝锥	1	实测	M6 螺纹孔	
10	T10	ϕ35H7 mm 套式铰刀	1	实测	ϕ35H7 mm 孔	
11	T11	ϕ14 mm 锥柄麻花钻	1	实测	ϕ15H7 mm 孔	
12	T12	ϕ14.85 mm 扩孔钻	1	实测	ϕ15H7 mm 孔	
13	T13	ϕ15H7 mm 铰刀	1	实测	ϕ15H7 mm 孔	
编制	××× 审核 ×××	批准	×××	年 月 日	共 页	第 页

项目能力训练

(1) 异形类零件的加工工艺有什么特点？

(2) 如何定位与装夹异形类零件？

(3) 中等以上复杂程度异形类零件的加工图纸工艺分析训练。

(4) 中等以上复杂程度异形类零件的数控加工工艺路线设计训练。

(5) 中等以上复杂程度异形类零件的装夹方案选择训练。

(6) 加工中等以上复杂程度异形类零件的数控加工刀具、夹具、机床和切削用量选择训练。

(7) 中等以上复杂程度异形类零件的数控加工工艺文件编制训练。

项目能力巩固提高

如图 9-8 所示为某机床变速箱体中操纵机构上的拨动杆，用作把转动变为拨动，实现操纵机构的变速功能。该零件材料为 HT200 铸铁，中批量生产。因为加工工序较多，若采用普通机床加工需多次装夹，且加工精度难于保证，要求除两个 M8 螺纹孔外，其他工序全部采用数控加工。试设计该拨动杆的数控加工工艺，并确定装夹方案。

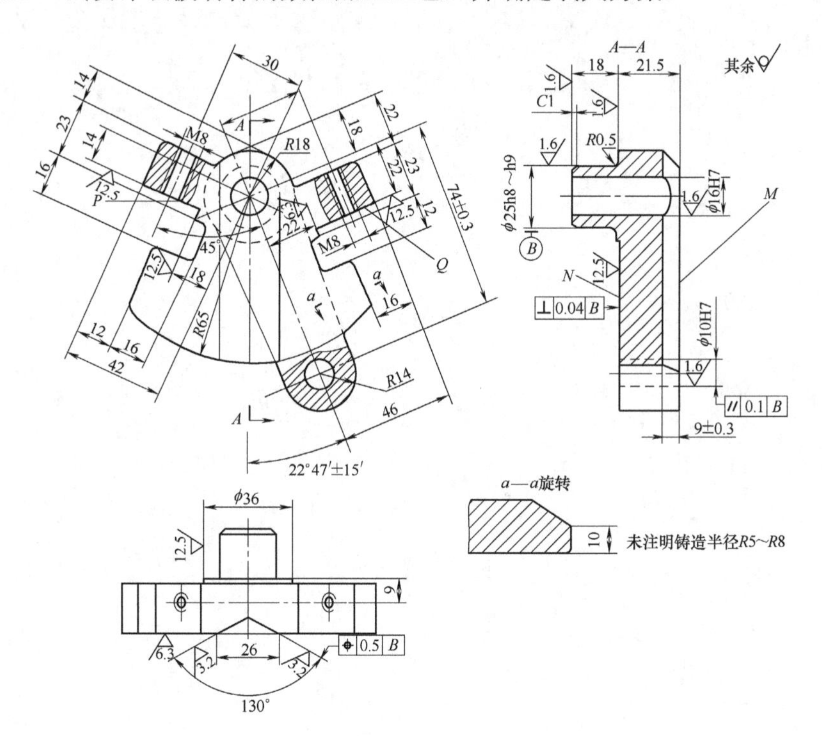

图 9-8　拨动杆

项目能力评价

能力评价方式如表 9-3 所示。

表 9-3　能力评价表

等级	评 价 标 准
优秀	能高质量、正确地完成图 9-1 所示的支承套加工案例零件的数控加工工艺设计，并正确地完成图 9-8 所示的拨动杆的数控加工工艺设计，确定装夹方案
良好	能在无教师的指导下完成图 9-1 所示的支承套加工案例零的件数控加工工艺设计
中等	能在教师的偶尔指导下完成图 9-1 所示的支承套加工案例零件的数控加工工艺设计
合格	能在教师的指导下完成图 9-1 所示的支承套加工案例零件的数控加工工艺设计

项目十　数控加工工艺职业能力综合考核

项目能力目标

(1) 会按数控车高级工国家职业标准技能要求制定中等以上复杂程度配合件的数控车加工工艺，包括零件图纸工艺分析、加工工艺路线设计、机床选择、装夹方案及夹具选择、刀具选择、切削用量选择、填写数控加工工艺文件。

(2) 会按数控铣高级工国家职业标准技能要求制定中等以上复杂程度配合件的数控铣(含孔系)加工工艺，包括零件图纸工艺分析、加工工艺路线设计、机床选择、装夹方案及夹具选择、刀具选择、切削用量选择、填写数控加工工艺文件。

(3) 会按制定的中等以上复杂程度数控车、数控铣(含孔系)配合件的加工工艺进行数控编程、操作、加工、检验符合图纸技术要求的配合件并装配。

(4) 会在操作、加工过程中优化切削用量。

项目工作任务

在项目一～项目九中，我们查阅了设计数控加工工艺相关的工艺技术资料，并按人的认知及职业成长规律，由简单到复杂、由单要素零件数控加工工艺分析编制到中等以上复杂程度零件综合数控加工工艺分析编制，分析编制了很多中等以上复杂程度零件的数控加工工艺。根据数控车工、数控铣工、加工中心操作工国家职业标准职业等级申报条件，可申报数控车工、数控铣工、加工中心操作工高级工职业资格。现要按数控车、数控铣(含孔系)高级工国家职业标准技能要求，独立完成如图 10-1 所示的中等以上复杂程度配合件的数控车加工工艺，独立完成如图 10-2 所示的中等以上复杂程度配合件的数控铣(含孔系)加工工艺，具体设计这两个配合件的数控加工工艺并编制数控加工程序，操作、加工、检验符合图纸技术要求的配合件并装配。

(1) 分析如图 10-1、图 10-2 的所示数控车、数控铣(含孔系)配合件考核零件图纸，并进行相应的工艺处理。

(2) 独立制定如图 10-1 所示的数控车考核配合件的数控加工工艺，并编制数控加工工艺文件。

(3) 独立制定如图 10-2 所示的数控铣考核配合件的数控加工工艺，并编制数控加工工艺文件。

(4) 编写如图 10-1、图 10-2 所示的数控车、数控铣(含孔系)配合件的数控加工程序，操作、加工、检验符合图纸技术要求的配合件并装配。

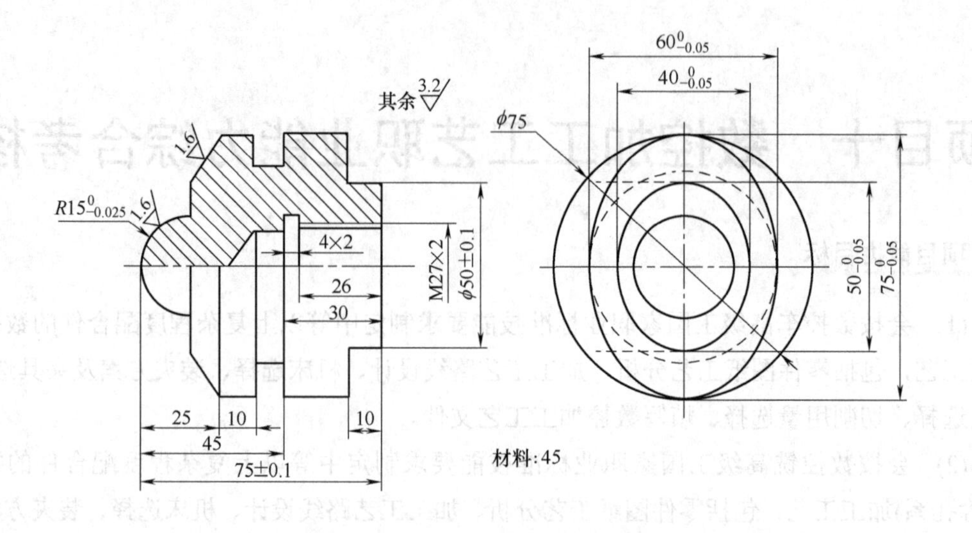

图 10-1　数控车配合件考核简图

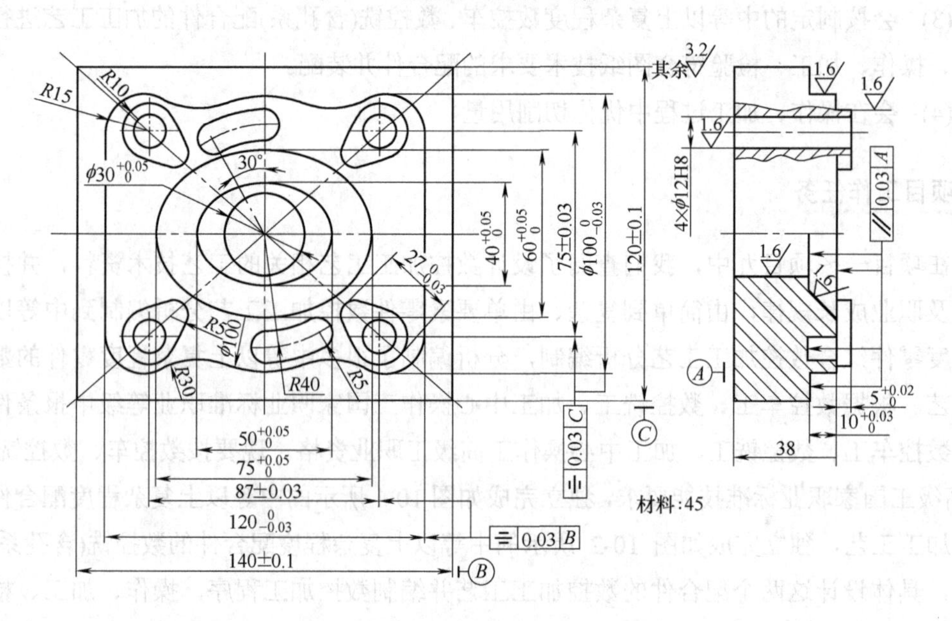

图 10-2　数控铣配合件考核简图

(5)　在操作、加工过程中优化切削用量。

数控车配合件零件说明：该数控车配合件零件材料为 45 钢，零件毛坯为ϕ80 mm×80 mm 棒料。

数控铣配合件零件说明：该数控铣配合件零件材料为 45 钢，零件毛坯尺寸长×宽×高分别为 145 mm×125 mm×48 mm 的钢块。

完成工作任务需提交的成果如下。

(1)　数控车配合件的数控加工工艺文件，包含工序卡、刀具卡、装夹方案和数控加工程序清单。

(2) 数控铣(含孔系)配合件的数控加工工艺文件，包含工序卡、刀具卡、装夹方案和数控加工程序清单。

(3) 配合件产品。

完成工作任务需查阅的背景知识

资料一　数控车高级工国家职业标准技能要求

数控车工国家职业标准内容较多，下面摘选与完成工作任务相关的《数控车工国家职业标准》中的工作要求，如表10-1所示。该工作要求包含职业功能、工作内容、技能要求与相关知识。

表10-1　数控车高级工国家职业标准工作要求

职业功能	工作内容	技能要求	相关知识
一、加工准备	(一)读图与绘图	(1) 能够读懂中等复杂程度(如：刀架)的装配图； (2) 能够根据装配图拆画零件图； (3) 能够测绘零件	(1) 根据装配图拆画零件图的方法； (2) 零件的测绘方法
	(二)制定加工工艺	能编制复杂零件的数控车床加工工艺文件	复杂零件数控加工工艺文件的制定
	(三)零件定位与装夹	(1) 能选择和使用数控车床组合夹具和专用夹具； (2) 能分析并计算车床夹具的定位误差； (3) 能够设计与自制装夹辅具(如心轴、轴套、定位件等)	(1) 数控车床组合夹具和专用夹具的使用、调整方法； (2) 专用夹具的使用方法； (3) 夹具定位误差的分析与计算方法
	(四)刀具准备	(1) 能够选择各种刀具及刀具附件； (2) 能够根据难加工材料的特点，选择刀具的材料、结构和几何参数； (3) 能够刃磨特殊车削刀具	(1) 专用刀具的种类、用途、特点和刃磨方法； (2) 切削难加工材料时的刀具材料和几何参数的确定方法
二、数控编程	(一)手工编程	能运用变量编程编制含有公式曲线的零件数控加工程序	(1) 固定循环和子程序的编程方法； (2) 变量编程的规则和方法
	(二)计算机辅助编程	能用计算机绘图软件绘制装配图	计算机绘图软件的使用方法
	(三)数控加工仿真	能利用数控加工仿真软件实施加工过程仿真以及加工代码检查、干涉检查、工时估算	数控加工仿真软件的使用方法

续表

职业功能	工作内容	技能要求	相关知识
三、零件加工	(一)轮廓加工	能进行细长、薄壁零件加工，并达到以下要求： (1) 轴径公差等级：IT6 级； (2) 孔径公差等级：IT7 级； (3) 形位公差等级：IT8 级； (4) 表面粗糙度达 R_a1.6 μm	细长、薄壁零件加工的特点及装卡、车削方法
	(二)螺纹加工	(1) 能进行单线和多线等节距的 T 型螺纹、锥螺纹加工，并达到以下要求： ① 尺寸公差等级：IT6 级； ② 形位公差等级：IT8 级； ③ 表面粗糙度达 R_a1.6 μm (2) 能进行变节距螺纹的加工，并达到以下要求： ① 尺寸公差等级：IT6 级； ② 形位公差等级：IT7 级； ③ 表面粗糙度达 R_a1.6 μm	(1) T 型螺纹、锥螺纹加工中的参数计算； (2) 变节距螺纹的车削加工方法
	(三)孔加工	能进行深孔加工，并达到以下要求： (1)尺寸公差等级：IT6 级； (2)形位公差等级：IT8 级； (3)表面粗糙度达 R_a1.6 μm	深孔的加工方法
	(四)配合件加工	能按装配图上的技术要求对套件进行零件加工和组装，配合公差达到：IT7 级	套件的加工方法
	(五)零件精度检验	(1) 能够在加工过程中使用百(千)分表等进行在线测量，并进行加工技术参数的调整； (2) 能够进行多线螺纹的检验； (3) 能进行加工误差分析	(1) 百(千)分表的使用方法； (2) 多线螺纹的精度检验方法； (3) 误差分析的方法
四、数控车床维护与精度检验	(一)数控车床日常维护	(1) 能判断数控车床的一般机械故障； (2) 能完成数控车床的定期维护保养；	(1) 数控车床机械故障和排除方法； (2) 数控车床液压原理和常用液压元件
	(二)机床精度检验	(1) 能够进行机床几何精度检验； (2) 能够进行机床切削精度检验	(1) 机床几何精度检验内容及方法； (2) 机床切削精度检验内容及方法

资料二　数控铣高级工国家职业标准技能要求

数控铣工国家职业标准内容较多，下面摘选与完成工作任务相关的《数控铣工国家职业标准》中的工作要求，如表 10-2 所示。该工作要求包含职业功能、工作内容、技能要求与相关知识。

表 10-2　数控铣高级工国家职业标准工作要求

职业功能	工作内容	技能要求	相关知识
一、加工准备	(一)读图与绘图	(1) 能读懂装配图并拆画零件图； (2) 能够测绘零件； (3) 能够读懂数控铣床主轴系统、进给系统的机构装配图	(1) 根据装配图拆画零件图的方法； (2) 零件的测绘方法； (3) 数控铣床主轴与进给系统基本构造知识
	(二)制定加工工艺	能编制二维、简单三维曲面零件的铣削加工工艺文件	复杂零件数控加工工艺的制定
	(三)零件定位与装夹	(1) 能选择和使用组合夹具和专用夹具； (2) 能选择和使用专用夹具装夹异型零件； (3) 能分析并计算夹具的定位误差； (4) 能够设计与自制装夹辅具(如轴套、定位件等)	(1) 数控铣床组合夹具和专用夹具的使用、调整方法； (2) 专用夹具的使用方法； (3) 夹具定位误差的分析与计算方法； (4) 装夹辅具的设计与制造方法
	(四)刀具准备	(1) 能够选用专用工具(刀具和其他)； (2) 能够根据难加工材料的特点，选择刀具的材料、结构和几何参数	(1) 专用刀具的种类、用途、特点和刃磨方法； (2) 切削难加工材料时的刀具材料和几何参数的确定方法
二、数控编程	(一)手工编程	(1) 能够编制较复杂的二维轮廓铣削程序； (2) 能够根据加工要求编制二次曲面的铣削程序； (3) 能够运用固定循环、子程序进行零件的加工程序编制； (4) 能够进行变量编程	(1) 较复杂二维节点的计算方法； (2) 二次曲面几何体外轮廓节点计算； (3) 固定循环和子程序的编程方法； (4) 变量编程的规则和方法
	(二)计算机辅助编程	(1) 能够利用 CAD/CAM 软件进行中等复杂程度的实体造型(含曲面造型)； (2) 能够生成平面轮廓、平面区域、三维曲面、曲面轮廓、曲面区域、曲线的刀具轨迹； (3) 能进行刀具参数的设定； (4) 能进行加工参数的设置； (5) 能确定刀具的切入切出位置与轨迹； (6) 能够编辑刀具轨迹； (7) 能够根据不同的数控系统生成 G 代码	(1) 实体造型的方法； (2) 曲面造型的方法； (3) 刀具参数的设置方法； (4) 刀具轨迹生成的方法； (5) 各种材料切削用量的数据； (6) 有关刀具切入切出的方法对加工质量影响的知识； (7) 轨迹编辑的方法； (8) 后置处理程序的设置和使用方法
	(三)数控加工仿真	能利用数控加工仿真软件实施加工过程仿真、加工代码检查与干涉检查	数控加工仿真软件的使用方法

续表

职业功能	工作内容	技能要求	相关知识
三、数控铣床操作	(一)程序调试与运行	能够在机床中断加工后正确恢复加工	程序的中断与恢复加工的方法
	(二)参数设置	能够依据零件特点设置相关参数进行加工	数控系统参数设置方法
四、零件加工	(一)平面铣削	能够编制数控加工程序铣削平面、垂直面、斜面、阶梯面等，并达到如下要求： (1) 尺寸公差等级达 IT7 级； (2) 形位公差等级达 IT8 级； (3) 表面粗糙度达 R_a3.2 μm	(1) 平面铣削精度控制方法； (2) 刀具端刃几何形状的选择方法
	(二)轮廓加工	能够编制数控加工程序铣削较复杂的(如凸轮等)平面轮廓，并达到如下要求： (1) 尺寸公差等级达 IT8 级； (2) 形位公差等级达 IT8 级； (3) 表面粗糙度达 R_a3.2 μm	(1) 平面轮廓铣削的精度控制方法； (2) 刀具侧刃几何形状的选择方法
	(三)曲面加工	能够编制数控加工程序铣削二次曲面，并达到如下要求： (1) 尺寸公差等级达 IT8 级； (2) 形位公差等级达 IT8 级； (3) 表面粗糙度达 R_a3.2 μm	(1) 二次曲面的计算方法； (2) 刀具影响曲面加工精度的因素以及控制方法
	(四)孔系加工	能够编制数控加工程序对孔系进行切削加工，并达到如下要求： (1)尺寸公差等级达 IT7 级； (2)形位公差等级达 IT8 级； (3)表面粗糙度达 R_a3.2 μm	麻花钻、扩孔钻、丝锥、镗刀及铰刀的加工方法
	(五)深槽加工	能够编制数控加工程序进行深槽、三维槽的加工，并达到如下要求： (1)尺寸公差等级达 IT8 级； (2)形位公差等级达 IT8 级； (3)表面粗糙度达 R_a3.2 μm	深槽、三维槽的加工方法
	(六)配合件加工	能够编制数控加工程序进行配合件加工，尺寸配合公差等级达 IT8 级	(1) 配合件的加工方法； (2) 尺寸链换算的方法
	(七)精度检验	(1) 能够利用数控系统的功能使用百(千)分表测量零件的精度； (2) 能对复杂、异形零件进行精度检验； (3) 能够根据测量结果分析产生误差的原因； (4) 能够通过修正刀具补偿值和修正程序来减少加工误差	(1) 复杂、异形零件的精度检验方法； (2) 产生加工误差的主要原因及其消除方法

续表

职业功能	工作内容	技能要求	相关知识
五、维护与故障诊断	(一)日常维护	能完成数控铣床的定期维护	数控铣床定期维护手册
	(二)故障诊断	能排除数控铣床的常见机械故障	机床的常见机械故障诊断方法
	(三)机床精度检验	能协助检验机床的各种出厂精度	机床精度的基本知识

资料三　加工中心高级工国家职业标准技能要求

加工中心操作工国家职业标准内容较多，下面摘选与完成工作任务相关的《加工中心操作工国家职业标准》中的工作要求，如表 10-3 所示。该工作要求包含职业功能、工作内容、技能要求与相关知识。

表 10-3　加工中心高级工国家职业标准工作要求

职业功能	工作内容	技能要求	相关知识
一、加工准备	(一)读图与绘图	(1) 能够读懂装配图并拆画零件图； (2) 能够测绘零件； (3) 能够读懂加工中心主轴系统、进给系统的机构装配图	(1) 根据装配图拆画零件图的方法； (2) 零件的测绘方法； (3) 加工中心主轴与进给系统基本构造知识
	(二)制定加工工艺	能编制箱体类零件的加工中心加工工艺文件	箱体类零件数控加工工艺文件的制定
	(三)零件定位与装夹	(1) 能根据零件的装夹要求正确选择和使用组合夹具和专用夹具； (2) 能选择和使用专用夹具装夹异型零件； (3) 能分析并计算加工中心夹具的定位误差； (4) 能够设计与自制装夹辅具(如轴套、定位件等)	(1) 加工中心组合夹具和专用夹具的使用、调整方法； (2) 专用夹具的使用方法； (3) 夹具定位误差的分析与计算方法； (4) 装夹辅具的设计与制造方法
	(四)刀具准备	(1) 能够选用专用工具； (2) 能够根据难加工材料的特点，选择刀具的材料、结构和几何参数；	(1) 专用刀具的种类、用途、特点和刃磨方法； (2) 切削难加工材料时的刀具材料和几何参数的确定方法

续表

职业功能	工作内容	技能要求	相关知识
二、数控编程	(一)手工编程	(1) 能够编制较复杂的二维轮廓铣削程序； (2) 能够运用固定循环、子程序进行零件的加工程序编制； (3) 能够运用变量编程	(1) 较复杂二维节点的计算方法； (2) 球、锥、台等几何体外轮廓节点计算； (3) 固定循环和子程序的编程方法； (4) 变量编程的规则和方法
	(二)计算机辅助编程	(1) 能够利用CAD/CAM软件进行中等复杂程度的实体造型(含曲面造型)； (2) 能够生成平面轮廓、平面区域、三维曲面、曲面轮廓、曲面区域、曲线的刀具轨迹； (3) 能进行刀具参数的设定； (4) 能进行加工参数的设置； (5) 能确定刀具的切入切出位置与轨迹； (6) 能够编辑刀具轨迹； (7) 能够根据不同的数控系统生成G代码	(1) 实体造型的方法； (2) 曲面造型的方法； (3) 刀具参数的设置方法； (4) 刀具轨迹生成的方法； (5)各种材料切削用量的数据； (6) 有关刀具切入切出的方法对加工质量影响的知识； (7) 轨迹编辑的方法； (8) 后置处理程序的设置和使用方法
	(三)数控加工仿真	能利用数控加工仿真软件实施加工过程仿真、加工代码检查与干涉检查	数控加工仿真软件的使用方法
三、加工中心操作	(一)程序调试与运行	能够在机床中断加工后正确恢复加工	加工中心的中断与恢复加工的方法
	(二)在线加工	能够使用在线加工功能，运行大型加工程序	加工中心的在线加工方法
四、零件加工	(一)平面加工	能够编制数控加工程序进行平面、垂直面、斜面、阶梯面等铣削加工，并达到如下要求： (1) 尺寸公差等级达IT7级； (2) 形位公差等级达IT8级； (3) 表面粗糙度达R_a3.2 μm	平面铣削的加工方法
	(二)型腔加工	能够编制数控加工程序进行模具型腔加工，并达到如下要求： (1) 尺寸公差等级达IT8级； (2) 形位公差等级达IT8级； (3) 表面粗糙度达R_a3.2 μm	模具型腔的加工方法
	(三)曲面加工	能够使用加工中心进行多轴铣削加工叶轮、叶片，并达到如下要求： (1) 尺寸公差等级达IT8级； (2) 形位公差等级达IT8级； (3) 表面粗糙度达R_a3.2 μm	叶轮、叶片的加工方法

续表

职业功能	工作内容	技能要求	相关知识
四、零件加工	(四)孔类加工	(1) 能够编制数控加工程序相贯孔加工，并达到如下要求： ① 尺寸公差等级达 IT8 级； ② 形位公差等级达 IT8 级； ③ 表面粗糙度达 $R_a3.2\ \mu m$ (2) 能进行调头镗孔，并达到如下要求： ① 尺寸公差等级达 IT7 级； ② 形位公差等级达 IT8 级； ③ 表面粗糙度达 $R_a3.2\ \mu m$ (3) 能够编制数控加工程序进行刚性攻丝，并达到如下要求： ① 尺寸公差等级达 IT8 级； ② 形位公差等级达 IT8 级； ③ 表面粗糙度达 $R_a3.2\ \mu m$	相贯孔加工、调头镗孔、刚性攻丝的方法
	(五)沟槽加工	(1) 能够编制数控加工程序进行深槽、特形沟槽的加工，并达到如下要求： ① 尺寸公差等级达 IT8 级； ② 形位公差等级达 IT8 级； ③ 表面粗糙度达 $R_a3.2\ \mu m$ (2) 能够编制数控加工程序进行螺旋槽、柱面凸轮的铣削加工，并达到如下要求： ① 尺寸公差等级达 IT8 级； ② 形位公差等级达 IT8 级； ③ 表面粗糙度达 $R_a3.2\ \mu m$	深槽、特形沟槽、螺旋槽、柱面凸轮的加工方法
	(六)配合件加工	能够编制数控加工程序进行配合件加工，尺寸配合公差等级达 IT8 级	(1) 配合件的加工方法； (2) 尺寸链换算的方法
	(七)精度检验	(1) 能对复杂、异形零件进行精度检验； (2) 能够根据测量结果分析产生误差的原因； (3) 能够通过修正刀具补偿值和修正程序来减少加工误差	(1) 复杂、异形零件的精度检验方法； (2) 产生加工误差的主要原因及其消除方法
五、维护与故障诊断	(一)日常维护	能完成加工中心的定期维护保养	加工中心的定期维护手册
	(二)故障诊断	能发现加工中心的一般机械故障	(1) 加工中心机械故障和排除方法； (2)加工中心液压原理和常用液压元件
	(三)机床精度检验	能够进行机床几何精度和切削精度检验	机床几何精度和切削精度检验内容及方法

完成工作任务形式

以 8 人为一个小组安排一台数控车床和一台数控铣床或加工中心；布置完工作任务后，各组分开在半小时内讨论这两个数控车、数控铣(含孔系)配合件的数控加工工艺；讨论完后，每人在 3 个小时内独立制定出这两个数控车、数控铣(含孔系)配合件的数控加工工艺文件(含工序卡、刀具卡、装夹方案)和数控加工程序清单，交给授课老师。

授课教师与数控实训指导教师根据每人制定的数控加工工艺文件准备夹具、刀具、工具和检测工具。然后，每组先两人到数控实训中心准备操作、加工，授课教师发还其上交的数控加工工艺文件和数控加工程序清单，一人先加工数控车配合件，一人先加工数控铣(含孔系)配合件，各自加工完成后，再交换加工另一件配合件。

每组这两个人都加工完成后，换每组另外两人到数控实训中心操作、加工，依次进行，直至每个人都按零件图纸技术要求，独立操作加工完成这两个数控车、数控铣(含孔系)配合件，修毛刺、打标记并装配，将在操作加工过程中优化后的切削用量与加工程序清单交授课教师。

注意每人操作、加工完成一件配合件，交换数控机床加工另一件配合件时，授课教师与数控实训指导教师应将其原加工件的加工程序删除。

完成工作任务时间

完成工作任务加工时间：8 小时/人。不含上述布置任务以及分组讨论加工工艺、制定数控加工工艺文件和数控加工程序清单时间。

过程考核要求

过程考核基本按职业技能鉴定的要求执行。在操作、加工过程中，允许调整改变切削用量。授课教师与数控实训指导教师必须全程跟踪，以便在发现学生违反操作规程时及时纠正，以免损坏机床，同时防止学生弄虚作假，并酌情给予相应的扣分。完成工作任务加工时间及所提供的刀具必须一样，以便公开、公平、公正，每次撞刀扣 5 分(如撞刀损坏刀具扣 10 分)，两次撞刀则即取消职业能力综合考核。按完成工作任务加工时间，超过规定时间每 5 分钟扣 1 分，提前完成每 10 分钟加 1 分。

考核标准

考核标准如表 10-4 所示。

表 10-4　数控车、数控铣(含孔系)加工工艺职业能力综合考核的考核标准

考核点	考核标准	所占比例/%	备注
零件工艺分析	分析正确，错误一处扣 0.5 分	3	
确定零件的定位基准和装夹方案	定位基准确定正确，装夹方案确定正确	6	
确定加工顺序及进给路线	加工顺序确定正确，进给路线确定正确，错误一处扣 0.5 分	25	
刀具选择	刀具选择正确，错误一处扣 0.5 分	6	
切削用量选择	切削用量选择正确，错误一处扣 0.5 分	6	
编制数控加工工序卡和刀具卡	会正确填写数控加工工序卡和刀具卡，错误一处扣 0.5 分	5	
装刀与对刀	正确装刀、对刀操作过程正确，对刀结果准确，错误一处扣 0.5 分	2	
程序输入与编辑	输入与编辑程序，熟悉机床面板	1	
模拟加工	会在机床上模拟加工操作，根据模拟结果判断程序的正确性并作出相应的处理	3	
零件加工	无加工碰撞与干涉，对加工过程中出现的异常情况作出相应的正确处理措施，每次撞刀扣 5 分(如撞刀损坏刀具扣 10 分)，异常情况不能处理，每次扣 0.5 分	6	
零件加工结果	符合图纸技术要求，尺寸精度、形位精度、表面粗糙度每处超差扣 0.5 分，不能装配扣 5 分	25	
工作态度	端正，服从安排，无故不到现象	5	
职业素质	按要求做好设备维护保养，有团队协作精神	5	
创新意识	加工工艺有创新点	2	
合计		100	

项目能力训练

(1) 中等以上复杂程度配合件的加工图纸工艺分析训练。

(2) 中等以上复杂程度配合件零件的数控加工工艺路线设计训练。

(3) 中等以上复杂程度配合件零件的装夹方案选择训练。

(4) 中等以上复杂程度配合件零件的数控加工刀具、夹具和切削用量选择训练。

(5) 中等以上复杂程度配合件的数控加工工艺文件编制训练。

(6) 中等以上复杂程度配合件零件的数控加工程序编制训练。

(7) 中等以上复杂程度配合件零件的数控操作加工技能训练。

(8) 中等以上复杂程度配合件零件的加工切削参数优化训练。

(9) 中等以上复杂程度配合件零件的加工检测训练。

项目能力巩固提高

按图 10-1 和图 10-2 所示的数控车、数控铣(含孔系)配合件零件的图纸技术要求加工完成后应能装配；若无法装配，试分析其原因，并撰写分析报告交授课教师。

项目能力评价

能力评价方式如表 10-5 所示。

表 10-5 能力评价表

等 级	评 价 标 准
优秀	能高质量、高效率地完成图 10-1 和图 10-2 所示的数控车、数控铣(含孔系)配合件的数控加工工艺设计、数控加工程序编制，按零件图纸技术要求独立操作、加工完成，经检验合格，配合件成功装配，考核分数在 90 分以上
良好	能高效率地完成图 10-1 和图 10-2 所示的数控车、数控铣(含孔系)配合件的数控加工工艺设计、数控加工程序编制，按零件图纸技术要求独立操作、加工完成，经检验只有 5 处以下尺寸精度、形位精度或表面粗糙度超差，配合件配合较紧或较松，考核分数在 80～89 分
中等	基本能在规定时间内完成图 10-1 和图 10-2 所示的数控车、数控铣(含孔系)配合件数控加工工艺设计、数控加工程序编制；基本能在规定时间内按零件图纸技术要求独立操作、加工完成，经检验只有 10 处左右尺寸精度、形位精度或表面粗糙度超差，配合件基本尚能装配，考核分数在 70～79 分
合格	基本能在规定时间内完成图 10-1 和图 10-2 所示的数控车、数控铣(含孔系)配合件的数控加工工艺设计、数控加工程序编制；超过规定时间较多才按零件图纸技术要求独立操作、加工完成，经检验有 20 处左右尺寸精度、形位精度或表面粗糙度超差，配合件基本无法装配，考核分数在 60～69 分
不合格	不能在规定时间内完成图 10-1 和图 10-2 所示的数控车、数控铣(含孔系)配合件的数控加工工艺设计、数控加工程序编制；在规定时间内只完成一个配合件的加工；或超过规定时间很多才独立操作、加工完成，但尺寸精度、形位精度或表面粗糙度超差较严重；或因两次撞刀，被取消职业能力综合考核

参 考 文 献

1. 徐宏海. 数控加工工艺[M]. 北京：化学工业出版社，2004
2. 李正峰. 数控加工工艺[M]. 上海：上海交通大学出版社，2004
3. 赵长明 刘万菊. 数控加工工艺及设备[M]. 北京：高等教育出版社，2008
4. 余英良. 数控加工编程及操作[M]. 北京：高等教育出版社，2005
5. 田萍. 数控机床加工工艺及设备[M]. 北京：电子工业出版社，2005
6. 王爱玲. 数控机床加工工艺[M]. 北京：机械工业出版社，2006
7. 赵长旭. 数控加工工艺[M]. 西安：西安电子科技大学出版社，2006
8. 吕士峰 王士柱. 数控加工工艺[M]. 北京：国防工业出版社，2006
9. 蔡厚道. 数控机床构造[M]. 北京：北京理工大学出版社，2007
10. 任级三. 数控车床工实训与职业技能鉴定[M]. 沈阳：辽宁科学技术出版社，2005
11. 沈建峰，黄俊刚. 数控铣床/加工中心技能鉴定考点分析和试题集萃[M]. 北京：化学工业出版社，2007
12. 沈建峰，朱勤惠. 数控车床技能鉴定考点分析和试题集萃[M]. 北京：化学工业出版社，2007
13. 叶凯. 数控编程与操作[M]. 北京：机械工业出版社，2009
14. 数控车床、数控铣床、加工中心国家职业标准[M]. 北京：中国劳动和社会保障出版社，2005